Alexander von Elverfeldt

Ein Gutshof mit Stallgeruch

Landleben auf Gut Canstein
(1929 – 1997)

Alexander von Elverfeldt

Ein Gutshof mit Stallgeruch

Landleben auf Gut Canstein
(1929 – 1997)

Herausgegeben und eingeleitet von Gisbert Strotdrees

© Landwirtschaftsverlag GmbH, 48084 Münster, 2011

Bildnachweis: Sämtliche Fotografien stammen aus dem Familienarchiv von Elverfeldt, Canstein, mit Ausnahme von Seite 66 (Stadtarchiv Kassel), Seite 101 und 114 (Landesarchiv NRW, Abteilung Rheinland, RWB 1538 Nr. 30, RWB 1289 Nr. 17 – Pressebilderdienst C. A. Stachelscheid) und Seite 208 (USDA Forest Service, Washington).

Korrektorat: Ilse Eberhardt
Gestaltung: Elena Möllers
Druck: LV-Druck GmbH & Co. KG, Münster

ISBN 978-3-7843-5164-3

Inhaltsverzeichnis

Vorwort

Ursprünglich wollte Alexander von Elverfeldt umsetzen, was viele seines Alters sich vornehmen: Er wollte erinnern an „die vielen Erzählungen von Eltern, Großeltern, Tanten, Onkeln und Freunden, denen wir als Kinder mit Begeisterung lauschten". Doch die schreibende Erinnerung wuchs rasch über die Grenze einer Familienchronik hinaus. Sie wurde zum Porträt eines Dorfes und seiner Menschen, zum detailreichen Bild ländlichen Lebens mit seinen vielen kleinen und großen Geschichten – inmitten der Krisen, Katastrophen und Wandlungen des 20. Jahrhunderts. Auch deren Auswirkungen reichten bis nach Canstein, trotz aller Stille und dörflichen Abgeschiedenheit.

Denn Canstein liegt am Rand. Die kleine Ortschaft, in der heute gut 370 Einwohner leben, ist geprägt von seiner Lage an der westfälisch-hessischen Landesgrenze. Arolsen ist mit dem Auto in knapp zehn Minuten zu erreichen. Gut 50 Kilometer sind es nach Kassel, ebenso weit ist der Weg von Canstein in die Bistumsstadt Paderborn.

Die Familie von Elverfeldt, Vorfahren des Autors, hat die Burg und das Gut Canstein in der Mitte des 19. Jahrhunderts erworben. Es liegt oberhalb des Dorfes auf einem markanten Felsen. Er bietet seit Menschengedenken der Burg einen im Wortsinn hervorragenden Platz. Ihre Wurzeln reichen bis in das Mittelalter zurück. Eine Befestigung an dieser Stelle ist erstmals um das Jahr 1100 erwähnt. Mit ihren Gütern und Untertanen gehörte sie dem Erzstift zu Mainz, dann den Grafen von Waldeck, dem Augustinerkloster in Arolsen, um 1300 schließlich dem Kölner Erzbischof. Er beauftragte die aus der Warburger Gegend stammende Adelsfamilie Rabe von Pappenheim 1346 mit dem Bau einer neuen Burg. Diese Adelsfamilie brachte den Raben im Wappen mit, nannte sich fortan „von Canstein" und schuf rund um die Burg ein eigenständiges Territorium, die „Herrschaft Canstein". Als spätere Eigentümer tauchen in der Chronik die Adelsfamilien von Spiegel zu Peckelsheim, von Spee und von Croy auf. 1853 erwarb die aus Herbede bei Witten stammende Familie von Elverfeldt den Landadelssitz. Der Käufer, Ludwig von Elverfeldt (1794 – 1873), hatte es im Textilhandel und im frühen Kohlebergbau an der Ruhr zu Vermögen gebracht. Das pulsierende Ruhrtal tauschte er nun gegen die Stille der einstigen „Herrschaft Canstein". Auf die Befestigungsmauern ließ er „das Hauptschloss als herrschaftliche Wohnung im modernen Style" erbauen, wie es in einer zeitgenössischen Beschreibung heißt.

Canstein ist von weitläufigen Wäldern umgeben. Viele davon befinden sich im Besitz der Elverfeldts. Zum Gut gehören außerdem umfangreiche Äcker, Wiesen und Weideflächen. Für den Gutsbetrieb um 1930, wie ihn Alexander von Elverfeldt aus seiner Kindheit und Jugend beschreibt, sind in „Niekammer's Landwirtschaftlichem Güteradressbuch für die Provinz Westfalen" exakte statistische Daten dokumentiert. Demnach gehörten damals 1516 Hektar landwirtschaftliche Nutzfläche zum Gut: 640 Hektar Wald, rund 560 Hektar Ackerland und Garten, gut 300 Hektar Wiesen und Weiden sowie 6 Hektar Wasserflächen und „Unland, Hofraum, Wege", wie die Statistik vermerkt. Das Holz wurde in einem gutseigenen Sägewerk verarbeitet, außerdem lief auf Gut Canstein um 1930 eine eigene Mühle sowie bereits eine „elektrische Anlage".

Schon diese wenigen Betriebsdaten zeigen, dass Canstein zu den größten landwirtschaftlichen Gütern in Westfalen zählte. Doch wie genau spielte sich das Miteinander auf dem Gut ab? Wie sah der Arbeitsalltag aus? Wie gestalteten sich die Kreislaufwirtschaft, die wechselseitigen Verflechtungen zwischen Waldwirtschaft, Ackerbau und Viehhaltung mit ihren so unterschiedlichen Zweigen wie der Milchvieh-, Schweine- und Schafhaltung?

Alexander von Elverfeldt lässt vor den Augen des Lesers den Kosmos dieser vielfältigen Gutswirtschaft um 1930 neu erstehen. In seinen Erinnerungen schildert er überdies Erlebnisse, wie sie Hunderttausende seiner Generation ähnlich erlebt haben: das Heraufziehen der Gewaltherrschaft des Nationalsozialismus, die Irrungen und den militanten Wahn in der Hitler-Jugend, die Erschütterungen der Kriegsjahre. Elverfeldt geriet in „Hitlers letzten Volkssturm", beobachtete von fern die Luftangriffe auf Kassel – und wurde im Wohnzimmer des Schlosses Ohrenzeuge leise ausgetauschter Sätze, deren Sinn ihm erst nach dem gescheiterten Attentat auf Hitler am 20. Juli 1944 aufging.

Das Kriegsende 1945, die Not der Nachkriegszeit und den Schwung der Aufbaujahre: All das berichtet von Elverfeldt aus seiner persönlichen Perspektive. 1956 hatte er das Glück, eine mehrmonatige Studienreise durch die USA zu unternehmen. Die dort gesammelten Erfahrungen sollten seine weitere Biografie und seine Arbeit auf dem Gut prägen.

Mit wachem Auge hat er das alles beobachtet – und nun beschrieben: nüchtern im Ton, sachlich, mit einer Fülle heute wertvoller Details vom Lebensalltag zwischen Acker, Dorf und „Burg". Über die Familienchronik hinaus ist so die persönliche Geschichte eines Dorfes und einer Landschaft entstanden – aus dem Blickwinkel eines Landadligen, der sich stets als Land- und Forstwirt verstanden und selbst zu Axt und Spaten gegriffen, dabei aber die Zeitläufte nicht aus dem Blick verloren hat.

Gisbert Strotdrees

„Die ganze Familie" – so lautet die handgeschriebene Unterschrift zu diesem Foto aus dem Familienalbum. Die Aufnahme entstand 1939.

Die „Ratten"
und der „Bock"

Kindheit zwischen Gut und Dorf
(1929 – 1939)

wischen 1930 und dem Beginn des Zweiten Weltkriegs im September 1939 war das „alte Schloss" in allen drei Etagen von Familien bewohnt. Im obersten Stock lag die Wohnung der Familie des „jungen Barons" Hubertus. Sie bestand aus den Eltern und uns fünf Kindern. Außerdem wohnten dort eine Köchin, ein Hausmädchen in dem kleinen Zimmerchen neben der Küche im Dachgeschoss und die „Teta", unsere Kinderschwester Karola Stötzler aus Markdorf in Baden. Zur Hauptmahlzeit am Mittag saß dann auch noch Rentmeister Molerus mit am Familientisch, dessen Büro und Junggesellenschlafzimmer im untersten Stock neben der Wohnung der Familie Guß lagen. Diese bewohnte die vier Zimmerchen rechts vom Hauseingang neben dem Schlosstor. Sie hatten sechs Kinder, die alle in dieser winzigen Wohnung groß wurden.

Im zweiten Stock über der Familie Guß wohnte die Familie Bieker. Auch hier wurden fünf Kinder groß. Vater Bieker war Chauffeur von Großvater Alexander und sein Sohn Karl, genannt „Schlosskarl", ist uns allen unvergesslich als begabter „Rundumhandwerker" und Schlosshausmeister.

Ein Haus voller Kinder also. Für jeden von uns beiden „Großen" gab es Spielgefährten. „Gußes" Herbert und Pauli, auch „Päule" genannt im passenden Alter zu mir, Marianne zu Sigi. Bei Biekers gab es den Günther, etwas jünger als Sigi und sein „Knappe" beim Ritterspiel, und Otto, „Otti" genannt, der schon ein wenig zu alt für Kinderspiele war.

Bevor wir ins Schulalter kamen, war der Kontakt mit diesen Kindern nicht allzu häufig und von der jeweiligen Kinderschwester abhängig, die mit uns spazieren ging. Wenn wir allein mit unseren Freunden spielen durften, dann meistens auf dem Tennisplatz. Es gab ja zu der Zeit noch keine geteerten Straßen oder Plätze, und wir konnten nur dort mit unseren Fahrzeugen fahren. Dazu gehörte neben dem Roller der sogenannte Ruderrenner, bei dem man mit den Beinen lenkte und dessen Antrieb über ein Band erfolgte, an dem man wie an einem Ruder zog. Dieses Gefährt wurde andernorts auch „Holländer" genannt. Beim Spiel auf dem Tennisplatz achteten wir immer sehr darauf, ob ein Auto den Schlossberg hinunterfuhr. Wenn das der Fall war, so rannten wir sofort zum Tor am Parkweg in der Hoffnung, mitgenommen zu werden. Meist wurden wir enttäuscht, aber Vater Bieker, Opas Chauffeur, nahm uns immer mit, wenn er allein nach Marsberg oder Arolsen fuhr.

1935 begann für mich die Schule und die kleine, behütete Welt im alten Schloss und Park wurde erheblich erweitert. Jeden Morgen wanderte ich nun gemeinsam mit Herbert und Pauli den Schlossberg hinunter zur Schule. Es gab damals nur das alte Schulgebäude, das die Stadt vor einigen Jahren verkauft hat und das nun als Wohnhaus benutzt wird. Der Schuleingang war auf der Hinterseite und man musste den Hügel hinauflaufen, um in den Schulraum zu gelangen, der nach Osten gelegen war. Es gab nur diesen einen Raum, den Rest des Hauses nahm die Lehrerwohnung ein, zu der ein großer Garten und ein Hühnerstall gehörten. Dieser lag dort, wo heute das neue Schulgebäude bzw. das Gemeindehaus steht. Wenn ich mich im Unterricht langweilte, und das war oft der Fall, brauchte ich nur aus dem Fenster zu schauen und des Lehrers Hühner zu beobachten, um eine Abwechslung zu bekommen. Die Kinder waren ziemlich einheitlich bekleidet. Das lag an dem wenig vielseitigen Angebot an billiger Bekleidung. Die Menschen im Dorf waren immer knapp an Bargeld. Die Jungen trugen Sommer wie Winter kurze Hosen aus Baumwolltrikot, die knapp über das Knie reichten, gestreifte Hemden ohne Kragen und selbst gestrickte Pullover. Im Sommer waren viele barfuß oder trugen Holzpantinen. Ab Oktober in der kalten Jahreszeit trugen sie lange Wollstrümpfe unter den kurzen Hosen, die bis an die Hüfte reichten und mit Strumpfbändern befestigt waren. Alle hatten kahl geschorene Köpfe, bei denen man vorn über der Stirn eine kurze Locke übrig gelassen hatte.

Schürzen und Rotznasen

Die Mädchen trugen einfache bunte Baumwollkleidchen und Schürzen darüber. Sie hatten alle eine Schleife im Haar. Auch sie trugen im Winter die langen Wollstrümpfe. Fast alle hatten Rotznasen mit ständig entzündeter Oberlippe. Bei dieser einheitlichen Bekleidung fielen wir natürlich immer auf, weil wir zum Beispiel im Winter in Knickerbockern

zur Schule geschickt wurden. Wir wurden dann mit dem Ruf „Knickerbocker, Vorratskacker" gehänselt. Im Sommer trugen wir kurze Lederhosen, das war dann weniger schlimm.

Im Schulraum gab es drei Reihen Schulbänke für je zwei Schüler nebeneinander. Es war Platz für etwa 30 Schüler vom ersten bis zum achten Schuljahr, deren Sitzeinteilung von links vorne nach rechts hinten lief. Mit 14 Jahren verließen die Kinder damals die Volksschule, um eine Lehre zu beginnen oder zur Arbeit zu gehen. Während der beiden ersten Schuljahre saß ich mit Päule in der ersten Bank der linken Reihe, direkt vor der Tafel. Dort konnte ich die Tafel gut lesen. Als wir dann aber im dritten Schuljahr zusammen in die letzte Bank kamen, musste ich mir von Pauli „vorsagen" lassen. Dadurch wurde meine Kurzsichtigkeit erkannt und ich bekam meine erste Brille. Der Lehrer hatte einen Tisch in der Mitte, an dem er aber selten saß, denn er bewegte

Alexander von Elverfeldt (hinten links) und seine Geschwister

sich meistens zwischen den Bänken, um die arbeitenden Schüler zu überwachen. Er musste die Zeit seines mündlichen Unterrichts ja auf acht Klassen aufteilen. Das bedeutete, dass
er nur immer ein bis zwei Klassen unterrichten konnte und der Rest allein arbeiten musste,
was ohne Kontrolle keiner gern tat.

Vier Jahre, sechs Lehrer

Im Verlauf der vier Jahre in der Volksschule in Canstein – von 1935 bis 1939 – erlebte ich
sechs Lehrer. Dieser Lehrerwechsel erfolgte aufgrund der Probleme mit der Parteizugehö-
rigkeit. Einer dieser Lehrer, ich glaube er hieß Reinhard, war ein echtes Original mit sehr
seltsamen Angewohnheiten. Sigi hatte die besondere Ehre, dass er während des Unterrichts
in das Dorf gehen durfte, um für ihn Zigaretten zu kaufen, die er während des Unterrichts
ständig paffte. Bei allen sechs Lehrern, die wir in dieser Zeit kennenlernen durften, war die
Prügelstrafe mit dem „Rohrstock" ein normales Erziehungsmittel, das insbesondere Lehrer
Reinhard gern und oft benutzte. Er pflegte mit dem Stock in der Hand zwischen den Schülern dozierend auf und ab zu gehen und, wo er es für nötig hielt, von oben her mit dem
Stock zu schlagen. Wer seine Aufgaben nicht gemacht hatte, wer zu spät zum Unterricht
kam, wer mit dem Banknachbarn schwätzte oder Unfug trieb, hatte den Stock zu gewärti-
gen. Die Jungen auf den Hintern, die Mädchen auf die Handfläche. Da wir zumeist Lederhosen trugen, waren wir besser dran als die anderen.

Fast jeder Mitschüler hatte einen Spitznamen, mit dem er angeredet wurde, wenn er das auch
nicht sehr liebte. Meist handelte es sich um ein Merkmal, das nach Ansicht der Mehrheit
etwas Auffälliges oder Absonderliches war. Ich besaß einen kastrierten Ziegenbock mit Wagen, mit dem wir sehr viel spielten, daher hieß ich kurz und bündig „Bock". Meine Freunde Herbert und Päule Guß waren stolz auf die vielen Ratten, die sie in ihrem Schweinestall
erschlugen, sie hießen die „Ratten". Heinz Walgenbach wurde wohl aufgrund des gerade
erfolgten Überfalls von Italien auf Abessinien, wo damals noch der Negus regierte, „Negus
sein Schirmträger" genannt. Wieso es dazu kam, blieb mir unbekannt, denn er war schon
im siebten Schuljahr, und die „Großen" hatten sich das ausgedacht.

Das Schönste an der Schule war die große Pause. Dann sausten alle Kinder den Berg hinunter auf den Platz vor der Kirche und begannen sofort mit den zahlreichen Schulhofspielen,
fast immer fein säuberlich nach Jungen und Mädchen getrennt. Bei den Mädchen waren es
Kreisspiele wie „Ist die schwarze Köchin da?" oder „Holzschuh, Lackschuh, Kackschuh"
und „Hüpfekästchen".

Spritzebüchsen, Flöten und Knicker

Bei den Jungen wechselten die Spiele je nach Jahreszeit. Im Frühjahr wurden „Spritzebüch-
sen" angefertigt und in der Schule damit Wasserschlachten ausgetragen. Für die Spritze-
büchsen nahm man ein dickes Stammstück vom Holunder und schnitt es auf etwa 40 Zentimeter Länge ab. Dann wurde mit einem Draht in mühsamer Arbeit das Mark, das bei
dicken Stammstücken nur noch einen geringen Teil der Anschnittfläche einnimmt, heraus-
gebohrt. Damit hatte man ein kräftiges Rohr mit glatter Innenwand. Nun wurde ein fünf

bis acht Zentimeter langes Stück vom Schneebeerenbusch abgetrennt. Es wurde mit einem scharfen Messer genau längs durchgeschnitten. Dann entfernte man mit der Messerspitze auch hier wieder das Mark. Die beiden Hälften fügte man zusammen und steckte sie als Düse von einer Seite in das Holunderrohr. Damit das Teil schließend hineinging und festsaß, musste man natürlich den Schneebeerenzweig passend aussuchen und zurechtschnitzen. Ein weiterer langer, gerader Zweig vom Schneebeerenbusch musste nun gefunden werden, der sich im Rohr gut hin- und herschieben ließ. Damit hatte man auch eine Kolbenstange für die Spritze. Diese wurde an ihrer Spitze zur Abdichtung mit Wollfaden fest umwickelt. Mit einer solchen Spritze konnte man, wenn sie gut gemacht war, Wasser aus der Kleppe oder aus den Teichen entnehmen und andere bis auf sechs Meter Entfernung nass spritzen. Aus den jungen Trieben der Kastanien ließen sich schöne Flöten machen, die allerdings keine große Lebensdauer hatten. Die Rinde eines geraden Stückes von etwa zwei Zentimeter Durchmesser wurde so lange mit Spucke befeuchtet und mit dem Messerrücken geklopft, bis sie sich abschieben ließ. Nun konnte man in die Rindenröhre ein Flötenloch schneiden und sich das Holz passend kürzen. Am schräg geschnittenen Mundstück des Holzes wurde oben so viel flach geschnitten, dass sich eine Einblasöffnung ergab. Durch Hin- und Herschieben des hinteren Holzteils in der Flötenröhre konnte man den Ton verändern. Kaum fing einer mit solchen Basteleien an, so brach sogleich die „Seuche" aus und jeder hatte eine Flöte oder Spritzbüchse, mit der er natürlich auch nachmittags den Freunden zu imponieren suchte.

Im Sommer spielten wir Kinder in Canstein „Knicker". Das sind kleine Kugeln, anderorts auch Murmeln genannt. Es gab die verschiedensten Geschicklichkeitsspiele damit, bei denen man ähnlich wie bei Boccia verfuhr oder bei denen man möglichst viele Kugeln in ein Loch bringen musste, wie beim Golfspiel. Siegerpreise waren Murmeln. Wer die meisten in seinem Beutel hatte, war mächtig stolz. Meist waren diese Knicker bunt bemalte Tonkugeln. Es gab aber auch wunderschöne bunte aus Glas, die natürlich besonders begehrt waren und deren „Währungsparität" zu Tonknickern ständig nach „Börsenkurs" schwankte.

Wurde das Spiel mit den Knickern langweilig, falteten wir Papierflieger. Jeder hatte ein besseres Rezept für die Flügel und den Schwanz, um die größten Flugweiten und Kunstflugfiguren zu erzielen. Sehr zum Ärger des Lehrers, denn dauernd wurden auch während des Unterrichts Flugversuche durchgeführt. Im Herbst baute sich natürlich jeder seinen Drachen selbst aus dünnen Holzleisten und Papier. Das Hauptproblem war oft die Schnur, da es im Krieg nur Papierbindfaden gab, der bei Feuchtigkeit leicht riss. Am besten flogen die Drachen – wie auch heute noch – an der Eulenkirche. Doch verlief damals dort die Hochspannungsleitung der VEW Waldeck. Nur allzu oft endete der Drachen im Draht der Leitung. Eine höchst gefährliche Angelegenheit, bei der jedoch nie ein Unfall passiert ist.

Ziegen am Straßenrand

Im Sommer hatten die Dorfkinder viel weniger Zeit zum Spielen als im Winter, weil sie den Eltern in der Landwirtschaft zur Hand gehen mussten. Dazu gehörte unter anderem das Ziegenhüten. Fast alle Familien in Canstein waren zu arm, um sich eine Kuh zu halten. So hielten viele Ziegen für die Selbstversorgung mit Milch. Die Jungen zwischen 8 und 13 Jahren mussten die Ziegenherde des Ortes hüten. Das war nicht einfach, denn die Ziegen durften nur dort weiden, wo Grasflächen waren, auf die niemand Anspruch erhob.

Der Verwalter und der Förster des „Baronns", wie die Leute sagten, achteten streng darauf, dass die Ziegen nicht auf der Kittenbergswiese oder im Wald grasten. Auch die Felder und Weiden der Bauern waren tabu. Da blieben nur die Feldraine und Straßenränder und die wenigen Ödlandflächen übrig. Dies meist auch noch in Konkurrenz mit kleinen Leuten, die eine Kuh am Straßenrande weideten, oder mit dem Schafmeister vom Gutshof. Die Ziegenbuben mussten immer auf der Hut sein. Eine schwierige Sache, wenn man gleichzeitig Knicker spielen oder Papierflieger loslassen will. Der Schreckensschrei „die Ziegen" oder „der Grothues" (der Förster) klingen mir noch in den Ohren, weil ich meine Freunde oft beim Ziegenhüten begleitete.

Viehmarkt in Arolsen

Das große Ereignis des Sommers, auf das wir uns schon wochenlang vorher freuten, war der „Arolser Viehmarkt" Anfang August. Einige Wochen vorher erschienen Zigeuner in unserer Gegend. Eine ihrer Einnahmequellen war der Pferdehandel, der ein wesentlicher Teil des Marktes war. Mit ihren von Pferden aller Art gezogenen, bunt gestrichenen hölzernen Wohnwagen zogen sie durchs Dorf zu ihren angestammten Lagerplätzen am Eingang vom Bruchsweg und an der Einfahrt zum Melkschuppen am Buchholz. Die Frauen und Kinder gingen tagsüber von Haus zu Haus betteln. Alle Dorfbewohner waren auf der Hut, weil man ihnen „Geschicklichkeit beim Stehlen" nachsagte. Wir Kinder fanden es sehr spannend, dass sie außergewöhnliche Dinge aßen. Sie brieten sich z. B. Igel und Füchse. Ich erinnere mich gut an leer gegessene Igelhäute bei ihren Wagen. Der Hauptlagerplatz der Zigeuner zur Viehmarktzeit war kurz bevor es den Hebberg hinunter nach Arolsen geht auf der linken Seite in dem alten Steinbruch. Dort versammelten sich dann oft bis zu 100 von ihnen. Auch am Königsberg hatten sie einen Lagerplatz.

Der Viehmarkt war für alle ein Feiertag, an dem man mit Pferd und Wagen oft schon in der Frühe zum Handel nach Arolsen zog. Hatte man sein Vieh gut verkauft, dann wurde das Geld an den Ständen für neue Kleidung, Hausrat, Werkzeug und andere Bedürfnisse ausgegeben, und man versorgte sich für das ganze kommende Jahr. Die Belustigungen von der Boxbude bis zum Riesenrad gab es natürlich auch damals schon, und jedermann genoss sie bis spät in die Nacht bei Bier und Würstchen. Mit Pferd und Wagen konnte man beruhigt „stockbesoffen" nach Hause fahren, denn die Pferde fanden den Weg auch allein. In der Zeit der großen Arbeitslosigkeit vor 1933 gab es im Sommer neben den Zigeunern viele herumziehende Obdachlose auf dem Lande, die auch bei uns auftauchten. Sie wurden „Bummler" genannt, und wir Kinder hatten eine Heidenangst vor ihnen, weil es hieß, dass sie Kinder mitnähmen und schreckliche Dinge mit ihnen täten bis hin zum Aufessen. Der Schreckensschrei „ein Bummler" ließ uns immer sofort davonrennen.

Mein kastrierter Ziegenbock stammte aus der Cansteiner Ziegenherde. Er war in einer Box im Pferdestall auf dem Schloss untergebracht, in dem zu der Zeit keine Kutschpferde mehr standen, weil sie durch zwei Autos ersetzt waren. Der Sattlermeister Stede in Massenhausen hatte ein kleines Blattgeschirr mit Kopfstück und Fahrleine für ihn angefertigt. Es gab einen „Bollerwagen" aus Holz, vor den man ihn spannen konnte. Ich war damals sechs Jahre alt, und wir gingen nicht sehr fachmännisch mit dem armen Tier um. Der Bock wehrte sich mit kräftigen Kopfstößen – gottlob hatte er als Kastrat keine Hörner – und wir trauten uns nicht, ihn zu verhauen, wenn er uns erreichen konnte. Wenn wir der Ansicht waren, dass er eine Strafe verdient hätte, nahmen wir ihn an der Leine mit bis an die Schlossmauer, stiegen auf die Mauer und schlugen von oben auf ihn ein. Eines Tages hatte er dem Schlosskarl, der seine Joppe neben die Stallbox gehängt hatte, den Jagdschein aus der Tasche gezogen und gefressen. Ziegen lieben ja Papier. Der Ärmste wurde von Karl mit kräftigen Hieben traktiert, aber davon kam der Jagdschein nicht wieder, und der arme Ziegenbock wusste nicht, warum er Prügel bezog.

Die Zwillinge waren gerade geboren, als wir den Ziegenbock bekamen. Sie hatten einen großen Doppelkinderwagen, der sehr schwer war. Es war eine Mordsgaudi für uns, wenn die Kinderschwester mit dem Wagen den Schlossberg hinaufmusste, um den Ziegenbock vorzuspannen und die beiden nach oben zu kutschieren.

Winterfreuden und -leiden

Im Winter war es besonders schön, wenn Schnee lag, oder starker Frost die Teiche mit festem Eis bedeckte. Skilaufen war noch relativ neu und Skier teuer, doch einige hatten sich aus Fassdauben, den flachen rundlichen Brettern, aus denen Fässer zusammengesetzt werden, Behelfsskier gemacht, mit denen sie den Kittenberg oder die ganz Mutigen die Kegelbahn heruntersausten.

Meine ersten Skier bekam ich zu Weihnachten 1940 und musste sie natürlich sogleich ausprobieren. Ich fuhr, ziemlich wackelig voranstaksend, mit den „Großen" Biekers Otti und Augustinowicz' Paul den Bruchsweg hoch, an der Feldscheune vorbei, oben auf die Fuchswarte. Dort war eine steile Abfahrt. Sie führte durch zwei Weidetore und ließ daher ausschließlich Schussfahrt zu. Das war gut so, denn Kurven konnte ich ohnehin noch nicht fahren. Die beiden spurten im recht tiefen Schnee vor mir und bahnten so eine sichere Loipe. Unser Rauhaardackel begleitete uns. Ängstlich blickte ich in die Tiefe, gab mir einen Ruck und fuhr los. Es ging gut und immer flotter. Ich begann Spaß an der Sache zu bekommen. Als ich aber über den leichten Hügel im Hang an den steileren Teil der Abfahrt kam, erblickte ich mit Schrecken den Dackel mitten auf der Loipe. Ich schrie aus Leibeskräften und versuchte ihn damit zu verscheuchen, aber er dachte gar nicht daran, sich in den unbequemen tiefen Schnee zu begeben, sondern lief geradeaus weiter. Wenige Sekunden später bohrten sich meine Skispitzen in sein Hinterteil, er flog zur Seite und ich krachte in vollem Schwung mit dem linken Knie auf einen der Skier. Mit einem dicken Bluterguss schleppten mich die beiden Freunde nach Hause. Das war für dieses Jahr dann der Rest meiner Skierlebnisse.

Der größte Winterspaß für alle jugendlich gebliebenen Cansteiner war das Schlittenfahren.

Nach der Schule waren der Schlossberg in Richtung Schulplatz, die Kegelbahn hinter dem Friedhof und die Straße von Wiegelmanns über Abrahams bis zu Kochs voller Kinder mit Schlitten. Abends war dann insbesondere der Schlossberg und manchmal auch der Buchholzberg von den älteren Geschwistern der Schulkinder bevölkert und Jungen und Mädchen gemischt und eng umschlungen fuhren mit Gejuchze und Gekreisch im Dunkeln bergab. Schnelligkeit war Trumpf, und es kam zu Wettkämpfen.

Am günstigsten war es, wenn man zweisitzige Schlitten miteinander verband und mit einer möglichst schweren Besatzung versah. Dann kam es nur noch auf den geschicktesten und erfahrensten Lenker an der Spitze des Zuges an. Hier bewährte sich der sogenannte „Schlittschuhlenker". Dieser saß vorn und trug Schlittschuhe an den Füßen, hielt sie vor den Schlittenkufen fest am Boden und lenkte die Schlittschuhe in der Kurve aus. Nicht immer gelang das wie geplant. Der Zaun vor der Vikarie musste jeden Winter geflickt werden, nachdem sowohl Schlittenkufen wie Bubenbeine an ihm zerbrochen waren.

Auf dem großen Teich

Eislaufen war immer dann besonders gut möglich, wenn starke Fröste ohne Schnee die Teiche zufrieren ließen. Wenn es Schnee dazu gab, musste man dafür sorgen, dass dieser rasch abgefegt wurde, sonst wurde die Oberfläche des Eises durch festgetretenen Schnee zu rau. Es gab in jeder Familie Schlittschuhe, teilweise schon sehr alte verrostete. Sie wurden mit kleinen Kurbeln an feste Schuhe angeschraubt. Für die Jungen war nun Eishockey angesagt. Dazu musste man sich einen „Hockeyschläger" herstellen. Man suchte sich zu diesem Zweck einen festen Stock meist aus Haselnuss, der einen Seitenast im richtigen Winkel aufwies und schnitzte ihn passend zurecht.

Auf der Eisfläche gab es dann immer einen Streit um die Nutzung, denn die jungen Grobiane legten auf jeder Seite des Teiches zwei Steine als Tor fest und der Rest der Schlittschuhläufer konnte sehen, wo er blieb. Es gab aber auch einige erwachsene Schlittschuhläufer im Ort, die dann für Ordnung sorgten. Dazu gehörte Herr Molerus, unser Rentmeister, der aus Berlin stammte und wohl auf den Havelseen seine Kunst erlernt hatte, Pirouetten und Sprungfiguren zu laufen. Wir bewunderten ihn sehr.

Eis mit doppeltem Boden

Meist wurde auf dem Schlossteich gelaufen, weil der Schwemmeteich oft eine raue und von Ästen durchsetzte Eisoberfläche hatte. Wenn das Eis noch nicht stark genug war, gingen wir Kinder nämlich gerne zum Schwemmeteich, um die Eisschicht aufzuschlagen und durch Pumpen des dünnen Eises Wasser obenauf zu bringen. Wenn es dann in der nächsten Nacht wieder fror, gab es eine doppelte Eisschicht und wenn die stark genug war, um sie zu betreten, war das beliebte „Wiegeleis" entstanden. Darauf konnte man sich stellen und wippen wie auf einem Trampolin und das unheimliche Gefühl genießen, vielleicht doch einzubrechen. Das geschah auch manchmal, aber die zweite Eisschicht rettete vorm Versinken. In einem der Winter brach durch ein Hochwasser, das die Schneeschmelze ausgelöst hatte, der Damm des Schlossteichs auf der Dorfseite. Das Wasser lief aus und bedeckte die anschließende Wiese fast bis zur Kirche. Am Tage danach gab es starken Frost und so entstand eine riesige Eisfläche, die sich über viele Tage hielt. Es war ein Fest für alle Eisläufer, denn nun war wirklich Platz für alle. Die Fläche war bedeckt mit eleganten Schlangenlinien und Achten, die Herr Molerus mit einer jungen Dame, die bei uns tätig war und deren Namen ich vergessen habe, aufs Eis zeichnete.

Kröten, Frösche, Molche

Die Teiche waren natürlich auch zu den übrigen Jahreszeiten ein Magnet für uns Kinder. Im Frühjahr zur Laichzeit gab es die große Kröten- und Froschwanderung am Schwemmteich. Wir beobachteten fasziniert die Pärchen, von denen der Teich wimmelte und die ein pausenloses Gequake hören ließen.

In den warmen Junitagen schlüpften aus den klebrigen, schleimigen Laichmassen die Kaulquappen. Wir fingen sie in Massen und hielten sie in Weckgläsern, wo sie entweder verstarben oder erst Hinter- und dann Vorderbeine bekamen und zu kleinen Fröschen und Kröten wurden. Kleine Frösche in unglaublichen Massen hüpften zu dieser Zeit aus den Teichen an Land und fanden in den vernässten Weiden eine Heimat.

Auch Molche gab es in großen Mengen, vor allem im Zuflussgraben des Schwemmteichs. An diesem Graben errichteten wir ständig neue Dämme, die viel Arbeit machten. Darin hielten wir die Molche und stellten dabei erstaunt fest, dass diese lebende Junge gebaren. Leider fanden unsere Dämme nicht das Wohlwollen des Gutsinspektors, der sie immer wieder zerstörte oder beseitigen ließ.

Neuer Ort zum Schwimmen

Wenn nach schwerer Feldarbeit die sechs Pferdegespanne des Hofes heimkamen, wurden die Pferde in den Schwemmteich geritten. Jeder Pferdeknecht hatte drei bis vier Pferde im Gespann zusammengebunden und ritt mit großem Platschen in den Teich, um die Beine der Pferde zu kühlen. Auch wenn Pferde entzündete Beine hatten und lahmten, wurden sie in der warmen Jahreszeit in den Teich gestellt.

Wenn es warm genug zum Baden war, vergnügten wir uns im Schwemmteich. Er war ja sehr flach und ging uns höchstens bis zur Brust. Wir machten Schwimmübungen. Einige konnten auch schon ein wenig paddeln. Badehosen brauchten wir dazu nicht, unsere Unterhosen und Hemden reichten uns aus. Sie waren dann immer voller Matsch. Zu Hause hielt sich daher die Begeisterung für diese Art von Spielen sehr in Grenzen und strenge Verbote waren oft die Folge unserer Begeisterung für das Wasser.

Die Möglichkeiten, schwimmen zu lernen, wurden sehr viel besser, als im Frühjahr 1940 Großvater Alexander beschloss, den Schlossteich auszuschlämmen. Der Teich wurde abgelassen und unter der Leitung des unvergessenen, hochbegabten Zimmermeisters Josef Stitz, der für alle Baumaßnahmen zuständig war, entschlämmt. Feldbahnschienen und Kipploren wurden beschafft und ein Schienenstrang wurde aus dem Teich in Richtung Dorf verlegt. Mit Spaten und Schaufel arbeiteten etwa 20 Mann – zum Teil Kriegsgefangene unter Aufsicht eines mit einem Gewehr bewaffneten Soldaten – mehrere Monate im Teich. Man hob ihn auf eine Tiefe von etwa 1,80 Meter aus und verteilte den Schlamm auf der Wiese unter dem Schloss. Den Mönch, mit dem der Wasserstand reguliert wurde, zementierte ein Maurer neu ein und in der Mitte des Teiches errichteten die Arbeiter aus alten Mühlsteinen der Udorfer Mühle den Springbrunnen. Sie verlegten Tonrohre als Zuleitung vom Schwemmteich und Parkteich. An beiden Teichen unterhalb des Auslaufs brachte man jeweils ein Sandsteinbecken an.

Im Sommer 1941 lernten dann alle Jungen des Dorfes im Schlossteich schwimmen. Auch ich, wenn auch nicht als Erster, denn ich war sehr ängstlich. Wir verbrachten jede freie Stunde des Sommers am Teich und waren selig. Das halbe Dorf versammelte sich dort an warmen Tagen, und die Wiese sah aus wie die Liegewiese an einem Strandbad.

Eines Tages fand ich auf dem Feld am Kittenberg den Zusatzbenzintank eines Militärflugzeugs. Er war aus Sperrholz und stromlinienförmig wie ein Boot geformt, weil er an der Unterseite der Tragfläche befestigt gewesen war. Wir schnitten ihn an der flachen Oberseite auf und hatten so ein herrliches Paddelboot für den Teich.

Karpfen und Kartoffeln

Vom Ufer und von diesem Boot aus angelte ich Karpfen. Das war sehr einfach, wenn man gekochte Kartoffeln nahm und sie in einem Netzbeutel ins Wasser warf. Wenn die Karpfen sich nach einigen Tagen an diesen Köderplatz gewöhnt hatten, brauchte man nur ein Stückchen Kartoffel an den Haken zu klemmen, und einer nach dem anderen biss an. Das machte großen Spaß, denn die Karpfen kämpfen gut und ich musste lange warten, bis der Fisch müde genug war, um ihn, ohne dass er von der Angel loskam, herauszuholen. Einen Kescher besaß ich nicht, und ich musste daher den Karpfen mit der Hand herausholen. Das war nicht ganz einfach, denn er glitschte einem leicht aus den Händen.

Weitere Gelegenheiten zu Abenteuern bot der Gutshof. Hier gab es überall Leben und Bewegung von Menschen und Tieren. Da war der Hühnerhof, auf dem die Haushälterin mit zahlreichen Lehrmädchen ihres Amtes waltete. Hühner, Puten und Perlhühner liefen emsig herum. Gänse und Enten durchwanderten den Hof und die Umgebung bis zum Schwemmteich. Insbesondere die Gänse waren ein Ziel für unsere Gaudi. Wir trieben sie die Eulenkirche hinauf bis hoch auf den Kamm des Berges. Dann jagten wir sie mit Schwung so lange wieder bergab, bis sie losflogen und mit großem Geschrei und Geflatter auf dem Hof landeten.

Ohne Sattel reiten

Auf der Weide am Zimmerplatz waren häufig die zwei- bis dreijährigen Kaltblutpferde zusammen mit den Färsen aufgetrieben. Es war eine besondere Mutprobe, die jungen Pferde zu reiten. Natürlich ohne Sattel und Zaumzeug. Kaltblutpferde sind ja ruhiger und lassen eher aufsitzen als Warmblüter. Wir trieben sie mit den Hacken an und jagten das Jungvieh auf der Weide herum, bis die Donnerstimme des Verwalters unserem Treiben ein Ende machte. Die Heu- und Strohböden waren trotz strenger Verbote unser liebster Spielplatz an Regentagen. Es wurden Höhlen gewühlt und Rutschbahnen angelegt. „Verstecken mit Anschlag" auf dem ganzen Hof war ein tolles Spiel, weil es so unendlich viele Verstecke gab. Unter dem auch jetzt noch vorhandenen Blechvordach am Kornboden stand zu unserer Kinderzeit die

Dreschmaschine. Hier wurden im Winter die in den Scheunen gelagerten Getreidegarben angefahren und gedroschen. Das Korn wurde in Säcken auf dem Rücken auf die Böden getragen, dort aufgeschüttet und durch Umschaufeln getrocknet – eine harte Arbeit. Später wurde ein Kornelevator eingebaut. Eine Schnecke beförderte das gedroschene Getreide von der Maschine in das Gebäude. Das Stroh fiel auf der Kuhstallseite aus der Dreschmaschine in eine Presse, die es zu Ballen formte und diese durch den Pressendruck auf Schienen zum Kuhstallboden beförderte. Auf dieser nach oben führenden Bahn konnte man bequem hinaufklettern, um auf den Kuhstallboden zu gelangen, auch wenn das Gebäude verschlossen war. Eines Tages spielten wir wieder einmal Verstecken auf dem Hof. Ich kletterte die Strohballenbahn hinauf und kroch durch die Luke unter das Dach. Obwohl ich mich gut getarnt hatte, wurde ich entdeckt. Ich beschloss, wieder hinunterzurutschen. Mit den Beinen voran glitt ich nach unten. Das gepresste Stroh jedoch war aalglatt, ich verlor den Halt und stürzte vier Meter tief hinab und schlug mit dem Rücken auf den Steinboden auf. Durch den harten Schlag auf den Brustkorb und den Schrecken rang ich heftig nach Luft. Die Freunde liefen los, um Hilfe zu holen. Gottlob war nichts gebrochen, und nur eine Prellung am Rücken machte mir noch eine Weile zu schaffen.

Dachrinne mit Schusslöchern

Mit sieben Jahren bekam ich ein Luftgewehr und eine gestrenge Anleitung über den Umgang mit Waffen. Danach war die Jagd auf die zu Hunderten den Hof und die Umgebung bevölkernden Spatzen „freigegeben". Die Jagdpassion war schnell geweckt, und ich stromerte jede freie Minute mit dem Luftgewehr herum. Der Erfolg war anfangs mäßig, weil ich noch keine Brille hatte. Wenn ich heute daran denke, dass ich trotz meiner Kurzsichtigkeit hin und wieder einen Spatzen traf, dann ist es mir ein Rätsel, wie ich das bewerkstelligt habe.
Die Spatzen saßen auf dem Schloss besonders gern auf der Kante der Dachrinnen und gaben dabei ein gutes Ziel gegen den Himmel ab. So war die Versuchung groß, den Schuss zu wagen. Das führte aber leider zu mehr Löchern in den Dachrinnen als zu erlegten Spatzen und trug mir häufig Jagdverbot ein. Auf dem Hof war es leichter, Beute zu machen, wenn die Spatzen auf einem Haufen Kaff oder Stroh saßen. Dann musste man sich nur in Deckung anschleichen, um erfolgreich zu sein. Je öfter ich jedoch die Spatzen bejagte, desto schwieriger wurde es, denn sie lernten rasch, erkannten das Gewehr schon aus großer Entfernung und flogen davon.

Ein Albino im Schwarm

Eines Tages bemerkten wir etwas Außergewöhnliches. Im großen Schwarm der Sperlinge flog ein reinweißer Vogel, wohl ein Albino, mit. Nun wurde die Jagdpassion besonders angeheizt. Wochenlang verfolgten wir ihn. Oft war er lange nicht gesehen worden, dann wieder riefen mich Herbert, Pauli oder andere Freunde herbei, die ihn gesichtet hatten. Ich raste jedes Mal ins Haus, holte das Gewehr und rannte zum Ort, den sie mir beschrieben hatten. Leider war er dann meist schon weg.
Als er dann doch einmal auf einem Ast saß, schoss ich prompt vorbei. Als ich eines Tages mit dem Luftgewehr bewaffnet um die „Neue Scheune" schlich und von der Ecke aus in den

Gutsgarten blickte, der sich längs des Weges zur Eulenkirche neben der Scheune erstreckte, saß ein Spatzenschwarm in den Erbsenreisern und der Albino mittendrin. Nun ging's um die Wurst. Ich ließ mich vorsichtig auf den Bauch hinunter, robbte bis zum Gartenzaun, erhob mich vorsichtig, ganz vorsichtig und lugte in den Garten. Die Spatzen hatten mich nicht bemerkt. Nun ging es schnell. Der Schuss fiel und der weiße Spatz war mein – die erste wirklich außergewöhnliche Jagdbeute.

Ich trug ihn nach Hause und legte ihn in eine Schachtel mit der Absicht, ihn präparieren zu lassen. In Marsberg gab es einen Tierpräparator. Zu dem wurde er auch gebracht, aber leider war er dem Mann zu klein und zu zerschossen für eine Dermoplastik. Ich war sehr traurig. Zu der Zeit gab es viel mehr Kinder in Canstein als heute, obwohl die Einwohnerzahl insgesamt geringer war. Allein auf dem Gutshof und im Schloss waren wir etwa 15 Jungen im Alter von 4 bis 14 Jahren. Neben den Familien Elverfeldt, Guß und Bieker auf dem Schloss wohnten die Familien der ehemaligen polnischen Landarbeiterfamilien Augustinowicz und Nowacki, die Familie des Melkermeisters Pokorski und die Familie des Gärtners Schluse auf dem Hof oder ganz in der Nähe. Diese Gruppe von Kindern spielte regelmäßig zusammen und bildete die „Schlosspartei", die sich von der „Dorfpartei" abgrenzte. Diese Abspaltung war sicher auch dadurch bedingt, dass die Landarbeiter und Angestellten des Gutes meist

Canstein war ein Dorf voller Kinder – das zeigt auch diese seltene Aufnahme vom Fest der Erstkommunion. Die Aufnahme entstand in den 30er-Jahren in der Dorfkapelle.

keine Einheimischen waren. Die Cansteiner taten sich als Sauerländer ja damals wie heute schwer, Neuankömmlinge zu akzeptieren.

Der Streit zwischen Schloss- und Dorfpartei war immer lebendig. Nicht nur, weil die Kinder zu Hause hörten: „Lasst euch von denen nichts gefallen!", sondern weil es eben ein besonderer Sport war, der anderen Partei Schaden zuzufügen. Zum Beispiel war es die Pflicht der Dorfkinder, die Ziegen zu hüten. Die Schlosspartei machte sich einen Spaß daraus, den Hütejungen, wenn sie unaufmerksam waren, die Ziegen wegzutreiben.

Wo ist das Werkzeug?

Eines der beliebtesten Spiele beider Gruppen war das „Budenbauen". Es begann damit, dass die jungen Bauherren sorgfältig nach einem geeigneten Bauplatz Ausschau hielten. Der war nicht leicht zu finden, denn er musste sehr gut versteckt sein, um der anderen Partei keine Möglichkeit zu geben, ihrer Zerstörungswut freien Lauf zu lassen. Vor ein paar Wochen bin ich im Park unterhalb des Schlosses nahe beim Schlossteich einmal wieder quer durch die Bäume zum Doktor gegangen und dabei auf die Reste eines Loches im Boden gestoßen, in dem wir eine unserer Buden gebaut hatten.

Walter Augustinowicz und ich hatten damals beschlossen, unser Versteck unterirdisch zu bauen und jeden äußeren Hinweis auf eine Bude an diesem Platz zu vermeiden. Das machte sehr viel Arbeit, denn der Bodenaushub und das Loch mussten nach der Arbeit jedes Mal

Blick auf Canstein – und auf Kinder, die mit Körben an der Hand heimkehren.

sorgfältig abgedeckt werden. Das Handwerkszeug, Spaten, Schaufel und Hacke holten wir uns auf dem Schloss aus der Werkstatt von Vater Guß. Da wir es nach Gebrauch nicht immer zurückbrachten, sondern der Einfachheit halber an Ort und Stelle abgedeckt liegen ließen, mussten sich Herbert und Päule zu Hause die Beschwerden ihres Vaters anhören, der sein Werkzeug vermisste und die „Blagen" in Verdacht hatte, aber nichts beweisen konnte. Nachdem die Grube tief genug geworden war, dass wir darin stehen konnten, begannen wir mit der Abdeckung mittels Ästen und Zweigen, auf die wir Laub häuften. Nachdem wir die Behausung dann noch mit einigen alten Kissen und Decken versehen hatten, die ich zu Hause hatte mitgehen lassen, war die „Bude" fertig. Wir freuten uns daran, stellten aber bald fest, dass der eigentliche Spaß am Spiel damit auch schon zu Ende war. Es dauerte nicht lange und Karl Bieker, damals schon Chauffeur des „jungen Herrn Baron", meines Vaters, fand unsere Bude und zerstörte sie. Unsere einziger Trost bestand darin, dass die „Dorfpartei" sie nicht entdeckt hatte.

„Schneller Fuß und Pfeilmädchen"

Es kam auch zu Kriegshandlungen zwischen den Parteien, deren Grund mir nicht mehr erinnerlich ist. Ich weiß nur, dass in der Schule darüber gesprochen wurde, dass am Nachmittag auf der Schlosswiese gekämpft werden würde. Alle Mitglieder unserer Partei wurden aufgeboten, insbesondere die Älteren, die schon 14 Jahre und im achten Schuljahr waren, galten als starke Kämpfer. Ich erinnere mich deutlich, neben Paul Augustinowicz und Otto Bieker auf dem Bauch durch hohes Gras auf der Schlosswiese gerobbt zu sein. Ein Kampf fand aber nicht statt. Die „Dorfpartei" hatte wohl gekniffen.

Viele gute Spielkameraden gab es in der Schlosspartei, aber wirkliche Freunde waren eigentlich „nur" Herbert und Pauli Guß, genannt „die Ratten". Herbert war ein Jahr älter als Pauli. Sehr lernbegierig und intelligent, war er uns beiden in der Schule weit voraus. Er lernte rasch lesen und wir profitierten davon. Wenn wir bei schlechtem Wetter oben im Spielzimmer beisammensaßen, las er uns aus den Kinderbüchern vor, die Sigi und ich von den zahlreichen Freunden und Verwandten unserer Eltern geschenkt bekamen. „Tull der Meisterspringer" und „Schneller Fuß und Pfeilmädchen" sind mir unvergesslich.

Schrauben, basteln, bauen

Das Spielzimmer, in dem wir viele Stunden verbrachten, lag im Dachgeschoss des alten Schlosses zum Pferdestall hin. In der Mitte war ein Treppenaufgang, um den man im Zimmer ganz herumgehen konnte. Auf der rechten Seite waren in die schräge Wand Schiebeschränke für das Spielzeug eingebaut. Diese Anordnung eröffnete grandiose Spielmöglichkeiten. Wir bekamen ähnlich wie bei den Kinderbüchern von der Verwandtschaft und den Freunden der Eltern sehr viel wertvolles Spielzeug geschenkt. Ich erinnere mich besonders gut an eine elektrische Eisenbahn, die so viele Schienen hatte, dass man den Zug um das ganze Treppenhaus in der Mitte des Spielzimmers herumfahren lassen konnte.

Die Technikspielzeuge wie diese Eisenbahn waren für Herbert und Pauli mit ihrer natürlichen Begabung für technische Dinge wie geschaffen. Sie halfen mir bei dem Zusammenbau der wunderschönen Metallmodelle, die heutzutage begehrte Sammlerstücke geworden sind. Leider sind sie alle zerstört worden oder verloren gegangen.

Es gab unter anderem das Modell einer Ju 52. Dieses klassische Flugzeug kam in einem Karton in Einzelteilen an und musste montiert werden. Es wurde mit Schrauben und Muttern zusammengefügt und ich lernte von Herbert, dass man immer erst einmal im Kopf die Teile zusammensetzen muss, ehe man mit der Schrauberei beginnt. An solchen Projekten arbeiteten Herbert, Pauli und ich gemeinsam. Es gab oft kleine Streitereien, wie man bei der Montage vorgehen sollte. Außer dem Flugzeug bauten wir einen Lastwagen, einen Kran und das berühmte Märklin-Modell vom Mercedes-Rennwagen. Ein Baukasten mit echten Miniziegelsteinen und Mörtel verschaffte uns tagelang Arbeit beim Entwerfen und Aufbau eines Hauses.

Wir spielten „Schlachten"

Eines Tages kam eine Freundin unserer Mami zu Besuch. Es war Anfang Dezember, in der Zeit, als überall im Dorf beim ersten Frost das Todesgeschrei der Schweine erscholl und wir mit Staunen vor den Häusern aufgeklappte riesige Schweine auf Leitern zum Kühlen aufgestellt sahen. Wir fanden es spannend, bei der Arbeit des Schweineschlachtens zuzuschauen. Da auch die Familien Guß und Bieker Schweine zur Selbstversorgung mästeten, hatten wir dazu ausführlich Gelegenheit: Vom Betäuben über das Abstechen bis zum Abbrühen und Enthaaren, vom Zerteilen über das Kochen bis zum Würstestopfen – alle Verrichtungen waren uns wohlvertraut.

Besagte Freundin unserer Mami hatte in eigener mühevoller Arbeit für uns Kinder zu Weihnachten einen riesigen Elefanten angefertigt. Er war sicher 80 Zentimeter hoch und sehr wohlbeleibt, mit kurzem, dickem Rüssel, einem Schweinchen nicht unähnlich. Da wir Jungen, außer vielleicht manchmal Sigi, keine Liebe zu Kuscheltieren kannten, wussten wir mit dem Dickhäuter erst einmal nicht viel anzufangen. Die Ähnlichkeit des Elefanten mit einem Schwein und die Naht auf der Mitte seines Bauches regten uns dann aber an, mit ihm „Schweineschlachten" zu spielen.

Wir holten also alles, was zu dieser Tätigkeit gehört, herbei. Axt und Messer, Molle und Eimer. Dann wurde das unglückliche Tier mit einem Axtschlag betäubt, fachgerecht abgestochen und mangels einer Leiter am Knauf des Fensters aufgehängt. Die Molle wurde daruntergesetzt und der Bauch von oben nach unten aufgeschnitten. Leider hatte die gute Herstellerin unseres „Elefantenschweins" sich nicht auch noch die Mühe gemacht, innere Organe zu verfertigen. So waren wir enttäuscht, dass unser Schweineschlachten nicht ganz bis zum Ende durchgeführt werden konnte, weil uns nur Holzwolle entgegenquoll. Zu dieser Enttäuschung kam das „Strafgericht" für unsere Untat hinzu …

Kriegsspiele und …

Es muss wohl im Winter 1940 gewesen sein, als unser Papi, den wir nun schon seit Kriegsbeginn im September 1939 entbehren mussten und nach dessen Zigarrengeruch ich sehr oft Heimweh hatte, auf Urlaub heimkam. Inzwischen hatte sich unser Spielzeug – wie konnte es zu der Zeit anders sein – um zahlreiche Soldatenfiguren aus Holzmehlkunststoff und Panzer,

Geschütze und weiteres Kriegsgerät vermehrt. Wir bewunderten unsere Väter, die Soldaten waren, und wollten es ihnen nachtun. Bei all den Siegesmeldungen des Frankreichfeldzuges war es mir unerklärlich, warum mein Vater vom ersten Tag des Krieges an davon überzeugt war, dass wir ihn verlieren würden. Er machte daraus in der Familie keinen Hehl und fand bei seinem Vater Unterstützung. Ich erinnere mich dazu lebhaft an einen Besuch von Onkel Harald von Elverfeldt, der Stabsoffizier war und mit seinem General in Uniform zu Besuch kam. Wir waren sehr beeindruckt von den Uniformen und Orden der beiden Herren. Beim Tee im neuen Schloss durfte ich dabei sein und verfolgte die Diskussion der Erwachsenen, bei der es um den weiteren Verlauf des Krieges ging. Mein Vater und mein Großvater widersprachen mit aller Deutlichkeit dem Optimismus der Militärs, die nach dem Sieg in Frankreich den Erfolg schon vor Augen sahen. Sie wiesen unter anderem auf die mangelnde Ausrüstung der Wehrmacht hin, die sich im folgenden Russlandfeldzug bewahrheitete. Auch befürchteten sie den Eintritt der USA in den Krieg, der im Jahr darauf erfolgte.

… ihr bitterer Ernst

Es war eine ganz große Freude für uns, als unser bewunderter und geliebter Papi zu uns in das Spielzimmer kam und unser General wurde. Die Truppen wurden eingeteilt. Jeder bekam eine Einheit. Dann mussten wir uns aufstellen und mit Transporten auf der Eisenbahn in die eingeteilten Regionen fahren. Angriff und Rückzug wechselten, und jeder musste einmal Freund und Feind spielen. Bei Tag und Nacht wurde gekämpft, und ich sehe noch immer unsere Ju 52 mit ihren Positionsleuchten im Dunkeln über der Truppe durch das Spielzimmer schweben.

Ein Spiel, das für uns am Ende des Krieges bitterer Ernst wurde. Herbert Guß fiel bei den letzten Kämpfen 1945 in der Nähe von Olsberg und liegt auf dem Soldatenfriedhof vor Meschede an der neuen Autobahn begraben. Dort habe ich sein Grab bei Sitzungen in Meschede besucht und mit ihm im Geiste Erinnerungen an unsere Jugend ausgetauscht. Ich verdanke ihm so viel und konnte es ihm nie sagen. Er war ein Freund, von dem ich für mein ganzes Leben lernen durfte.

Die Aufnahme entstand um 1935 und zeigt die fünf Gespannführer des Gutes – Kümmel, Rehfeld, Ladage, Adolf Bieker und Menne (von links) – mit ihren Pferden.

Die „Ökonomie" des Gutes

Landwirtschaft in und um Canstein (1928 – 1939)

Ökonomie" – das war zu meiner Kinderzeit der in der Familie gebräuchliche Begriff für die Gesamtheit des Gutshofes. Insbesondere unsere Großmutter Marietta benutzte ihn ausschließlich. Daher vermute ich, dass er schlesischer Herkunft war. Bei den Cansteinern war es „der Hof", oder es hieß: „auf'm Gute".

Die Ökonomie in Canstein war einer von vier etwa gleich großen Höfen, die alle als „Ökonomien" bezeichnet wurden. Neben Canstein gab es Udorf, Forst und Borntosten. Alle waren 1928 nach der Übernahme der Betriebsleitung durch unseren Vater Hubertus im Alter von 26 Jahren gleichartig organisiert worden. Er hatte die vorher dort tätigen Verwalter oder Pächter abgelöst. Das war nicht ohne Ärger abgegangen, denn er hatte manchem von ihnen Betrügereien nachweisen können. Dies führte dazu, dass er Angestellten gegenüber in Geldangelegenheiten zeitlebens misstrauisch blieb.

Beim Versuch einer Beschreibung des Gutshofes in Canstein ist es schwer, den rechten Zeitpunkt im Ablauf der Geschichte zu finden. Doch stehen die meisten Gebäude ja noch oder sind – etwa auf der Nordseite zum Schloss hin – erst in den letzten Jahren abgebrochen worden. Die Verwendung der Gebäude und der Arbeitsablauf auf dem Hofe, so wie ich ihn schildern werde, entspricht etwa dem Zustand in den 30er-Jahren bzw. in der Zeit des Zweiten Weltkrieges.

Zu dieser Zeit gab es seit Langem erarbeitete Grundsätze für die erfolgreiche Bewirtschaftung von Landgütern, die auch ich 1952 noch erlernt habe. In der Folgezeit änderten neue Erkenntnisse und die Mechanisierung den Landbau erheblich.

Oberstes Prinzip war damals die Erhaltung der Bodenfruchtbarkeit durch Mist. Zwar wurde bereits seit Langem Mineraldünger angewandt, aber zur Bildung von Humus galt gut verrotteter Mist noch immer als das einzig anwendbare Mittel. Hinzu kam die Tendenz, mit möglichst wenig Zukauf auch von Mineraldünger zu arbeiten, denn Geld war immer knapp. Für selbst erzeugten Mist brauchte man kein Bargeld. Dann begann man zu rechnen: Wie viel Boden ist vorhanden? Wie viel Mist braucht er zur Humuserhaltung? Wie viel Mist produziert ein Rind, ein Pferd, ein Schwein, ein Schaf, ein Huhn? Was ist an Gebäuden vorhanden und was kann darin gehalten werden?

Da die Preise für Milch, Fleisch, Wolle und Eier schwankten, war man der Ansicht, dass man zum Risikoausgleich alle Tierarten züchten müsse. Der Viehbestand wurde dann dem Mistbedarf des Ackers angepasst, der nach der Aussonderung des für das Vieh notwendigen Grünlandes verblieb. Wie sah es also damals auf dem Hof in Canstein aus?

„Nervenzentrum" des Hofes war das Gutshaus. Hier wohnte der Verwalter Herr Lödige. Er war zu der Zeit noch Junggeselle und ein liebenswürdiger, sehr fleißiger Mann. Er plante und überwachte den gesamten Arbeitsablauf des Betriebes. Dabei standen ihm meist ein sogenannter zweiter oder Lehrverwalter und ein bis zwei Lehrlinge zur Seite, die „Eleven" genannt wurden und meistens Bauernsöhne oder Söhne von Gutsbesitzern waren.

Der Gutshaushalt wurde von einer tüchtigen Wirtschafterin verwaltet, die hin und wieder wechselte, wenn sie es allzusehr darauf abgesehen hatte, Herrn Lödige zu heiraten und die „Vergeblichkeit" einsah. Eine solche Wirtschafterin oder auch die jeweilige Frau des Verwalters herrschte über einen gar nicht so unbedeutenden Nebenbetrieb der Ökonomie. Mit zwei bis drei Hausgehilfinnen oder weiblichen Lehrlingen versorgte sie ihre Familie sowie die Zweitverwalter und Eleven mit Essen und Wäsche. Oft kamen auch noch unverheiratete Landarbeiter oder Saisonarbeitskräfte dazu, die verpflegt und untergebracht werden mussten. Dies erforderte eine umfangreiche Produktion und Vorratshaltung von Lebensmitteln.

Gemüse aus dem Garten

Ein großer Garten musste bestellt, gepflegt und beerntet werden. Er lag neben der neuen Scheune am Weg zur Eulenkirche. Das auf der rechten Seite des Eulenkirchenweges darüberliegende Feld war der „Leutegarten". Dort hatten die Landarbeiter und die Familien Guß und Bieker vom Schloss ihre Gärten. Die geernteten Gemüse und Früchte wurden in Dosen und Gläsern eingekocht, der Weißkohl in großen Fässern zu Sauerkraut verarbeitet und die Kartoffeln in einem Felsenkeller gegenüber dem Gutshaus sorgfältig eingelagert. Ein Überschuss an Äpfeln im Herbst wurde zu Most verarbeitet. Die dafür verwendete Mostpresse steht heute noch auf einem Boden des Gutshauses.

Im Herbst wurden mehrere Schweine und manchmal auch ein Rind geschlachtet und zu Wurst, Schinken und Fleischkonserven verarbeitet. Oben auf dem Dachboden des Gutshauses war die Räucherkammer.

Um den großen Esstisch in der sogenannten „Leutestube" gleich rechts neben der Eingangstür zum Gutshaus saßen zur Mittags- und Abendmahlzeit viele hungrige Menschen, denen große Mengen Kartoffeln und fettes Fleisch aufgetischt wurden. Denn sie brauchten Kalorien für täglich neun bis zehn Stunden körperliche Arbeit. Das erste Frühstück wurde nicht gemeinsam eingenommen, denn jeder hatte andere Aufstehzeiten. Es gab nämlich zweimal Frühstück. Das erste rasch nach dem Aufstehen zwischen 4 und 6 Uhr, je nach Aufgaben und Pflichten.

Blick auf den Hofplatz des Gutes um 1936. Das quadratische Fachwerkgebäude hinten, links der Mitte, diente lange als Taubenhaus.

Das zweite zur eigentlichen „Frühstückszeit" von 10 bis 10.15 Uhr. Manchmal wurde diese Pause wegen der Pferde auf eine halbe Stunde ausgedehnt, da diese bei schwerer Arbeit eine längere Rast brauchten, um den mitgebrachten Futtersack zu leeren. Die Butterbrote für das 10-Uhr-Frühstück und für die nachmittägliche, meist um 16 Uhr angesetzte „Kaffeepause" wurden vom Küchenpersonal geschmiert und lagen für die Lehrverwalter und Eleven abholbereit verpackt im Leutezimmer.

Puten, Enten, Tauben

Ein eigener, nicht unbedeutender Betriebszweig auf Gut Canstein, der der Gutsfrau und ihrer weiblichen „Truppe" unterstand, war die Geflügelhaltung. Es gab einen großen Hühnerstall mit bis zu 100 Hennen, deren Legeleistung damals nur bei 180 bis 200 Eiern pro Jahr und Henne lag. Er musste auch deshalb so groß sein, weil die Eier für das Schloss zusätzlich zum Eigenbedarf zu liefern waren. Die Verluste durch Habichte und Raubzeug wie Marder, Iltisse und Füchse waren erheblich und der Förster musste sich ständig Klagen der Gutsfrauen anhören. Die Hühner waren ursprünglich in einem schlechten Stall hinter dem Gutshaus untergebracht. Als dann Frau Lödige das Regiment übernahm, wurde ein neuer Hühnerstall an der „Neuen Scheune" gebaut, der noch heute als Ruine existiert.

Bis zur Verfügbarkeit von billigen Junghennen aus spezialisierten Hühnerfarmen wurden Glucken gesetzt und die Hühnerküken selbst aufgezogen. Als Glucken eigneten sich besonders gut Puten, die aufgrund ihrer Größe und wegen ihres starken Bruttriebes erhebliche Eiermengen ausbrüten konnten. Wenn dann im Frühjahr die Küken schlüpften, liefen überall hinter dem Gutshaus und manchmal auch auf dem Hof, wo sie nicht hingehörten, rufende Glucken mit ihren Küken herum. Bevor der neue Stall gebaut war, bewegten sich die Hühner hinter dem Gutshaus frei herum. Es war ein besonderer Sport von uns Kindern, verlegte Eier zu suchen und auszutrinken. Wir stachen ein Loch in jede Seite des Eis und saugten es aus. Beim ersten Mal war es mir ziemlich eklig, aber dann bekam ich Geschmack daran. Hinter dem Gutshaus war ein Teich, dessen Umrisse jetzt noch sichtbar sind. In diesem Teich quakten, flatterten und kreischten große Mengen von Enten und Gänsen, die in den kleinen, angebauten Ställen am Kornboden untergebracht waren. Sie gingen gern auf Wanderschaft zum Schwemmteich, die Gänse auch auf die Felder an der Eulenkirche, von wo wir sie mit Vergnügen verjagten.

„Durchreisende" Brieftauben

Mit den Enten und Gänsen zusammen liefen Puten zwischen Teich und Gutshaus spazieren. Es gab auch immer einige Perlhühner, die ihr lautes Geschrei erschallen ließen. Man hielt sie, weil man meinte, dass ihre Rufe die Ratten vertrieben. Das war jedoch keineswegs der Fall, denn Ratten waren überall. Die Futtervorräte waren ja noch nicht in Metall- oder Plastikbehältern sicher verstaut, denn das war viel zu teuer. Man benutzte Holzkisten, in die die Ratten leicht eindrangen. Zur Abwehr hielt man einige Hunde und viele Katzen. Es war die Aufgabe des Melkers, die Katzen im Kuhstall aufzuziehen und mit Milch zu versorgen. Eine weitere wichtige Geflügelart, die der Obhut der Gutsfrau in Canstein unterstand, waren die Tauben. Oben im Taubenhaus waren rundum Nester angebracht, die auch heute noch vorhanden sind. Es brüteten dort immer etwa 30 bis 40 Tauben, die überall auf dem Hof auf den Dächern saßen und gurrten.

Das Geräusch gurrender Tauben und der um den Hof kreisende Schwarm gehörten für mich so sehr zum Bild des Hofes, dass ich die Tauben noch immer vermisse und manchmal daran denke, das Taubenhaus wieder zu besetzen. Aber wer macht die Arbeit? Denn Arbeit war auch damit verbunden. Die Tauben mussten täglich gefüttert werden, denn sie vertragen kein verdorbenes Futter. Am Abend war der Schlag mit Klappen zu verschließen und am Morgen zu öffnen. In der Nacht bestand nämlich ständig die Gefahr, dass ein Marder in den Taubenschlag eindrang und fast alle Tauben in seiner Mordlust totbiss.

Es wurde keine besondere Taubenrasse gehalten, sondern nur die sogenannten Feldkrätzer, die ab und zu von „durchreisenden" Brieftauben veredelt wurden. Sie waren geschickte und schnelle Flieger und entkamen dem Habicht leichter als Zuchttauben.

Während der Brutperiode wurden die jungen Tauben, sobald sie Federn hatten und kurz vor dem Ausflug standen, den Nestern entnommen und geschlachtet. Sie schmeckten hervorragend und wurden zum größten Teil ins neue Schloss geliefert, weil unser Großvater Alexander leberkrank war und kein fettes Fleisch essen durfte.

Die Hierarchie auf dem Gut

Die Arbeitswoche lief von Montag bis Samstag ab. Der Arbeitstag hatte im Winter acht und im Sommer bis zu zehn Stunden. Er wurde durch drei Pausen unterbrochen. Die Arbeit begann von Frühjahr bis Herbst um 6.30 Uhr früh und endete um 18.30 Uhr abends. Eine halbe Stunde Frühstückspause unterbrach die Arbeit um 10 Uhr vormittags, die Mittagsruhe wurde von 12 bis 13 Uhr gehalten, die Kaffeepause dauerte von 16 bis 16.30 Uhr. Zur Mittagspause kamen alle Arbeiter mit den Pferden so rechtzeitig zurück auf den Hof, dass sie um 12 Uhr dort waren und um 13 Uhr wieder anspannen konnten. Im Winter ging es ruhiger zu, aber wenn mit der ausgeliehenen Dämpfkolonne Kartoffeln einsiliert wurden oder die Schafscherer kamen, war der Neun-Stunden-Tag auch zu dieser Jahreszeit möglich. Innerhalb der Mitarbeiter gab es eine gewisse Hierarchie. An der Spitze standen der Verwalter und der zweite Verwalter. Die Eleven waren zwar der Kommandogewalt nach direkt danach eingeordnet, aber die „alten Hasen" unter den Mitarbeitern wie der Schafmeister, der Schweinemeister, der Melkermeister und die Handwerker sahen auf sie herab, weil sie ja nun auch meist wirklich keine Ahnung hatten. Diese Fachleute waren auch den übrigen Landarbeitern übergeordnet, weil ihr Wort aufgrund ihrer Kenntnisse und Erfahrungen viel galt. Sie hatten das Vertrauen des Verwalters und konnten in manchen Teilen ihres Verantwortungsbereiches frei entscheiden.

Unter diesen Meistern rangierten die Gespannführer, denen je vier Pferde anvertraut waren. Vor der Anschaffung des ersten Traktors hatten wir in Canstein sechs, danach vier Gespanne. Es gab auch immer einige jüngere Landarbeiter, die als Gespannführer ausgebildet wurden. Unter diesen herausgehobenen Personen rangierten alle übrigen Mitarbeiter. Dies waren die sogenannten „Stundenlöhner", die mit Gabel, Hacke und Schaufel arbeiteten, die Stallgehilfen vom Melker, Schweinemeister und Schäfer und die Saisonarbeiter und Aushilfskräfte. Die Entlohnung der Arbeiter erfolgte nach dem Prinzip „Möglichst wenig Bargeld ausgeben". Der in Geld ausgezahlte Stundenlohn war daher niedrig, er dürfte um 1935 bei etwa 0,50 Mark pro Stunde oder darunter gelegen haben.

Der größte Anteil am Lohn bestand in freien Naturalien, dem sogenannten „Deputat". Es war vielseitig zusammengesetzt und reichte von Milch und Butter bis zum Ferkel für die Mast des Hausschlachtschweines. Aufgrund der unzureichenden Entlohnung war die Versuchung groß, das Deputat durch Diebstahl aufzubessern. Eine der Hauptaufgaben der Eleven und des Zweitverwalters bestand darin, den Verwalter bei der Verhinderung solcher Delikte zu unterstützen. Alle Tore und Türen wurden ständig mit riesigen Schlüsselbunden auf- und zugeschlossen. Jedes Stück Handwerkszeug wurde morgens ausgegeben und abends abgezählt wieder weggeschlossen. Material war teuer, Arbeit billig. Als ich mich 1950 auf meiner zweiten Lehrstelle bei Wilhelm Püllen in Eschweiler im Kreis Düren vorstellte, ermahnte er mich: „Sie müssen davon ausgehen, Herr von Elverfeldt, hier klauen alle, auch die, die jeden Sonntag in der Kirche sind …"

Ein Arbeitstag auf dem Gut

Ein Arbeitstag verlief für einen Eleven auf Gut Canstein etwa folgendermaßen: Um 5.30 Uhr klingelte der Wecker. Die müden Knochen von der Arbeit des Vortages wurden rasch gestreckt, eine „Blitzwäsche" am Waschbecken mit kaltem Wasser folgte. Anziehen, im Bü-

Der neue Lanz-Bulldog – eine Anschaffung der frühen 30er-Jahre – wurde auf dem Gut vom „ersten Gespannführer" Rehfeld gefahren.

ro das Schlüsselbund holen und raus auf den Hof. Am Kornboden standen dann spätestens um 6 Uhr der Melkermeister, der Schweinemeister und manchmal auch der Schafmeister und der Futtermeister der Pferde mit ihren Schiebkarren zur Kraftfutterausgabe. Es war die Aufgabe der Eleven, das Kraftfutter auszuteilen, das sie nach vorgegebenen Rezepten aus Getreide und Zuschlagstoffen auf dem Kornboden gemahlen und gemischt hatten. Diese Futtermischungen mussten sie, wenn sie umschichtig „Dienstwoche" hatten, außerhalb der Arbeitszeit herstellen.

„Fixe Backen, fixe Hacken"

Nach der Futterausgabe hieß es noch rasch den Regenmesser abzulesen, und dann ging's ins Haus zurück, um ein kurzes erstes Frühstück einzunehmen. Meist saßen dann der Verwalter und die übrigen Eleven schon am Tisch. Das Wetter und die Arbeitseinteilung für den Tag waren für gewöhnlich das einzige Gesprächsthema der eifrig kauenden Runde. Das Essen hatte schnell zu geschehen. „Fixe Backen, fixe Hacken", pflegte mein erster Lehrchef Herr Rickert-Löser zu sagen. Um 6.20 Uhr musste der diensthabende Eleve dann schon wieder raus, um die Werkzeugkammer am Kornboden aufzuschließen.

Inzwischen versammelten sich die Mitarbeiter vor der Tür des Pferdestalles auf einer langen Bank, die dort an der Wand befestigt war. Bei Regen stellten sie sich im Pferdestall unter. Je nach Jahreszeit und anfallenden Arbeiten waren das zwischen 15 und 20 Personen, Männer und Frauen.

Die Männer trugen als Arbeitskleidung meist alte Hemden ohne Kragen und Manschetten – die man ja damals abknöpfen konnte –, abgetragene Hosen aus grobem Cordstoff, die man „Manchesterhosen" nannte, und abgewetzte Anzugjacken darüber.

Alle kamen immer mit einer Kopfbedeckung, meist abgetragene Sonntagshüte oder Schirmmützen, die man „Schlägermützen" nannte. Die Frauen waren in verblichene bunte Baumwollkleider mit Schürzen gewandet und hatten ein Kopftuch umgebunden. Viele dieser Kleidungsstücke wurden auf dem „Arolser Viehmarkt" Anfang August eingekauft. Der erste Donnerstag im August, der Vorabend des Markttages, „Heiligabend" genannt, war immer arbeitsfrei.

Die Gespannführer

Erster Gespannführer war der alte Rehfeld, ein untersetzter, kräftiger Mann mit dem Schnurrbart der Soldaten des Ersten Weltkriegs. Er war ein relativ wortkarger Mensch mit einer tiefen Donnerstimme. Sein Leitpferd im Gespann hieß zu meiner Kinderzeit „Ella", und ich weiß, dass ich meine Spielpferde mit dem Ruf „Öller" anzutreiben pflegte, ohne zu wissen, was das hieß. Aufgrund seiner Erfahrung wurde Rehfeld der erste Ackerschlepper anvertraut, der Lanz-Bulldog.

Doch zurück zu den Pferden und den Männern, die mit ihnen umgingen. Zweiter Gespannführer in der Altersreihenfolge war Kümmels Willem. Er hatte einen Namensvetter im Dorf, der selbstständiger Bauer und der Vater von unserem Aussiedler Wilhelm Kümmel war. Zur Unterscheidung wurde die Bauernfamilie Kümmel „Dokus" genannt. Dieser Name stammte von einem Vorfahren, der den seltenen Vornamen „Jodokus" getragen hatte.

Noch ohne Traktor: Mist fahren war mit Pferden, Karren und Forken eine harte und „endlose" Arbeit.

Kümmels Willem hatte die Tochter eines Melkermeisters geheiratet, der aus der Schweiz stammte. Im vorigen Jahrhundert, als die Schweiz noch ein armes Land war, gingen viele nachgeborene Bauernsöhne als Melker auf die Gutsbetriebe in Deutschland und pachteten Kuhställe, wobei oft die Molkereiarbeit der Butter- und Käseproduktion, die sie ja aus ihrer Heimat gut kannten, mit zum Vertrag gehörte. Deshalb war es vielerorts Sprachgebrauch, nicht „Melker", sondern „Schweizer" oder „Kuhschweizer" zu sagen.

Weitere Gespannführer waren Ladagen Karl, der als Soldat gleich zu Beginn des Krieges ein Bein verlor und vor einigen Jahren in Canstein verstarb. Er wohnte im Haus zwischen Ottos und Braumanns an der Kirche. Adolf Bieker, genannt „Kaspers", war ein fröhlicher junger Mann, der durch seine Schlägermütze auffiel und besonders an seinen Pferden hing. Sein jüngster Bruder Karl war nach dem Kriege erster Schlepperfahrer auf dem Gut und ist heute unser Ortsvorsteher.

Der „Maschinen-Bieker"

Der Vater dieser Brüder Bieker-Kasper war bis kurz nach Ende des Zweiten Weltkriegs auf dem Hof in Canstein als Maschinenmeister tätig gewesen. Er hieß der „Maschinen-Bieker" und trug immer einen verölten blauen Arbeitskittel. Er war der technische Chef des Betriebes und für die Dreschmaschine und die pferdegezogenen Grasmäher und Garbenbinder zuständig. Ein weiterer Gespannführer um 1935 hieß mit Nachnamen Menne und ich erinnere mich, dass er uns Kinder gern mochte und wir viel Spaß mit ihm hatten. Er hatte eine unerwiderte Liebe zu einem der Hausmädchen auf dem Schloss und zündete in „Kompensation" seiner Gefühle 1938 die Zehntscheune an, deren gutes Dach und freitragende Innenkonstruktion wir ihm verdanken.

Von den Landarbeitern, die lange Zeit auf Gut Canstein tätig waren, möchte ich besonders Anton Nowacki und Heinrich Augustinowicz erwähnen. Sie waren Schwäger und kamen aus Polen. Heutzutage würde man sie „eingebürgerte Gastarbeiter" nennen. Fast alle Gutsbetriebe in Deutschland hatten vor der Einführung von pferdegezogenen Mähbindern für die Getreideernte Wanderarbeiter nötig, die als Schnitter mit der Sense im Akkord Getreide mähten. Meist arbeiteten Mann und Frau zusammen. Er mähte mit der Sense und sie band die Garben. Dann stellten sie die Garben in Hocken zum Trocknen auf.

Beide Männer hatten noch als Schnitter gearbeitet und waren dann in Canstein geblieben. Sie wohnten in der ehemaligen Schnitterkaserne, die 1935 abbrannte, weil Kinder mit Streichhölzern gespielt hatten. Die Reste dieses Gebäudes stehen unten quer auf dem Hof und enthalten die nach dem Zweiten Weltkrieg eingebauten Räume der alten Schmiede und Stellmacherei.

Beide, Nowacki und Augustinowicz, hatten natürlich gut Deutsch gelernt, sprachen aber zu Hause mit den Kindern weiter polnisch. Anton Nowacki war ein grundehrlicher, gut ausgebildeter und tüchtiger Mann, der alle landwirtschaftlichen Handarbeiten perfekt beherrschte. Er war der Einzige auf dem Hof, der exakt mit der Hand Klee säen konnte. Das war eine sehr schwierige Arbeit, weil sehr kleine Mengen winziger Saatkörner ganz gleichmäßig auf die Fläche verteilt werden müssen.

Nowacki war natürlich ebenso geschickt mit allen Handwerkszeugen, seien es Gabeln, Schaufeln, Äxte, Rübenhacken oder Köpfschippen. Ich habe in meiner Zeit als zweiter Verwalter in Canstein viel bei ihm gelernt. Er wusste, wie man so arbeitet, dass man eine hohe Dauerleistung erreicht. Das bewies seine Konstitution im Alter. Er war noch mit über 60 Jahren besonders rüstig. Leider machte ihm in seinen letzten Lebensjahren ein schwerer Unfall zu schaffen, bei dem er einen Schädelbruch erlitten hatte. Er ist mir unvergessen.

Heinrich Augustinowicz war eher still, wohl weil sein Deutsch nicht ganz so gut war. Er war fleißig und ähnlich tüchtig bei der Arbeit wie Anton, aber weniger umgänglich. Auch trank er gerne. Während des Krieges hat er selbstständig den Kuhstall betreut, nachdem alle Melker eingezogen worden waren.

Der Mann im Pferdestall

Im Pferdestall wirkte als Futtermeister „der alte Völker". Er war um diese Zeit sicher schon fast im Rentenalter und gehörte zu den Gespannführern, die die ganz alte Zeit noch miterlebt hatten.

Als ich klein war, wohnte er im Pferdestall oben auf der Bühne, die man auch heute noch aus dem Pferdestall über eine steile Leiter erreicht. Dort oben schlief er neben der Sattelkammer. An diesem Platz hatten in alten Zeiten alle Pferdeknechte gewohnt. Er war der letzte Cansteiner nach meinem Wissen, der kein Hochdeutsch sprach, sondern ausschließlich Sauerländer Platt.

Von seinem Wohnplatz über den Pferden hatte er stets einen guten Überblick. Er sah sofort, wenn ein Pferd sich nicht wohlfühlte, wenn es sich wälzte, weil es von Koliken geplagt wurde, oder wenn es wegen Lahmheit nicht richtig stand. Auch wenn eine Stute ans Fohlen kam, war er nachts wach und sorgte für eine glatte Geburt, auch wenn es Komplikationen gab. Seiner besonderen Verantwortung unterstand der Hafer, der in einer verschlossenen Kiste gelagert wurde, weil die Gespannführer für ihre geliebten Pferde gern Sonderrationen klauten.

Ein Erntetag im Sommer

Alle diese Männer zusammen mit Aushilfskräften beiderlei Geschlechts aus dem Dorf standen oder saßen also erwartungsvoll vor dem Pferdestall und begrüßten Herrn Lödige und seine Eleven, die fünf Minuten vor Beginn der Arbeitszeit am Stalltor erschienen. Nun begann die Arbeitseinteilung. Als Beispiel möchte ich einen Spätsommertag wählen, der nach trockenem Wetter aussah. Dann hörte sich das so an:

„Wir wollen heute Hafer von der Mönchsbreite einfahren. Rehfeld, Kümmel, Adolf und Karl spannen die Leiterwagen an. Stitz und Bieker stellen den Höhenförderer in der neuen Scheune auf. Drei Mann gehen mit in die Banse. (Banse sind die aufgepackten Garben in der Scheune.) Alle anderen holen sich auch ihre Forken und fahren mit ins Feld zum Aufstaken."

Alle Arbeiter bis auf die Gespannführer gingen nun zur Gerätekammer, wo einer der Eleven aufschloss und die Forken ausgab. Dabei gab es immer einen kleinen Kampf um die besten Forken, jeder hatte „seine", mit der er am besten zu arbeiten glaubte. Für die Arbeit in der Banse waren die zweizinkigen Forken mit kurzem Stiel versehen, für das Laden der Erntewagen mit langem.

Die hölzernen Erntewagen, die mit je zwei Pferden bespannt waren, dienten vielen Zwecken und konnten umgebaut werden. Jetzt waren sie mit Ernteleitern auf beiden Seiten bestückt, die sich mit Streben rechts und links auf den eisernen Achsen abstützten. Am Kopf- und Fußende des Leiterwagens hingen Seile zum Befestigen des Leiterbaums, einer langen geschälten Fichtenstange, die auf dem Wagen lag.

Die Garben einfahren

Die Pferde waren angespannt, alle Arbeitskräfte nahmen ihre Forken und stiegen auf. Dann rumpelten die Wagen über den Kies des Hofes Richtung Bruchsweg. Bis zur Abzweigung des Bruchsweges von der Arolserstraße ging die Fahrt relativ glatt, obwohl es noch keine Teerstraßen gab. Der Weg zur Feldscheune – der besagte Bruchsweg – hieß so wegen der sumpfigen Brüche, die es dort früher gab. Er hätte diesen Namen aber auch von den häufigen Zusammenbrüchen von Erntewagen haben können. Er war nämlich ein von tiefen Furchen durchzogener reiner Erdweg, den jeder Regen ausspülte. Man rumpelte auf den ungefederten hölzernen Wagen dort derart hart entlang, dass man sich auf den Wagen stellen musste, weil man angelehnt oder sitzend zu harte Schläge ins Kreuz bekam. Damals wurden meine Bandscheibenschäden von heute vorbereitet.

Die Wagen bogen dann vom Bruchsweg auf die Stoppeln der Mönchsbreite ein und jeder Wagen fuhr eine Reihe von Haferhocken an, die nach dem Schnitt mit dem „Binder" sauber in gleichem Abstand aufgestellt worden waren. Man griff noch einmal in die Ähren, um festzustellen, ob der Tau abgetrocknet war, und dann begannen je zwei Männer, mit ihren langen Forken Garben einzeln oder paarweise aus den Hocken zu holen, sie über den Kopf zu schwingen, damit zum Wagen zu gehen und sie darauf abzulegen.

Auf dem Wagen standen der jeweilige Gespannführer und eine zweite Person, meist eine Frau, um die Garben zu verladen. Dies ging am besten mit den bloßen Händen. Die Garben wurden gepackt und mit dem Fußende nach außen in einer Reihe erst auf die Leitern

Per Höhenförderer wurden die Garben in der Scheune abgeladen und dort aufgestapelt, bevor es dann ans Dreschen ging. Die Aufnahme entstand um 1935 auf dem Gut.

und, wenn das Innere des Wagens voll war, ein wenig überhängend auf die Oberkante der Leitern gelegt.

Es war im Inneren der Ladung wichtig, dass die Garben wie Fischschuppen aufeinanderge-packt wurden, damit das Gewicht jeder Garbe die darunterliegende festhielt. Bei dem Auf-bau der Packung oberhalb der Leitern musste nämlich dafür gesorgt sein, dass die Ladung nicht auseinanderrutschen konnte. Wenn dann der Wagen schön gerade geladen war, wur-de der Leiterbaum, der an einem Strick angebunden hinterhergezogen worden war, auf den Wagen gehievt. In der Mitte der Ladung wurde er längs aufgelegt und vorn und hinten mit Seilen nach unten verzurrt. Meist hängte sich der Gespannführer dann an das hintere Ende des Leiterbaums und wippte, während unten einer stand und das Seil festzog und verknote-te. Dann sprang er aus der Höhe auf den Boden ab.

Zwei Dickköpfe

Beim Staken und Laden kam es auf gute Zusammenarbeit an. Der Staker konnte dem La-der viel Arbeit abnehmen, wenn er die Garben mit der richtigen Seite voran an die passen-de Stelle legte. Gab sich der Staker darin keine Mühe, weil er zu faul war oder zu dumm, führte das zur Verärgerung des Laders, der ständig darauf achten musste, dass sein Fuder fest und gerade geladen war. Am Hang war es schwer abzuschätzen, ob man eine schiefe Ladung packte. Es kam nämlich oft vor, dass Fuder auseinanderrutschten oder umkippten und dann lud sich der Zorn der Staker auf die Lader ab, weil das Fuder neu aufgestakt werden musste. Bei der Rumpelei auf den schlechten Wegen lockerten sich die Ladungen leicht und so verging bei der Ernte kaum ein Tag ohne Pannen.

An einem schönen Sommertag luden Kümmel und Alwis auf dem Kittenberg Weizen. Das war schon nach dem Krieg. Ich half beim Staken mit. Beide fassten nur ungern die Garben an. Willem hatte deshalb eine kurze Forke mitgenommen und behauptete immer im Brustton der Überzeugung, dass er damit genauso gut laden könne wie mit der Hand. Dies hatten wir gerade an dem Tag wieder einmal bezweifelt. Alwis lud sowieso, wie er wollte, und warf die Bunde einfach hin, wie sie kamen, ohne viel nachzudenken. Das Fuder wurde immer schiefer, was an dem steilen Hang ohnehin leicht passieren konnte, wenn wie immer längs zum Hang gefahren wurde. Wir Staker warnten schon eine Weile, aber Willem wurde böse und Alwis war gekränkt. So ließen wir den Dingen ihren Lauf.

Das Fuder war voll und Willem rief uns zu, wir möchten ihm den Leiterbaum anreichen. In diesem Moment ruckten die Pferde an. Das Fuder begann in Zeitlupe zu rutschen, Willem und Alwis standen mit erhobenen Händen darauf und schrien. Dann donnerte die ganze Ladung oberhalb der Leitern mit einem dumpfen Rums auf die Talseite. Die hellgelben festen Weizengarben kollerten gemischt mit den beiden Helden unter schadenfrohem Gelächter bergab. Willem und Alwis standen unversehrt wieder auf. Willem hatte gottlob niemanden mit seiner blöden Forke verletzt. Die beiden halfen dann in sich gekehrt, das Fuder wieder aufzuladen. Willem aber benutzte trotzdem weiterhin seine Forke zum Fuderladen.

Kinder auf dem „Handpferd"

Die Erntewagen fuhren bei dieser Arbeit von Hocke zu Hocke und hielten dort jedes Mal so lange an, bis die Garben aufgeladen waren. Nicht alle Pferde hielten auf Zuruf an oder zogen den Wagen auf Kommando voran. Deshalb setzte man Kinder zum „Voranfahren" auf das Handpferd. Zum Anfahren riefen sie „Hüh" und traten das Pferd in die Seite, zum Anhalten riefen sie „Brrr" und zogen am Zügel. Dies war eine unserer Lieblingsbeschäftigungen im Sommer, und jeder hatte seinen besonderen Freund unter den Gespannführern. War ein Wagen voll und die hochgepackte Ladung sorgfältig mit dem Leiterbaum gesichert, so fuhr ihn der jeweilige Gespannführer vorsichtig zum Hof oder zur Feldscheune. Unterwegs kam ihm, wenn alles glatt gegangen war, ein Kollege mit leerem Leiterwagen entgegen. Auf diesen warteten draußen auf dem Felde die Staker und hofften auf eine möglichst lange Verschnaufpause.

Der volle Wagen wurde auf dem Hof längsseits an den Höhenförderer gefahren. Dieser war ein schwerer, aus Holz und Eisen gebauter Kettenförderer, der in der Länge mittels einer Winde verstellt werden konnte und auf Rädern bewegt wurde. Ein Elektromotor mit langem, dickem Starkstromkabel war seine Antriebsquelle.

An der Feldscheune gab es noch keine Steckdose für das Stromkabel. Dort verlief aber die Hochspannungsleitung unserer eigenen Stromversorgung aus Udorf. Der Anschluss wurde dort sehr einfach vorgenommen. Der „Maschinen-Bieker" hatte drei lange Bambusstangen, an deren Enden er an einem eisernen Haken eine Ader des Kabels anbrachte. Dann nahm er je eine Stange und hängte sie an eine Leitung am Hochspannungsmast. Der Strom wurde eingeschaltet und der Motor lief. Dasselbe Verfahren wurde auch beim Dreschen an der Feldscheune im Winter praktiziert.

Der Leiterbaum wurde abmontiert, der Gespannführer stieg mit einer Forke auf den Wagen und lud Garbe für Garbe in den Förderer, der die Garben oben in die Banse spuckte. Dort standen je nach Größe der Scheune drei bis vier Mann, die mit Forken die Garben weiterbeförderten. Auch hier kam es, um effektiv zu arbeiten, wieder auf das gute Zusammenwirken an. Der erste Mann hinter dem Förderer kam zum Beispiel in Schwierigkeiten, wenn der abladende Fuhrmann die Garben nicht einzeln ablud, sondern ganze Haufen in den Förderer schubste. Dies führte außerdem zu Verstopfungen des Förderers, zum Abspringen der Kette und anderen Störungen. Es musste auch vermieden werden, dass sich an der Abwurfstelle des Förderers ein ungeordneter Berg von Garben bildete. Ein solcher Berg war später beim Entleeren der Banse beim Dreschen eine Qual für den, der die Garben herausreißen musste, statt sie von einem geordneten Packen abzuheben.

Bei der Arbeit in der Banse gab man sich Mühe, dem anderen die Garben so zuzuwerfen, dass er seine Forke handgerecht einstechen und das Bündel weiterwerfen konnte. Dem Letzten in der Gruppe, der die Garben reihenweise immer in gleicher Richtung aufeinanderpacken musste, warf man sie möglichst so zu, dass er nur noch darauf zu treten brauchte.

Das Einbansen war eine schweißtreibende Arbeit in Hitze und Staub, neun bis zehn Stunden am Tag. Kein Wunder, dass ich des Nachts im Schlaf noch Garben packte oder auflud.

Getreidedreschen im Winter

Das im Sommer in die Scheunen eingefahrene Getreide wurde im Winter mit dem „Dreschkasten", einer auf Rädern beweglichen Dreschmaschine, gedroschen. Wo immer es sich machen ließ, fuhr man mit der Dreschmaschine an oder in die Scheune, um die Garben, von Hand zu Hand weitergereicht, in die Maschine einzulegen. Das ließ sich aber nur dort machen, wo ein Stromanschluss vorhanden war. Überstieg die Getreidemenge den Bergeraum, dann mussten Feldmieten angelegt werden, die im Winter neu aufgeladen und zur Dreschmaschine gefahren werden mussten. Die Bauern im Dorf mussten alle ihr Getreide zwischenlagern, da es für sie nur eine Dreschscheune – die heutige Dorfhalle – gab, zu der sie das Getreide aus ihrer eigenen Scheune fahren mussten. Wenn man alles zusammenrechnet, was an Transportarbeiten nötig war, um Getreide zu ernten, dann wurde eine Getreidegarbe vom Binden bis zum Dreschen 13-mal angefasst.

War das Getreide im Sack, dann blieb das Stroh übrig, der wertvolle Grundstoff für den Mist. Das Stroh wurde von einer Strohpresse am Dreschkasten gebunden, auf Erntewagen geladen und mittels Förderer auf den Heuböden der Ställe eingelagert – „eingebanst", wie wir sagten. Dort entnahmen es die Tierpfleger und streuten es in die Ställe. Der entstehende Mist wurde auf die Dungstätte gebracht und von dort aufs Feld. Rechnet man diesen Arbeitsaufwand hinzu, so wurde das Stroh im Laufe seiner Nutzung durch den Betrieb 24-mal von Menschenhand bewegt.

Neben dem Getreide gab es Klee, Futter- und Zuckerrüben und Kartoffeln in der Fruchtfolge. Der Klee wurde zwei- bis dreimal im Jahr mit einer pferdegezogenen Mähmaschine gemäht, mit Handrechen und Gabel gewendet und geschwadet und, wenn er trocken genug war, auf Dreibeingestelle „aufgereutert". Dort blieb er, bis er trocken genug zum Einfahren war. Das Einfahren verlief dann ähnlich wie beim Getreide, nur war das Packen der Wagen schwieriger, weil das Heu lose aufgeladen wurde.

Rüben: Saat und Ernte

Die Rüben wurden im Frühjahr mit der Sämaschine in Reihen ausgesät. Wenn sie aufgelaufen waren, begann die mühsame Arbeit des Hackens und Verziehens. Das Unkraut zwischen den Reihen wurde mit einer pferdegezogenen Hackmaschine beseitigt, die von zwei Mann bedient wurde. Einer fuhr die Pferde, der andere steuerte die Maschine. Beide mussten ständig gut aufpassen, denn das Gerät lief am Hang leicht aus der Reihe und dann wurden statt der Unkräuter die Rüben ausgehackt. Wenn die erste Maschinenhacke fertig war, begann die Handarbeit. Eine Kolonne von Männern und Frauen hackte zuerst das Unkraut zwischen den Rübenreihen weg und beim gleichen Durchgang aus den Reihen jeweils so viele Rüben, dass alle zehn Zentimeter ein Grüppchen stehen blieb. Wenn dieses sogenannte „Pösten" der Rüben erledigt war, begann das Verziehen. Es war die mühsamste und anstrengendste Arbeit, weil man tief gebückt oder auf den Knien rutschend aus den „Pösten" alle Rübchen bis auf eine herausziehen musste.
Wenn das geschafft war, folgte eine weitere Maschinenhacke zwischen den Reihen und danach die „Rundhacke" wieder mit der Hand. Dabei wurde rund um die Rübenpflänzchen das Unkraut ausgehackt. Da diese Arbeiten viel Sorgfalt erforderten, weil sonst am Ende nur noch sehr wenige Rüben auf dem Feld standen, wurden sie gern im Akkord vergeben. Dann bekam jede Familie oder Person einen Teil des Rübenackers zugeteilt. Der Lohn wurde nach der fehlerfrei gepflegten Fläche gezahlt.

Das Köpfen der Zuckerrüben

Die Rübenernte war im Spätherbst. Die flach wurzelnden Futterrüben wurden mit der Hand herausgezogen und zum Abschlagen der Blätter in Reihen gelegt. Die Zuckerrüben köpften die Arbeiter mit der „Köpfschippe". Sie legten das Blatt in Reihen ab oder luden es gleich auf den Wagen. Die Rübenkörper hebelten Männer mit einer leierförmig gebogenen, zweizinkigen kurzen Gabel aus dem Boden und warfen sie in Reihen zusammen. Die Rüben und das Rübenblatt wurden mit Spezialgabeln, die an den Zinkenenden verdickt waren, auf die Ackerwagen geladen und abgefahren. Die Zuckerrüben transportierte man direkt in die Zuckerfabrik oder in eine offene Miete am Feldrand.
Die Futterrüben wurden für die Winterlagerung sorgfältig eingemietet. Dazu schichtete man sie dachförmig auf und deckte sie mit Stroh und Erde ab. Oben in der Miete steckten senkrechte Strohbündel zur Belüftung. Wenn die Futterrüben im Winter entnommen wurden, hatten sie am Kopf oft neue Triebe gebildet, die durch das Fehlen von Licht nicht ergrünt waren. Sie schillerten in den schönsten Farben, von lichtem Gelb bis zu hellem Rot. Zu Weihnachten hatte ich einmal die Idee, den Esstisch mit solchen Trieben zu dekorieren, die wie seltene Blumen aussahen. Keiner hat dabei erraten, um was es sich handelte.

Das Rübenblatt wurde in einer Fahrmiete einsiliert und im Winter an Kühe und Jungvieh verfüttert. Wegen der damals noch ungenügenden Möglichkeit, das Material im Silo festzufahren, wurde meistens ein übel riechender Haufen matschiger Silage daraus. Die Milch roch dann immer nach Rübenblatt. Aber an Gerüche aller Art war man in der Landwirtschaft gewöhnt, sie waren allgegenwärtig und wurden als selbstverständlich hingenommen.

Die Kartoffeln legen

Wenn Anfang Mai die Gefahr der Fröste vorbei war, wurden die Kartoffeln gelegt. Mit einem Pferd, das eine zweireihige Lochsternmaschine zog, wurden die Pflanzlöcher hergestellt. Dann gingen die Arbeiter mit umgehängtem Kartoffelsack oder einer Pflanzwanne voller Kartoffeln die Reihen der Pflanzlöcher entlang und warfen in jedes Loch eine Kartoffel. Wenn es sich um teures Saatgut handelte, wurden die Kartoffeln meist vorher mit einem Messer so geteilt, dass mindestens ein sogenanntes „Auge", also eine Keimstelle am Stück verblieb. Damit sparte man Saatgut ein. Auch das ist wiederum ein Zeichen dafür, dass Arbeit billig und Material teuer war. Heute ständen die Arbeitskosten für das Zerschneiden in keinem Verhältnis zum Preis von Saatkartoffeln.

Sobald die Kartoffeln in den Pflanzlöchern lagen, wurden sie mit einem Häufelpflug zugedeckt, der Erde über den Kartoffelreihen aufhäufte. Wenn sie dann keimten und die Erde noch nicht durchstoßen hatten, konnte man durch das Glattstreichen und erneutes Aufhäufeln der Dammerde mit der Maschine die Unkrautbekämpfung vornehmen. Später allerdings, wenn die Kartoffelpflanzen ausgetrieben hatten, musste von Hand gehackt werden.

Die Kartoffelernte war ein großes Ereignis, weil alle sich auf das Kartoffelfeuer freuten, das am Abend des Erntetages stattfand. Die Kartoffeln wurden entweder mit einer pferdegezogenen Rodemaschine angehoben und zur Seite geschleudert oder mit der Gabel von Hand ausgegraben. Dann wurden sie in Körbe aufgelesen und diese auf Wagen ausgekippt. Solche Arbeiten wurden auch oft im Akkord vergeben. Jeder bekam einen Streifen zum Lesen zugeteilt. Die vollen Körbe wurden gezählt und vergütet.

Es war für uns Eleven schwer, mit den fixen Leserinnen mitzuhalten. Die meisten Frauen waren darin sehr geübt und hatten diebische Freude daran, die jungen Männer ins Schwitzen zu bringen. Der Wintervorrat an Kartoffeln wurde entweder eingekellert oder in Mieten wie die Rüben gelagert.

Die Dämpfkolonne

Für die Schweinemast wurden die Kartoffeln aus der Miete dann im Winter gedämpft und einsiliert. Dazu kam eine sogenannte „Dämpfkolonne" auf den Hof gefahren. Sie bestand aus einem Dampferzeuger, der mit Holz oder Kohle befeuert wurde. Er war mit drehbaren Behältern versehen, in denen die Kartoffeln mit dem Dampf gekocht wurden. Wir Kinder liebten das Kartoffeldämpfen, denn in der Nähe der Dämpfkolonne war es schön warm, und alle konnten sich an Kartoffeln satt essen, die man nur zu pellen brauchte und die gedämpft besonders gut schmeckten.

Für alle diese Arbeiten waren viele Menschen mit Schaufeln und Gabeln nötig, die den ganzen Tag mit Auf- und Abladen beschäftigt waren. „Die Landwirtschaft ist ein Transportgewerbe wider Willen", hat der frühere Landwirtschaftsminister Andreas Hermes einmal als Schlagwort geprägt.

Wenn wir nach zehn Stunden Arbeit in Hitze und Staub oder Kälte und Matsch endlich Feierabend hatten, dann wartete damals noch keine Dusche auf uns. Duschen waren ungewöhnlich. Das Waschen fand im Normalfall vor dem Waschbecken im Zimmer oder in der Waschküche statt. Badezimmer wurden nur am Samstag angeheizt, sonst wusch man sich mit kaltem Wasser. Kein Wunder, dass viele Mitarbeiter „streng" rochen.

Die Zeit nach dem Abendessen war für Eleven auch weiterhin mit Pflichten gefüllt. Wer Dienst hatte, musste alle Türen auf dem Hof verschließen und vor dem Zubettgehen einen Stalldurchgang machen, bei dem er auf kranke Tiere und die ordentliche Erledigung der Stallarbeiten achten musste. Eilige Probleme wie Anzeichen von akuten Krankheiten oder Geburten mussten dem Chef oder dem jeweiligen Stallmeister sofort gemeldet werden.

Die Pferde trugen neben den Menschen die Hauptlast der Arbeit auf dem Hofe. Es gab auch Betriebe, die zu bestimmten Arbeiten Ochsen einsetzten, doch war das in Canstein zu meiner Zeit nicht mehr üblich. Bei uns waren schwere Kaltblü-

Kartoffeldämpfen auf dem Gut – eine Aufnahme aus den späten 30er-Jahren

ter im Gebrauch, die meist selbst herangezogen wurden. Sie hatten viel belgisches Blut. Die Belgier waren schon immer Experten im Züchten besonders schwerer, fleischiger Tiere. Bei den Rindern sind es die blauen Belgier, bei den Schweinen die Piétrains. Außerdem essen die Belgier gern Pferdefleisch.

Auf Gut Forst war eine Hengststation, auf der ein bis zwei Hengste des Landgestüts Warendorf im Sommer stationiert waren. Zeitweilig kauften wir auch selber Hengste auf den Auktionen in Münster. Die trächtigen Mutterstuten gingen bis kurz vor der Geburt im Frühjahr im Geschirr. Danach verbrachten sie einige Wochen mit den Fohlen auf der Weide. Sobald die Fohlen selber schon ein wenig fressen konnten, mussten die Mütter wieder aufs Feld und wurden während der Arbeitspausen zu ihren sehnsüchtig wiehernden Fohlen in den Stall gebracht.

Nach dem Absetzen der Fohlen wurden diese mit den Jungrindern auf der Weide gehalten und im Winter bis zum dritten Lebensjahr im Jungviehstall. Solche Jungpferde wurden „Stubben" genannt. Wenn sie das nötige Alter erreicht hatten, ließ man sie erst einmal am Halfter angebunden mit einem Gespann mitlaufen und gewöhnte sie dann nach und nach ans Geschirr, die Zugarbeit und den Zügel. Sie mussten außerdem lernen, auf die Zurufe und auf ihren Namen zu reagieren. „Hüa" für vorwärts, „Haa" für rechts, „Hott" für links und „Brr" fürs Stehenbleiben. Diese Kommandos waren für alle die Tätigkeiten, bei denen sich der Gespannführer auf Arbeiten wie das Führen des Pfluges konzentrieren musste und die Leine liegen ließ, als Arbeitshilfe von großer Bedeutung. Auch das Voranfahren und Anhalten der Wagen beim Beladen und Entladen konnte auf diese Weise quasi automatisiert werden.

Charakter auf vier Beinen

Jedes Pferd war eine Persönlichkeit mit eigenen Charaktereigenschaften, die die Gespannführer genau kannten. Sie wussten, welche Tiere am besten zusammenarbeiteten, welche faul und welche fleißig waren. Manche von ihnen hatten auch ohne Gebrauch der Peitsche fleißigere Pferde als die, welche ständig ihre Pferde damit antrieben.

Bei den meisten Ackerarbeiten in Canstein gingen die Pferde dreispännig. Sie waren mit Blattgeschirren ausgerüstet, die für die Anspannung am Wagen zusätzlich ein sogenanntes Hintergeschirr aufwiesen. Mit dieser Art der Anspannung war das Pferd in der Lage, mit seinem Hinterteil den Wagen durch Zug an der Deichsel beim Bergabfahren zu bremsen. Zusätzlich hatten alle Wagen hölzerne Handbremsen, die mittels einer Kurbel Holzklötze auf die eisernen Radreifen drückten. Bei der dreispännigen Anspannung vor Ackergeräten wie Pflug, Egge oder Walze gab es eine Zugwaage, bei der ein langer und ein kurzer Arm den Ausgleich für den Zug der Stränge von zwei auf der einen und einem Pferd auf der anderen Seite sorgte. Eine solche Zugwaage hängt noch am Taubenhaus in Canstein und in Gut Forst am alten Pferdestall.

Der Gespannführer betreute und führte vier Pferde: drei für die Ackerarbeit und ein junges Pferd als Ersatz und zur Ausbildung. Er begann um 6 Uhr, eine halbe Stunde vor Arbeitsbeginn, mit dem Füttern der Pferde. Das Tränken war nicht mehr nötig, weil es zu meiner Zeit schon Selbsttränken für jedes Pferd im Stall gab. Früher wurden die Pferde zu einer Tränke geführt, die als langer Steinbottich vor dem Stall stand. Gefüttert wurde mit der „Schwinge", einem flachen Korb. In diesem wurde gehäckseltes Stroh mit gequetschtem Hafer gemischt und den Pferden in die Krippe geschüttet.

Die Haltung der Pferde

Die Pferde standen in langer Reihe angebunden im Stall mit dem Kopf zur Wand. Wenn man an die Futterkrippe wollte, musste man von hinten zwischen zwei Pferden hindurch. Das konnte riskant sein, denn manche Pferde schlugen gern. Wichtig war dabei vor allem, das Pferd beim Namen anzurufen, bevor man herantrat, denn ein erschrecktes Pferd schlägt fast immer. Auch das Heu wurde mit einer Forke zwischen den Pferden hindurch in die Raufen getragen. Nach dem Füttern wurden die Pferde mit Kardätsche und Striegel sorgfältig geputzt. Dann zeigte es sich, wer sein Pferd gut mit Stroh versorgt hatte, denn die Pferde legten sich bei Nacht oft und waren sehr verdreckt, wenn sie schlecht eingestreut wurden. Erst nach diesen Vorbereitungen begann die eigentliche Arbeit mit dem Anschirren und Anspannen und der Fahrt aufs Feld.

Am Abend nach der Arbeit wurden die Pferde im Sommer in den Schwemmeteich geritten, um die Beine der Pferde zu säubern und zu kühlen. In der kälteren Jahreszeit wurden die Beine vor dem Stall abgewaschen und die Hufe ausgekratzt. Die Sorgfalt der Pferdepflege wurde vom Verwalter streng überwacht, denn die Schlagkraft der Arbeitsleistung hing von der Kondition der Pferde ab.

Natürlich mussten die Pferde auch am Sonntag gefüttert werden. Dazu hatten die Gespannführer umschichtig Sonntagsdienst, um dem Futtermeister Völker zu helfen, der jeden Tag im Stall war, denn das war sein Lebensinhalt als alter Junggeselle. Sonntags wurde verhaltener gefüttert, weil die Pferde keine Bewegung hatten und dann leicht Verdauungsstörungen bekamen.

Ganz schlecht bekamen ihnen oft die Feiertage, an denen an zwei Tagen hintereinander nicht gearbeitet wurde. Dann war es nötig, sie zu bewegen. Meist wurden sie auf die Dungstätte gejagt, um den Mist festzutreten, oder im Hof herumgeführt oder geritten. Geschah dies nicht, so drohte der „Kreuzschlag", eine Nierenerkrankung, die leicht zum Tod des Pferdes führte. Heutzutage, wo die Pferde nur selten schwer arbeiten müssen, besteht diese Gefahr nicht mehr in dem Maße.

Wenn die Pferde erkrankten

Unsere Pferde waren bei der harten Arbeit in den Bergen und auf dem schweren Boden sehr oft krank. Lahmheit war am häufigsten. Eine gefährliche Krankheit, die öfter auftrat, war der Wundstarrkrampf. Wenn ein Pferd daran litt, durfte es nicht liegen, weil dadurch Verdauungsstörungen bis zur Darmverschlingung ausgelöst werden konnten. Deshalb wurde das erkrankte Pferd in einer Box an Bändern derart aufgehängt, dass es ohne Kraftanstrengung auf den Beinen stand. Das Knochengerüst von Pferden ist ja so eingerichtet, dass sie ohne Muskelarbeit im Stehen schlafen können. Diese Fähigkeit wurde dabei ausgenutzt. Oft überstand ein so aufgehängtes Pferd die sonst immer tödliche Krankheit. Erkältungskrankheiten wie Druse und Husten traten aufgrund des Schwitzens bei Schwerarbeit häufig auf. Um hier vorzubeugen, hatten die Gespannführer in der kalten Zeit Decken mit, die sie in den Pausen den Pferden auflegten.

Außer den 24 Anbindeplätzen für die Arbeitspferde gab es mehrere Boxen für fohlende Stuten, kranke Pferde und das Reitpferd des Verwalters. Auch unser Pony, der „Bubi", ein Rappe, dem Typ nach ein polnisches kleines Warmblutpferd, hatte dort seine Box. Dieser Bubi war ein unglaublich flottes und zähes Pferdchen. Von 1939 bis 1948 war er „Taxi" für die ganze Familie und den lieben langen Tag auf Trab nach Arolsen, Marsberg oder auf die anderen Güter.

Blick in den Kuhstall

Wenn man auf Gut Canstein vor dem Pferdestall stand, schloss sich nach links der Kuhstall an. Dies war das Reich des Melkermeisters, der mit zahlreichen Lehrlingen, Gesellen und Hilfskräften 50 Kühe mit dem dazugehörigen Jungvieh zu betreuen hatte. Die Kühe wurden von Hand täglich zweimal, Hochleistungskühe manchmal auch dreimal gemolken. Jede Arbeitskraft musste acht bis zehn Kühe melken. Das war harte Arbeit. Gemolken wurde im Winter im Stall und im Sommer im Weidemelkschuppen, dessen Ruine noch am Waldrand am Buchholz steht. Die Milch wurde in 20-Liter-Kannen aufbewahrt, die in der Milchkammer, die zwischen Pferde- und Kuhstall lag, mit kaltem Wasser gekühlt wurden. Auf diese Kannen wurde ein Trichter aufgesetzt, der ein Sieb und ein Seih-

Eine Innenaufnahme mit Seltenheitswert: In den 20er-Jahren entstand diese Fotografie im Kuhstall des Gutes.

tuch zum Filtern der Milch enthielt. In diesen Trichter schütteten die Melker die Milch aus ihren Melkeimern.

Zum Melken trugen sie rosa Blusen mit Puffärmeln und eine flache Kappe aus Leder. Einen Melkschemel, eine runde Holzplatte mit einem Bein, trugen sie am Po, wo er durch einen Lederriemen um den Bauch festgehalten wurde. Es sah sehr lustig aus, wenn sie mit dem Eimer in der Hand und mit wippendem Holzbein am Allerwertesten durch die Gegend liefen. Am Ende der Melkzeit waren die Blusen voll Kuhdreck und die Stuhlbeine am Hintern voller Mist. Wenn der Melker unter der Kuh saß, lehnte er sich nach vorn und stützte seinen Kopf mit der Lederkappe gegen die Flanke der Kuh. Bei einem guten Melker musste die Milch in dichtem Strahl in den Eimer rauschen, sodass Schaum auf der Milch stand. Die Ausschüttung des Milchhormons dauert nur fünf bis zehn Minuten, dann muss die Kuh leer sein, wenn man eine gute Milchleistung erzielen will. Die Geräusche der in den Eimer rauschenden Milch wurden öfter von kräftigen Flüchen unterbrochen, wenn eine Kuh mit ihrem dreckigen Schwanz dem Melker durch das Gesicht gefahren war oder in den Eimer getreten hatte.

Wenn die Milchkannen klappern

Im Sommer war das Klappern der leeren Milchkannen das erste Geräusch des anbrechenden Tages, wenn die Melker früh um 4 Uhr auf die Weide hinausfuhren. Gegen 7 Uhr schepperte es dann noch einmal bei der Anfuhr der Milch an der Molkerei. Dort standen dann die Pferdefuhrwerke aus den umliegenden Dörfern Westfalens und Waldecks Schlange, um ihre Kannen in die Waage zu entleeren. Am anderen Ende des Gebäudes erhielten sie diese dann gespült zurück. Unsere Eltern hatten von ihrer Hochzeitsreise ein Geläute echter Schweizer Kuhglocken mitgebracht. Die Kuhweiden lagen am Buchholz von der Mönchsbreite bis zur Fuchswarte, und so konnte man die gut aufeinander abgestimmten Glocken bei Tag und Nacht hören. Leider sind fast alle Glocken durch Diebstahl nach dem Krieg verloren gegangen, nur eine liegt noch in der Halle. Sie wurde von Helga als Rufglocke zur Essenszeit benutzt und hing an der Linde vor dem Schloss.

Es war ein eindrucksvolles Bild, wenn man durch den Kuhstall ging und rechts und links in langer Reihe je 25 bis 30 Kühe mit dem Kopf zur Wand angekettet standen. Ein Fressgitter vor der Futterkrippe sorgte dafür, dass die Kühe nach dem Füttern zurücktreten mussten, um sich in die Kotrinne zu entleeren.

Ritt auf dem Bullen

Gefüttert wurde auf einem Futtertisch vor der Krippe mittels Schiebkarren. Den Mist luden die Melker auf eine Schleppe, einen flachen Schlitten, und fuhren ihn mit einem Pferd oder, wenn er gutartig genug war, mit dem Bullen vorgespannt auf die Miststätte. Der Melkermeister Pokorski war ein Meister im Umgang mit den Bullen und hatte einmal einen von ihnen so weit abgerichtet, dass er auf ihm reiten konnte. Der Bulle war am Ende der Reihe im Kuhstall neben den Kühen angebunden. Hatte er einen „schwierigen Charakter", hielt man ihn auch in einer Box im Pferdestall.

In dem angebauten Gebäudeteil am Ende des Kuhstalles war der Kälberstall, durch eine Schiebetür vom Kuhstall getrennt. Die Kälber waren in Boxen untergebracht und wurden einzeln aus dem Eimer getränkt. Das mussten die neugeborenen Tiere erst lernen, indem man die Hand in den Eimer hielt und sie am Finger saugen ließ. Da ihnen durch das schnelle Trinken die Abreaktion ihres Saugtriebes fehlte, mussten sie in Boxen gehalten werden, weil sie sich sonst gegenseitig besaugten und Haarbälle in den Magen bekamen.

Die Ziege im Kälberstall

Eine Attraktion für uns Kinder war ein riesiger Ziegenbock mit langen Haaren und mächtigem Bart, der im Kälberstall gehalten wurde. Er war gekört und wurde von den Ziegenhaltern im Dorf zum Decken benutzt. Man war der Meinung, dass der intensive Gestank des Bockes Krankheitskeime im Kälberstall abtötete.

Bei der allabendlichen Stallkontrolle durch die Eleven oder den Verwalter war der Kuhstall zeitaufwendig, denn jedes Tier musste auf Krankheitssymptome und Zeichen des Geburtsbeginns beobachtet werden. War das der Fall, dann musste oft noch der Tierarzt angerufen werden, oder der Melkermeister war über die Anzeichen einer Geburt zu informieren. Auch die Milchkühlung musste inspiziert werden, weil es manchmal Probleme mit der Wasserleitung gab.

Die Melker waren ein recht wildes Volk. Streitigkeiten bis zu Messerstechereien waren nicht selten. Auch kam es oft vor, dass Gehilfen nicht zur Arbeit kamen oder ohne Kündigung einfach verschwanden. Dann waren die Eleven als Aushilfe dran. Dies war eine der unbeliebtesten Tätigkeiten, denn wenn man das Melken nicht gewohnt ist, schafft man die Anzahl der Kühe nicht in der nötigen Zeit und der Spott der Melker ist einem sicher.

Schweinewiese am Sauenstall

Zur rechten Hand des Pferdestalles lag der Sauenstall. Hier waren 15 bis 20 Mutterschweine untergebracht, die nach hinten heraus auf die „Schweinewiese" mit ihren Ferkeln einen Auslauf hatten. Sie waren in Buchten mit hüfthohen Trennwänden untergebracht, die güsten und die tragenden Sauen in einem gemeinsamen Laufstall und die Sauen mit Ferkeln in Einzelbuchten. Die Buchten lagen rechts und links von Futtergängen. Von diesen Gängen aus konnte das Futter direkt in die Tröge verteilt werden, die mit einem Schlitz in der Buchtwand erreichbar waren. Zur Futterzeit erhob sich immer ein lautes Gekreisch der Sauen, das man bis aufs Schloss hören konnte. Die größten von ihnen sprangen dabei mit den Vorderbeinen oben auf die Buchten und schrien. Das war für Kinder ein furchterregender Anblick. Mit der Drohung „Du wirst zu den Sauen in den Stall gesperrt" wurde selbst der Frechste auf dem Gut gezähmt. Hin und wieder kam es vor, dass eine Sau die eigenen Ferkel fraß. Diese Untugend hängt mit dem Fressen der Nachgeburt zusammen, die ja alle Säugetiermütter verzehren. Damals gab es einen Fachmann, der durch die Gegend reiste und davon lebte, dass er den Sauen das Ferkelfressen ein für alle Mal austreiben konnte. Wenn er sein Gewerbe ausübte, hing er alle Stallfenster zu und sorgte dafür, dass seine Tätigkeit geheim blieb und niemand ihn beobachten konnte. Er war immer erfolgreich.

Wenn die Ferkel von der Sau abgesetzt waren, wurden sie nicht wie heute gleich im Schnell-verfahren durchgemästet und mit 90 bis 100 Kilogramm geschlachtet, sondern einer so-genannten „Läuferzeit" unterzogen. In dieser Periode wurden sie verhalten gefüttert und bekamen Weidegang. Sie sollten dabei ein Knochenwachstum durchmachen und einen „Rahmen" für die Endmast auf 150 bis 200, ja sogar 250 Kilogramm bekommen. Das Ziel war nicht unser heutiges fettarmes Fleischschwein, sondern ein möglichst schweres Schwein mit viel kernigem Speck.

Der Schweinemeister war als einzige Arbeitskraft für die Sauen und die Mastschweine zustän-dig. Die Mastschweine befanden sich gegenüber dem Sauenstall in der alten Brennerei, die wir

Auf der Miststätte

Der Mist von den Pferden, Rindern und Schweinen wurde auf der Miststätte sorgfältig aufgeschichtet und von Zeit zu Zeit durch Jungrinder oder Pferde festgetreten. Dazu gab es einen Zaun rings um die Miste. Der festgetretene Mist gärte und wurde immer fauliger und matschiger. Milliarden von Stubenfliegen wurden darin ausgebrütet und belästigten zur warmen Jahreszeit jedermann auf dem Hof und im Schloss. Bekämpft wurden sie von ganzen Schwärmen von Schwalben und Mauerseglern. In den Ställen nisteten die Schwalben in ihren Lehmnestern in langen Reihen an den Deckenbalken. Die Mauersegler, die wir Kinder wegen ihrer Flugkünste besonders bewunderten, lebten in jeder Mauerritze des Schlosses und umkreisten es wie auch heute noch mit lauten Schreien. Es waren aber zu der Zeit viel mehr als heutzutage.

Im Herbst wurde der Mist dann vor dem Pflügen auf die Stoppelfelder ausgefahren. Das war eine stinkige und kräftezehrende Dreckarbeit. Mit mindestens vier Pferden, oft wurden noch weitere zwei vorgespannt, wurden die eisenbereiften Wagen auf die Miststätte gezogen. Das ging nicht ohne großes Geschrei und Gefluche beim Antreiben der Gespanne ab, denn die Wagen saßen häufig fest. Je vier Mann auf jeder Seite rissen mit vierzinkigen Mistgabeln den festgetretenen Mist los und luden ihn dachförmig aufgeschichtet auf die Wagen.

Wenn der Wagen voll war, wurde der Mist mit einem Brett festgeklopft, damit unterwegs nichts herunterfiel. Der Gespannführer zog den Mist auf dem Felde dann mit einem Misthaken, einer im Winkel gebogenen Mistgabel, in langen Reihen vom Wagen ab. Dieser Mist wurde nach dem Ausfahren in tagelanger Handarbeit mit der Mistgabel auf das Feld verteilt. Eine Knochenarbeit, bei der immer eine Gabel gefüllt und auf- und abschüttelnd im Kreise verteilt wurde. Wenn man diese Arbeit neun Stunden am Tag verrichtet hatte, war man noch im Traum am Miststreuen …

Der Mist wurde dann untergepflügt. Wer schlecht gestreut hatte, bekam den Zorn der Gespannführer zu fühlen, die beim Pflügen anhalten und Mistklötze verteilen mussten.

vor einiger Zeit abgerissen haben. Auch sie waren gruppenweise in Buchten untergebracht und wurden vom Stallgang aus per Karre gefüttert. Der Schweinemeister war für Aufsicht, Füttern und Stroheinstreuen verantwortlich. Wenn gemistet werden musste, wurden Landarbeiter dazu eingeteilt. Der Mist wurde dann mit der Schleppe aus dem Kuhstall auf die Dungstätte gefahren. Einmal in der Woche wurden die Mastschweine gewogen, um die Zunahmen zu kontrollieren. Am Ende des Stalles war die Waage, auf die jeweils zehn Schweine getrieben und gewogen wurden. Das gab eine große Aufregung im Stall, wenn die Schweine mit Gequieke und Gekreisch hin- und hergetrieben wurden.

Die ausgemästeten Schweine wurden möglichst an örtliche Metzger lebend verkauft. Diese kamen aus Arolsen oder Marsberg mit ihren Wagen auf den Hof. Die Schweine wurden von ihnen ausgesucht und dann auf der Waage verwogen. Danach ging das Feilschen um den Preis los. Der Verwalter kannte die Eigenheiten jedes seiner Kunden genau und verstand es gut, auf sie einzugehen. Er stand dabei ja zu seinen Kollegen auf den anderen Gütern in Konkurrenz um den besten Preis. Bei solchen Preisverhandlungen wurde viel „gekrückt", wie man hierzulande sagte. „Krücken" ist kein Lügen, sondern eine Hilfe wie eine Krücke, um einen guten Preis zu erzielen. Bei dieser Art des Handels blieben oft schlechtere Schweine unverkauft. Deshalb wurde bei größeren Mengen von Mastschweinen der Verkauf geschlossener Gruppen an die Viehverwertungsgenossenschaft bevorzugt.

Mit Messern und einer Molle

Zehn bis zwölf schwere Mastschweine wurden für den Gutshaushalt, für das Schloss und für die Deputate der Mitarbeiter benötigt. Die Schweine wurden im Winter auf dem Hof in der Futterküche neben dem Maststall geschlachtet. Ein Hausschlachter aus dem Dorf kam dann mit seiner Ausrüstung auf den Hof.

Der Metzger trug eine Gummischürze und hatte einen Gürtel umgebunden, an dem ein Köcher befestigt war, in dem seine Messer und der Wetzstein klapperten. Außerdem hatte er ein Spezialwerkzeug dabei, das wie ein Metalltrichter mit oben angebrachtem gebogenem Messer aussah. Mit den scharfen Rändern des Trichters wurden die Haare der Schweine abgeschabt, mit dem Rundmesser die Hornteile von den Pfoten entfernt. Ferner brachte der Hausschlachter die Molle mit. Das war ein flacher, etwa ein Meter langer Holztrog, in dem die Därme gereinigt und die Würste angemengt wurden. Ein langer Holztrog zum Abbrühen der Schweine war auch vorhanden.

Das Schwein wurde betäubt und abgestochen. Das Blut wurde für die Blutwurst aufgefangen. Dann wurde das Schwein in dem Holztrog mit kochend heißem Wasser abgebrüht und enthaart. Zum Auskühlen legte man den Schlachtkörper auf eine kurze Leiter, an der er oben mit einem Querholz durch die Hinterbeine befestigt wurde. Die Leiter wurde im Freien in der kalten Luft aufgestellt. Der Metzger schnitt das Schwein von oben nach unten der Länge nach auf und entnahm die Innereien. Anschließend teilte er die Wirbelsäule mit einem Beil in der Mitte säuberlich durch und beließ nur die Schwarte als Verbindung zwischen den beiden Hälften. Das Schwein ließ man über Nacht hängen, damit es zum Zerteilen ausgekühlt war.

Es war im ganzen Sauerland ein beliebter Sport, dem Nachbarn des Nachts die „Lümmer-kes", das sind die Filetstreifen, aus dem Schwein zu schneiden. Deshalb mussten die Schwei-ne des Nachts oft bewacht werden.

Zum Wursten wurde das Schwein zerteilt und das Fleisch und der Speck bis auf die Kote-lettstücke und Schinken im großen Waschbottich gekocht. Aus den roh belassenen Fleisch-teilen wurde Schinken und Dauerwurst hergestellt, aus den gekochten Blutwurst, Leber-wurst und Sülze. Beim Wursten mitzuhelfen war bei den Kindern besonders beliebt, denn sie durften von den verschiedenen Wurstmassen naschen. Eine mühsame Arbeit war das Drehen der Kurbel der Wurstmaschine, die den ganzen Wurstetag über in Betrieb war, um Fleisch zu zerkleinern oder die Würste zu füllen. Auch diese Maschine brachte der Haus-schlachter mit. Die Schinken wurden in Steinbottichen eingesalzen und mit den Würsten zusammen im Räucherschrank geräuchert.

Die Sauen und der Eber wurden natürlich auch geschlachtet, wenn sie zur Zucht nicht mehr tauglich waren. Das waren dann besonders schwere und große Schlachttiere. Die Eber mussten allerdings ein halbes Jahr vor dem Schlachten vom Tierarzt kastriert werden, weil Eberfleisch stinkt. Ich erinnere mich an das Schlachten eines solchen Ebers, von dem noch viele Jahre gesprochen wurde. Er wog über sechs Zentner. Der Metzger war nicht in der Lage ihn zu betäuben, was große Aufregung unter alle Beteiligten hervorrief. Alle standen hilflos vor dem Riesentier. Schließlich half der Jäger Karl aus der Not. Er holte seine 9-mm-Pistole, aber auch damit waren zwei Schuss notwendig. Das Ganze spielte sich in der großen Waschküche im Schloss ab, die jetzt die Garage ist. Der Speck war sicher zehn Zentimeter dick unter seiner Schwarte. Ob die Wurst und der Schinken besonders gut waren, möchte ich bezweifeln. Der Speck von solchen älteren Tieren galt als besonders kernig.

Der Schafstall lag als letztes Gebäude quer zu den übrigen auf der Dorfseite des Hofes. 90 bis 100 Mutterschafe wurden gehalten und von einem „Schafmeister" betreut, der hin und wieder auch einen Lehrling zur Seite hatte. Zu allen Gütern gehörten Grundstücke, die so flachgründig oder steil waren, dass sie nur mit Schafen genutzt werden konnten. Die Schaf-haltung in Canstein hatte eine lange Tradition, denn schon Franz-Wilhelm Spiegel hatte En-de des 18. Jahrhunderts Zuchtschafe englischer Abstammung aus Erpernburg gekauft. Die Wolle brachte zu der Zeit viel Geld ein und der Schafsmist war als Dünger außerordentlich wertvoll, weil man noch keinen Mineraldünger kannte.

Auch in der Zeit vor dem Krieg war das noch so. Die Wolle war wertvoll, weil Hitlers „Au-tarkieprogramm" die Unabhängigkeit von Wollimporten vorsah. Das Schaffleisch konnte auch abgesetzt werden, doch waren die Deutschen zu der Zeit noch weniger Freunde des abfällig „Hammelfleisch" genannten Produktes als heute.

Der Schafsmist hat einen hohen Gehalt an Nährstoffen und bildet guten Humus. Felder, die mit diesem Dünger versehen waren, ergaben besonders gute Rüben- und Kartoffelernten.

Der Schäfer zog das ganze Jahr mit seiner Herde über die Grundstücke des Betriebes. Neben den eigentlichen Schafweiden wurden alle Wegränder, Feldraine und Unlandflächen abgehütet. Im Herbst suchten die Schafe die Stoppelfelder nach ausgefallenen Getreidekörnern ab. Abgeerntete Kleeschläge und Rübenflächen wurden von ihnen gesäubert. Wenn der Weizen im Frühjahr zu üppig bestockt war, ließ man den Schäfer die Fläche kurz überhüten, um die Pflanzen auszudünnen. Auch zur Unkrautbekämpfung auf Forstkulturen wurden die Schafe eingesetzt.

In der Nacht kamen die Schafe in einen Pferch. Der Pferch war ein versetzbarer Zaun aus Holzrahmen, den „Hürden". Die Hürden wurden an Pfählen befestigt, die der Schäfer jeweils zwischen ihnen in den Boden schlug. Die Schafe koteten während der Ruhezeit in dieser Umzäunung ab und düngten damit den Boden. An jedem Tag wurde der Pferch umgesetzt, bis das ganze Feld abgedüngt war.

Der Schäfer hatte neben dem Pferch seinen Schäferkarren stehen. Das war ein zweirädriger Wagen mit einem Häuschen darauf, eine Art hölzerner Miniwohnwagen. Innen gab es eine Sitzbank und ein Bett. Unten am Wagen war eine Hundehütte angebracht. In diesem Karren übernachtete der Schäfer immer dann, wenn Schafe außer der Zeit ablammten, Krankheiten auftraten und andere Gefahren zur Nachtzeit drohten. Um die Verluste an Lämmern möglichst gering zu halten, wurde die Ablammzeit der Herde in den Winter gelegt. Sie dauerte

Der Cansteiner Schäfermeister Weskamp mit seiner Herde – die Aufnahme entstand um 1930.

fast einen ganzen Monat und war eine harte Arbeit für den Schäfer. Er schlief dann im Stall bei den Schafen. Rund um die Uhr war er als Geburtshelfer gefragt.

Trotz allem Einsatz ging es nie ohne Verluste an Lämmern und Muttertieren ab. Verwaiste Lämmer anderen Mutterschafen unterzuschieben ging nur dann, wenn diese ein Lamm verloren. Die Haut des toten Lammes wurde dem verwaisten übergebunden. Da dann der Geruch stimmte, nahm die Adoptivmutter es meistens an. Überall im Stall waren Ecken mit Pferchhürden abgeteilt für einzelne Problemfälle. Es war sehr warm im Stall und roch stark nach dem Wollfett der Schafe. Der Schafsmist ist ja sehr trocken und riecht nur wenig. Es war vom Geruch her immer der angenehmste im Stall. Außerdem war unser letzter Schäfer, Herr Weskamp, ein besonders netter und humorvoller Mann, mit dem man gern ein Schwätzchen hielt.

Die Schafe scheren

Die Schafscherer wurden in der Gutsküche königlich verpflegt, denn ihre Arbeit forderte viele Kalorien. Ein Teil der Belegschaft half im Stall mit. Die Schafe wurden sortiert und einzeln den Scherern zugeführt. Im Stall war ein ständiges Geblöke in allen Tonarten zu hören, weil Mütter und Lämmer wieder zueinanderfinden mussten. Die Scherer setzten das Schaf mit einem geübten Griff aufrecht auf den Po. Dies ist eine Haltung, bei der ein Schaf wie gelähmt still sitzen bleibt. In wenigen Minuten war das Wollvlies mit einer elektrischen Schere abgeschoren. Es wurde sorgfältig zusammengerollt und in große Jutesäcke gestopft. Verdreckte Teile und die Beinwolle wurden abgezupft und extra verpackt. Nach der Schur sahen alle Schafe nackt und traurig aus. Viele hatten Verletzungen erlitten und waren voll von roten Jodflecken. Bis zum Austrieb im Frühjahr war dann aber wieder ausreichend Wolle gewachsen, um die Tiere vor der Witterung zu schützen.

Die Schafe hatten viele Krankheiten, auf die der Schäfer ständig achten musste. Am auffälligsten war die Moderhinke, bei der sich die Klauen entzünden und vereitern. In nassen Jahren sah man immer viele hinkende Schafe in der Herde. Der Schäfer war dann dauernd damit beschäftigt, die Klauen auszuschneiden und zu desinfizieren. Die Schafe wurden auch regelmäßig gebadet, um Ungeziefer im Fell zu bekämpfen und Verunreinigungen aus der Wolle zu entfernen.

Die Wolle wurde nach Paderborn zur „Wollverwertung" geliefert. Dort wurde sie bewertet und sortiert. Unser Vater war ein Experte für Schafhaltung und Wollbeurteilung und deshalb dann auch Vorsitzender des Westfälischen Schafzüchterverbandes. Er reiste als Wollprüfer viel in Deutschland herum. Deswegen nannte ihn die Mami das „Oberschaf".

Leider basierte die Schafhaltung vor dem Krieg auf der Stützung durch die Regierung. Nach dem Krieg wurde sie rasch unrentabel, weil die Wollqualität unserer Schafe viel schlechter als die aus Australien ist. So wurde sehr zu unserem Leidwesen die Schafhaltung als Erste aufgegeben.

Uniformen gehörten in der Nazizeit zum Straßenbild – auch in so abgelegenen Ortschaften wie Canstein. Diese Gelegenheitsaufnahme entstand um 1939.

Heranwachsen im Krieg

Kindheit und Jugend
(1939 – 1945)

m 19. März 1939 war ich zehn Jahre alt geworden. Auch dies war ein wichtiger Termin für mich, denn ich wechselte die Schule. In Arolsen gab es ein Gymnasium. Meine Eltern hatten beschlossen, dass ich dort meine Schulausbildung nach vier Volksschuljahren in Canstein fortsetzen sollte. Zur Aufnahme in dieses Gymnasium, für das man damals noch ein Schulgeld entrichten musste, war das Bestehen einer Aufnahmeprüfung erforderlich.

Unser Lehrer an der Volksschule in Canstein war sich darüber im Klaren, dass meine Kenntnisse für diese Prüfung nicht ausreichen würden. Er schlug daher meinen Eltern vor, mir Einzelunterricht zu erteilen. Dies geschah, und es gelang ihm, meine Lücken zu füllen. Eine der fehlenden Kenntnisse war das Schreiben der lateinischen Schrift. In der Volksschule wurde seinerzeit die deutsche Schrift nach Sütterlin gelehrt und geschrieben. Für den Englisch- und Lateinunterricht am Gymnasium war die Beherrschung der lateinischen Schrift jedoch Vorbedingung. Ich hatte also zwei Monate lang neben dem normalen Schulunterricht her noch feste pauken müssen.

Mit klopfendem Herzen saß ich unter fremden Jungen und Mädchen in unserem späteren Klassenraum im Erdgeschoss rechts im heutigen Arolser Rathaus. Meinen Volksschullehrer in Canstein wird wohl zur gleichen Zeit auch ein ähnlich bängliches Gefühl überkommen haben. Ein Diktat, bei dem die drei letzten Sätze in lateinischer Schrift auszufertigen waren, machte den Anfang. Danach waren schriftliche Additions-, Subtraktions-, Multiplikations- und Divisionsaufgaben zu lösen. Eine mündliche Prüfung erfolgte nicht. Das war mein Glück, denn bei meiner Schüchternheit hätte ich kein Wort herausgebracht. Nach einigen Tagen kam die Nachricht, dass ich bestanden hatte.

Damit begann für mich ab Ostern 1939 ein neuer Lebensabschnitt. Da es keine regelmäßige Verkehrsverbindung zwischen Canstein und Arolsen gab, fuhr mich meine Mutter täglich mit unserem schnittigen, brandneuen hellblauen Opel-Kapitän zur Schule und holte mich mittags wieder ab.

Alles war anders als in Canstein. Für jedes Fach gab es einen eigenen Lehrer. Jede Klasse hatte einen eigenen Klassenraum. Ich befand mich nur unter gleichaltrigen Kindern. In Canstein war ich vom geistigen Interesse und der Auffassungsgabe her in der Spitzengruppe gewesen. Hier war ich umgeben von aufgeweckten Stadtkindern, die auf die Dörfler aus dem Waldeckerland und Westfalen, die es in unserer Klasse gab, heruntersahen. Ein gewisses Prestige, das ich in Canstein als Kind vom „Barron" besessen hatte, fiel hier weg.

Als weiterer Nachteil kam hinzu, dass wir in Canstein nur sehr ungenügenden Sportunterricht erhalten hatten. Ein wenig Fußball und Schlagball war alles gewesen. Ich war mager und lang aufgeschossen, äußerst ungelenk und sehr ängstlich. Die Arolser Jungs waren meist gute Sportler, insbesondere Geräteturner und mir fast alle körperlich haushoch überlegen. Das hatte zur Folge, dass ich in der Hackordnung, die in diesem Alter unter Jungen von der Körperkraft abhängt, ganz unten rangierte. Die Grobiane gingen nicht gerade zartfühlend mit mir um. Viele von ihnen sind heute meine besten Freunde, doch damals mochte ich sie gar nicht. Trotz all dieser Widrigkeiten verzweifelte ich eigentlich nie. Es ist mir auch nicht erinnerlich, dass ich mich zu Hause über die grobe Behandlung am Ende der Hackordnung jemals beklagt hätte. So etwas ging gegen die Ehre eines Jungen. Unsere Kinderwelt war mit eigenen Gesetzen von der Welt der Erwachsenen getrennt. Ich gewann meine Freunde auch ohne Kraftmeierei durch Ideenreichtum, Humor und Hilfsbereitschaft, wenn ich auch sicher ein Außenseiter blieb, weil ich ja nachmittags wieder nach Canstein musste.

Trommeln und Fanfaren

Dadurch hatte ich nur wenig Gelegenheit, meine Arolser Schulkameraden näher kennenzulernen. In der freien Zeit traf ich mich wie immer mit meinen Cansteiner Freunden Herbert und Pauli Guß und der Hof- und Schlossbande. Wir jagten Spatzen mit dem Luftgewehr und der Zwille, einem Katapult, das aus Haselnusszwiesel, Weckglasgummis und einem Lederflicken hergestellt wurde.

Mit militärischen Dingen kamen wir wenig in Berührung. Im Alter von zehn Jahren wurden wir zwar in das „Jungvolk" aufgenommen, aber ein regelmäßiger Dienst fand in Canstein nicht statt.

Allerdings erinnere ich mich lebhaft an die Einweihung des sogenannten „Jugendheims". Dies war ein kleines Fachwerkgebäude zwischen dem alten Schulgebäude und dem Haus, das Dr. Wennekes nach dem Kriege erbaut hat. Ein Rest davon ist als Windschutz in der Gartensitzecke des Wennekeshauses erhalten.

Die Einweihung des Jugendheims war eine eindrucksvolle Veranstaltung. Alte und junge Männer in den Uniformen der SA und der Hitlerjugend waren auf dem Schulhof aufmarschiert und standen zu den Kommandos ihrer Anführer in Reih und Glied. Ein Fanfarenkorps der HJ trommelte auf schwarz-weiß gezackten Trommeln und blies mit blitzenden Instrumenten Marschmusik. Es wurden Reden gehalten und das Gebäude mit „Sieg-Heil"-Rufen seiner Bestimmung übergeben.

Der letzte Vorkriegssommer

Besonders die Fanfaren hatten es mir angetan. Ihr heller, frischer Klang erweckte in mir Gefühle der Begeisterung. Dies war ja wohl auch beabsichtigt.

Der Sommer 1939 war schön. Wir Kinder genossen unsere freien Stunden mit Gruppenspielen in Feld und Wald. Während der Sommerferien fuhren wir mit den Eltern nach Wangerooge ans Meer. Gemeinsam mit unserem Papi bauten die beiden „Großen" Alex und Sigi und die drei „Kleinen" Mandi, Ludi und Wiez eine Strandburg. Papi schwamm mit Begeisterung im Meer. Mami, die nicht schwimmen konnte, sprach hin und wieder davon, es zu erlernen. Aber wenn Papi Ernst machte und sie ins Wasser zog, kreischte sie laut, weil sie wusste, dass er das nicht leiden konnte. Sie lernte es nie.

Schon beim Einmarsch Hitlers in die Tschechoslowakei hatten die Erwachsenen den Ausbruch eines Krieges befürchtet. Großvater Alexander war durch gemeinsame Erlebnisse als Soldat im Ersten Weltkrieg mit dem Generalobersten Ludwig Beck befreundet, der während dieser Krise zeitweilig Chef des Oberkommandos der Wehrmacht war und später beim Attentat am 20. Juli 1944 als Kopf der Verschwörung in Berlin Selbstmord beging. Dieser hatte Hitler vor dem Abenteuer dieses Einmarsches gewarnt und war von ihm entlassen worden.

Rentmeister Molerus – diese Aufnahme entstand in den 50er-Jahren. Molerus bekam im August 1939 gemeinsam mit dem Gutsbesitzer Hubertus von Elverfeldt den Stellungsbefehl.

Ende August zeichnete sich erneut die Gefahr eines Krieges, diesmal mit Polen, ab. Ich verstand schon recht gut, worüber die Eltern sprachen und dass erneut große Sorge bestand. Im September wurde aus der Befürchtung Ernst. Papi, der 1938 eine Wehrübung gemacht hatte, und Herr Molerus, unser Rentmeister, der im Ersten Weltkrieg Offizier gewesen war, hatten beide ihre Stellungsbefehle bekommen. Herr Molerus musste sofort am Tag nach dem Kriegsausbruch einrücken, Papi hatte sich am dritten Tag nach der Mobilmachung in Detmold zu stellen. Die Stimmung war bedrückend. Die Eltern gingen mit ernsten Gesichtern durchs Haus. Nach dem Abendessen wurden wir ins Bett gebracht. Papi und Mami saßen mit Herrn Molerus im Wohnzimmer, das damals noch durch einen Gang erreicht werden konnte, der von der Diele zum Badezimmer verlief, da wo jetzt der Kamin steht. Sigi und ich schliefen natürlich nicht. Nach einer Weile schlichen wir aus unserem Zimmer an die Wohnzimmertür und lauschten.

Es blieb mir von der Unterhaltung eigentlich nur ein Satz von Papi immer in Erinnerung. Er sagte: „Diesen Krieg haben wir jetzt schon verloren, den können wir nicht gewinnen." Diese seine Ansicht teilte er mit seinem Vater. Dessen Wissen stammte sicher auch von Ludwig Beck, der einer rasch aus dem Boden gestampften Wehrmacht einen Weltkrieg nicht zutraute. Er sollte recht behalten.

Vater geht – für zehn Jahre

Papis Abschied muss sehr hart für ihn gewesen sein, wie wir aus seinen Erinnerungen und aus Mamis Erzählungen wissen. Für mich war es nicht so schrecklich, wie es hätte sein müssen, weil ich mir als Zehnjähriger nicht vorstellen konnte, dass ich nun für eine volle Dekade bis auf ganz kurze Urlaube meinen Vater nicht mehr sehen würde.

Die Anfangserfolge des Polenfeldzugs begeisterten uns Jungen. Wir waren ja für alles Militärische aufgeschlossen, und die Sondermeldungen im Radio ebenso wie die Freude aller Bürger über den raschen Sieg im Osten ließen mich die Prophezeiungen meines Vaters vergessen. In der Schule gab es große Veränderungen im Lehrkörper. Alle jungen Lehrer unter 40 Jahren wurden eingezogen. Unser geliebter Mathelehrer „Papa" Münch musste sofort zum Militär. Wir mochten ihn so gern, weil er immer fröhlich war und auch strenge Sitten mit Humor versüßte. Ich verdankte ihm meinen Spitznamen „Ross" – eine nicht gerade freundliche Bezeichnung, die meine Vorgesetzten in der Hackordnung der Klasse mit Vergnügen gebrauchten. Papa Münch pflegte zu Beginn jeder Unterrichtsstunde sein Gedächtnis hinsichtlich der Namen der Schüler aufzufrischen und die Aufmerksamkeit der Schüler zu fördern, indem er sie einzeln aufrief. Dies geschah in der Weise, dass er sie in alphabetischer Reihenfolge nummeriert hatte und jeweils zu Beginn der Schulstunde Zahlen aufrief. Wenn der Schüler seine Nummer hörte, musste er wie der Blitz aufspringen und seinen Namen laut hersagen. Meine Geistesgegenwart war dabei nicht immer die beste. Immerhin hatte ich aber gelernt, wenn die Acht aufgerufen war, bereitzustehen, um bei Neun aufzuspringen und „Alex von Elverfeldt" zu rufen.

Der erste Kriegstote

Eines Tages lief diese Zeremonie wieder einmal wie gewohnt ab. Papa Münch zählte und als er bei Acht angekommen war, rief er: „Acht, acht, acht ..." und bekam keine Antwort. Plötzlich fiel es mir siedend heiß ein. Ein Schüler war abgegangen, und ich war ja jetzt die „Nummer acht". Schnell sprang ich auf und rief meinen Namen. Zu spät. Papa Münch sah mich drohend an und sagte mit Donnerstimme: „Du internationales Riesenross!" Damit hatte ich meinen Spitznamen weg.

Bereits am Ende des Polenfeldzuges erreichte uns die Nachricht, dass dieser von uns so sehr verehrte Lehrer gefallen war. Es war unsere erste bittere Erfahrung mit dem Krieg. Es sollten noch viele folgen.

Unser Papi war nicht am Polenfeldzug beteiligt. Seine Einheit, das 126. Artillerieregiment, wurde an die belgische Grenze bei Erkelenz verlegt. Dort war er bei einer Familie Schrötgens im Quartier. Mit diesem Ehepaar Schrötgens verband ihn von da an eine lebenslange Freundschaft. Mami fuhr ihn besuchen, was strengstens verboten war. Die Schrötgens gaben sie für eine Verwandte aus und schützten sie dadurch vor Denunzianten.

Eine traurige Begebenheit am Beginn des Krieges war die Musterung der Pferde und der Autos. Über die Pferde habe ich ja schon unter der Ökonomie berichtet. Wir waren besonders betrübt über den Verlust unseres Ponys, das auch eingezogen worden war.

Von den Autos blieb nur der kleine DKW erhalten. Papis Opel Kapitän und Opas Mercedes mussten zum Militär. Nun konnte mich die Mami nicht mehr zur Schule fahren, denn dafür gab es keine Erlaubnis. Der DKW hatte zwar einen roten Winkel auf seinem Nummernschild, was ihn als kriegswichtigen Wagen auswies, aber bei einer Kontrolle hätte es Ärger gegeben. Durch die häufigen Schulungen in der Zeit vor dem Kriege waren alle in großer Furcht vor Luftangriffen. Jeder Ort hatte eine Sirene, die mit auf- und abschwellendem Ton „Fliegeralarm" und mit gleichmäßigem Ton „Entwarnung" verkündete. Jedes Haus musste einen Luftschutzkeller herrichten, der mit Decken und Lebensmitteln, Werkzeugen und Löschgerät auszustatten war.

Schutz im Archivkeller

Unser Luftschutzkeller war das Archiv. Dort riecht es immer noch genauso wie damals, als wir bei Luftalarm hinunterstiegen. Im ersten Kriegsjahr kam das öfter vor, weil man bei jedem Eindringen feindlicher Maschinen in den deutschen Luftraum für die überflogenen

Gebiete Alarm auslöste. So stiegen wir mit der ganzen Familie nachts in das Archiv hinunter und erwarteten in Decken gehüllt die Entwarnung. Zu der Zeit flogen nur einzelne englische Bomber nach Deutschland und dies ausschließlich in der Dunkelheit.

Kriegswinter in der Pension

Für Kutschfahrten bzw. für den Schulweg nach Arolsen fürchtete meine Mutter im Herbst 1939 um meine Gesundheit. Zur Lösung dieses Problems boten sich die Großeltern an, die in Berlin lebten, für den Winter mit mir nach Arolsen in eine Pension zu ziehen und mich zu betreuen. Die Wochenenden verbrachten wir dann immer gemeinsam in Canstein.
Die Pension Müller in der Rauchstraße wurde so im Winter 1939/40 meine neue Heimat. Heute bin ich den Großeltern dankbar, dass sie es mir damals ermöglicht haben, so lange Zeit mit ihnen zu verbringen. Meine „Oma Mesi" war eine liebevolle Großmutter, die allerdings streng auf gute Tischmanieren bedacht war. Sie belächelte die Pensionsinhaberin Frau Müller ein wenig wegen ihrer hausbackenen Art. Mein „Opa Pesi" überwachte meine Schularbeiten und war besorgt ob meiner schlechten Haltung, die zu Rückenschäden führen würde, was sie ja nun auch getan hat. Damit ich meine Schulterblätter nicht herausstehen ließ, musste ich mich flach auf den Boden legen und er las mir vor. Das Buch hieß „Fred in Australien". Bei meinen späteren Australienreisen musste ich immer an den Opa denken. Die Weite dieses trockenen Kontinents mit seiner spärlichen Vegetation, seinen seltsamen Tieren und Pflanzen war mir seitdem schon vertraut.

Briefmarken und „Budenbau"

Mein Großvater war ein sehr genauer Lehrmeister. Er legte großen Wert aufs Detail. Er sammelte Briefmarken, die er mit großer Akribie verwaltete. Ich lernte viel von ihm. Zeichnen und Malen waren nie meine Stärke. Wann immer ich mich damit versuchte, saß er neben mir und versuchte zu helfen.
Meine Arolser Klassenkameraden sah ich nun täglich auch am Nachmittag. Karl Theune, genannt „Piesel", dessen Eltern eine Gastwirtschaft betrieben, und Otto Binder, der jetzt in Australien lebt, waren meine Freunde. Wann immer mich die Großeltern etwas zögerlich „in die Freiheit" entließen, verschwand ich mit den Spielkameraden im nahe liegenden fürstlichen Wald. Wir bauten „Buden" und versuchten uns in Geländespielen wie „Räuber und Schanditz".
Vom Jungvolkdienst in der Hitlerjugend erfuhr ich nur durch die Erzählungen meiner Freunde, da ich ja durch meinen Aufenthalt in Arolsen den Cansteiner „Dienst" nicht mitbekam, soweit er überhaupt stattfand. Ich besaß auch noch keine Uniform wie meine Arolser Freunde. Ich erinnere mich gut an Klaus von der Emde aus Mengeringhausen in Uniform mit Führerschnur über der Schulter. Das sah sehr schneidig und nachahmenswert aus. Helmut Welteke, der jüngere Sohn des langjährigen und sehr beliebten Massenhauser Volksschullehrers, war ein besonders netter Mitschüler in meiner Klasse. Wir freundeten uns an und besuchten uns hin und wieder, denn unsere Dörfer lagen ja nur drei Kilometer auseinander. Später, im Sommer 1946, half er bei seinem Onkel in der Ernte mit und verunglück-

te tödlich mit einem Traktor. Dieser plötzliche Tod eines Freundes erschütterte mich tief. Ich trauerte lange um ihn.

Im Mai 1940 wurde ich krank. Ich hatte Bauchschmerzen. Was konnte die Ursache sein? Die Großeltern riefen Herrn Dr. Vogt zu Hilfe, einen älteren Arzt in Arolsen, den sie schon einmal konsultiert hatten. Ich hatte Angst vor dem, was kommen könnte, und versuchte mich selber zu diagnostizieren. In meinem Biologiebuch gab es das Bild eines aufgeklappten Menschen, an dem man die Organe studieren konnte. An der Stelle, wo es mir besonders wehtat, befand sich der Blinddarm, von dem ich schon öfter gehört hatte. Mir fuhr es mit Schrecken durch die Glieder: „Ein Blinddarm, der schmerzt, wird operiert!"

Das wollte ich auf jeden Fall verhindern. Als mich der gute Dr. Vogt abtastete und fragte, wo es mich schmerzte, zeigte ich auf die Mitte meines Oberbauchs in die Magengegend. Er verordnete Bettruhe und Diät. Die Schmerzen jedoch ließen nicht nach. Am 10. Mai wurde mir speiübel, ich wurde ganz grün und bleich im Gesicht. Dr. Vogt kam erneut und entnahm eine Blutprobe. Zwei Stunden später lag ich im Arolser Krankenhaus auf dem Operationstisch von Dr. Wagner. Mami war herbeigeeilt und wartete in meinem Zimmer. Dr. Wagner war ein großer, gut aussehender Mann mit stets braun gebrannter Gesichtsfarbe. Er stammte aus Rumänien und war dort in der deutschen Kolonie groß geworden. Sein ruhiges und sicheres Auftreten vermittelte Vertrauen. Ich hatte keine Angst mehr, als mir die Narkosemaske aufgesetzt wurde und er mich aufforderte zu zählen. Eins, zwei, drei, vier, fünf ... Ich spürte, wie meine Stimme immer schwächer wurde, sie hallte nach und kam immer mehr aus der Ferne, dann war ich weg.

Schlimmes Erwachen

Es folgten die Schrecken des Wiedererwachens, die sich mir tief eingeprägt haben. Geräusche von Stimmen um mich herum ließen mich halb erwachen. Ich hatte Angst und wollte mich bemerkbar machen, konnte mich aber weder bewegen noch sprechen. Eine schreckliche Not bemächtigte sich meiner. Immer wieder konnte ich etwas hören, dann aber fiel ich wieder in die Bewusstlosigkeit zurück. Schließlich erwachte ich und sah Mami neben meinem Bett sitzen. Ich fühlte mich hundeelend, hatte starken Durst und einen trockenen Mund. Mami erklärte mir, dass ich für einige Stunden nichts trinken dürfe und sie mir nur den Mund anfeuchten könne. Das war eine Erleichterung, aber stillte natürlich nicht den schlimmen Durst, der mich dann mehrere Stunden plagte. Damals gab es noch keine Infusionen, die ja heute eine Selbstverständlichkeit sind. Die rührende Mami hielt den ganzen Tag bei mir aus. In der Nacht durfte ich dann schon ein wenig trinken, und die Nachtschwester, eine Diakonisse mit Häubchen, war liebevoll um mich besorgt.

Mein Blinddarm war kurz vor der Operation durchgebrochen. Dr. Wagner hatte mir eine Kanüle gelegt, die aus der Wunde ragte. Der Verband wurde häufig erneuert. Das war eine schmerzhafte Prozedur, vor der ich mich fürchtete. Damals klebten die Verbände sehr fest und mussten mit einem Ruck abgerissen werden.

Der 10. Mai war ein aufregender Tag nicht nur für mich, sondern für ganz Europa gewesen. Die deutsche Wehrmacht war in Belgien und Frankreich einmarschiert. Papi war dabei.

Für ihn war die Anspannung des Kriegsgeschehens durch die Sorge um mich noch verstärkt worden, denn Mami hatte ihm einige Stunden vor dem Abmarsch noch ein Telegramm zukommen lassen. Erst Tage später erfuhr er, dass alles gut gegangen war.

Die Fähnchenkarte der Siege

Nachdem ich die Strapazen der ersten Tage nach der Operation überstanden hatte, beschäftigte mich der „Blitzkrieg" in Frankreich. Mit großer Begeisterung verfolgte ich den Vormarsch der Deutschen. Mami hatte mir eine Karte an die Wand geheftet, auf der ich mit Fähnchen das Vorrücken markierte. Immer wenn ein neuer Erfolg zu berichten war, gab es eine „Sondermeldung" im Radio, die durch Lautsprecher in den Flur des Krankenhauses übertragen wurde. Dann steckte ich meine Fähnchen neu.

Diese Siegesmeldungen übertönten für uns Kinder völlig die Schrecken des Krieges, für wenig nachdenkliche Mitbürger sicher auch. Die Begeisterung aller war groß. Natürlich war ich besonders stolz auf meinen Vater und verfolgte den Weg seiner Einheit durch Belgien und Frankreich, soweit es meine Informationen möglich machten.

Zu Ostern wurde ich in die nächste Klasse versetzt. Die Großeltern fuhren zurück nach Berlin, und für mich musste eine Bleibe in Arolsen gefunden werden. In der Straße „Am Driesch" nahe dem Ortsausgang in Richtung Wolfhagen steht heute noch als letztes Haus auf der linken Seite das damalige Domizil der Familie von Heuser. Hier wurde ich die Wo-

Bei hohem Schnee waren die Wege und Straßen schwer passierbar – an einen täglichen Schulweg nach Arolsen war nicht zu denken.

che über in Pension gegeben und wanderte von dort jeden Morgen die Große Allee hinunter zur Schule. Die Familie von Heuser bestand aus dem Vater, einem pensionierten aktiven Offizier, seiner Frau und deren Tochter, die zu der Zeit etwa 30 Jahre alt war und sich intensiv um mich kümmerte. Ein Sohn war Soldat und kam einmal in Leutnantsuniform in Urlaub, was mir sehr großen Eindruck machte.

Meinen Freunden aus der Rauchstraße blieb ich treu. Sie besuchten mich am Driesch und wir vergnügten uns im angrenzenden Wald und am Königsberg. Im Herbst entstand eine große Windwurffläche in einem an den Driesch angrenzenden Fichtenbestand. Das war herrlich für uns, denn wir fanden im Gewirr der Stämme zahlreiche Verstecke und kletterten in dem Durcheinander herum.

Höchst geheimnisvoll war eine Familie, die in der benachbarten Wetterburgerstraße lebte. Die Erwachsenen sagten, sie seien Anthroposophen. Das hielten wir für eine Sekte wie die Freimaurer. Alle solchen absonderlichen Gruppierungen erschienen uns durch die Goebbels'sche Propaganda für böse und feindlich. Wir betrachteten diese Familie daher mit großer Scheu und malten uns in der Fantasie groteske Zeremonien aus, die sie nach unserer Ansicht insgeheim betrieben.

Der Lehrer war anders

Zu den als böse und hinterhältig dargestellten Personenkreisen gehörten neben den Juden auch die Freimaurer und die Kommunisten. Unser Englischlehrer Otto Becker, der in der Sexta unser Klassenlehrer war, sei ein Freimaurer gewesen, hieß es. Das war ein aufregendes Gerücht für uns. Wir konnten jedoch nichts Schlechtes an ihm entdecken. Er hob sich vielmehr von den begeisterten Nazis unter den Lehrern wohltuend ab, denn er war vornehm im Wesen, immer beherrscht und sehr gerecht.

Er hatte etwas von einem Gentleman, das wir bewunderten, einen Stolz, den wir verstanden. Er hatte auch immer den Mut, wenn auch in aller Vorsicht, im Unterricht die Nationen unserer Kriegsgegner gegen unfaire Propaganda zu verteidigen. Erst nach dem Krieg verstanden wir ihn richtig.

Im Sommer 1940 mussten wir die Schule räumen. Sowohl das Schulgebäude, das heutige Rathaus, als auch die Turnhalle und Aula, das heutige Gemeindehaus, wurden als Lazarett eingerichtet. Die Schulklassen verteilte man auf die ganze Stadt in die verschiedensten Räumlichkeiten. Unsere Klasse war im evangelischen Gemeindesaal am Kirchplatz untergebracht. Später auch im Katasteramt neben der Post. Der Unterricht litt darunter keineswegs. Geräteturnen fand nun nicht mehr statt – sehr zu meiner Freude, denn ich hasste diese Sportart. Leichtathletik gefiel mir viel besser. Wir spielten natürlich auch Fußball. Ich war ein mäßiger Verteidiger, der bei Angriffen immer Angst um seine Brille hatte.

An der Kaserne

Beim Marsch von der Schule zum Sportplatz oder Freischwimmbad kamen wir regelmäßig an der Kaserne vorbei. Dort war eine Garnison der SS. Wir beobachteten die Ausbildung der Soldaten auf dem Kasernenhof und auf dem Trockenschießplatz neben dem Fußballfeld. Ja, ganz richtig, es gab einen Schießplatz, wo das sogenannte „Dreiecksschießen" geübt wurde. Der Schütze zielte dabei mit Kimme und Korn auf eine normale Scheibe.

Mit Gefühlen, die zwischen Furcht und Schadenfreude schwankten, beobachteten wir, wie die jungen Soldaten „geschliffen" wurden. Jeder Unteroffizier stand vor seiner Ausbildungsgruppe auf dem Kasernenhof und brüllte mit furchterregender Stimme Kommandos. Die Soldaten rannten hin und her oder „schliffen" im wahrsten Sinne des Wortes auf dem Bauch robbend über den Platz. Wir tauschten unsere Meinungen darüber aus, welcher Unteroffizier am schneidigsten kommandieren konnte. Es schien uns eine sehr begehrenswerte Tätigkeit zu sein, andere herumzuscheuchen.

Auch im Unterricht wurde das Militärische mehr in den Vordergrund gerückt. Die Lehrer waren alle im Ersten Weltkrieg Soldaten gewesen. Einer von ihnen hatte eine Kopfverletzung erlitten, und wir blickten mit Ehrfurcht auf seine Stirn, der ein Teil des Knochens fehlte. Unser Sportlehrer, ein kleiner drahtiger Mann, sprach nur zu gern von seiner Zeit vor Verdun, wo er sich beim Sturm auf das Fort Douaumont hervorgetan hatte und das Eiserne Kreuz verliehen bekam. Er drillte uns wie auf dem Kasernenhof mit Kommandos wie: „Affengang, Zehengang und auf der Stelle trippeln." Auch in Biologie war er für uns zuständig. Dabei sprach er besonders gern über den prähistorischen Menschen. Deshalb hieß er bei uns „Pithek", abgeleitet vom Namen, den er ständig zitierte: „Pithecanthropus erectus", dem aufrecht gehenden Affenmenschen.

Vor dem Volksempfänger

Was die Kinder heute am Fernsehen fasziniert, fesselte uns am Radio. Nun hatte zwar nicht jeder eins in der Jackentasche, denn die Transistortechnik war noch nicht erfunden. Man setzte sich zu Hause an das Familienradio oder besaß wie ich gegen Ende des Krieges einen der billigen Volksempfänger, die meist nur den stärksten Sender brachten. Auslandssender wurden ohnehin gestört und waren strengstens verboten.

Als Besonderheit gab es den Drahtfunk. Dazu steckte man einen Draht in die Antennenbuchse, der mit dem Telefonkabel verbunden wurde. Auf diese Weise hatte man ein Kabelradio, denn die Signale eines Spezialsenders wurden in das Telefonnetz eingespeist. Hier konnte man neben den Nachrichten die ständigen Meldungen über feindliche Flugzeuge im Anflug auf Deutschland verfolgen. Für die Stadtbewohner waren das besonders wichtige Informationen, um rechtzeitig auf Angriffe vorbereitet zu sein.

Der Luftkrieg über England nach dem Frankreichfeldzug wurde von uns begeistert verfolgt. Wir kannten alle Flugzeugtypen von der berühmten Me 109 und FW 190 bis zur Spitfire und den verschiedenen Bomber- und Zerstörertypen beider Seiten. Sondermeldungen über die Abschüsse wurden per Lautsprecher auch in der Schule durchgegeben. Die Jagdflieger-Asse waren in aller Munde und die Helden unserer Träume. Mölders, Hartmann und Marseille waren bewunderte junge Männer.

In unserer Familie gab es eine besondere Beziehung zur Fliegerei. Onkel Hermann Bongart war schon im Ersten Weltkrieg Flieger gewesen. Er war Berufssoldat geblieben und Oberst und Geschwaderkommodore bei einer Einheit mit Bombenflugzeugen. Die HE 111 war uns ein Begriff und ich sah ihn im Geiste immer in der Glaskanzel vorn in der Maschine als Beobachter. Er war der einzige Flieger des Ersten Weltkriegs, der auch im Zweiten aktive Fronteinsätze mitflog. Dass er in beiden Kriegen nur Beobachter gewesen war und kein Pilot, schmälerte seinen Ruhm für mich ein wenig. Als ich dann aber mehr über die Kriegsfliegerei las und erkannte, welche Bedeutung dem Navigator neben dem Piloten zukam, änderte ich meine Einstellung.

Onkel Hermann war ein hochdekorierter Offizier. Wenn er in voller Uniform auftrat, hatte er eine ganze Brust voll Orden. Neben der goldenen Frontflugspange aus beiden Weltkriegen, die die hohe Zahl seiner aktiven Kampfflüge auswies, trug er den Orden „Pour le Mérite", einen Halsorden, der die höchste Auszeichnung des Ersten Weltkrieges gewesen war. Er war mit vielen Fliegern des Ersten Weltkrieges befreundet. Insbesondere mit dem berühmten Ernst Udet. Udet war neben seinen Leistungen als Jagdflieger im Ersten Weltkrieg durch seine Kunstflugmeisterschaft weltbekannt. Er flog unter Brücken hindurch und konnte mit der Flügelspitze ein Taschentuch vom Boden aufheben. Ernst Udet wurde von Hitler zum Oberbefehlshaber der Jagdflieger gemacht, eine Stellung, die ihm zuwider war. In der Auseinandersetzung mit den Nationalsozialisten beging er Selbstmord. Carl Zuckmayer hat ihm mit dem Stück „Des Teufels General" ein Denkmal gesetzt.

Onkel Harald Elverfeldt war ein weiterer von mir bewunderter Offizier in unserer Familie. Er war Berufssoldat vor der Machtergreifung durch Hitler gewesen und als Generalstabsoffizier ausgebildet worden. Onkel Harald war bereits beim Frankreichfeldzug Generalstäbler und als Oberstleutnant und später Oberst Chef des Stabes einer Division. Nach dem gewonnenen Blitzkrieg in Frankreich kam er nach Canstein zu einem Besuch zusammen mit seinem General. Das war eine aufregende Sache für uns Kinder. Ein echter General in Uniform in Opas großem Wohnzimmer oben im neuen Schloss – und wir durften dabei sein!

Gespräche über den Krieg

Die Erwachsenen saßen in einer Ecke des Saales, tranken Tee und rauchten Zigarren. Dabei unterhielten sie sich über den gewonnenen Feldzug und den weiteren Verlauf des Krieges. Wir saßen mucksmäuschenstill dabei und spitzten die Ohren. Onkel Harald, dessen guter Freund Oberst Schmundt Hitlers Adjutant war – er wurde beim Attentat am 20. Juli 1944 neben Hitler stehend getötet –, Onkel Harald also sah den Sieg vor Augen. Auch sein General war voller Begeisterung und Optimismus. Hitler hatte es sehr gut verstanden, die schlecht bezahlten und politisch abstinenten Offiziere der Weimarer Zeit durch das Erfolgserlebnis des Blitzkrieges und Beförderungen für sich einzunehmen. Auch ich war nach all den Erfolgen sicher, dass wir den Krieg schon fast gewonnen hätten und sog die Äußerungen der Militärs, die ja Fachleute waren, mit Zustimmung auf.

Umso verwunderter und erstaunter war ich über die Meinungen von Opa und Papi. Beide waren äußerst skeptisch und machten keinen Hehl daraus, dass sie einen Sieg für aussichtslos hielten. Das waren unter dem Hitlerregime lebensgefährliche Äußerungen, für die man im Konzentrationslager landen konnte. Sie hielten die geplante Invasion Englands für undurchführbar, was sich kurz darauf bestätigte. Einen Eintritt Amerikas in den Krieg sahen

Vater Hubertus von Elverfeldt – hier auf einer Aufnahme während eines Fronturlaubs – erkannte früh, dass der Krieg nicht zu gewinnen war.

beide als sehr wahrscheinlich voraus – und damit eine Überlegenheit, der unsere Wehrmacht nie gewachsen sein würde. Genau so kam es ja dann auch, und ich erinnerte mich oft an dieses Gespräch.

Vorerst jedoch erschienen mir die Bemerkungen meines Vaters laienhaft im Gegensatz zu den Militärs, die mich beeindruckten und zu den Siegesmeldungen des Rundfunks und der Filme passten. Ich ging nämlich mit meinen Arolser Freunden, später auch mit meinen Freundinnen fast jede Woche ins Kino. Als Vorspann zu jedem Film lief eine Wochenschau, in der die Heldentaten der deutschen Soldaten dargestellt wurden. Für uns war die Wehrmacht unbesiegbar.

Allerdings gab es da zwischen mir und vielen meiner Freunde einen kleinen, aber wichtigen Unterschied, den ich erst heute erkenne. Aus der Tradition unserer Familie besaß ich Nationalstolz und Bewunderung für militärische Leistung. Was jedoch Hitler anbetraf, so war ich aufgrund der Einstellung meiner Familie kein begeisterter Anhänger des Führers. Meine Mitgliedschaft in der Hitlerjugend – über die ich noch berichten werde – betrieb ich aus Freude am militärischen Abenteuer. Wäre dies nicht so gewesen, hätte ich vielleicht auch zu den Kindern gehören können, die ihre Eltern bei der Partei anschwärzten, wenn sie über den Führer schimpften.

In Uniform zur Prozession

Papi war nie Parteimitglied geworden, weil er ein Mitglied, das das goldene Parteiabzeichen besaß, wegen Betrugs überführt hatte. Von fanatischen Parteimitgliedern hielt man sich in der Familie fern. Die Kirchenfeindlichkeit der Nazis allein war dafür schon Grund genug. Papi nahm einmal während seines Urlaubs demonstrativ in Uniform an einer Fronleichnamsprozession teil. Man hielt nichts von Hitler und seinen Leuten. Diese Einstellung, über die nur hin und wieder unter guten Freunden gesprochen wurde, teilte ich instinktiv.

Zum Beispiel gab es im Dorf einen älteren Mann, der aus dem Ruhrgebiet zugezogen war. Er grüßte jeden schon von Weitem mit erhobenem Arm und dem Ruf „Heil Hitler". So grüßte in Canstein unter den guten Katholiken keiner, wenn er es nicht bei offiziellem Anlass musste. Außerdem flüsterte man sich zu, dass er ein Spitzel sei und jede abfällige Äußerung über den Führer oder die Partei zur Anzeige brächte. Er hieß darum bei uns Kindern der „Heil-Hitler-Anzeiger". Wann immer wir ihm begegneten, schrien wir überlaut „Heil Hitler" und rissen die Arme hoch. Aber er lächelte uns an, ohne die Ironie zu begreifen.

Als ich eines Mittags aus der Schule nach Hause kam, berichtete mir Mami mit todernstem Gesicht: „Es ist etwas Schreckliches geschehen. Der Führer ist aus dem Rahmen gefallen, er hat sein Glas zerschlagen und ist zu Boden gestürzt."

Ihr Gesicht war eine Mischung aus Entsetzen und Schadenfreude. Mein erster Gedanke war, was wohl nun werden würde, nachdem dieser wichtige Mann übergeschnappt war. Mamis Gesichtsausdruck zeigte mir außerdem an, dass sie zufrieden damit war, dass es sich nun wirklich erwiesen habe, dass er schon immer verrückt war. Wie gut, nun würden bessere Zeiten anbrechen. Leider war es aber nicht der Führer persönlich gewesen, sondern nur sein Bild im Flur, das aus dem Rahmen gefallen war und das Glas zerschlagen hatte. Wir lachten herzlich und hatten uns verstanden.

Meine ersten Fahrversuche

Ab Ostern 1941 kam nun auch Sigi nach Arolsen in die Schule. Aufgrund eines Antrages an die Kreisverwaltung bekamen wir die Erlaubnis, den kleinen DKW, der ohne Zulassung in der Garage stand, mit einem roten Winkel zu versehen und wieder in Betrieb zu nehmen. Gerda Kraushaars Vater, der in Arolsen als Bankbeamter arbeitete, durfte damit zur Arbeit fahren und uns zur Schule hin- und zurücktransportieren. Somit war mein Unterbringungsproblem gelöst und ich verabschiedete mich von der Familie von Heuser.

Bei diesen Schulfahrten machte ich meine ersten Fahrversuche. Ich setzte den DKW in der Garage in Arolsen in Gang und wollte ihn rückwärts herausfahren. Dabei gab ich zu viel Gas, der Wagen schoss beim Loslassen der Kupplung ruckartig nach hinten. Ich kuppelte zwar sofort wieder aus, vergaß aber zu bremsen und landete mit dem einen Hinterkotflügel am Treppenaufgang zum Café Stöcker. Garagentor und Treppenaufgang gibt es noch heute, den DKW leider nicht mehr.

In der Hitlerjugend

Mit der Hitlerjugend war ich in Canstein bisher wenig in Verbindung gekommen. Ich gehörte zwar seit meinem zehnten Lebensjahr automatisch zum „Jungvolk", in dem die 10- bis 14-Jährigen organisiert waren, aber davon hatte ich nichts verspürt, denn ein regelmäßiger Dienst fand nicht statt. Dass dies so war, zeigt mir heute, dass der Versuch der Partei, lückenlos alles zu organisieren, nie richtig gelungen ist.

Im Sommer 1942 bekam ich ein amtliches Schreiben vom „Bann", der HJ-Organisation auf Kreisebene. Es war die Einberufung zu einem „Bannausbildungslager" für 14 Tage nach Brilon in die Jugendherberge. Mir wurde etwas flau im Magen. Das Papier kam mir vor wie ein Stellungsbefehl zur Wehrmacht. Im Schreiben war aufgelistet, wie und mit welcher Ausrüstung ich zu erscheinen hätte, natürlich in Uniform. Im Übrigen waren außer Wasch-, Schuhputz- und Nähzeug auch feste Schuhe, Trainingsanzug und Turnzeug mitzubringen. Am Tag vor der Anreise packte ich zum ersten Mal im Leben einen Rucksack. Es war nicht leicht zu entscheiden, was oben und was unten hineinmusste. Ich merkte dann aber schnell, dass die Schuhe besser nicht obenauf kamen. Früh um sieben schnallte ich mir das gute Stück auf den Buckel und bestieg mein Fahrrad, um nach Marsberg zum Bahnhof zu gelangen. Dort bestieg ich den Zug nach Brilon-Wald, wo ich umsteigen musste. In Brilon angelangt, fragte ich mich nach der Jugendherberge durch. Auf dem Weg dorthin begegneten mir andere Pimpfe in Uniform, die das gleiche Ziel hatten.

Auf dem Hof der Jugendherberge empfingen uns unsere Ausbilder. Beide trugen die weiße Schnur des Stammführers auf ihrer Schulter. Wir wurden in Gruppen eingeteilt und bezogen unsere Stuben. Die Schlafräume hatten Etagenbetten mit einfachen Matratzen, die mit grauen Leintüchern bespannt werden konnten. Auf jedem Bett lagen diese Leintücher und zwei Decken. Für jeden Pimpf gab es einen Spind und einen Stuhl. Aufgrund meiner Körpergröße und auch, weil ich neugierig darauf war, bezog ich ein oberes Bett. Unter mir schlief Franz. Das Abendessen bestand aus Brot, Margarine, Käse und Marmelade. Dazu gab es eine Milchsuppe und Kornkaffee.

Danach mussten wir unsere Betten beziehen. Die Ausbilder kamen in jeden Raum und kontrollierten die Qualität. Die Laken mussten einwandfrei glatt sein und sauber festgesteckt, die Decken vorbildlich eckig gefaltet und aufeinandergelegt. Der Spind wurde kontrolliert, und man zeigte uns, wie es vorschriftsmäßig aussehen musste. Ich hatte meine großen Schwierigkeiten damit, denn zu Hause hatte ich noch nie mein Bett machen müssen, geschweige denn Decken und Kleider falten.

Dienst, Drill, Unterricht

Nach dieser sogenannten „Stubenabnahme" legten wir uns zu Bett. An Schlafen dachte vor Aufregung natürlich noch keiner. Alle quatschten leise miteinander. Nachdem wir uns gegenseitig bekannt gemacht hatten, stellten wir fest, dass wir aus dem ganzen Kreis Brilon stammten. Einige besuchten die gleiche Schule in Brilon, Olsberg oder Marsberg. Das erleichterte ihnen den Zusammenhalt. Die Dörfler hatten es da schwerer. Unser Gespräch wurde jäh beendet, als ein Ausbilder die Tür aufriss und „Ruhe" brüllte.

Um 6 Uhr in der Früh weckte uns eine Trillerpfeife auf dem Flur. „In Turnzeug antreten zum Morgenlauf" hieß das dem Wecken folgende Kommando. Wir traten im Hof an, und mit dem Ausbilder an der Spitze starteten wir zum Morgenlauf durch den kalten Wald bei der Jugendherberge. Nach einigen Minuten wurde mir wärmer.

Nach dem Waschen und dem Marmeladenbrot-Kornkaffee-Frühstück begann der „Dienst". Wir wurden auf den Hof befohlen. Dort lernten wir, uns in drei Reihen der Größe nach aufzustellen und gerade auszurichten. Drillkommandos wurden eingeübt, vom „Stillgestanden" über „Rechtsum", „Linksum", „Kehrt" bis zu den diversen Tempos von „Im Marschtritt" bis zum „Im Laufschritt, marsch, marsch". Wenn die Sache nicht klappte, hieß es: „Hinlegen! Auf! Hinlegen! Auf!"

Aufgrund meiner Größe marschierte und stand ich im ersten Glied. Das war kein schöner Platz, denn als Erster in der Reihe musste man auf jedes Kommando achten und es richtig ausführen. Die Übrigen brauchten nur hinterherzumarschieren und es dem Vordermann nachzumachen. Ich musste so manche Strafrunde um den Platz laufen, wenn ich ins Träumen verfallen war und ein Kommando überhört hatte.

Neben dem Drill gab es Unterrichtsstunden. Dabei hatte es mir besonders die Kartenkunde angetan. Ich hatte noch nie mit Karten zu tun gehabt und die Himmelsrichtungen waren mir nicht sehr vertraut. Das Abbild der Landschaft auf dem Papier faszinierte mich. Rasch begriff ich den Umgang mit dem Kompass und das Einnorden der Karte.

Bei solchen Gelegenheiten lernten wir unsere Ausbilder besser kennen als beim Drill. Wir bewunderten sie und fingen an, sie zu mögen. Den Drill nahmen wir hin, weil wir ja „Männer" werden wollten wie unsere militärischen Vorbilder, die täglich lobend erwähnt wurden. Der Höhepunkt des Aufenthalts in Brilon war eine große Geländeübung, bei der wir uns in Gruppen allein mit Kompass und Karte im Gelände zurechtfinden mussten. Die Briloner hatten da natürlich einen Heimvorteil, aber meine Gruppe belegte einen guten Platz und wir waren stolz auf unsere Leistung.

Endlich nach Hause

Wir zählten die Stunden bis zur Heimfahrt. In der Nacht vor der Heimreise jedoch machte einer in einer Nachbarstube ins Bett. Es gab ein Strafgericht vor versammelter Mannschaft. Wir sollten deswegen einen Tag länger bleiben und strafexerzieren. Gottlob wurde darauf verzichtet. Der Übeltäter musste stattdessen vor versammelter Mannschaft sein Bettlaken waschen und auswringen.

Die Heimfahrt mit dem Fahrrad von Marsberg war hart, denn es regnete, und von Marsberg nach Leitmar steigt die Straße an. Mein Fahrrad hatte natürlich noch keine Gangschaltung und trat sich sehr schwer. Die warme Badewanne, in die Mami mich sofort nach der Heimkehr steckte, war ein Genuss. Auch meine Klamotten hatten eine Wäsche nötig.

In den Sommerferien arbeitete ich in den Kriegsjahren oft auf dem Gut Borntosten. Borntosten war für die Lebensmittelversorgung unseres Haushaltes zuständig. Das erforderte zweibis dreimal in der Woche eine Kutschfahrt mit unserem Pony „Bubi" vor dem kleinen Einspänner nach Borntosten. Diese Fahrten machte unsere Mami häufig selbst, aber auch Sigi und ich durften dorthin kutschieren. Frau Leiße, die Frau des Verwalters in Borntosten, war für uns die Ansprechpartnerin. Geflügel, Eier, Obst und manchmal auch Gemüse aus dem Gutsgarten waren nach Anruf durch sie abzuholen.

Als die Flieger kamen

Es war wohl im Sommer 1943, als ich einen Teil der Sommerferien in Borntosten aushalf. Hauptarbeit war das bei allen sehr unbeliebte Garbenaufstellen hinter dem Mähbinder. Frühmorgens nasse Gerstengarben unter beide Arme zu klemmen und zum Zusammenstellen über das Feld zu tragen war eine unangenehme Arbeit. Hemd und Hose waren nach der dritten Ladung bis auf die Haut klatschnass. Erst gegen 10 Uhr vormittags, wenn die Garben abgetrocknet waren, wurde man wieder warm. Im Nachmittag setzten sich dann die abbrechenden Grannen in allen Winkeln des Körpers fest. Mein Nabel steckte dann immer voll davon. Ich sann auf Abhilfe und verklebte ihn mit Heftpflaster.

Beim Abladen von Erntewagen am Nachmittag auf dem Hof hörten wir plötzlich das laute Geräusch eines Propellerflugzeuges näherkommen. Eine Me 109, das berühmte deutsche Jagdflugzeug, überflog in Dachhöhe den Hof. Wir rannten ihm nach und sahen zu, wie der Pilot die Maschine auf dem abgeernteten Stoppelacker vor dem Hof in Richtung Gut Forst notlandete. Das Fahrwerk setzte auf, riss zwei tiefe Rinnen in den weichen Boden, der Schwanz der Maschine kam hoch, das Flugzeug überschlug sich und kam auf dem Rücken liegend zum Stehen. Alle rannten hin. Der Pilot kroch unverletzt aus seinem Cockpit und wurde nach Marsberg gebracht. Leider bekam ich nicht mit, was er über sein Missgeschick berichtete. Für Jugendliche war so etwas ein Militärgeheimnis.

14-Jähriger als Wachposten

Die Behörde hatte angeordnet, dass das Flugzeug rund um die Uhr bewacht werden müsse. Da die Erntearbeiten drängten und die Arbeiterschaft des Betriebes bis auf wenige Ausnahmen aus polnischen Kriegsgefangenen und ukrainisch-russischen Zwangsarbeitern bestand, wurde ich für diesen Tag zur Bewachung abgeordnet. Ein 14-Jähriger als Wachmann! Ich setzte mich erst einmal neben das Flugzeug in die Sonne und genoss das Nichtstun nach Tagen harter Erntearbeit. Dann begann ich das Flugzeug zu untersuchen. Noch nie hatte ich ein Flugzeug von Nahem gesehen. Aus Büchern wusste ich schon eine Menge über Flugzeuge und die Fliegerei. Insbesondere der jährlich neu erscheinende Band „Das neue Universum" wurde von mir verschlungen. Darin waren insbesondere technische und wissenschaftliche Erkenntnisse und vor allem deren Anwendung in der Praxis für junge Menschen anschaulich beschrieben. Außerdem enthielten die Bände spannende Reiseberichte aus fernen Ländern, die mich gleichfalls fesselten.
Ich begann mit der Nase. Ein Flügel des Propellers steckte verbogen im Boden. Ich strich mit der Hand über das glatte Metall und untersuchte die Befestigung an der Nabe. Dabei stellte ich fest, dass der Propellerflügel dort drehbar gelagert war und erinnerte mich an die Beschreibung der Propellerverstellung in meinem Buch. Aus der Motorhaube tropfte Öl. Ich betrachtete sie eingehend und entdeckte mehrere Öffnungen darin. Eine Klappe ließ sich von Hand zur Seite legen. Darunter kam ein Schraubverschluss zum Vorschein. Die Neugier ließ mich alle Vorsicht vergessen. Ich drehte ihn auf und sprang sofort erschreckt zur Seite, denn eine heiße, rosafarbene Flüssigkeit schoss heraus. Sie floss über den an seiner Haltekette baumelnden Verschluss in immer schwächer werdendem Strahl auf den Boden.

Im Cockpit herumklettern

Nach diesem Schreck wandte ich mich dem offenen Cockpit zu. Der Pilot hatte die Haube vor der Landung abgeworfen. Der Propeller, die sehr stabile Windschutzscheibe mit ihrem Panzerglas und das Seitenruder hielten das auf dem Rücken liegende Flugzeug so weit vom Boden, dass ich mich von unten her in die Kanzel zwängen konnte. Der Steuerknüppel war frei beweglich. Ich bewegte ihn nach rechts und links und sah mit Interesse, dass ich dadurch das Querruder am über mir sichtbaren Flügel in Bewegung versetzen konnte. Ich bewegte ihn vor und zurück und schielte um die Ecke nach hinten. Siehe da, die Höhenruder ließen sich auch bewegen. Meine Kenntnisse aus dem „Neuen Universum" bewährten sich. In der Fantasie wähnte ich mich als Jagdflieger über England.

Ein roter Knopf oben am Steuerknüppel war mir auch bekannt. Er bediente die Maschinengewehre oder die Kanone. Deshalb wagte ich nicht, ihn zu drücken.

Das Armaturenbrett war ein beeindruckendes Gewirr von Hebelchen, Knöpfen, Uhrgläsern und Anzeigeinstrumenten. Einige davon kannte ich aus meinen Büchern. Zum Beispiel den Kompass und den Höhenmesser. Leider war es mir mit den bloßen Händen nicht möglich, eines der Instrumente als Andenken auszubauen. Ich beschränkte mich darauf, von einem Zugschalter den Bedienungsknopf abzuschrauben, der in graugrüner Tarnfarbe gestrichen war. Ich steckte ihn in meine Hosentasche.

Lange hielt ich die unbequeme Lage unter der Maschine nicht aus. Ich kletterte wieder hervor und wandte mich dem Schwanz zu. Das Seitenruder war durch den Aufprall verbogen worden. Der Ruderflügel klemmte, als ich versuchte, ihn mit der Hand zu bewegen. Ich untersuchte ihn nach Merkzeichen über Feindabschüsse. Aus den Wochenschauen im Kino und der Zeitung wusste ich, dass die Jagdflieger die Abschüsse mit Strichen am Leitwerk vermerkten. Es waren aber keine zu finden. Ich kletterte danach auf den am Boden aufliegenden Flügel und legte mich dort in die Sonne.

Am Abend wurde ich abgelöst und leider am nächsten Tag nicht wieder als Wache eingeteilt. Meine unerlaubten Betätigungen am Flugzeug waren wohl nicht aufgefallen, denn sonst hätte es sicher ein Strafgericht gegeben.

Der Luftkrieg steigerte sich von Jahr zu Jahr. Im ersten Kriegsjahr waren Flugzeuge eine aufregende Sache. Bei jedem sich nähernden Motorengeräusch unterbrach man die Arbeit

Der Rauch hat sich kaum gelegt: Am Tag nach den Luftangriffen auf Kassel im Oktober 1943 entstanden diese Aufnahmen.

und rannte ins Freie, um den Anblick ja nicht zu verpassen. Später waren die Fluggeräusche so häufig, dass ich nur noch aufschaute, wenn es die Arbeit zuließ oder wenn an der Lautstärke erkennbar war, dass die Maschine sehr tief flog. Besonders spannend war es natürlich immer, wenn der Motor stotterte und eine Notlandung oder ein Absturz vermutet werden konnte. Das kam gar nicht so selten vor, doch zu meinem Leidwesen nie nah genug an Canstein, um hinrennen zu können.

Kondensstreifen am Himmel

Bei klarem Himmel sah man eigentlich täglich Kondensstreifen von Flugzeugen. 1943 bis Kriegsende dröhnte dann oft der Himmel, wenn die Bomberschwärme der Alliierten auch am hellen Tage über uns hinwegzogen, um irgendwo über den deutschen Städten ihre Bombenlast abzuwerfen. Aus dem Wohnzimmer im alten Schloss hat man einen sehr guten Überblick über den östlichen Himmel. Zwei Angriffe auf Kassel, dessen schöne alte Fachwerkbauten in der Innenstadt völlig zerstört wurden, erlebte ich dort. Ausgerüstet mit Papis gutem Fernglas stand ich im Fenster und beobachtete das Geschehen über Kassel.

Die Nachrichten über bevorstehende Luftangriffe wurden im Radio durchgegeben. Meist benutzte man dazu den sogenannten Drahtfunk, bei dem ein Draht die Antennenbuchse des Radiogeräts mit dem Telefonanschlusskabel verband. Das war das erste „Kabelfernhören". Fernsehen konnte man ja noch nicht.

Bei einem Tagesangriff lauschte ich dem Drahtfunk, in dem ein sich Kassel nähernder Bomberverband gemeldet wurde. Nach einer halben Stunde hörte ich dann das Motorengeräusch. Kurz darauf wurden die ersten Maschinen sichtbar. Einige Pilotmaschinen und begleitende Jagdflugzeuge waren am Himmel zu erkennen. Viele der Flugzeugtypen kannte ich, denn wir wurden in der Schule und bei der HJ in Flugzeugerkennung ausgebildet, um Freund und Feind auseinanderhalten zu können. Wenn man die Hoheitsabzeichen einer Maschine erkennen konnte, war es oft zu spät, um noch in Deckung zu gehen. Spitfires, Hurricanes und Lancasters aus England, Mustangs, Lightnings, Mosquitos und fliegende Festungen aus Amerika waren uns wohlvertraut.

Über Kassel war der Himmel nun voll von Kondensstreifen und kleinen Wölkchen von explodierenden Flakgranaten. Viel zu selten wurde eines der angreifenden Flugzeuge getroffen, das dann mit langer Rauchfahne abstürzte oder auch wie ein Feuerball am Himmel zerbarst und in Einzelteilen herunterkam. Auch Fallschirme mit abgesprungenen Piloten konnte ich mit dem Fernglas erkennen.

Schrecken des Luftkrieges

Bei diesem Tagesangriff ahnte ich natürlich nicht viel von dem, was sich in der Stadt abspielte. Erst später erfuhr ich dann in der Schule von den Schrecken des Luftkrieges. Viele der älteren Mitschüler, später auch meine Klassenkameraden, wurden zu Hilfs- und Rettungsarbeiten in Kassel eingesetzt. Sie erzählten von der Verzweiflung der Menschen, die aus brennenden Häusern flohen oder im Keller verschüttet ausgegraben werden mussten. Es gab jedesmal Tausende von Toten und Verletzten.

Ein Nachtangriff, den ich an der gleichen Stelle gemeinsam mit Mami beobachtete, war ein schauriges Schauspiel auf der Himmelsbühne über dem Buchholz. Die ersten Maschinen warfen sogenannte „Christbäume" ab. Das waren Leuchtkugeln an Fallschirmen, die für die Bomber die Ziele ausleuchteten. Der Himmel über Kassel war damit fast taghell erleuchtet. Die Scheinwerfer der Flak wanderten wie lange weiße Finger am Himmel hin und her. Überall flammten die roten Punkte explodierender Flakgranaten auf. Bald darauf waren die dumpfen Einschläge der Sprengbomben und das ständige nervende monotone Motorengeräusch zu hören. Der Himmel über dem Buchholz färbte sich blutrot wie ein himmelumspannender Sonnenaufgang. Ganz Kassel brannte.

Diesen Angriff erlebten alle meine Klassenkameraden hautnah mit, die zum Geburtsjahrgang 1928 gehörten. Sie waren als Luftwaffenhelfer bei der Kasseler Flak im Einsatz. Dort waren sie in Baracken gemeinsam mit einigen unserer Lehrer untergebracht. Tagsüber war Unterricht, nachts standen sie am Flakgeschütz. Gottlob ist keiner von ihnen zu Tode gekommen.

Doch auch in Canstein fielen Gegenstände vom Himmel, die gefährlich und ungefährlich waren. Am häufigsten waren Aluminiumstreifen, die zur Täuschung des deutschen Radars abgeworfen wurden. Brisanter als diese harmlosen glänzenden Papierchen, die bei der Materialknappheit zu allerlei Spielzeug verwendet wurden, waren im Sommer Phosphorplättchen, die sich bei Wärmeeinwirkung von selbst entzündeten und dazu gedacht waren, die stehenden Getreidebestände zu vernichten. Für Kinder und Jugendliche ein herrliches Spielzeug, das zu vielen Unfällen mit schweren Verbrennungen führte.

Eines Tages fand ich auf dem Kittenberg den Zusatztank eines Flugzeuges, der aus Sperrholz gefertigt war. Er war stromlinienförmig und sah aus wie ein kleines Boot. Ich schnitt ein Loch in die flache Oberseite des Kanisters, und fertig war mein Boot. Es fuhr sich etwas kippelig und man musste aufpassen, dass man nicht kenterte. Doch auf dem Schlossteich war das ungefährlich, und schwimmen hatte ich ja in diesem Teich gelernt.

Horde, Jungzug, Fähnlein

Aufgrund der Ausbildung in der Jugendherberge in Brilon war ich seitens der HJ-Führung für eine leitende Tätigkeit im Deutschen Jungvolk vorgesehen. Im Jungvolk, abgekürzt meist nur DJ genannt, waren die Jungen von 10 bis 14 Jahren organisiert. Sie wurden „Pimpfe" genannt. Die Mitgliedschaft in den Organisationen der HJ war Pflicht für alle Kinder und Jugendlichen vom zehnten Lebensjahr an.

Bis ins letzte Dorf gab es diese Organisation auf dem Papier. Die Wirklichkeit sah in den ländlichen katholischen Regionen meist etwas anders aus. Dort herrschte ein gewisser passiver Widerstand. Trotz Bestrafungen, die hier und da auf Anzeigen Linientreuer hin erfolgten, war der Boykott des „HJ-Dienstes" in den Dörfern unserer Gegend die Regel. Insbesondere während des Krieges gab es außerdem kaum einen Erwachsenen, der die Zeit gehabt hätte, sich intensiv um die Belange der HJ zu kümmern.

In den Friedenszeiten war das anders gewesen. Parteibegeisterte junge Männer kümmerten sich ab einem bestimmten Dienstgrad sogar hauptamtlich intensiv um die Jugendarbeit in der HJ. Mit Kriegsbeginn war ihre Tätigkeit nicht mehr als kriegswichtig angesehen, und sie wurden nur zum geringen Teil UK, das heißt „unabkömmlich", gestellt. Man löste das Problem auf die Weise, dass man sich unter den Jungen Einzelne aussuchte, denen man die Aufgaben übertrug.

Es gab in der Hierarchie der HJ sehr genaue Abstufungen, die man auf unterschiedliche Weise erreichte. Es gab „Dienstränge" und „Dienststellungen". Dienstränge richteten sich nach Alter und Leistung und unterlagen von mir nie ganz durchschauten Regeln. In Dienststellungen wurde man je nach Bedarf auf Zeit berufen, wohl weil die besonderen Umstände es erforderten. Beide hatten die gleichen Namen. Im Jungvolk stieg man auf vom Pimpf zum Horden-, Oberhorden-, Jungzug-, Fähnlein-, Stamm-, Bann- und Gebietsführer. Der Jungzugführer trug als Rangabzeichen eine rot-weiße Kordel, die von einem Knopf an der Schulterklappe in die linke Brusttasche führte und an der eine Trillerpfeife befestigt war, die man für die Drillkommandos brauchte. Der Fähnleinführer hatte eine grün-weiße, der Stammführer eine weiße Kordel.

Allein mit 20 Pimpfen

Als kaum 14-Jähriger wurde ich nach dem Lehrgang in Brilon zum „Hordenführer" ernannt und bekam ein Abzeichen mit einem kleinen silbernen Stern auf den Ärmel genäht. Das war mein Dienstrang. Gleichzeitig machte man mich zum K-Jungenschaftsführer. Das war meine Dienststellung. Damit war ich der für die Jungen zwischen 10 und 14 Jahren in Canstein zuständige „Führer des Deutschen Jungvolks (DJ)". Auch nach Vollendung meines 14. Lebensjahres 1943 blieb ich im „Deutschen Jungvolk", weil ich da schon zum K-Fähnleinführer aufgestiegen war und deshalb kein Mitglied der HJ werden musste. Diese Tatsache sollte gegen Ende des Krieges für mich noch wichtig werden.

Im Nachhinein kann man nur staunen, wie man seinerzeit 14-Jährige ohne jede Vorbildung auf Jüngere und Gleichaltrige als halb militärische Vorgesetzte losließ. Ich war mir meines Ranges jedenfalls bewusst und befahl meine Untergebenen für den nächsten Donnerstag zum Dienst auf den Schulhof. Am Donnerstagnachmittag war in unserer Gegend der regelmäßige DJ-Dienst angesetzt. Die Schulen waren gehalten, diesen Tag frei von Hausaufgaben zu stellen.

Was ich mit meinen „Schäflein" während dieser Dienststunden anfangen sollte, war sicher vor dem Krieg einmal vorgeschrieben gewesen. Jetzt war es meiner Fantasie überlassen, wie ich die zwei Stunden gestaltete. Niemand hatte mir dafür Anweisungen übermittelt. Einmal im Monat musste ich zwar nach Olsberg zum Bann zu einer Dienstbesprechung und hin und wieder nach Marsberg zu meinem Stammführer. Aber allein die Tatsache, dass mir davon nichts erinnerlich ist, zeigt, dass der Inhalt dieser Besprechungen entweder völlig unwichtig war oder von mir ignoriert werden konnte, weil mich niemand kontrollierte.

Am Donnerstag hatten sich dann meine 15 bis 20 Pimpfe in mehr oder weniger vollständiger Uniform auf dem Schulhof eingefunden. Im Sommer trugen sie eine kurze schwarze Hose, Kniestrümpfe und das Braunhemd mit aufgesetzten Brusttaschen. Dazu ein Koppel mit dem Rautenzeichen der HJ und Hakenkreuz. Am Koppel befestigt trug man dazu ein

Fahrtenmesser, wie es heute noch die Pfadfinder haben. In den Handgriff dieses Messers war gleichfalls die HJ-Raute eingelassen. Sie befand sich auch auf dem Ärmel des Hemdes. Auf den Kopf gehörte im Sommer ein sogenanntes „Schiffchen" im gleichen braunen Farbton wie das Hemd, mit der Raute am vorderen Ende über der Stirn.

„Überfallhose" und Braunhemd

Im Winter trug der Pimpf lange dunkelblaue Skihosen, sogenannte Überfallhosen, deren unteres Ende einen Gummizug wie bei Trainingshosen oder einen Bund zum Knöpfen hatte. Die Hose war so lang gewählt, dass sie bauschig über die Lederschnürstiefel fiel. Daher der Name „Überfallhose" im Gegensatz zur Keilhose, die unter der Fußsohle mit einem Gummizug im Stiefelschaft gehalten wurde. Wir fanden die Keilhosen viel schicker als die Überfallhosen, weil die Gebirgsjäger und Fallschirmjäger solche Keilhosen zur Uniform trugen. Über dem Braunhemd wurde im Winter eine blaue als Hemd geschnittene Jacke getragen. Sie war vorn nicht durchgeknöpft, sondern wurde wie ein Russen- oder Trachtenhemd über den Kopf gezogen und in die Hose gesteckt. Auf dem Kopf trug das Jungvolk eine blaue Skimütze mit dem HJ-Abzeichen.

Ich bin unter meinen Bekannten wirklich nicht als eitel bekannt, aber damals war ich es. Es tat meinem Selbstbewusstsein gut, vor meine Untergebenen mit einer Uniform zu treten, die mir die Autorität verschaffte, der ich mir gar nicht so sicher war. Im Sport war ich kein Held, und im Zweikampf wäre ich den meisten meiner Pimpfe unterlegen gewesen. Aber 20 Jahre später hat Konrad Lorenz ja nachgewiesen, wie wichtig das Imponiergehabe in der Hackordnung ist. Das war mir schon vor der Veröffentlichung seiner Erkenntnisse unbewusst klar.

Das Hakenkreuz auf der Mütze

In Anlehnung an die von uns bewunderten Uniformen der Wehrmacht ließ ich mir von Mamis Hofschneiderin Fräulein Blömeke, die sehr häufig bei uns im Schloss an Mamis Nähmaschine saß, eine dunkelblaue Uniformjacke im Schnitt des Militärs schneidern. Sie war vorn durchgeknöpft und konnte somit, mit Koppel umgeschnallt, über der Hose getragen werden. Außerdem besorgte ich mir einen Reichsadler mit Hakenkreuz, wie ihn die Wehrmacht trug, und befestigte ihn statt der HJ-Raute an meiner Wintermütze. Dies war zwar nur als Abzeichen für höhere Ränge vom Stammführer an erlaubt. Ich fand es aber schicker als die dämliche Raute.

So ausgerüstet stand ich dann vor meiner Truppe und brüllte so laut wie möglich die Kommandos, die ich beim Lehrgang gelernt hatte. „Antreten in Linie", „Stillgestanden", „Richt Euch" und „Rührt Euch", „Rechts um" und „Links um" wurde exerziert. Wie viel angenehmer war es zu kommandieren, als herumkommandiert zu werden. „Gelobt sei, was hart macht", hatte man uns gepredigt. Ich gab diesen Spruch weiter.

Neben dem Exerzieren und Marschieren übten wir auch Lieder dazu ein. Wenn ich daran denke, dass ich im Klassenzimmer unserer alten Schule vor der Tafel gestanden habe und mit meinen Pimpfen Lieder übte, dann kommt mir noch jetzt das Grausen. Als völlig unmusikalisch hatte man mich im Gymnasium erst gar nicht in den Chor aufgenom-

Wie viele von ihnen haben wohl das Jahr 1945 erlebt und den Krieg überlebt? HJ-Gruppe in Marsberg – eine Aufnahme aus dem Jahr 1943.

men. Auch heute noch singe ich so schlecht, dass ich mich bei empfindlichen Nachbarn in der Kirche des Gesangs enthalte. Damals habe ich im Singen unterrichtet. Das muss schrecklich gewesen sein.

Spielen auf den Dachböden

Den größten Teil der Dienstzeit verbrachten wir allerdings mit Spielen, wie sie Buben zu allen Zeiten gespielt haben. Sehr beliebt waren die Geländespiele mit zwei Parteien. Freund und Feind unterschieden sich durch Wollfäden unterschiedlicher Farbe, die um das Handgelenk gebunden wurden. Wem dieser Faden vom Gegner abgerissen wurde, schied aus. Versteckspielen auf den Heu- und Strohböden des Gutshofs wurde, wenn ich es ansetzte, immer mit Begeisterung angenommen. Ich benutzte dieses Spiel als Belohnung für gutes Exerzieren. Es war natürlich auch mir streng verboten, auf den Dachböden des Hofes herumzuklettern, aber das machte die Sache ja erst spannend, wenn man nicht erwischt wurde. Der HJ-Dienst nahm immer mehr Zeit in Anspruch, je länger der Krieg dauerte. Die Schule kam ins Hintertreffen, weil ich zu neuen Lehrgängen einberufen wurde und auch die Lehrer mit vielen Aufgaben betraut wurden, die nichts mit der Schule zu tun hatten. Zum Beispiel lernte ich fast gar kein Latein mehr, weil unser Direktor Vilmar, der in meiner Klasse dafür zuständig war, ständig fehlte – und wenn er da war, fehlte ich.

Zwei Lehrgänge sind mir in Erinnerung geblieben. Sie nannten sich „Bann-Ausbildungslager" und dauerten meist 14 Tage. Einer wurde in Brilon in der Volksschule abgehalten. Wir waren in der Turnhalle auf Stroh untergebracht. Gemeinsam mit uns Sauerländern war eine größere Gruppe von Jungen aus dem Ruhrgebiet zu diesem Lehrgang einberufen wurden. Im Vergleich zu den Einheimischen waren das raue Gesellen, die am ersten Abend nur schweinische Sexwitze erzählten – allerdings nur am ersten Abend. Am zweiten hatten uns die Ausbilder derart müde gejagt, dass alle sofort schliefen.

Das Schlafen auf Stroh war kein Vergnügen. Es gab nämlich noch keine Schlafsäcke. Ich hatte mir allerdings vorsorglich zwei Decken mitgebracht und legte eine drunter und eine drüber. Die dünne Strohschicht war nach einer Nacht so fest geworden, dass man auch ebensogut direkt auf dem Fußboden hätte liegen können. Wenn schon darauf geachtet wurde, dass wir aufräumten und unsere Klamotten ordentlich gefaltet am Kopfende der Strohmatratze aufbauten, so war doch der ganze Raum entsetzlich dreckig und verstaubt vom Stroh.

Das war kein Spiel mehr

Neben der üblichen „Schleiferei" wurden wir an verschiedenen Waffen ausgebildet. Den Karabiner 98k kannten wir schon ziemlich gut. Nun kam das Maschinengewehr MG 42 dazu. Gurte laden, Lauf wechseln, Ladehemmungen beseitigen und Schützenwechsel – das wurde mit je zwei Mann am MG geübt. Der aufregendste Moment war das scharfe Schießen, das am Ende der Ausbildung durchgeführt wurde. Das MG 42 hat auch heute noch eine der höchsten Schussfolgen aller Maschinenwaffen. Man durfte nur an den Abzugsbügel tippen, dann waren schon drei bis fünf Schuss heraus, und der Rückstoß riss einem das Gewehr aus dem Ziel. Ich hatte den Trick mit meiner Erfahrung als Jäger bald heraus. Als Belohnung erhielt ich Dienstbefreiung.

Wir lernten auch den Umgang mit der Stielhandgranate: scharf machen mit dem Zündröhrchen, abziehen, zählen und werfen. Gottlob wurde mit einem unscharfen Zünder geübt. Diese Übung wurde dann in eine sogenannte Nahkampfübung eingebunden. Auf einer Kampfbahn waren liegende Soldaten aus Karton, die „Pappkameraden", aufgebaut. Wir mussten im Liegen auf sie schießen, dann aufspringen und eine Handgranate werfen. Danach im Sturmangriff auf sie loslaufen, einen Hüftschuss mit dem Karabiner abgeben und zum Schluss mit dem aufgesetzten Bajonett auf sie einstechen.

Auch diese zwei Wochen gingen vorüber, und ich sehnte mich nach der heimischen Badewanne, auf die ich zu Hause eigentlich nie sehr versessen war. Das Bad war eine Wohltat für meine vom Staub und Dreck juckende Haut.

Im Dezember wurde ich zu einem weiteren Bann-Ausbildungslager in Winterberg einberufen. Es lag hoher Schnee. Wir waren in der Jugendherberge in der Nähe des Bahnhofs untergebracht, wohin ich mit der Bahn über Marsberg und Brilon-Wald anreiste. Am Ankunftsabend die üblichen Sexwitze und langes Gequatsche. Alle Gesichter waren für mich wie in Brilon neu. Es waren keine Bekannten darunter, wenn auch beide Male Marsberger dabei waren. Da ich aber in Arolsen zur Schule ging und selten nach Marsberg kam, kannte ich sie nicht. Draußen lag hoher Schnee, und wir blickten mit gemischten Gefühlen dem täglichen Außendienst mit „Hinlegen! Auf!" entgegen. Das Wetter war uns gnädig, es blieb kalt genug und der Schnee war daher trocken. Trotzdem drang er in alle Ritzen der Kleidung ein, schmolz dort und verursachte ein unangenehmes Nässegefühl auf der Haut. Obwohl wir oft pitsch-nass in unsere Unterkunft zurückkehrten, wurde keiner von uns krank. Wir waren eben abgehärtet vom Frühsport mit nacktem Oberkörper zu jeder Jahreszeit.

Tagsüber gab es auch Unterricht. Ich erinnere mich an militärischen Lehrstoff wie Waffen-kunde, Orientierung im Gelände und Kartenlesen, aber auch an eine politische Lehrstun-de. Der Wahlspruch der SS „Meine Ehre heißt Treue" wurde durchgenommen. Ich musste den Begriff „Ehre" erläutern. Alles was mir dazu einfiel, war die Standesehre des Adels. Ich sprach von der Pflicht des Ritters, für die Schwachen und Unterdrückten einzutreten, und von der Pflicht der Fairness im Kampf mit dem Feind. Das passte dem Ausbilder überhaupt nicht ins Konzept und er unterbrach meinen Vortrag.

„Führer mit dem Holzbein"

Der Leiter des Ausbildungslagers war ein junger Mann von etwa 25 Jahren. Er war schwer verwundet worden und hatte eine Beinprothese bis zum Oberschenkel. Er konnte damit so gut laufen, dass wir es zunächst gar nicht bemerkt hatten. Eines Tages verkündete er uns, dass er mit uns eine Nachtübung auf Skiern plane. Wir wurden mit Skiern ausgerüstet, die damals aus Eschenholz gefertigt waren und Lederbindungen hatten. Dazu besaßen wir na-türlich keine Skistiefel, sondern nur unsere normalen hohen Schnürschuhe. Das Skilaufen damit war kein Vergnügen, denn bei Abfahrten gingen immer wieder die Bindungen auf oder die Schuhe verrutschten auf dem Ski.

Unser Führer mit seinem Holzbein spurte vor uns die ganze Nacht im frischen Tiefschnee, ohne müde zu werden, und fuhr die Abfahrten problemlos trotz seiner Behinderung. Wir bewunderten und liebten ihn, denn er war ein strenger, aber gerechter und verständnisvol-ler Vorgesetzter, der das, was er von uns verlangte, vorlebte.

An einem der Tage in Winterberg hatten sich zwei von uns gestritten. Der Lagerführer dach-te sich als Strafe einen speziellen Zweikampf für die beiden aus, der dann am Abend zur Gaudi unserer Gruppe ausgetragen wurde. In die Mitte des großen Aufenthaltsraumes wur-de ein Tisch gestellt. Die beiden Kampfhähne bekamen eine dichte Augenbinde umgelegt und einen Schulterriemen in die Hand gedrückt, der an den Enden metallene Haken hatte. Sie mussten in Kontakt mit dem Tisch bleiben und den Gegner suchen. Wenn sie ihn fan-den, durften sie auf ihn losdreschen. Der Trick dabei war, dass auch der Lagerleiter mit ei-nem Schulterriemen danebenstand und hin und wieder mit einem gut gezielten Hieb Ver-wirrung unter den Kontrahenten stiftete. Alle johlten vor Vergnügen. Am Tage darauf war dann gottlob die Heimfahrt angesagt.

„Hochverrat im Kriege"?

Das politische Denken der Erwachsenen in den Nazi- und Kriegsjahren bekam ich kaum noch mit. Mami sprach wenig darüber, wenngleich ich wusste, dass sie von Hitler nichts hielt, und zum anderen, weil Papi in den Jahren 1943 und 1944 nur jeweils 14 Tage Heimaturlaub hatte und während dieser kurzen Zeit keine Gelegenheit für mich war, Gesprächen zwischen ihm und meinem Großvater zuzuhören. Ich verbrachte ja einen großen Teil des Tages in Arolsen in der Schule und in der Kutsche oder auf dem Fahrrad auf dem Weg dorthin. Von den Hausmädchen, die teilweise aus dem Ruhrgebiet stammten und gegen Ende des Krieges auch von den sogenannten „Evakuierten" oder „Ausgebombten", die in den Dörfern und auch bei uns im Schloss zwangseinquartiert wurden, erfuhr ich vom Bombenkrieg. Der Fall von Stalingrad war ein Alarmsignal, das auch uns begeisterten Jugendlichen die Wende des Kriegsglücks der deutschen Seite verdeutlichte. Doch waren wir noch immer überzeugt, dass unsere von uns verehrten Soldaten den Krieg gewinnen würden, trotz des Pessimismus der Erwachsenen in meiner Umgebung.

Der 20. Juli 1944 mit dem Attentat auf Hitler war dann ein Ereignis, das mir die Einstellung meiner erwachsenen Familienangehörigen noch einmal klarmachte und mich in Gewissenskonflikte stürzte. Ferdinand Freiherr von Lüninck, der in Plötzensee gehenkt wurde, war ein mir wohlbekannter Nachbar und Freund meines Großvaters. Generaloberst Beck, einer der Köpfe der Verschwörung, ebenso. Wir hatten Angst, dass auch der Opa von der Gestapo heimgesucht werden würde. Doch war er schon fast zwei Jahre sehr krank und häufig bettlägerig, sodass er wohl nicht davon gewusst hatte. Die Gegnerschaft gegenüber dem Regime Hitlers kam aber wieder deutlich zum Ausdruck, und alle Familienmitglieder bedauerten den Fehlschlag des Attentats.

Für mich war diese Einstellung nicht immer verständlich. Nach der Auffassung meiner Lehrer in der Schule und bei der HJ war die Tat „Hochverrat im Kriege, eine verabscheuenswürdige Handlung, die die Todesstrafe verdiente".

Es gab allerdings auch einige Lehrer, die zwar nichts sagten, denen man aber anmerken konnte, dass sie Gegner des Regimes waren. Dazu gehörte unser hochverehrter Englischlehrer Otto Becker, der vor dem Krieg die Welt bereist hatte und sehr gebildet war. Ich schloss daraus, dass an der Meinung dieser Menschen etwas dran sein musste, so sehr ich fürchtete, wir könnten den Krieg verlieren. Infolge dieser Überlegungen wurde ich kritischer, wenn die Propagandamaschine in den Wochenschauen und im Radio lief.

Begeistert – und dann tot

Es blieb trotzdem mein größter Wunsch, meinem Vater nachzueifern und Soldat zu werden. Darin standen mir auch meine Freunde nicht nach. Wir konnten es kaum erwarten. Wann immer wir die Gelegenheit hatten, mehr über das Militär zu lernen und uns zu informieren, griffen wir begierig danach, bauten aus Pappe Flugzeug- und Schiffsmodelle, gingen jede Woche ins Kino und sahen Kriegsfilme und die Wochenschauen, hörten Berichte von den Fronten im Radio und lungerten um die Arolser Kaserne herum, um Interessantes mitzubekommen.

In der Schule gab es öfter den Besuch von ehemaligen Schülern, die als Frontsoldaten im Urlaub zu uns kamen und berichteten. Ich erinnere mich lebhaft an den Bericht eines Sohnes der Arolser Familie Böning, der in der Kriegsmarine junger Offizier bei der U-Boot-Waffe war. Er war sicher nicht älter als 19 Jahre und schon Leutnant. Er schilderte uns die Technik der neuesten Geheimwaffe, die als Einmann-U-Boot bekannt war. Seine Begeisterung riss uns alle mit. Nur wenige Wochen später war er gefallen.

Immer wenn ich heute an dieses Ereignis denke, kommen mir die Tränen. Ein strahlender junger Mensch, hochbegabt und sympathisch, verheizt für die Ideen eines Verrückten.

Der Rat des Vaters

Die Schüler der Gymnasien, damals „Höhere Schulen" genannt, und insbesondere diejenigen von ihnen, die HJ- oder Jungvolk-Führer waren, sollten nach dem Willen der Parteiführung in der Waffen-SS ihren Militärdienst leisten. Dies sollte möglichst durch eine freiwillige Meldung zu solchen Einheiten erfolgen. Zu diesem Zwecke wurden bei Lehrgängen die betreffenden Jungen in einem Raum versammelt und massiv unter Druck gesetzt. Man konnte einer solchen „Zwangsfreiwilligkeit" nur dann entgehen, wenn man nachwies, dass man sich schon anderweitig freiwillig gemeldet hatte. Ich sprach mit Papi bei seinem Urlaub 1943 darüber und er riet mir, mich bei dem Paderborner Panzerregiment für eine Sturmgeschützeinheit freiwillig zu melden. Er begründete dies damit, dass der Führer einer Sturmgeschützeinheit sehr selbstständig sein könne, weil er punktweise eingesetzt werde und damit nicht fest in eine Einheit eingegliedert sei. Papi war ja Artillerist und fand das auf Panzerfahrwerk frei bewegliche Sturmgeschütz eine tolle Sache.

Ich folgte seinem Rat sogleich und war mit meiner Bescheinigung einer der ersten Kriegsfreiwilligen im Kreise Brilon. Kurz darauf schon war dieses Papier meine Rettung vor der SS. Die vormilitärische Ausbildung wurde gegen Ende des Krieges immer intensiver betrieben. Nach den Kurzlehrgängen in der HJ folgte ab einem Alter von 14 bis 15 Jahren das Wehrertüchtigungslager, das in den letzten Kriegsmonaten vier Wochen dauerte. Mit 16 bis 17 Jahren folgte dann der Reichsarbeitsdienst, der vor dem Kriege ein Jahr lang abgeleistet werden musste, im Kriege aber oft verkürzt war. Bestand die Tätigkeit in diesem RAD früher in der Ableistung von Arbeit an öffentlichen Bauvorhaben wie Straßen und Flughäfen oder Meliorationen wie Gräben ziehen und Wälder aufforsten, so war jetzt eine militärische Ausbildung neben der Arbeit Schwerpunkt im Dienst.

Einquartierung auf dem Gut

Die eigentliche Wehrmachtsausbildung war dadurch sehr verkürzt und mit sechs bis acht Wochen erledigt. Ende 1944 wurden schon die 17-Jährigen eingezogen und im Frühjahr 1945 in manchen Gegenden sogar die 16-Jährigen aus meinem Geburtsjahrgang 1929.

Von diesen drei militärischen Ausbildungsstufen war das Wehrertüchtigungslager am meisten gefürchtet. Das lag sicher nicht nur daran, dass es die erste längere Ausbildung war, sondern auch an der besonderen Härte und Schinderei.

Im Herbst 1944 war das Ende des Krieges absehbar, und auch ich glaubte nicht mehr an den „Endsieg", von dem der Propagandaminister Goebbels täglich im Radio sprach.

Im September 1944 bekam Canstein Einquartierung. Die SS-Division „Das Reich" bereitete sich in unserem Raum auf die Ardennenoffensive vor. Im Schloss waren die Offiziere untergebracht und im alten Pferdestall auf dem Burgberg die Waffenmeisterei. Diese hatte auf mich eine besondere Anziehungskraft. Ich verbrachte dort viele Stunden und sah der Arbeit der Waffentechniker zu.

In der Waffenmeisterei lag eine Menge Munition herum, und es gelang mir, einiges davon für meine Zwecke zu nutzen. Insbesondere interessierte mich 9-mm-Pistolenmunition. Ich besaß nämlich eine Parabellumpistole von 1916, die meinem Großvater gehört hatte. Sie hatte einen längeren Lauf als die Pistole 08, die die Wehrmacht als Nachfolgemodell führte. Außerdem gehörte ein Anschlagschaft dazu, den man auf das Handstück aufstecken konnte. Damit konnte man fast ebenso sicher schießen wie mit einem Gewehr. Nun konnte ich nach Herzenslust damit herumballern.

Schießen an der Schwedenschanze

Herbert und Pauli Guß begleiteten mich bei meinen Schießübungen. Wir schleppten Flaschen und alte Glühbirnen in die Karnickelhöhlen an der Schwedenschanze und schossen aus verschiedenen Entfernungen darauf. Die Treffer wurden mit einem dumpfen Knall und Splittergeräusch belohnt. Auch die Porzellanisolatoren der Telegrafenmasten waren ein lockendes Ziel. Ich war nach einer Weile sehr sicher mit dieser Waffe und träumte davon, einen flüchtigen Hasen damit zu treffen. Leider ergab sich dafür keine Gelegenheit.

Diese Pistole wurde später zu einem Albtraum für die arme Mami. Sie wusste, dass ich diese Waffe besaß. Als nun die Amerikaner in Canstein einmarschierten und bei Androhung von Todesstrafe alle Waffen abgeliefert werden mussten, war ich in Gefangenschaft. Sie suchte und suchte in meinem Zimmer und im Waffenschrank, konnte sie aber nicht finden. Ich hatte sie nämlich meinem Freund Albert Plitt in Marsberg geliehen, was sie ja nicht wissen konnte. So lebte sie ständig mit der Angst, die Amerikaner könnten das Haus durchsuchen und die Pistole finden.

Wunderwaffe und Düsenjäger

Die SS-Offiziere waren noch immer völlig davon überzeugt, dass der Krieg gewonnen werden könnte. Die Erwachsenen, besonders mein Großvater Alexander, Onkel Ferdinand und Tante Rosel sowie Mami lachten über so viel Naivität, denn das Ende des Krieges war abzusehen. Man durfte nur nicht offen darüber reden.

Die große Hoffnung zu dieser Zeit waren die Wunderwaffen. Die Abschüsse der V2-Raketen konnte man von Canstein aus über der Eulenkirche beobachten. Ein Kondensstreifen schoss dann vom Horizont aus in die Höhe. Auch den ersten Düsenjäger, die Me 262, erlebte ich kurz vor Kriegsende. Das ungewohnte Düsenmotorgeräusch ließ mich aufhorchen und als ich aufblickte, flog die Maschine mit einer Geschwindigkeit, wie ich sie von keinem anderen Flugzeug kannte, über mich hinweg. Der elegante aerodynamische Körper der Maschine war ein eindrucksvolles, schönes Bild, das uns heutzutage schon zur Gewohnheit geworden ist. Nach der fehlgeschlagenen Ardennenoffensive erreichte uns dann die Nachricht, dass die meisten Offiziere, die bei uns in Quartier gelegen hatten, gefallen waren.

Im November 1944 kam Papi zum letzten Mal in Urlaub. Er blieb 14 Tage. Wir sprachen auch über meine freiwillige Meldung bei den Paderborner Panzern und er bat mich, alles zu versuchen, militärische Einberufungen auf später zu verschieben, da der Krieg nun nicht mehr lange dauern könne.

Es schien auch so, als ob mir das gelingen könnte, denn meine Jahrgangskameraden vom Jahrgang 1929 waren schon fast alle zum Wehrertüchtigungslager einberufen worden, die vom Jahrgang 1928 zum Reichsarbeitsdienst oder gleich zur Wehrmacht.

„Freikorps Sauerland"

Die Russen standen schon vor Berlin, und die Amerikaner und Engländer waren dabei, das Rheinland zu erobern, als ich Ende Februar für den 3. März eine Einberufung in das Wehrertüchtigungslager Oberschledorn erhielt. Dagegen war nun nichts mehr zu machen. Vier Wochen Wehrertüchtigungslager und zusätzlich 14 Tage Volkssturmausbildung für das neu gegründete „Freikorps Sauerland" waren vorgesehen. Keine rosigen Aussichten. Ich war ziemlich deprimiert.

Mit der Kleinbahn Steinhelle-Medebach reiste ich über Marsberg und Olsberg in Oberschledorn an. Statt normaler Zivilkleidung wie die meisten hatte ich der Einberufung entsprechend meine Uniform angezogen, auf die ich so stolz war. Das sollte sich später noch nachteilig auswirken.

Als dann am frühen Nachmittag alle zum Lehrgang einberufenen Jungen anwesend waren, wurden wir namentlich aufgerufen und mussten den Befehlen entsprechend in Gruppen antreten. Insgesamt waren wir wohl gut 150 bis 160 Jugendliche zwischen 15 und 16 Jahren. Wir wurden auf die im offenen Viereck um den Platz der Jugendherberge gebauten Reichsarbeitsdienstbaracken verteilt. Dies waren ebenerdige Holzgebäude, die einen Bretterboden hatten. In jeder gab es zwei Eingänge zu großen Räumen, die „Stuben" genannt wurden.

An den Wänden der Stube standen Etagenbetten mit jeweils zwei Pritschen übereinander. Dazwischen befanden sich Holzspinde zur Aufbewahrung der Kleidung und Ausrüstung. In der Mitte der Stube war ein einfacher Holztisch mit Stühlen aufgestellt. Ein mit Holz zu befeuernder Eisenofen vervollständigte die Möblierung des kargen Raumes.

Die Toilettenbaracke lag der unsrigen gegenüber. Das war bequem, denn wenn man nachts in der Kälte auf den „Lokus" musste, war ein kurzer Weg von Vorteil. Eine weitere Baracke war mit Reihen von Waschbecken versehen. Duschen gab es keine. Für je zwei Stuben mit zusammen etwa 30 Jungen war ein Unteroffizier oder Feldwebel als Ausbilder und Vorgesetzter im Einsatz. Das Lager insgesamt wurde von einem Hauptmann Gebauer geleitet. Alle älteren Ausbilder waren Kriegsinvaliden. Hauptmann Gebauer hatte nur einen Arm.

Unser Unteroffizier führte uns in unsere Stube und zeigte uns, wie wir unsere Spinde fein säuberlich mit unserer Wäsche zu packen hätten. Auch das „Bettenbauen" wurde geübt. Nachdem wir ausgepackt und alles verstaut hatten, marschierten wir in das Hauptgebäude zur Kleiderausgabe. Dort erhielten wir Drillichzeug. Das waren Hosen und Jacken aus festem Baumwollstoff in Grau. Dies war unsere Dienstuniform, die immer pieksauber sein musste. Das Material war wirklich nicht mehr neu und wies schlecht geflickte Löcher und ausgebleichte Stockflecken auf. Meine Hose und Jacke befanden sich in erträglichem Zustand und passten auch einigermaßen. Nicht bei allen war das der Fall, viele der Kleineren unter uns „ersoffen" in ihrer Uniform, da es für solche halben Kinder keine passenden Größen gab. Wohl wegen meiner Körpergröße und Erfahrung als HJ-Führer bestimmte mich unser Wachtmeister zum Stubenältesten. Damit hatte ich die Verantwortung für die Sauberkeit der Stube und den Dienstablauf meiner Gruppe. Ein wenig dankbares Amt, denn jede Verfehlung eines Jungen fiel unter meine Aufsichtspflicht.

Obwohl wir uns untereinander nicht kannten, wurden wir doch sehr rasch eine verschworene Gemeinschaft. Der Druck von oben ließ sich eben gemeinsam am besten ertragen. Jeder half mit, dass wir nicht auffielen.

Wir lernen funken

Februar 1945. Der Tagesablauf im Wehrertüchtigungslager war ähnlich, wie ich ihn schon von der Hitlerjugend kannte: 6 Uhr wecken, Morgenlauf, Waschen und Zähneputzen im Eiltempo, Frühstück im Speiseraum des Hauptgebäudes. Das Frühstück bestand aus Kornkaffee, Brot und Marmelade. Keine Butter oder Margarine. Danach Stubenreinigen und Bettenbauen. Dann begann der Dienst. Die Ausbilder ließen ihre Stuben auf dem Platz antreten. Nach diesem Appell marschierten die Gruppen zum Gelände- oder Exerzierdienst aus. Mittags kamen sie dann mehr oder weniger dreckig und müde wieder einmarschiert. Meine Stube war etwas besser dran als die anderen, weil man uns nach unserer Schulbildung eingeteilt hatte. Alle, die höhere Schüler und Elektrolehrlinge waren, hatte man zusammengefasst. Wir bekamen die „Nachrichten-HJ"-Ausbildung. Die Hitlerjugend hatte Sondereinheiten wie die Nachrichten-HJ, die Funkerausbildung oder die Flieger-HJ, die Segelflugausbildung bekamen. Neben der Infanterieausbildung, die wir wie die anderen im Gelände erleiden mussten, hatten wir Unterricht am Funkgerät und erlernten das Morsealphabet. Das L gefiel uns am besten: „ .-.. " war die Zeichenfolge, ausgesprochen: „Ditt-Da-Ditt-Ditt". Unser Merkspruch dazu hieß: „Ich liebe dich!"

Das Abfassen und Senden von Funksprüchen sowie das Empfangen standen auf dem Stundenplan. Dabei saßen wir zu unserer Freude im Trockenen und hatten nicht dauernd das Problem mit der Reinigung verschmutzter Uniformen.

Meist waren wir schon auf unserer Stube, wenn die anderen zur Mittagspause oder nach hartem Geländedienst abends wieder in das Lager einmarschierten. Wir beobachteten diesen Einmarsch fachmännisch und urteilten über die einzelnen Marschgruppen nach Disziplin und Können. Exakte Wendungen, Gleichschritt und Ausrichtung wurden verglichen. Der Gesang – es wurde immer mit Gesang ins Lager einmarschiert – wurde meist weniger auf Musikalität als auf Lautstärke geprüft. Auch die Qualität der Kommandostimme des Unteroffiziers spielte eine Rolle. Es gab einen dabei, dessen scharfe und schneidende Kommandostimme uns besonders gut gefiel. Wenn wir beim Einmarschieren mit dabei waren, sang unsere Stube immer das Funkerlied mit dem Refrain: „Und alle Mädel hören mit: Ditt-Da-Ditt-Ditt, Ditt-Da-Ditt-Ditt!"

Die andersartige Diensteinteilung war zwar eine kleine Erleichterung für unsere Stube, aber ansonsten wurden wir wie die übrigen gedrillt und geschunden. In der ersten Woche waren wir abends völlig erschöpft, fielen mit Muskelkater ins Bett und schliefen sofort ein.

Das warme Essen zu Mittag bestand meist aus Pellkartoffeln mit Soße und Kohlgemüse. Ein- bis zweimal in der Woche war die Soße mit einer Art Gulasch angereichert. Wenn man genügend Kartoffeln mitbekommen wollte, musste man sich mit dem Pellen sputen, sonst waren keine mehr in der Schüssel, und eine zweite Portion gab es nicht.

Abends gab es entweder wieder Brot mit Marmelade, manchmal auch Käse oder für jeden zwei Scheibchen Wurst. Hin und wieder erhielten wir auch eine dünne Milchsuppe. Alle waren davon überzeugt, dass in dieser Suppe das sogenannte „Hängolin" enthalten sei, das eine zeitweilige Impotenz hervorriefe und das sexuelle Interesse verringere. Heute glaube ich eher, dass Anstrengung und Müdigkeit uns die Mädchen vergessen ließen.

Als Guerilla operieren

Nach dem Abendessen folgte an manchen Tagen noch ein Vortrag für alle Lehrgangsteilnehmer im Hauptgebäude. Dieser bestand meist aus politischer Propaganda, in der uns erläutert wurde, wie der Endsieg durch die Wunderwaffen und den Kampfesmut der sieggewohnten Wehrmacht trotz der verzweifelten Lage doch noch zu erreichen sei. „Der unbezwingbare Wille des Führers wird uns zum Endsieg führen." Ich hatte bei solchen Vorträgen allerdings den Eindruck, dass unser Lagerleiter selbst nicht mehr so ganz an seine Worte glaubte. Es wurde uns auch die Aufgabe des „Freikorps Sauerland" erläutert, für das wir ausgebildet wurden. Wir sollten, falls der Feind das Sauerland überrollte, hinter den Linien als Guerilla operieren, Brücken sprengen und Transporte überfallen – alles „auf Befehl des Führers". Wir lernten dazu ein Lied, das speziell für dieses Freikorps komponiert und gedichtet worden war. Wir sangen es meistens beim Einmarsch ins Lager und waren stolz darauf. Dieses Lied ist nur vier Wochen gesungen worden, dann kam das Ende des Freikorps. Ich kann es noch immer auswendig:

> Alle tragen wir Gewehre,
> Männer neben Knaben stehn,
> streiten für des Reiches Ehre,
> nimmer darf sie untergehn.
> Volkssturmgrenadiere
> sind des Reiches Feuerbrand.
> Greift, Kameraden, die Gewehre,
> Vorwärts im Freikorps Sauerland!

Hauptmann Gebauer, unser Lagerleiter, sprach mich eines Tages an. Ich trug einen silbernen Ring am Ringfinger der linken Hand, der statt eines Steines ein kleines eisernes Kreuz als Zierde trug. Er stammte aus dem Nachlass meines im Ersten Weltkrieg gefallenen Onkels Alexander. Mein Vater hatte mir den Ring geschenkt.

Der Lagerleiter fragte mich mit finsterer Miene, wieso ich einen Ring trüge. Als ich ihm erklärte, woher das Stück stammte, hellte sich sein Gesicht auf. Ich sah, dass er diese Symbolik guthieß.

Wir begannen ein längeres Gespräch, in dem er sich nach den Verhältnissen bei mir zu Haus erkundigte. Dabei fand die Tatsache sein Interesse, dass wir zwei Lanz-Bulldog-Traktoren auf den Gütern im Einsatz hatten. Er fragte mich, ob er gegen Erstattung des Treibstoffs die Trecker mit Anhänger für einen Lagertransport ausleihen könne. Ich könne dazu heimfahren und dies mit meinem Onkel Ferdinand besprechen, der für meinen Vater die Güter verwaltete. Das war eine willkommene Gelegenheit für mich, dem Lagerstress zu entfleuchen. Ich setzte mich am nächsten Tag in die Kleinbahn nach Steinhelle, stieg dort in einen Zug nach Marsberg um und wurde von Mami mit der Kutsche abgeholt. Zwei Tage zu Hause! Das war eine wunderschöne Sache. Insbesondere freute ich mich über das Wiedersehen mit meiner Cousine Mechthild Elverfeldt, die seit Februar als Flüchtling aus Cottbus mit ihrer Mutter in Canstein lebte. Mami hatte uns immer zusammen losgeschickt nach Borntosten, wenn es wieder einmal galt, Eier und Geflügel zu holen. Unter dem Regendach der Kutsche führten wir viele gute Gespräche miteinander. Bald waren wir ineinander verliebt. Ich trug ein kleines Passbild von ihr in meiner Brieftasche. Viel Zeit blieb uns nicht bei meinem Kurzbesuch, aber mit einem wunderbaren Glücksgefühl im Herzen kehrte ich in das Lager zurück.

Alle schlafen, auch die Wache

Der Einfachheit halber, und weil ich keine feste Zeit für die Rückkehr vorgeschrieben bekommen hatte, benutzte ich dazu mein Fahrrad. Über Adorf und Neerdar strampelte ich in drei Stunden nach Oberschledorn. Der Lagerleiter war sehr froh über die Transportaktion, die einige Tage später über die Bühne ging. Von da an hatte ich bei ihm einen Stein im Brett – eine gute Rückendeckung für alle Fälle …

Umschichtig hatte immer einer aus unserer Stube sogenannten „Stubendienst". Er war dann neben mir für die Ordnung und Sauberkeit der Stube zuständig und musste den Besen schwingen. Zu seinen Obliegenheiten gehörte es auch, des Abends, wenn wir schon alle im Bett lagen, in Uniform aufzubleiben und dem Unteroffizier vom Dienst (UvD) bei dessen Stubendurchgang Meldung zu machen. Danach wurde dann das Licht gelöscht.

Wenn der Stubendurchgang erfolgte, waren wir oft schon eingedöst. Nur der arme Kamerad vom Stubendienst musste noch aufbleiben. Eines Abends wurde ich durch den Lärm der Stiefel des UvD geweckt, der zur Stubenabnahme eintrat. Ich blickte mich um und sah zu meinem Schrecken, dass der Stubendienstmann auf dem Tisch lag und schnarchte. Es war zu spät, ihn zu wecken. Der UvD schlich sich leise an den Tisch heran, bückte sich nach den Tischbeinen und kippte den Jungen mit einem Ruck vom Tisch, sodass er mit dumpfem Aufprall am Boden landete. Mit Gebrüll scheuchte der UvD uns alle aus den Betten. Wir mussten im Eiltempo Drillichzeug anziehen und vor der Baracke antreten. Dann ging es im Laufschritt um die Baracke herum auf den dort befindlichen Sturzacker, der am Tag vorher frisch gepflügt worden war. Mit dem Kommando „Hinlegen! Auf! Hinlegen! Auf!" wurden wir über die Furchen getrieben.

Total abgejagt und von oben bis unten verdreckt durften wir schließlich wieder in unsere Baracke zurück und ins Bett. Statt eines Gutenachtgrußes wurde uns befohlen, das Drillichzeug am nächsten Morgen zum Frühappell wieder sauber vorzuzeigen. Das bedeutete: Eine Stunde früher aufstehen und vor der Baracke den Dreck ausbürsten. Trotz unserer Wut kam der schuldige Stubendienst mit ein paar finsteren Blicken davon.

Den Kameraden in unserer Nachbarstube erging es schlimmer. Eines Morgens fand der UvD vor der Tür der Stube einen Haufen Menschenkot. Irgendeiner musste es des Nachts nicht bis zur Toilette geschafft haben. Auf die Frage „Wer war das?" meldete sich niemand. Das hatte die übliche Kollektivstrafe zur Folge: Sonderexerzierdienst, Laufschrittrunden um den Platz, Ausfall von Freistunden.

Zwei Tage später lag wieder ein Häufchen vor der Tür. Keiner meldete sich. Die Strafen wurden verstärkt. Einige Tage später hörten wir am Abend nach dem Dienst seltsame Geräusche aus der Stube neben uns. Einer von uns hielt sein Ohr an die Wand und vernahm gedämpftes Stöhnen und das Klatschen von Riemen. Wir rannten hinaus und rissen die Tür zur Nachbarstube auf. Sie hatten den Missetäter, einen armen kleinen Kerl, durch Wachestehen überführt und droschen nun mit Koppelriemen auf ihn ein. Wir machten dem Leiden des armen Jungen ein Ende und benachrichtigten den UvD.

Ich weiß nicht, wie dieser Junge, der wirklich noch wie ein Kind aussah, bestraft wurde. Ich hoffe, man hatte Mitleid mit ihm. Am besten hätte man ihn nach Hause geschickt, aber er wurde nur in eine andere Stube verlegt.

Für das Wehrertüchtigungslager wurde ja nicht gemustert, sondern einfach nach Einwohnermeldeliste und Jahrgang einberufen. Bei einer Musterung für die Wehrmacht wäre dieses kleine Bürschchen sicher als nicht tauglich ausgeschieden worden.

Auch mal faulenzen

Mit unserem Wachtmeister, dessen Namen ich leider nicht mehr weiß, entwickelte sich ein gutes Verhältnis. Er war bei Weitem nicht so grob wie manche anderen Ausbilder. Wenn wir in Richtung Düdinghausen zum Geländedienst das Lager hinter uns gelassen hatten, besuchte er dort manchmal eine Freundin, die im dortigen Arbeitsdienstlager für Mädchen wohnte. Dann durften wir uns in die Sonne setzen und faulenzen.

Das Schießen war eine weitere dienstliche Tätigkeit, die mir Freude machte. Ich gehörte zu den besten Schützen des Lehrgangs und erhielt dadurch zur Belohnung oft Dienstbefreiung. Wir wurden sowohl am Karabiner 98k ausgebildet als auch an anderen Infanteriewaffen. Dazu gehörten das damals noch brandneue Sturmgewehr, der Vorläufer des G3, die Maschinenpistole und die Panzerfaust.

Mit der Panzerfaust schossen wir aber nicht scharf, weil wir zu wenige davon im Lager hatten. Wir übten allerdings sehr oft damit. Der Nachteil dieser Waffe war, dass man zum Feuern aus der Deckung musste, weil der Feuerstrahl der Rakete nach hinten viel Raum benötigt. Wenn man zu nah vor einem Hindernis steht, schlägt die Hitze auf den Körper des Schützen zurück.

In Deckung bei Fliegeralarm

Rund um das Lager, am Schießplatz und an anderen Orten, an denen oft Außendienst stattfand, hatten wir Splittergräben ausgehoben. Bei Fliegeralarm mussten wir uns so schnell wie möglich in diesen Gräben in Deckung begeben. Die deutsche Luftwaffe war ja fast nicht mehr existent. Amerikanische und englische Tiefflieger streiften bei Tage herum und schossen auf alles, was ihnen Spaß machte. Nicht nur Eisenbahnzüge wurden angegriffen, sondern auch die Bauern auf dem Feld.

So hatte ich eines Tages im Wohnzimmerfenster im alten Schloss gestanden und auf den Buchholz geblickt. Plötzlich war Flugmotorengeräusch ertönt. Zwei Jagdflugzeuge flogen im Tiefflug auf mich zu. Die beiden Amerikaner erkannte ich erst in letzter Sekunde. Ich ließ mich zu Boden fallen, als es wohl schon zu spät gewesen wäre, hätten sie auf mich schießen wollen. Mein Schreck war groß, denn es war nicht ungewöhnlich, dass die jungen Burschen am Knüppel dieser Maschinen auf einzelne Personen ihre Munition verschwendeten, die sie ja in Fülle hatten.

Ab Mitte März hatten wir beinahe täglich einmal Fliegeralarm. Wir fanden das gut, denn es unterbrach den anstrengenden Infanteriedienst. Oft saßen wir stundenlang im Splittergraben und begannen aus Langeweile, die über uns wie Bienenschwärme dahinbrummenden Bomber und Jagdflugzeuge zu zählen. An einem Tage zählten wir über 1000 – bei nur einem Alarm! Der Himmel war weiß von den Kondensstreifen, die sich aus den Abgasen der Motoren bildeten.

Die Nachrichten von der Front wurden immer bedrohlicher. Die Amerikaner hatten am 7. März 1945 bei Remagen den Rhein überschritten und stießen weiter nach Osten und Nordosten vor.

In den aufwühlenden Tagen im März 1945 habe ich Tagebuch geführt, das ich nach meiner Heimkehr vervollständigte. Hier also folgen meine Originalaufzeichnungen zum Kriegsende in der Karwoche.

28. März 1945 abends

Den ganzen Tag liegt schon eine seltsame Stimmung über dem Lager. Gerüchte tauchen auf. Der Amerikaner in Frankenberg! Vor Medebach!

Auf Stube 8 große Aufregung. Einige Kameraden packen ihre Sachen. Sie wollen abhauen. Da gegen 19 Uhr kehrt der Lagerführer zurück. Ich spreche noch mit dem Fahrer des Motorrades, mit dem er kam. Er ist ein alter HJ-Kamerad von mir. Er weiß aber auch nichts Näheres über alle diese Gerüchte.

Der Lagerführer geht sofort auf Stube 8 und beruhigt die aufgeregten Kameraden. Der Dienst geht weiter. Um 20.30 Uhr wird das ganze Lager in den großen Speiseraum befohlen. Der Lagerführer kommt mit sehr ernster Miene herein. Er beginnt zu sprechen:

„Meine Kameraden! Die Lage ist sehr, sehr ernst für Deutschland geworden. Der Feind ist nun auch hier bis in unsere Heimat vorgestoßen. Gestern Abend wurde er schon in Medebach erwartet. Der Gauleiter war bereits dort, um sich von der Verteidigungsmöglichkeit zu überzeugen. Haltet euch bereit. Auf Befehl des Führers sollen alle Jungen über 15 Jahren zurückgeführt werden. Auch wir können jederzeit abrücken. Es wird euch sehr schwerfallen, so ohne Abschied von den Eltern und der ganzen Familie abzurücken, aber es geht nicht anders. Keiner reißt aus. Es werden Posten mit geladenem Karabiner aufgestellt."

Nach dieser Ansprache bemächtigte sich meiner eine ohnmächtige Wut. Dann aber verwandelte sich diese in die stolze Gewissheit, die Heimat und alles, was uns lieb ist, verteidigen zu dürfen.

Wir gingen bald zu Bett. Ich schrieb noch einen Abschiedsbrief, den ich versuchen wollte, der Heimat zuzustellen, wozu es aber nicht mehr kam.

29. März 1945 – Gründonnerstag

Morgens Schießdienst. Ich hatte gerade ziemlich gut geschossen und durfte deshalb in das Lager zurückgehen. Ich fertigte gerade eine Liste meiner Stube an. Da sah ich plötzlich die Kameraden im Eiltempo vom Schießstand zurückkehren. Dann kam sofort das Kommando: „Die Stubenältesten zum Lagerführer!"

Da war mir alles klar. Es ging also los. In einer halben Stunde musste alles gepackt sein. Alle Lagersachen mussten mitgenommen werden. Nach dem Antreten ließ der Lagerführer 30 Mann vortreten, die Handwagen requirieren sollten. Darunter war auch ich. Ich erbeutete zwei Handkarren und kehrte ins Lager zurück. Dort half ich unserem Wachtmeister beim Kofferpacken. Dann wurde angetreten und der Marsch begann.

Da ich als Melder eingeteilt war, weil ich ein Fahrrad hatte, brauchte ich nicht so schwer zu schleppen wie die Kameraden, die auch noch die Handkarren mit dem Lagerinventar ziehen mussten. Gegen 14.30 Uhr kamen wir vor Usseln an. Es wurde eine kurze Ruhepause befohlen und alle Waffen wurden eingesammelt und fortgebracht.

Ich unterhielt mich gerade mit unserem Wachtmeister, als eine Staubwolke aus Richtung Düdinghausen herannahte. Als sie näherkam, erkannten wir kleine Autos mit Soldaten, ähnlich den deutschen Fallschirmjägern. Plötzlich hörte ich einen davon ausrufen: „Oh my Christ!" Da wurde es mir zur Gewissheit, dass dies die ersten Amerikaner waren. Dann kamen Panzer in endloser Reihe. Nach einer Weile kam MP (Militärpolizei), die uns antreten ließ und alle Waffen, auch Taschenmesser, abgeben ließ. Dann wurden wir durchsucht und dabei nahm mir ein Amerikaner Füllhalter, Drehbleistift und andere Kleinigkeiten weg und steckte sie mit einem höhnischen „Thank you" in seine Tasche.

Da es langsam zu regnen begann, marschierten wir nach Usseln ab, wobei ich mein Fahrrad mitnehmen konnte, aber den größten Teil meines Gepäcks zurücklassen musste.

Nun meldete ich mich als Dolmetscher und half den Amerikanern mit, den richtigen Raum für uns zu suchen. Wir kamen in der Schützenhalle unter, wo wir die Nacht ziemlich deprimiert, aber doch humorvoll verbrachten. Am nächsten Tage sollte ich noch manchem Kameraden zur Flucht verhelfen.

30. März 1945 – Karfreitag

Den Morgen verbrachte ich hauptsächlich mit dem amerikanischen Hauptmann zusammen im Dorf. Mittags erhielten wir Verpflegung durch die Gemeinde. Eine dünne Milchsuppe. Nachmittags komme ich gerade mit dem Captain aus dem Dorf zurück, da sieht er unglücklicherweise einen meiner Kameraden, der am Abhauen war. Er knallt sofort einen Warnschuss in die Luft und holt ihn dann zurück. Nun musste ich dolmetschen. Es war sehr schwer für mich, aber ich konnte den Kameraden loseisen, indem ich sagte, er sei ein Einwohner des Dorfes.

Abends wurden wir auf Lastwagen verladen und nach Brilon in die Volksschule gebracht. Mein Fahrrad musste ich zu meinem Leidwesen in Usseln stehen lassen.

Die Nacht verbringen wir in einem Klassenzimmer dieser Schule. Ein Briloner versucht auszureißen, wird aber geschnappt.

31. März 1945

Wir werden wieder auf Autos verladen, wobei ich mein restliches Gepäck zurücklassen muss, und nach Medebach transportiert. In der letzten Minute riss ich schnell noch meinen warmen Wollpullover und meine Decke aus dem Rucksack.

Dort müssen wir den ganzen Tag an der Kirche stehen. Keiner darf sich setzen oder legen. Am Abend soll es weitergehen.

Am Abend ruft mich der Sergeant zu sich. Ich muss mit ihm zum Pastor gehen. Er will uns in der Kirche unterbringen, denn er rechnet nicht mehr mit dem Eintreffen der Lkws. Nach langem Hin und Her sollen wir in die Kapelle gebracht werden. Wir müssen dazu zum Küster gehen. Ich rufe der Frau des Küsters noch schnell meine Adresse zu und dass sie versuchen soll, den Meinigen Nachricht zu geben, dass ich mich in amerikanischer Kriegsgefangenschaft befinde. Was sie aber nicht tat, wie ich jetzt erfuhr.

Bald darauf, wir sind gerade damit beschäftigt, die Bänke in der Kapelle wegzuräumen, kommen die Trucks und wir werden abtransportiert, wieder wie die Heringe im Fass. Die Fahrt geht die ganze Nacht. Es war die furchtbarste Nacht meines bisherigen Lebens.

1. April 1945

Wir kommen im Morgengrauen in einem kleinen Orte, Eisemroth mit Namen, an. Dort stehen auf einer Wiese rund 3000 deutsche Kriegsgefangene. Wir werden auch zu diesen gepfercht und treffen unsere Ausbilder wieder. In einer Ecke des Lagers liegen einige Zeltbahnen ausgebreitet über undefinierbaren Körpern. Auf meine Frage hin gibt mir ein Landser zur Antwort: „Och, das sind Malariakranke."

Man stelle sich vor: Soldaten, schwer krank, liegen hier in knöcheltiefem Morast und haben nur eine Zeltbahn über sich. Ein furchtbares Schicksal. Und kein Arzt, kein Lazarett, man lässt sie einfach so verrecken. Nun werden Stimmen laut. Einige Landser meinen, man sollte doch die Jungs hier heraustransportieren, denn eine Nacht in diesem Elend würde für viele der Tod sein. Nun ging ich als Dolmetscher mit einer Abordnung der Landser zu dem Posten, und ich versuche, ihm unsere Lage klarzulegen. Gegen Mittag werden erst die Verwundeten und dann die Jungs abtransportiert. Wohin? Wir wissen es nicht. – Es geht westwärts. Bald können wir an den Straßenschildern erkennen, dass es in Richtung des Rheines geht. Endlich der Rhein. Nach langer Fahrt glänzt vor uns der Rhein. Unser herrlicher deutscher Rhein, so muss ich dich sehen. Aber trotzdem ist es schön, denn wir haben, dank der Sani-Soldaten, sehr viel Platz und können sitzen.

– Hier endet mein Originaltagebuch. –

Lager unter freiem Himmel

Am Ostersonntag 1945 waren wir über die Pontonbrücke, die die Amerikaner neben der berühmten Brücke von Remagen gebaut hatten, auf das linke Rheinufer transportiert worden. Wir fuhren von dort gut eine Stunde nach Westen durch die fruchtbaren Wiesen und Felder der rheinischen Lössebene. Die lange Lkw-Kolonne hielt schließlich in der Nähe eines der typischen, im geschlossenen Viereck gebauten Gutshöfe. Auf einer großen Wiese war ein von Stacheldraht umschlossenes Gefangenenlager unter freiem Himmel errichtet, das in mehrere rechteckige Umzäunungen unterteilt war. Wir mussten absteigen und wurden durch das Lagertor gleich in die erste Abteilung auf der linken Seite getrieben. Der Boden war vom Regen ziemlich aufgeweicht und es war kalt im Wind.

Da standen wir nun, etwa 200 Jungen im Alter zwischen 14 und 16 Jahren. Man hatte uns schon im Lager Usseln und Eisemroth von unseren Ausbildern getrennt. Die Hälfte von uns waren Ruhrgebietler, die aus einem anderen Wehrertüchtigungslager stammten.

Wir blickten uns um und stellten fest, dass die meisten unserer Mitgefangenen in dieser Abteilung keine Soldaten waren, sondern Männer in SA-Uniformen, Polizisten und Zivilisten. Unter den Polizisten entdeckte ich plötzlich ein bekanntes Gesicht mit Kaiser-Wilhelm-Schnurrbart. Es war der Marsberger Polizist Busse. Auch der Parteiobere von Marsberg, Herr Werpers, war unter den Zivilisten.

In unserer Unterabteilung des Gefangenenlagers waren ungefähr 400 Männer hinter Stacheldraht unter freiem Himmel eingesperrt. Es gab keinen Schutz vor der Witterung. Neben dem Eingang gab es ein Zelt, in dem Verhöre stattfanden und in dem sich meistens irgendwelche Wachmannschaften aufhielten. Die Bekleidung der Männer reichte von derjenigen der Ärmsten, die nur Jacke und Hose am Leibe hatten, bis zu langen Wehrmachtsmänteln aus Wollstoff. Die beste Chance, halbwegs trocken zu bleiben, hatten die wenigen Besitzer von Kradfahrermänteln, die fast bis auf den Boden reichten und aus wasserundurchlässigem Gummistoff gearbeitet waren.

Mein wertvollster Besitz waren daher meine Decke und der von Mami handgestrickte dicke Pullover, den ich bei der Gefangennahme in Eile aus meinem Gepäck gerettet hatte. Am Tage kam man damit leidlich zurecht, aber wie sollte man des Nachts auf dem pitschnassen Wiesenboden schlafen? Jeder löste dieses Problem auf seine Weise. Das Üblichste war, dass sich zwei Mann, die jeder eine Decke hatten, zu zweit auf die eine Decke legten und sich mit der zweiten zudeckten. Es gab auch Unglückliche, die überhaupt keinen Schutz gegen Nässe und Kälte besaßen.

Der Tag, der meine Welt veränderte

Im Rückblick erinnere ich mich noch an viele Einzelheiten, die ich in diesem sachlich-pathetischen Tagebuch schon aus Zeitnot nicht erwähnen konnte.

Als wir bei der Gefangennahme aufgereiht vor den Siegern standen und durchsucht worden waren, hatte sich in wenigen Minuten die Welt für mich völlig verändert. Der Captain der Military Police (MP) blickte uns an und fragte: „Who can speak English?" Ich hob ohne Zögern die Hand und war der Einzige. Die Wenigen von uns, die Schulenglisch gelernt hatten, trauten sich nicht, die Hand zu heben.

Meine Großmutter Helene Ostman von der Leye, die gebürtige Amerikanerin war und die wir „Oma Mesi" nannten, war während des Krieges nach dem Tod unseres Großvaters zu uns nach Canstein gezogen. Sie pflegte uns Kinder vor allem bei Tisch zu ermahnen: „Gute Manieren und fremde Sprachen sind das Wichtigste, das man für das Leben lernen muss."

Sie beließ es nicht nur beim Ermahnen, sondern wurde, energisch wie sie ihr Leben lang war, auch aktiv. Einmal pro Woche musste ich bei ihr erscheinen, um englische Konversation mit ihr zu pflegen. Nach kurzer Zeit hatte sie mich so weit, dass ich meine Angst, einfach draufloszureden, verlor. Mein Wortschatz aus drei Jahren Vokabelnpauken in der Arolser Oberschule für Jungen war dafür bereits eine gute Grundlage.

Was auf diese meine Meldung als Dolmetscher erfolgte, veränderte die Welt für mich. Die Machtverhältnisse verschoben sich komplett. Die Amerikaner waren die neue Staatsmacht und hatten den „Führer" abgelöst. Der Lagerleiter und die gefürchteten Ausbilder waren zu normalen Kriegsgefangenen ohne Befehlsgewalt degradiert. Stattdessen war ich, der Stubenälteste von Stube 8, durch eine Anweisung der Mächtigen der Boss all derer, die da aufgereiht standen und der Kommandos des Captains harrten, die ich zu übermitteln hatte. Ich war zur wichtigsten Person in unserer Gruppe aufgestiegen. Das Sprichwort „Wissen ist Macht" bewahrheitete sich.

Dieses Erlebnis war eine der wichtigsten Erfahrungen meines Lebens. Der Gründonnerstag 1945 veränderte die Welt, die ich bis dahin gekannt hatte. Von heute auf morgen war die „Hackordnung" umgedreht worden. In wenigen Stunden stand ich ohne Verbindung zum Elternhaus mit einer Decke und dem, was ich an Kleidung am Leibe trug, allein im Regen hinter Stacheldraht auf einer Wiese. Nur meine Sprachkenntnisse verschafften mir einen kleinen Vorteil gegenüber meinen Kameraden. Ja, die ehemaligen Vorgesetzten kamen zu mir als Bittsteller, um mir mitzuteilen, was ich den Amerikanern von ihnen sagen sollte.

Während des Transportes von Usseln nach Brilon hatten wir unsere ersten Erfahrungen mit der Verladung von Menschen auf Lastwagen gemacht. Mann neben Mann stehend wurden wir auf die Ladefläche gepfercht. Nur wer am Rand oder hinter dem Fahrerhaus stand, hatte einen Halt. Alle übrigen wurden in den Kurven hin und her geschleudert, denn die farbigen Fahrer fuhren wie die Wilden. Die Seitenborde bogen sich jedesmal durch und wir fürchteten, dass sie brachen. Später erfuhr ich von Leidensgenossen im Gefangenenlager, dass es bei solchen Unfällen Tote gegeben hatte.

Wir lösten das Problem, indem diejenigen, die hinter dem Fahrerhaus standen, jeweils warnend „Rechtskurve" oder „Linkskurve" riefen, damit sich die Menschenladung in die Gegenrichtung lehnen konnte, um die Fliehkraft auszugleichen. Das klappte bald sehr gut.

Außerdem beobachteten wir bei der Fahrt in der Dunkelheit, dass sich in den Bergen des Sauerlandes der Abstand zwischen den Lkws manchmal so sehr erweiterte, dass die Scheinwerfer des nachfolgenden Wagens den Wagen davor nicht mehr anleuchteten. Auch kam es vor, dass beim Bergauffahren die schwer beladenen Lastwagen sehr langsam wurden und beim Schalten fast zum Stehen kamen. Aus diesen Beobachtungen kamen einige Kameraden auf die Idee, eine Gelegenheit, bei der unser Lkw langsam wurde und der folgende Wagen uns nicht beleuchtete, zum Abspringen zu benutzen. Auf der langen Nachtfahrt von Medebach nach Eisemroth bot sich eine solche Gelegenheit. „Los, runter!", riefen meine Komplizen und sprangen ab. Leider war ich zu diesem Zeitpunkt nicht am Rande der Ladefläche, sondern döste wie die meisten todmüde im Stehen an die Nachbarn gelehnt in der Mitte des Fahrzeugs. So verpasste ich diese Chance. Die drei, die abgesprungen waren, sind, wie ich später hörte, gut zu Hause angekommen.

Mein Captain von der Militärpolizei, dessen stetiger Begleiter ich als Dolmetscher in Usseln war, stammte aus Oklahoma und war Lehrer von Beruf. Er war ein freundlicher Mann und sehr um unsere Versorgung bemüht. Heute bedaure ich, dass ich mir seinen Namen und seine Adresse damals nicht habe geben lassen und ihn wiedergesehen habe. Doch wie hätte ich zu der Zeit auch nur ahnen können, dass ich später noch so oft in Amerika sein würde?

Als wir in der Schützenhalle in Usseln eingesperrt waren, zogen sich viele von uns ihre Drillichuniform aus und ihre Zivilsachen aus dem Gepäck an. Dann versuchten sie zu entkommen. Das war nicht leicht, denn an jeder Öffnung des Gebäudes standen GIs Posten. An der Rückseite gab es allerdings nur ein Fenster. Dieses Fenster war nur von einem jungen Amerikaner bewacht, der wohl sicher nicht viel älter war als wir, so 18 oder 19 Jahre. Sein Platz war von den anderen Posten aus nicht einzusehen. Es sprach sich wie ein Lauffeuer herum, dass dieser Posten wegguckte, wenn einer von uns in Zivil aus dem Fenster sprang. Auf diesem Wege sind wohl sicher etwa 20 bis 30 von uns entwischt und nach Hause gelaufen. Einen davon konnte ich vor dem Captain retten, wie ich in meinem Tagebuch geschildert habe. Mir bot sich diese Chance nicht, da ich Esel ja in Uniform im Lager angereist war und kein Zivilzeug besaß.

Die Verpflegung war ebenso miserabel. Bei der Abfahrt im Lager Eisemroth hatten wir zum ersten Mal seit der Suppe in Medebach wieder etwas zu essen bekommen. Man gab jedem von uns eine dicke Tafel Schokolade und sagte uns, dass wir sie gut einteilen sollten, denn sie müsse für zwei Tage reichen. So war es dann auch, denn erst am Morgen nach der Ankunft auf der Wiese im Rheinland – es war das Lager Bessenich bei Zülpich, wie ich später erfuhr – ließ man uns zur Essensausgabe antreten.

Kaum wurde das bekannt, stürmten alle Insassen unserer Abteilung wie die Wilden in Richtung Eingang. Es gab ein fürchterliches Gedränge, Geschrei und Prügeleien. Nur wir Jungen stellten uns auf meine Anweisung als Dolmetscher hin ordentlich in Reihe an. Die Bewachungssoldaten mussten mit Knüppeln dreinschlagen, um die Menge zu zerteilen. Als sie dann aber unsere Ordnung sahen, waren wir die Ersten, die etwas bekamen. Doch was gab es? Jeder bekam eine Minikonservendose, die etwa einen Viertelliter Inhalt hatte, eine sogenannte C-Ration. Wenn man Glück hatte, enthielt sie „pork and beans“, wenn man Pech hatte, Zigaretten und ein paar Kekse. Das war die Tagesration. Sonst gab es nur Wasser aus einem Tankwagen am Eingangstor.

Bei der Essensausgabe ergatterte ich eine Holzkiste, in der die Rationen verpackt gewesen waren. Sie war meine Rettung bei Nacht, denn auf ihr sitzend, mit der Decke über dem Kopf, konnte ich halbwegs trocken schlafen. Einige kriegserfahrene Landser begannen mithilfe von Holzstücken und mit den bloßen Händen und Konservendosen Mannlöcher in den tiefgründigen Lössboden zu graben, in denen sie dann wenigstens vor Zugluft geschützt die Nacht verbringen konnten. So vergingen einige Tage, an denen es zwar kalt war, aber wenigstens nicht zu viel regnete.

Dann kam ein Tag, an dem es heftig zu regnen begann. Auch ich war nach ein paar Stunden nass bis auf die Haut, trotz meiner Decke. Nur die Wolle der Decke und des Pullovers ließ mich nicht so sehr frieren wie meine Kameraden, die nur Drillichzeug trugen. Man konnte nichts tun als auf „stur schalten“ und sich ab und zu bewegen, um nicht steif zu werden. Am Nachmittag kam Bewegung in die Menge. Ich wurde nach vorn gerufen, und ein amerikanischer Sergeant befahl alle Jungen zum Antreten an dem Eingangstor. Unter Bewachung marschierten wir aus der Umzäunung heraus zu dem nahe gelegenen Gutshof. Dort durften wir uns unter ein Vordach stellen, das an eine Mauer angebaut war, hinter der sich die Miststätte befand. Endlich im Trockenen begannen sich unsere Lebensgeister wieder zu regen.

Eine grausige Beobachtung

Nachdem wir einige Zeit unter unserem Vordach verbracht hatten, hörten wir beunruhigende Geräusche von der Miststätte hinter unserer Begrenzungsmauer. Schreie, Stöhnen und das dumpfe Klatschen von Schlagwerkzeugen auf Menschenkörpern war zu hören. Einer von uns lugte durch die Ritze des einzigen Tores in der Wand. Er sah, wie auf der Miststätte Zivilisten von den Männern mit dem Sowjetstern an der Mütze mit Knüppeln zusammengeschlagen wurden. Uns alle packte das Grauen, das im Inneren aufsteigt, wenn man erlebt, wie Menschen gequält werden. Etwa eine Stunde lang mussten wir diesen Schrecken ertragen. Später habe ich mir oft Gedanken gemacht, warum diese Grausamkeit verübt wurde. Ich denke mir, es handelte sich bei den Zivilisten um Deutsche, die während des Krieges russische Zwangsarbeiter beaufsichtigt und sicher auch gequält hatten. Einige unserer Cansteiner Gutsverwalter waren da nicht zimperlich verfahren, das hatte ich miterlebt. Wahrscheinlich waren die Soldaten mit dem Sowjetstern solche ehemaligen Zwangsarbeiter, die sich an ihren Peinigern rächten.

Ohne jede Voranmeldung wurden wir einige Tage nach dem Erlebnis auf dem Gutshof aufgefordert, mit unserem gesamten Gepäck anzutreten. Als Dolmetscher war ich zusammen mit einem 19-jährigen Badener vom Bodensee, der in unserem Lager Hilfsausbilder gewesen war, so etwas wie der Anführer unseres Haufens von etwa 160 Jungen im Alter zwischen 15 und 16 Jahren, und ich übersetzte den Befehl. Das geordnete Antreten aller jugendlichen Gefangenen klappte vorzüglich, weil wir Jungen uns als Gemeinschaft fühlten, obwohl wir aus zwei Wehrertüchtigungslagern stammten und uns erst in diesem Gefangenenlager begegnet waren.

Im Rheinland „ausgesetzt"

Die Abenddämmerung brach herein, als wir geschlossen zum Lagertor marschierten. Dort stand eine Reihe von den üblichen grüngrauen Armeelastwagen. Niemand hatte uns mitgeteilt, wohin die Reise ging. Wir wurden wieder, wie üblich, wie die Sardinen in der Büchse auf den Ladeflächen verstaut und dachten mit Schrecken an eine erneute lange Nachtfahrt in ein anderes Lager.

Wir rollten bald mit halsbrecherischer Geschwindigkeit in der Dunkelheit dahin. Hin und wieder war es möglich, Ortsschilder zu erkennen. Es ging nach Norden. Bald waren wir hundemüde von der Anstrengung. Einer der Kameraden, der an der Reling des Lkw stand, sagte irgendwann zu mir: „Alex, pass mal auf, ich glaube, wir fahren nun schon zum zweiten Mal durch den gleichen Ort!" Tatsächlich, so war es. Beim Verlassen einer Ortschaft hatten wir das Schild „Brauweiler" erkennen können. Etwa eine Viertelstunde später waren wir schon wieder dort. Mitten in der Stadt hielt die Lkw-Kolonne an. Unsere farbigen Bewacher hatten sich verfahren. Sie lösten das Problem auf die einfachste Weise, indem sie die Heckklappen öffneten, uns absteigen ließen und in die Dunkelheit davonbrausten. Da standen wir nun auf dem Bürgersteig im unbeleuchteten Stadtzentrum von Brauweiler. Was nun? Die meisten von uns waren so müde und kaputt von Hunger, Kälte und den Strapazen der Fahrt, dass sie sich auf den Bürgersteig fallen ließen, um zu schlafen. Franz, der ehemalige Hilfsausbilder, und ich beschlossen, uns in der Nachbarschaft nach einer Bleibe für uns umzusehen. In einer Seitenstraße sahen wir Licht in einem Lagerhaus und klopften an das große Tor.

Ein Soldat in der Uniform der französischen Armee öffnete uns. Er war ein ehemaliger Kriegsgefangener und erklärte uns, dass dieses Lagerhaus von ihm und seinen Kameraden voll besetzt sei und wir dort nicht unterkommen könnten. Er war aber sehr freundlich und zeigte uns den Weg zum Haus des von den Amerikanern eingesetzten Bürgermeisters, von dem er hoffte, dass er uns helfen könne. Wir taten wie geheißen, rissen den armen Mann aus dem Bett und trugen ihm unser Anliegen vor. Er war sehr hilfsbereit, zog sich an, holte seine handbetriebene Taschenlampe und ging mit uns zurück zu unseren Kameraden. Von dort aus führte er uns zu einem Schulgebäude, bei dem die Fenster ohne Glas oder mit Pappe zugenagelt waren. Er schloss die Tür auf und zeigte uns die Klassenräume, in denen doppelstöckige Betten mit Drahtmatratzen standen. „So, hier könnt ihr für die Nacht bleiben. Ich komme morgen früh wieder", sagte er und entschwand.

Wir schmissen uns auf die Matratzen und genossen den Luxus, im Trockenen auf einer weichen Unterlage zu schlafen. Auf meinem Bett fand ich eine braune emaillierte Blechtasse, die in gutem Zustand war. Ich steckte sie in meinen Brotbeutel, der außer meiner Decke mein einziges Gepäckstück war und alle meine Habseligkeiten enthielt. Sie hat mir in der Folgezeit gute Dienste geleistet. Ihre Vorgängerin war eine leere C-Ration-Konservendose gewesen, deren scharfen Rand ich mir umgebördelt hatte. Dieses Trink- und Essgefäß war viel zu klein gewesen und sehr unpraktisch für heiße Suppe.

Eine heiße Suppe hatte der rührige rheinische Bürgermeister für uns als Frühstück am nächsten Morgen vorbereiten lassen. Er erschien damit in unserer ausgebombten Schule. Wie er durch Anruf bei der Militärregierung erfahren hatte, sollten wir nach deren Plan in der Nachbarstadt Frechen als Zivilisten in einem ähnlichen Schulgebäude untergebracht und von der Stadtverwaltung versorgt werden. Unsere Fahrer hatten in der Nacht Frechen nicht finden können.

Neue Papiere

Wenig später kamen wieder Lkws und transportierten uns nach Frechen. Wir wurden neben einer teilweise zerstörten Schule ausgeladen. Auf dem Schulhof stand ein Tisch, an dem eine Angestellte der Stadtverwaltung mit einer Schreibmaschine saß. Daneben hatten ein Hauptmann und ein Leutnant der US-Armee sowie ein Dolmetscher Platz genommen. Wir stellten uns in Warteschlange an.

Die Prozedur an dem Tisch dauerte sehr lange und wir standen mehrere Stunden auf dem Schulhof aufgereiht, bis jeder drankam. Es sprach sich dabei schnell herum, dass die Dame mit der Schreibmaschine die Personalien aufnahm und jedem von uns einen Behelfsausweis der Militärregierung ausstellte. Damit waren wir dann registrierte Einwohner von Frechen geworden.

Wir erkannten sofort, dass dieses Papier sehr wichtig war, weil es uns davor schützte, als Soldaten der deutschen Armee zu gelten und erneut in ein Gefangenenlager zu wandern. Der Krieg war ja östlich des Rheins noch voll im Gange und die Amerikaner fürchteten, dass deutsche Soldaten, wie von Hitler geplant, hinter ihren Linien einen Guerillakrieg beginnen könnten. Dafür waren wir ja auch ausgebildet worden. Gottlob wussten sie nichts davon.

In Gesprächen mit anderen Jungen nach der Heimkehr erfuhr ich dann, dass man seitens der US-Armee solche „Kindersoldaten" ganz unterschiedlich behandelt hat. Die meisten wurden wie reguläre Soldaten nach Frankreich zur Zwangsarbeit oder sogar in die USA gebracht, einige so wie wir mit Zivilpapieren versehen und entlassen.

Da die Papiere ohne Gegenkontrolle durch vorhandene Ausweise nur nach den mündlichen Angaben der Betroffenen ausgefertigt wurden, kam Franz, der ja schon 19 Jahre war und befürchten musste, als Soldat wieder festgenommen und abtransportiert zu werden, auf die gute Idee, sich mittels eines falschen Geburtsdatums zwei Jahre jünger zu machen. Das gelang ihm ohne Probleme.

Selbstlose Gastgeber

Nach der Registrierung bekamen wir aus einem großen Blechkübel eine dünne Suppe ausgeteilt, in der einige Graupen schwammen. Wir aßen sie mit Heißhunger. Dann sahen wir uns unser neues Quartier an. Es war nicht sehr einladend, denn im Gegensatz zu der Schule in Brauweiler gab es keine Betten. Wir würden auf dem Fußboden nächtigen müssen. Die meisten Fensterscheiben fehlten oder waren durch Pappe ersetzt. Es zog erbärmlich.

Im Laufe des Tages jedoch erschienen zahlreiche Bürger der Stadt in der Schule und nahmen einen oder zwei von uns zu sich auf. Die meisten dieser selbstlosen Gastgeber waren Mütter, die selbst Söhne oder Töchter irgendwo im Kriegsgeschehen hatten. Am Abend dieses Tages war keiner der 160 Jungen mehr in der Schule. Alle hatten ein Quartier bei den hilfsbereiten Rheinländern gefunden.

Ich kam bei einer Familie unter, die ein Reihenhaus bewohnte. Es war eine Wohltat, wieder einmal im Warmen zu sitzen. Zum Essen gab es nur Kartoffeln und Zuckerrübensirup, aber das war ja besser als Wassersuppe. Trotzdem nagte der Hunger ständig.

In US-Diensten

Frechen im Rheinland, wenige Tage nach Ende der Kämpfe im April 1945. Unter uns noch internierten „Kindersoldaten" wurde eines Morgens nach Jungen gefragt, die Englisch konnten. Ich meldete mich. Wir wurden in einen Bereich der Stadt eskortiert, in dem die Amerikaner hausten. Einem Kameraden und mir wurde von einem Sergeanten befohlen, den Keller eines Hauses aufzuräumen, in dem er wohnte. Die Soldaten hatten alle Schränke und Schubladen im Haus geleert, die Dinge an sich genommen, die ihnen gefielen, und den Rest einfach die Kellertreppe hinuntergeworfen. Wir standen vor einem Sammelsurium von Küchengeräten, Besteck, zerschlagenen Konservengläsern, Bettzeug, Bildern und Kleinmöbeln. Alles musste nach draußen gebracht und soweit möglich verbrannt werden.

Unser Sergeant war sehr nett und nahm uns zur Mittagszeit mit an die Feldküche. Als Essnapf hatte ich mir eine gläserne Salatschüssel aus dem Müllhaufen gefischt, denn ich hatte ja kein Essgeschirr wie die US-Soldaten. Das Essen war in etwa ein Meter hohen Wellblechbehältern gekocht worden, die mit Benzin beheizt waren. In einem war dicke Suppe, im nächsten Kartoffelscheiben mit Tomatensoße, im dritten gekochtes Rindfleisch. Als Nachtisch gab es leckeres Konservenobst. Ich lud meine Salatschüssel zweimal voll und leerte sie bis auf den Grund.

Nun wurde ich täglich als „Hausmädchen" für meinen Sergeanten zur Arbeit eingeteilt. Er war ein liebenswürdiger Kerl und so schrubbte ich mit Vergnügen seine Badewanne und putzte seine Schuhe.

Einige von uns, die auch ein wenig Englisch konnten, arbeiteten im Gebäude der Militärregierung. Eines Tages berichtete uns unser Freund vom Bodensee, der zu dieser Gruppe gehörte, von einer hochinteressanten Tatsache: Er hatte bei seiner Arbeit in dem Büro der

Amerikaner herausgefunden, dass diese Militärbehörde Bürgern, die linksrheinische Heimat-orte hatten, einen Passierschein ausstellte, der es ihnen ermöglichte, in einer angegebenen Zeit nach Hause zurückzukehren. Ein solches Papier war nötig, denn auch bei Tage wurde durch die Armee jede Person kontrolliert, die sich von Ort zu Ort bewegte.

„Wir wollen nach Bracht"

Das Papier war eine Chance, abzuhauen und nach Hause zu kommen. Wir wussten, dass die Überquerung des Rheins durch Deutsche verboten war und rechtsrheinisch fanden ja noch immer Kampfhandlungen statt. Noch hatte die Wehrmacht nicht kapituliert. Wenn man uns rechtsrheinisch erwischte, liefen wir Gefahr, wieder im Gefangenenlager zu lan-den. Aber mit einem solchen Papier müssten wir es riskieren können. Wir untersuchten den Text dieser Passierscheine genau und stellten fest: Es fehlte eine Reisebeschränkung auf linksrheinische Gebiete. Nun nahmen wir den Schulatlas zur Hand, den ich bei den Aufräu-marbeiten gefunden hatte und der uns noch gute Dienste tun sollte. Wir suchten uns einen Ortsnamen, den es im Sauerland und auch im linksrheinischen Gebiet gab. Wir verfielen auf Bracht. Einen Ort namens Bracht gibt es bei Schmallenberg und auch am Niederrhein. Gedacht, getan. Mit sechs Sauerländern und unserem Freund aus Baden, der eine Lieb-schaft in Oberschledorn hatte, gingen wir zur Militärregierung und behaupteten, wir seien aus Bracht und wollten heimkehren. Es klappte! Wir bekamen einen gemeinsamen Passier-schein, auf dem unsere Namen standen und durch den uns 14 Tage vorgegeben waren, um von Frechen nach Bracht zu reisen.

Nun trafen wir in aller Eile Reisevorbereitungen. Für ein bis zwei Tage würde unser Proviant reichen, fanden wir. Ich hatte beim Aufräumen der verwüsteten Häuser eine große Packung Traubenzucker gefunden. Bei meinem Sergeanten ergatterte ich noch zwei Tafeln Schokolade und etliche Päckchen Zigaretten. So hatte ich eine Art eiserne Ration in meinem Brotbeutel. Wir rissen die Karte von Westdeutschland aus dem Atlas und studierten unsere Route. Ei-ner hatte einen Marschkompass der US-Armee ergattert. Von Frechen sollte es nach Köln gehen, wo wir hofften, den Rhein zu überqueren. Von dort aus wollten wir uns immer süd-lich der Straße Köln-Olpe durch die Wälder bewegen, denn auf der Straße zu marschieren war uns wegen unserer nicht ganz legalen Papiere zu gefährlich.

Am 2. Mai in aller Frühe liefen wir los. Wir schlugen schon aus lauter Heimweh ein flottes Tempo an und schafften die fast 50 Kilometer bis Köln an einem Tag. Das blieb dann aller-dings auch die längste Tagesstrecke unseres Marsches in die Heimat.

Wie den Rhein überqueren?

Die Durchquerung der Stadt Köln ist mir unvergesslich. Rechts und links der notdürftig von Trümmern geräumten Straße war kein Haus mehr heil. Entweder waren die Gebäude aus-gebrannt oder von Sprengbomben zerfetzt. Auf den Straßen sah man nur wenige zerlumpte und abgemagerte Zivilisten neben den in Jeeps daherfahrenden Amis. In manchen Ruinen qualmte es noch immer. Müde stapften wir bis in die Nähe der Domruine, wo wir in einem Keller unbehelligt die Nacht verbrachten.

Am Morgen gingen wir zum Rheinufer an die Hindenburgbrücke, die zusammengebrochen im Wasser lag. Wir überlegten, ob man über die Trümmer auf die andere Seite klettern könnte. Die Brücke war jedoch überall scharf bewacht. Da gab es wohl auch des Nachts keine Chance. Also wanderten wir am Rheinufer entlang in Richtung Süden bis Porz. Dort fragten wir einen Mann auf der Straße, ob er wüsste, wie man den Rhein überqueren könne. Er verwies uns an einen jungen Mann, der am Rheinufer wohnte und ein Boot vor dem Haus liegen hatte. Als wir ihm unseren Schatz amerikanischer Zigaretten zeigten, war er sofort bereit, uns in der folgenden Nacht hinüberzurudern.

Wir verbrachten die Zeit bis zur Dunkelheit in seiner Wohnung. Dann setzten wir uns dicht gedrängt in sein Boot und stiegen 20 Minuten später, ohne bemerkt worden zu sein, auf der anderen Seite an Land. Vor lauter Freude über das Gelingen der Aktion schenkten wir ihm alle unsere Zigaretten und entschwanden in die Dunkelheit.

Mithilfe des Kompasses wanderten wir nach Osten, bis wir müde waren und uns unter einem Busch zum Schlafen in unsere Decken wickelten. Von der Kälte früh geweckt, aßen wir unser letztes Stück Brot aus Frechen. Nun hatten wir nur noch meinen Notproviant und mussten uns nach Lebensmitteln umschauen.

In Overath angekommen, klingelte ich an der Tür eines mehrstöckigen Hauses. Eine Frau mit fröhlichem Gesicht öffnete mir. Ich trug ihr unsere Geschichte vor und bat sie um etwas zu essen. Ohne auch nur zu zögern, bekam jeder von uns ein Brot mit Rübenkraut geschmiert. Sie gab uns noch ein halbes Brot mit auf den Weg. Wir bedankten uns mit aller Herzlichkeit und wanderten weiter gen Osten.

Kleine Hilfe, „fette" Beute

Kurz hinter Overath überholte uns ein mit zwei Pferdchen bespannter Kutschwagen mit Ladefläche. Er wurde von zwei jungen Frauen in Rotkreuzuniform gefahren. Sie boten uns an mitzufahren. Gern setzten wir uns auf die Ladefläche. Da die Straße hier im Tal nur wenig Steigung hatte, wurden die Pferde nicht überanstrengt. So kamen wir flott voran und erreichten Engelskirchen. Kurz vor dem Ort war eine Brücke gesprengt. Der Verkehr wurde über den Seitenhang auf einen Erdweg umgeleitet. Wir stiegen ab, um die Pferde zu entlasten, und wanderten hinter dem Wagen her. Nach etwa einem Kilometer im dichten Wald musste unsere Gruppe anhalten. Vor uns saß ein Jeep mit zwei US-Soldaten in einem Wasserloch auf den Achsen fest. Ich sprach mit den GIs und bot ihnen unsere Hilfe an.

An allen Jeeps waren an der Seite eine Schaufel und eine Axt befestigt. Mithilfe der Axt fällte einer von uns eine junge Buche und entastete sie. Wir stemmten sie unter die Hinterachse und hoben das Hinterteil des Fahrzeugs aus dem Dreck. Dann schoben wir den Wagen aus dem Morast. Die beiden Soldaten blieben im Wagen sitzen und gaben Gas. In ihrer Freude bemerkten sie nicht, dass wir die Staufachklappen im Heck des Jeeps leerten und uns mit Schokolade, Keks und Zigaretten versorgten. Mit einem fröhlichen „Thank you" brausten sie davon.

Wir teilten unsere Beute mit den beiden Rotkreuzschwestern und schlugen uns für den Rest des Weges „in die Büsche" – wir nahmen eine Abkürzung durch den Wald. Man konnte ja

nicht wissen, ob die beiden zurückkehren würden. Wir beschlossen, uns südlich der Reichs-
straße Köln-Olpe von Ort zu Ort durchzufragen. Dazu ließen wir uns in den Dörfern von
den Bewohnern jeweils eine Verbindungsstrecke zum nächsten Wohnort zeigen, die über
Waldwege verlief. Oft mussten wir Umwege in Kauf nehmen. Aber das war uns lieber, als
erneut im Lager zu landen.

Das Laufen fiel uns nun schwerer als in den ersten Tagen. Ich hatte zwar Schnürstiefel an,
aber sie waren aus dünnem Leder und hatten eine weiche Ledersohle. Fürs Marschieren
waren sie nicht sehr geeignet. Seit der Gefangennahme besaß ich nur das an Kleidung, was
ich am Leibe trug.

Dank unseres „Fischzuges" bei den Soldaten im Jeep waren wir mit unseren Essensvorrä-
ten wieder einen Tag weitergekommen. Beim Anbruch der Dunkelheit erreichten wir irgendwann Welschen-Ennest. Ob wir dort eine Bleibe und vielleicht auch etwas zu beißen
finden würden?

Wir klingelten an einer Klosterpforte. Beim Anblick unserer jungen Gesichter ließen uns
die guten Nonnen ein. Wir bekamen eine Suppe in der Klosterküche und durften uns daran satt essen. Auf dem Holzfußboden eines Unterrichtsraumes der Schule schliefen wir
trocken und zufrieden ein.

Am nächsten Morgen ging es weiter. Auf der Höhe von Olpe versuchten wir, bei Bauern
etwas zu essen zu erbetteln. Vergebens. Man ließ uns nicht einmal zur Tür herein, sondern
jagte uns mit ängstlichem Gesicht davon. Unsere Sauerländer waren eben vorsichtiger als
die leichtlebigen Rheinländer. So blieb uns nur der Diebstahl als Verpflegungsbasis. Wir
versorgten uns aus einer Kartoffelmiete und kochten uns die Erdäpfel am Lagerfeuer auf einem „organisierten" Kochtopf.

Die besten „Bütterkes"

Am Abend des vierten Tages trafen wir in Jagdhaus bei Fleckenberg ein, wo die Eltern unseres Kameraden Grobbel uns in großer Freude über die Heimkehr ihres Sohnes bewirteten. Die Blutwurstbutterbrote dort werde ich nie vergessen. Sie waren die besten „Bütter-
kes" meines Lebens.

Wir schliefen warm und weich im Heu des Kuhstalls und frühstückten ausgiebig. Danach
verabschiedeten wir uns herzlich. In Fleckenberg trennten sich unsere Wege. Die Freunde aus
Altenbüren und Paderborn-Elsen verließen uns in Richtung Brilon und wir wanderten weiter.
Als wir von Altastenberg den Waltenberg herunterkamen, standen plötzlich zwei Amerikaner vor uns. Sie fragten nach unseren Papieren. Wir zückten unsere Behelfsausweise und
den Passierschein „von Frechen nach Bracht". An Bracht waren wir ja nun wohl schon vorbei. Außerdem galt das Papier, wie wir wussten, nur für linksrheinische Deutsche. Wir hatten Glück. Die beiden schienen keine Ahnung zu haben. „O. k., Military Government, go!"
Erleichtert trollten wir uns in Richtung Winterberg.

Von dort an war ich nun mit unserem badischen Hilfsausbilder allein, der sich sehr auf seine
Freundin in Oberschledorn freute. Wir waren gegen Abend dort und wurden freundlich
aufgenommen. Wiederum gut gestärkt durch ein herzhaftes Frühstück mit Wurst und Ei-

„Der geliebte und vertraute Anblick des alten Schlosses beglückte mich."

ern und einigen Butterbroten in der Tasche wanderte ich nun allein über Neerdar in Richtung Adorf weiter.

Kurz hinter Neerdar war ich so müde und kaputt, dass ich mich in den Straßengraben setzte. Meine Füße schmerzten und brannten. Ich überlegte, obwohl ich der Heimat nun schon so nahe war, noch eine weitere Nacht irgendwo im Stroh zu verbringen. Da hörte ich Pferdegetrappel. Eine Einspännerkutsche kam heran. Es war ein Bauer aus Adorf. Er hielt an und nahm mich mit. Seine Frau gab mir einige Schnitten Brot mit, und ich machte mich auf den Weg nach Borntosten, das ich vor Dunkelheit noch gut erreichen konnte.

Am 7. Mai 1945 wieder daheim

Es dämmerte, als ich an der Haustür unseres Gutshauses in Borntosten klingelte. Eine Rotkreuzschwester öffnete und blickte mich misstrauisch an. Ich fragte nach Herrn oder Frau Leiße, dem Gutsverwalterehepaar. Frau Leiße nahm mich freundlich auf. Sie gab mir zu essen und erklärte, dass sie am nächsten Morgen mit der Kutsche nach Heddinghausen zur Messe führen und mich bis dorthin mitnehmen würden.

Ich schlief traumlos und hundemüde endlich wieder in einem Bett. Am nächsten Morgen, am 7. Mai 1945, nahmen sie mich bis zur Kreuzung vor Heddinghausen mit. Dort stieg ich aus und marschierte meine letzten zwei Kilometer nach Canstein.

Der geliebte und vertraute Anblick des alten Schlosses beim Aufstieg von der Dorfseite her beglückte mich. Es war alles heil geblieben. Wie oft hatte ich mir vorgestellt, was zu Hause alles hätte geschehen können. Gleich hinter dem Tor stieg ich die Treppe herauf und öffnete die Klapptür in die Diele. Meine Mami und ich fielen uns glücklich in die Arme.

Als Erstes steckte sie mich in die Badewanne. Kein Wunder, nach sechs Wochen ohne Wäschewechsel …

Auch diese „Badestunde" ist mir noch immer genussvoll in Erinnerung. So war ich der erste Cansteiner Heimkehrer – am Tag vor der Kapitulation.

Wenige Kilometer hinter dem Gut verlief seit Frühjahr 1945 eine Zonengrenze: zwischen britischer und amerikanischer Besatzungszone.

Volles Haus und „Not am Mann"

Die frühen Nachkriegsjahre (1945 – 1949)

Alle meine Lieben fand ich nach meiner glücklichen Heimkehr am Tag vor dem Kriegsende lebend und gesund vor. Dorf und Schloss waren unberührt von den Kämpfen, die nach meiner Gefangennahme im Sauerland noch getobt hatten. Canstein war am 31. März von amerikanischen Einheiten durchfahren worden. Am 4. April wurde eine Kompanie-Infanterie als Besatzung in der Cansteiner Schule untergebracht. Als ich dann am 8. Mai heimkam, waren diese Soldaten schon wieder abgerückt.

Beim Studium des Buches „Der große Kessel" von Willi Mues, das die Einzelheiten der Kampfhandlungen im Sauerland beschreibt, ist mir erst viele Jahre nach diesen Erlebnissen wirklich klar geworden, welches Glück mein Heimatort und auch wie ich gehabt haben. Zahlreiche Dörfer in unserer Gegend sind zerstört worden und viele junge Männer in meinem Alter noch in den Kämpfen der letzten Tage gefallen. Dazu gehörte auch Herbert Guß, mein Freund aus den Kindertagen, der bei Bestwig zu Tode kam und auf dem Soldatenfriedhof an der Autobahnabfahrt Meschede beigesetzt wurde.

Schon während der letzten Jahre des Krieges waren wir Bewohner des alten und neuen Schlosses in unseren Behausungen nicht allein geblieben. Die Behörden hatten sich einen genauen Überblick über den vorhandenen Wohnraum beschafft und brachten sogenannte „Evakuierte", in der Bevölkerung richtiger „Bombenflüchtlinge" genannt, auf dem Lande durch Zwangseinquartierung unter. Es handelte sich dabei meist um Frauen und Kinder, die in den Großstädten des Ruhrgebietes „ausgebombt" worden waren. Schon ab 1942, als der Bombenkrieg stärker wurde, waren in den Sommerferien Kinder aus den Großstädten zur „Kinderlandverschickung" auch in Canstein untergebracht. Ich erinnere mich dabei besonders an ein hübsches blondes Mädchen namens Helga, das ich leider nur von fern anbetete, wenn es mit seiner Freundin im Park spazieren ging. Ich traute mich nicht, es anzusprechen und habe auch nie herausgefunden, wie sein Nachname lautete.

Die ersten „Evakuierten", die auf dem Schloss einquartiert wurden, hießen Angrick. Es war eine Familie aus Dortmund mit zahlreichen Kindern, bei denen einige Jungen in meinem Alter waren, die ich in meine Pimpfenschar mit aufnahm. Sie wurden auf dem Pferdestallboden in den zwei Zimmern untergebracht, die über dem Hundezwinger liegen. Mami war ziemlich entsetzt, wie primitiv sie dort hausten, und schenkte ihnen das Nötigste an Bettwäsche und Handtüchern, soweit sie es entbehren konnte, denn neue Textilien gab es so gut wie nie auf die dafür vorgesehenen Kleidermarken. Später kamen noch weitere Verwandte dieser Familie aus dem Ruhrgebiet nach, die auf dem Hof in der Melkerwohnung Unterkunft fanden. Angricks kehrten gleich nach Kriegsende nach Dortmund zurück.

Als sich die Fronten Deutschland immer mehr näherten, waren natürlich auch Verwandte von den Kriegswirren betroffen. Dies galt insbesondere für Mamis Brüder. Onkel Walter war Direktor der Chemiefirma Henkel/Düsseldorf in Brüssel. Als die Alierten 1944 Brüssel eroberten, floh er mit Tante Nina und den Kindern Rita und Florian nach Canstein. Sie verbrachten einige Monate bei uns und zogen dann weiter nach Berlin, wo die Brüder von Tante Nina Ärzte an dem berühmten Krankenhaus „Charité" waren. Bei der Eroberung Berlins durch die Russen im April 1945 wurde Onkel Walther, obwohl Zivilist, von der Straße aufgegriffen und als Kriegsgefangener in das KZ Buchenwald und von dort nach Karaganda in Kasachstan verschleppt. Er kehrte erst im Januar 1950 zurück.

Im Februar oder März 1945 floh die Familie von Onkel Ebi aus Wien vor den anrückenden Russen nach Canstein. Zuerst kam Tante Käthe mit Lanna und Burly. Onkel Ebi folgte einige Wochen später nach abenteuerlicher Zugfahrt auf den Dächern von Eisenbahnwaggons. Er fieberte bei seiner Ankunft und musste mehrere Wochen eine Nierenbeckenentzündung auskurieren.

Während der relativ kurzen Zeit, in der die Amerikaner eine Besatzung in Canstein einquartiert hatten, diente ihnen mein Onkel Ebi als Dolmetscher. Auch Tante Rosel nutzte ihre guten Englischkenntnisse zum Vorteil der Bürger. Sie erreichte durch geschickte Verhandlungen, dass die Waffensammlung nicht abgeliefert zu werden brauchte. Allerdings verlangten die Besatzer, dass die Läufe der Gewehre mit Zement verfüllt wurden. Schlitzohrig wie oft in seinem Leben mischte Onkel Ferdinand einige modernere Jagdwaffen in die Sammlung und füllte nur die Laufenden mit sehr magerem Zement. Als dann 1946 wegen der Schwarzwildschäden eine Amnestie für Jagdwaffen durch die Engländer erlassen wurde, holten wir eine Browningflinte aus der Sammlung und ich schoss mit der einzigen aufgefundenen Brennekepatrone meine erste Sau an der Fuchswarte. Zu unserem großen Ärger musste diese angemeldete Waffe dann abgeliefert werden. Um sie den Engländern nicht zu gönnen, nahm ich die inneren Teile heraus und machte sie so unbrauchbar. Es war auch ein voll funktionsfähiges Gewehr, die Infanteriewaffe des Ersten Weltkrieges, unter den belassenen Waffen gewesen. Das hatte ich mir gleich nach meiner Rückkehr auf mein Zimmer geholt und hinter dem Schrank versteckt.

Das Waffenpaket im Teich

Außerdem besaß ich ein großes Fallschirmjägerklappmesser. Obwohl ich diesen Waffenbesitz geheim hielt, kam die Sache Mami und Onkel Ebi zu Ohren. Er war, wie ich heute verstehen kann, sehr ängstlich deswegen. Ich wurde aufs Strengste aufgefordert, die Waffen zu beseitigen. In meiner durch die Gefangenschaft und das ständige Leben im Risiko sorgloseren Einstellung hielt ich die Gefahr, dass Canstein noch einmal nach Waffen untersucht werden würde, für äußerst unwahrscheinlich und lachte über den besorgten alten Onkel. Doch Mami zuliebe verpackte ich das Gewehr sorgfältig eingeölt in Wachspapier und versenkte es im Parkteich im Schlamm. Irgendwer muss es da wieder herausgeholt haben, denn als dann um 1950 Waffen wieder freigegeben waren, konnten wir es nicht mehr finden. Vielleicht liegt es noch ganz tief unten im Schlamm.

Das Fallschirmjägermesser zu beseitigen, hielt ich nun wirklich für Unsinn. Leider fand es Onkel Ebi in meinem Zimmer und nahm es mir weg.

Während der Besatzungszeit in Canstein vor meiner Heimkehr erschienen eines Abends drei US-Soldaten bewaffnet im Schloss und durchsuchten alle Räume. Im Wohnzimmer saßen Mami, Onkel Ebi und Tante Käthe, die gerade ihre Perlenkette neu auffädelte. Sie nahmen ihr die Kette fort und stahlen Onkel Ebis Armbanduhr. Dann gingen sie ins neue Schloss und entwendeten dem Opa die goldene Uhr vom Nachttisch.

Am nächsten Morgen berichtete Onkel Ebi dem Leutnant, der die Gruppe befehligte, von diesem Vorfall. Dieser ließ seine Leute antreten und bat Onkel Ebi, ihm die Diebe zu zeigen. Die Übeltäter mussten dann wohl oder übel ihre Beute wieder herausrücken.

Ein gutes Tröpfchen

Eines Tages fuhren zwei junge US-Offiziere auf den Schlosshof, die sich sehr höflich benahmen und sich von Tante Rosel einiges über Canstein berichten ließen. Als sie sie mit dem wenigen, das man damals Gästen anbieten konnte, bewirtete, fragten sie nach Wein. Sie meinten, in einem solchen alten Hause müsse es doch auch sehr alten Wein geben. Tante Rosel ging daher zu Großvater Alexander, der von seinem Bette aus natürlich auch den Weinkeller regierte, und fragte ihn, ob sie den beiden eine Flasche alten Wein kredenzen dürfe und wo sie den im Keller suchen müsse. Opa war einverstanden und erklärte ihr, in welcher Ecke des Kellers sie suchen solle. Sie stieg mit dem riesigen Schlüsselbund bewaffnet hinunter und fand am angegebenen Ort einige verstaubte Weinflaschen ohne Etikett, von denen sie eine mit der nötigen Ehrfurcht und Vorsicht ans Tageslicht holte. Die Flasche wurde vor den beiden Gästen aus Amerika feierlich geöffnet und der alkoholisch riechende rötliche Inhalt eingegossen. Er schmeckte sehr ungewöhnlich, aber das ist ja bei 100-jährigen Weinen gerade das Besondere. Die Offiziere zogen hochbeglückt von dannen. Einige Wochen später kamen sie wieder einmal zu Besuch und fragten schüchtern, ob sie noch einmal eine Flasche 100-jährigen Wein trinken dürften. Tante Rosel stieg also wieder in den Keller und erfüllte ihren Wunsch, nachdem sie Opas Einverständnis erhalten hatte. Doch diesmal war sie beim Kosten des Weines noch skeptischer wegen des seltsamen Geschmackes. Nachdem die Gäste wieder fort waren, erzählte sie Opa davon. Dieser fragte sie sehr genau aus, wo im Keller sie den Wein gefunden habe. Als sie es ihm erklärte, lachte er voller Vergnügen und sagte: „Das war vergorener Rhabarbersaft, den du als 100-jährigen Wein ausgegeben hast!"

120 Personen auf dem Gut

Nach meiner Heimkehr fand ich außer meiner Familie auch eine Reihe von Verwandten vor, die bei uns Zuflucht gefunden hatten. Einige davon waren aus Cottbus vor den Russen rechtzeitig geflohen und schon im Januar/Februar vor meiner Gefangenschaft eingetroffen. Dazu gehörte unsere Tante Elisabeth von Elverfeldt mit ihren Töchtern Sigrid und Mechthild. Mechthild war im gleichen Alter wie ich, wir verstanden uns gut und verliebten uns bald ineinander. Sie wohnten im neuen Schloss in dem Dachstübchen gegenüber dem alten Schloss. Wir hatten dadurch Sichtkontakt, denn ich wohnte gleichfalls in einem Mansardenzimmer im Haus meiner Eltern, aus dessen Fenster man zum Schlosshof hinausblickte. Der Hof war damals ziemlich zugebaut mit einem Holzschuppen und einer Werkstatt, die an das kürzlich abgerissene Treppenhaus angebaut waren und bis zur Begrenzungsmauer gegenüber dem alten Schloss reichten. Zwischen dem Holzschuppen und der Werkstatt war eine Durchfahrt eingebaut. Der Holzschuppen war eine wichtige Einrichtung, denn wer kochen oder heizen wollte, musste sich dort mit Energierohstoff versorgen. So sah man von meinem Fenster aus alle Schlossbewohner mit Körben ausgerüstet dort täglich erscheinen.

Der Eingang des Schuppens wurde so zum Informationszentrum, wo man sich traf und Neuigkeiten und Klatsch austauschte. So war ich immer gut informiert.

Neben Tante Elisabeth Elverfeldt mit ihren Töchtern waren in den ersten Monaten des Jahres 1945 in Canstein untergekommen:

Onkel Karl Elverfeldt, der Bruder meines Großvaters Alexander, mit seiner Frau Elisabeth, geb. Warren-Notman, die Amerikanerin war, und ihre Mutter Anna Miklos;

Tante Galla Matuschka, die Frau vom Bruder Manfred meiner Großmutter Marietta Elverfeldt, geb. Gräfin Matuschka, mit ihren Töchtern Marianne und Laly;

Tante Totti, die Frau von Onkel Manfred („Mani") Strachwitz, Vetter meines Vaters aus Groß-Stein, der im Sommer zu seiner Familie stieß, mit ihrer Tochter Moni.

Ständiges Kommen und Gehen

Zu diesen Verwandten kamen mit der ersten Welle auch Freunde der Familie, durch die Behörden eingewiesene Flüchtlinge und später nach der Kapitulation durch Polen und Russen aus dem Osten Deutschlands vertriebene Familien und aus der Gefangenschaft entlassene Soldaten, die mit der Familie bekannt waren und nicht nach Hause konnten.

Im alten Schloss mussten wir nach einer Inspektion durch das Wohnungsamt auch noch Räume frei machen. Sigi und ich bekamen Betten im Wohnzimmer und mussten unsere Behausungen im südlichen Dachgeschoss für eine Familie Schubert frei machen, die das Amt dort einwies. Im Laufe der Jahre 1945 bis 1948 herrschte ein ständiges Kommen und Gehen im Schloss. Vor allem im Frühsommer 1945 gab es noch einmal eine Welle von Neuankömmlingen. Aus den Hungerlagern für Kriegsgefangene der Amerikaner und Franzosen kamen zwei Soldaten, die zusammen in einer der Kammern im Dach des Pferdestalles untergebracht wurden. Nach der Kapitulation am 8. Mai war das öffentliche Leben in Deutschland zum Stillstand gekommen. Die Militärregierung begann eine neue Verwaltung aufzubauen. Da alle Parteimitglieder der NSDAP ihrer Ämter enthoben waren und die höheren Chargen in Internierungslager verbracht worden waren, hatte die Militäradministration Schwierigkeiten, die richtigen Personen für die Organisationen der Verwaltung zu finden. Es kursierte folgender Witz: „Wer mir und mich nicht unterscheiden kann, wird Lehrer! Wer mein und dein nicht unterscheiden kann, wird Polizist!"

Hunger, Hunger, Hunger

Die Polizisten waren an weißen Armbinden erkennbar. Telefon und Bahn funktionierten noch nicht wieder. Der Schulbetrieb lag still. Die Amerikaner, die unsere Gegend erobert hatten, zogen ab und machten englischen Truppen Platz, denn wir waren Teil der britischen Besatzungszone geworden. In Massenhausen wurde ein Schlagbaum errichtet, der die britische von der amerikanischen Zone trennte und an dem US-Soldaten die Ausweise kontrollierten. Wer im wehrfähigen Alter war und keine Entlassungspapiere vorweisen konnte, wanderte ins Gefangenenlager.

Das Hauptproblem war die Sicherstellung der Ernährung. Auf den Gutsbetrieben waren die Arbeiten fast zum Stillstand gekommen, weil die Zwangsarbeiter befreit waren und es außer

Auf dem Land wie in den Städten blühte rasch nach Kriegsende 1945 der Schwarzmarkt auf. Getauscht wurde alles, was nicht niet- und nagelfest war.

Rentnern und Invaliden fast keine einheimischen Landarbeiter gab. Auch auf den Bauernhöfen standen die Frauen mit der Arbeit allein da. Erst im Spätsommer wurden dann die Bauern und Landarbeiter bevorzugt aus der Kriegsgefangenschaft entlassen. Es herrschte im wahrsten Sinne des Wortes „Not am Mann".

Eine Woche nach meiner Heimkehr ging daher die Order an mich, auf dem Gut Forst mitzuarbeiten. Die Frühjahrsbestellung stand an. Ich stand um 6 Uhr auf und lief die zwei Kilometer nach Forst, um mich um 7 Uhr zur Arbeitseinteilung bei Herrn Plückebaum zu melden. Es war ein kleines Häuflein Arbeitswilliger, das sich dort einfand. Der Gespannführer Wetekam aus Vasbeck, der stotternde Rentner Knoche und der „lange Sommer" aus Heddinghausen waren die einzigen gelernten Landarbeiter. Dazu kamen Klaus Leifeld, ein Neffe des Bauern Leifeld aus Heddinghausen, der dort als Flüchtling aus Schlesien untergekommen war, und ich, beide 16 Jahre alt, sowie einige Flüchtlingsmädchen aus Heddinghausen und Vasbeck – eine völlig unzureichende Belegschaft, denn normalerweise hatte so ein Gut etwa 40 Arbeitskräfte nötig.

Klaus Leifeld, der schon zur Zeit des Einmarsches der Amerikaner auf Gut Forst mitgeholfen hatte, konnte eine spannende Geschichte erzählen. Er hatte dem Verwalter, Herrn Plückebaum, wahrscheinlich das Leben gerettet. Herr Plückebaum war ein sehr energischer und auch gegen sich selber harter Mann und tüchtiger Landwirt. Aufgrund dessen war er mit den russischen und polnischen Zwangsarbeitern nicht immer freundlich umgegangen. Sie hatten ihm Rache geschworen für die Prügel, die er ihnen hin und wieder verabreicht hatte. Als nun die Amerikaner Heddinghausen eingenommen hatten, legten die Russen und Polen die

Arbeit nieder, begannen zu plündern und die Bevölkerung zu belästigen. Es dauerte eine Weile, bis die Besatzungsmächte diese großen Menschenmengen untergebracht und wieder unter Kontrolle hatten. Kurz vor Arolsen zum Beispiel lagerte eine große Schar dieser Fremdarbeiter auf dem ehemaligen Steinbruch südlich der Straße nach Massenhausen oben auf dem Hebberg. Sie hatten dort eine Art Wegesperre und plünderten alle Deutschen aus, die vorbeikamen.

Zigaretten als Währung

Insbesondere unter den Polen gab es einige, die schon seit 1939 im Lande waren, weil sie als Kriegsgefangene zur Landarbeit eingesetzt wurden. Viele davon waren uns freundlicher gesinnt als die anderen, denn man hatte ihnen mehr Verantwortung übergeben. Einer davon informierte Klaus Leifeld, dass seine Kameraden planten, am Abend nach Gut Forst zu ziehen und Herrn Plückebaum zu erschlagen. Es war schon später Nachmittag, als Klaus dies erfuhr. Wer konnte helfen? Eigentlich nur die Amerikaner. Klaus sprach ein gutes Schulenglisch. Er lief zur Straße, wo häufig Armeefahrzeuge vorbeifuhren, und wartete. Nach einer halben Stunde kam ein Jeep mit drei farbigen Soldaten. Er winkte und sie hielten an. Dann erklärte er ihnen die Situation. Die GIs waren sofort bereit zu helfen. Sie fuhren auf den Hof und blieben dort die ganze Nacht. Die rachsüchtigen Zwangsarbeiter trauten sich nicht auf das Grundstück, als sie den Jeep sahen, und zogen wieder ab.

Sogleich nach der Machtübernahme durch die Armeen der Alierten begann der Schwarzmarkt zu blühen. Amizigaretten waren die Währung. Alle Waren wurden danach bewertet, wie viele Zigaretten oder Stangen Zigaretten man dafür geben musste. Mit 14 Jahren hatte ich zum ersten Mal geraucht. Mein Vetter Franz-Hubertus Spee aus Linnep hatte mir im Garten von Schloss Leye, dem Stammhaus der Ostmans bei Osnabrück, eine bei Tante Nelly geklaute Zigarette angeboten. Aber erst im Gefangenenlager auf der Wiese bei Zülpich begann ich richtig mit dem Rauchen. Die tägliche C-Rationsdose enthielt häufig mehr Zigaretten als Kekse und sie vertrieben das Hungergefühl.

Nachricht von Vater

Kurz nachdem ich wieder zu Hause war, erschienen nachmittags einige GIs auf dem Schlosshof, mit denen ich sogleich ins Gespräch kam. Sie waren sehr daran interessiert, Souvenirs zu erstehen. Ich komplimentierte sie auf die Gartenstühle vorm Schloss und hieß sie warten. Dann ging ich zum Opa und zur Mami und sammelte allerhand entbehrliche Scheußlichkeiten. Das Prunkstück bekam ich vom Großvater Alexander. Es war ein Bierkrug, der den Kopf von Kaiser Wilhelm darstellte. Der Deckel war als preußische Pickelhaube ausgebildet. Ein Sammelsurium von Naziabzeichen und Orden kam dazu. Mami gab mir ihr silbernes Mutterkreuz, ich selber trennte mich von meinem HJ-Sportabzeichen, das ich noch sechs Wochen vorher stolz an meiner Uniform getragen hatte. Meine Handelspartner waren entzückt, und ich erbeutete sechs Stangen Amizigaretten und zwei Stangen deutsche. Das machte mich zu einer begehrten Person bei allen Rauchern.

Von unserem Vater bekamen wir Ende Mai eine Nachricht über Pastor Peitz in Heddinghausen. Es war ein mit Bleistift geschriebener Zettel, auf dem er mitteilte, dass er gesund in russischer Gefangenschaft in Österreich sei. Ein Begleitschreiben des späteren Kardinals von Galen, des „Löwen von Münster", lag bei. Papi hatte den Zettel im Lager einem Geistlichen zugesteckt, der sich frei bewegen konnte. Dieser hatte ihn durch den Kurierdienst der katholischen Kirche zustellen können, der im Gegensatz zur Post noch erstaunlich reibungslos funktionierte.

Mitte Juni stand ich nachmittags vor dem Schlosstor, als ein deutscher Soldat in ramponierter Uniform den Berg heraufkam und mich nach der Familie des Hauptmanns von Elverfeldt fragte. Es war Papis Fahrer, Herr Utes. Wir setzten uns auf die Mauer und er berichtete mir über die Ereignisse in den Tagen nach dem 8. Mai, die er mit Papi gemeinsam erlebt hatte. Die Quartiermeisterabteilung des Stabes des 8. Armeekorps, die Papi befehligte, befand sich am 8. Mai in der Nähe von Pilsen in Böhmen. Eine amerikanische Heeresgruppe mit dem schneidigen General Patton war weit in diesen Raum vorgeprescht. Sie entwaffnete die deutschen Truppen, war aber kräftemäßig nicht imstande, sie in Lagern festzuhalten. So konnten die entwaffneten Soldaten sich noch völlig frei bewegen. Utes bestürmte Papi, mit ihm zusammen nach Westen abzuhauen. Papi jedoch fühlte sich noch immer für seine Einheit verantwortlich und blieb bei der Truppe. Nachdem die Amerikaner abgezogen waren, kamen die Russen und trieben Papi mit den übrigen Gefangenen in Gewaltmärschen nach Österreich. Utes hatte in knapp vier Wochen den Marsch von Pilsen nach Canstein geschafft. Er blieb eine Weile bei uns, schnorrte bei mir Zigaretten und futterte sich wieder auf. Dann verließ er uns in Richtung Osten, wo seine Familie lebte.

Der erste Arbeitstag

Mein erster Arbeitstag auf Gut Forst ist mir natürlich unvergessen geblieben. Wir wurden bei kaltem Nieselregen zum Pflanzen von Weißkohl auf ein Ackerstück beim Forsthaus eingeteilt. Der Boden war bereits gepflügt und geeggt worden. Klaus holte ein Kaltblutpferd aus dem Stall, schirrte es an, und wir spannten es gemeinsam an einen leichten Ackerwagen, auf den die Kästen mit den Kohlpflanzen geladen wurden. Außerdem luden wir einen Häufelpflug auf den Wagen. Dann zogen wir gemeinsam mit drei Mädchen los. Auf dem Felde wurde als Erstes mit dem Häufelpflug eine Reihe in den noch nicht zu feuchten Boden gezogen. Dann klemmte sich jeder ein Pflanzenbündel unter den Arm und begann mit der Pflanzarbeit. Die Pflanze wurde mit der einen Hand an die Wand des Häufeldammes gelegt, und mit der anderen Hand griff man sich ein Häufchen nasser Erde und klatschte die Wurzeln damit fest. Wenn eine Reihe fertig angeklatscht war, wurde mit dem Pflug so viel Erde von der Seite angehäufelt, dass die Pflanzen gleichmäßig im Boden standen. Bei dem Nieselregen hatten wir in kurzer Zeit total verschmierte Hände, Arme und Kleidung. Dicke Erdklumpen klebten an unseren Schuhen, der Rücken schmerzte vom Bücken, und die Feuchtigkeit zog langsam bis auf die Haut durch. Zur Frühstückspause stellten wir uns an der Feldscheune unter das Dach und trockneten dort im Windschatten ein wenig ab. Nach einer halben Stunde ging es dann weiter mit der Pflanzerei bis Mittag. Ein stärkerer Regenguss am Nachmittag machte dann der Schinderei ein Ende, weil der Boden sich in Matsch verwandelt hatte.

Verbotene Liebe

In Canstein arbeitete seit etwa 1942 ein etwa 25-jähriger serbischer Zwangsarbeiter im Kuhstall als Melker. Er hieß Ludwig, sprach fließend Deutsch und war ein gut aussehender, gebildeter Mann. Sein Vater hatte vor dem Krieg als Geiger im Belgrader Rundfunkorchester gearbeitet. Da ich oft mit den jungen Fremdarbeitern auf dem Hof in Canstein Karten spielte, hatte ich ihn näher kennengelernt und wir wurden gute Freunde. Deutsche junge Männer in diesem Alter gab es nicht, denn sie waren alle Soldaten. So erfuhr ich von ihm so manches, was ein pubertierender Jugendlicher von seinen älteren Freunden lernt. Ich erzählte ihm meine Erlebnisse mit Mädchen, und er gab mir gute Ratschläge. Wir mochten uns.

Ludwig hatte eine große Liebe. Sie hieß Mariechen, stammte aus dem Ruhrgebiet und arbeitete als Hausmädchen bei uns im alten Schloss zusammen mit Josefa, einer Bauerntochter aus dem Münsterland, die als Köchin angestellt war. Die beiden waren lebensfrohe, hübsche Mädel. Deutsche Männer im passenden Alter gab es nicht. Freundschaften oder gar Liebesgeschichten mit den ausländischen Arbeitern standen unter Strafe. Nur die Garnison in Arolsen und die Lazarette dort und in Marsberg boten hin und wieder Gelegenheit, jungen Männern zu begegnen, denen sie dann Briefe und Päckchen an die Front schickten.

So war es nicht verwunderlich, dass sie sich in den warmen Sommermonaten abends im Park mit ihren Verehrern aus den Reihen der jungen Zwangsarbeiter trafen, die auf dem Hof wohnten. Mariechen war ein guter Charakter und bei Weitem nicht so leichtsinnig wie Josefa, die sich mit jedem Mann einließ, der sich ihr näherte. Ludwig und Mariechen wurden ein echtes Liebespaar, das in Friedenszeiten sicher für immer beieinander geblieben wäre.

Es muss im Frühjahr 1944 gewesen sein, als beide Mädchen aufgrund neuer Dienstverpflichtungen Canstein verlassen mussten und in ihren Heimatorten in kriegswichtigen Fabriken zur Arbeit eingesetzt wurden.

Von Josefa hörte ich nie wieder etwas. Von Mariechen kamen später Nachrichten ins Dorf, dass sie ein Kind geboren habe. Wegen der Strafbestimmungen wird sie es wohl nicht gewagt haben, ihrem geliebten Ludwig die Geburt seines Kindes mitzuteilen. Im Herbst 1944 kam dann die traurige Nachricht, dass Mariechen mit ihrem Kind bei einem Bombenangriff ums Leben gekommen war. Ludwig erfuhr wohl erst dadurch wieder von ihr und war verzweifelt. Gemeinsam trauerten wir um sie.

Als ich aus der Gefangenschaft heimkehrte, war Ludwig schon mit den übrigen Freunden in irgendeinem Lager für „Displaced Persons" in der Obhut der Amerikaner untergekommen. Im Juli 1945 saßen wir abends im Wohnzimmer, als ein Jeep den Schlossberg hinauffuhr und vor dem Übergang auf dem Schlossplatz hielt. Drei Männer, davon zwei in US-Uniform, stiegen aus und klingelten an der Haustür in der Diele. Ich öffnete, und vor mir stand Ludwig mit zwei amerikanischen Sergeanten. Wir fielen uns in die Arme. Dabei bemerkte ich, dass Ludwig eine starke Alkoholfahne aufwies. Auch die beiden Amis begrüßten mich lallend. Das konnte ja heiter werden. Sie blickten sich suchend in der Diele um und fragten nach Alkohol.

Mami war inzwischen auch in die Diele gekommen. Als sie Ludwig erkannte, war sie gleich entspannt und bat die schwankenden Gäste ins Wohnzimmer. Dort blickten Onkel Ebi, Tante Käthe und Oma Mesi ziemlich ängstlich auf die angeheiterten Besucher. Mami ging zum Schnapsschrank, in dem zwei Flaschen mit alkoholischen Getränken standen. Eine enthielt Rotwein und die andere einen ekligen Magenbitter. Sie stellte beide zusammen mit Wassergläsern auf den Tisch. Der eine Sergeant mixte die beiden Flüssigkeiten in den Gläsern. Alle drei tranken im Nu beide Flaschen leer. Sie waren von dem Gesöff begeistert und wollten noch mehr davon. „One bottle only", bettelten sie. Doch wir versicherten hoch und heilig, dass es unsere letzten „bottles" seien. Ludwig erkannte trotz seines Zustands, dass er uns von den beiden aufdringlichen Kerlen befreien musste und drängte sie zum Aufbruch. Wieder standen wir in der Diele, um uns zu verabschieden. Da kam Ludwig auf mich zu, fasste mich um die Schultern und raunte mir ins Ohr: „Wo ist Mariechen? Bitte, bitte sag' mir, wo sie ist!" Seine Tränen trieben auch mir die Tränen in die Augen, als ich ihm antwortete: „Du weißt doch, sie ist im Himmel." Er drückte mich an sich, und dann verschwanden die drei schwankenden Gestalten. Der Jeep heulte auf und die Dunkelheit verschluckte sie.

Ich habe Ludwig nie wiedergesehen und erinnere mich auch nicht mehr an seinen Nachnamen. Was mag aus ihm geworden sein? Ob er in die USA ausgewandert ist? Oder hat er als Rentner die Schrecken des Bürgerkriegs in seiner Heimat Serbien erlebt?

Die Monate nach Kriegsende vergingen auf dem Gut mit täglich neun bis zehn Stunden harter körperlicher Arbeit von Montag bis Samstag. Nur sonntags konnte man ausschlafen. Gemüse pflanzen, Rüben säen, vereinzeln und hacken, Kartoffeln legen und hacken, Getreidegarben aufstellen, Kleeheu reutern und einfahren, die Getreideernte von Hand laden und in der Scheune einbansen, Mist laden und streuen und so fort. In den ersten Wochen fiel ich des Abends nach meinem Heimmarsch aus Forst, den ich in 15 Minuten absolvierte, nach dem Abendessen todmüde ins Bett. Der Muskelkater machte mir arg zu schaffen.

Nach etwa einem Monat hatte ich mich so daran gewöhnt, dass ich des Abends wieder unternehmungslustig wurde. Klaus kam dann manchmal noch aus Heddinghausen zu Fuß nach Canstein, und wir schwammen im Schlossteich oder spielten Bridge mit Mechthild und ihrer älteren Schwester Sigrid, die als Rotkreuzschwester gearbeitet hatte und auch in Canstein eingetroffen war.

Klaus und Sigrid fanden Gefallen aneinander. Mechthild und ich waren ja nun schon mehrere Monate nicht nur befreundet, sondern bis über beide Ohren verliebt ineinander, was wir vergeblich geheim zu halten versuchten.

Mami und Oma Mesi sowie andere Familienmitglieder waren von meiner Freundschaft mit Mechthild wenig begeistert. Es gab immer wieder Verbote für unsere Zweisamkeit, und wir mussten uns an einsame Orte wie den dicken Stein zurückziehen, der zu der Zeit dicht mit Fliederbüschen bewachsen war und ein gutes Versteck abgab. Wenn wir Zeit hatten, verzogen wir uns zu einem langen Spaziergang in den Buchholz.

Für abendliche Gespräche legte ich unter dem Vorwand, für Opa eine Antenne zu bauen, eine Leitung vom alten ins neue Schloss und besorgte mir zwei Feldtelefone aus Wehrmachtsbeständen, an denen ich ja ausgebildet worden war, und wir telefonierten stundenlang, bis Mami eines Tages dahinterkam und mir eine klebte.

Zu unserer Viererbande gesellten sich häufiger Sigi und Marianne Matuschka, die aufgrund einer Generationenverschiebung als Tochter von Großonkel Manfred unsere Tante war. Die beiden waren zwei Jahre jünger als wir, aber Bridge konnten sie auch, und es gab genügend gemeinsamen Gesprächsstoff.

Wir jungen Leute waren unseres Großvaters Einsatztruppe, wenn es galt, wegen neu eingetroffener Flüchtlinge Zimmer umzuräumen. Die schweren Eichenmöbel im neuen Schloss habe ich alle mehrfach treppauf und treppab geschleppt. Wir hielten uns von den Erwachsenen fern, so gut es ging und bildeten unsere eigene Jugendclique.

Tennis, Jazz und Liebeleien

Im Juli 1945 saßen wir zu fünft gemütlich in der Sonne auf der Terrasse vor dem alten Schloss, von wo aus man einen guten Überblick über den Verkehr auf dem Schlossplatz und am Tennisplatz hat, und spielten Bridge. Es war mitten in der Woche und ich war nur deshalb nicht auf Gut Forst bei der Arbeit, weil ich mir beim Möbelschleppen eine Kommode auf den Knöchel hatte rutschen lassen und einen dicken Bluterguss auskurierte. Nach einigen Runden hörten wir auf der Gutshofseite Pferdegetrappel. Wir unterbrachen unser Spiel und schauten neugierig über die Brüstung. Soeben bog eine Kutsche um die Kurve am Tennisplatz. Sie hatte ein geschlossenes Gehäuse hinter dem hoch aufragenden Bock, war ganz schwarz lackiert und mit eleganten Messingbeschlägen und Türgriffen versehen. Es handelte sich um einen sogenannten „Omnibus". Das Fahrzeug hielt vor dem Gutshaus. Ein Ehepaar entstieg dem Gefährt und schritt gemächlich den Berg hinauf. Als sie nahe genug waren, dass man ihre Gesichter erkennen konnte, flüsterte Sigi: „Uralter Adel, uralter Adel!" Die beiden stiegen die Treppe zur Terrasse vor dem neuen Schloss hinan und verschwanden hinter dem Portal. Es waren Balthasar und Britta von Aulock aus Radau in Oberschlesien, die nach Canstein gereist waren. Tante Britta war eine geborene von Prittwitz, eine Tochter des besten Freundes unseres Großvaters im Leibkürassierregiment von Driesen. Opa entsprach ihrer Bitte um Aufnahme, deretwegen sie die lange Reise mit der Kutsche unternommen hatten. Das bedeutete neues Möbelrücken für uns junge Leute. Aber nicht nur das: Als Mami und Oma hörten, dass das Ehepaar Aulock eine Tochter in unserem Alter mitbringen würde, hieß es gleich: „Nun wird der Alex wohl auch mal auf andere Gedanken kommen, das Mädchen soll ja recht hübsch sein."

Inez wurde mit ihren Eltern im neuen Schloss einquartiert. Dazu hatte es wieder einmal umfangreicher Umorganisation bedurft. Ziemlich bald schloss sie sich auch unserem Bridgezirkel an, und wir lernten sie näher kennen.

Während der Kriegsjahre war das Feiern von Festen und insbesondere das Tanzen wegen des Ernstes der Situation ungern gesehen, ja sogar verboten worden. Alle jungen Menschen versuchten nun, das Versäumte nachzuholen. Jede Gelegenheit wurde genutzt, eine Tanzerei zu veranstalten. Wir Jugendlichen kannten das Tanzen nur aus dem Kino. Deshalb waren wir sehr daran interessiert, es zu lernen.

Toska Strachwitz und Elinor Aulock, die Schwester von Inez, die als entlassene Rotkreuz-schwester zu ihrer Familie gestoßen war, wurden unsere Lehrerinnen. Im Schloss gab es ein sogenanntes Koffergrammofon, das mit einer Kurbel aufgezogen wurde und dann genügend Kraft besaß, eine Schellackschallplatte abzuspielen. Das ergab eine krächzige Musik, aber sie war laut genug, um danach zu tanzen. Die Schallplatten waren knapp, es gab ein paar Wal-zer, langsame Walzer, Tangos und Foxtrotts. Das reichte aus, um uns die Schritte dieser Stan-dardtänze zu vermitteln.

Das Grammofon hatte den großen Vorteil, das man es überallhin mitnehmen konnte. So wurde das Tanzen neben dem Bridgespielen unser zweites Hobby, dem wir bei jeder passen-den Gelegenheit frönten. Auf unseren Partys wurde daher sehr viel mehr getanzt als heute. Alkohol gab es nur selten – und wenn, dann war es meist schwarz gebrannter Zuckerrüben-schnaps. Er war für die Stimmung gar nicht nötig. Mit Gesellschaftsspielen und Dauertanzen vergingen die Stunden im Fluge.

Trotz der Kontakte mit Toska und Elinor blieben wir als Gruppe von Jugendlichen unter uns und pflegten nur wenig Kontakt mit den Erwachsenen. Diese wiederum nahmen uns ja auch noch nicht für ebenbürtig an. So erfuhren wir wenig von dem, was sich in den Kreisen der Älteren abspielte. Nur hin und wieder drangen Gerüchte über Kräche und Eifersüchte-leien, die bei dem nahen Zusammenleben so vieler Menschen unausbleiblich sind, an unsere Ohren. Jeder beobachtete den anderen genau und wusste im Einzelnen, wie viel Scheiben Wurst er zur Verfügung hatte, denn die Lebensmittel waren sehr knapp.

Inez und ihr „Helfer"

Inez war als Lehrling in der Schlossküche angestellt worden. Dort regierte Fräulein Meiß-ner, eine sehr voluminöse Köchin, die „Haare auf den Zähnen" hatte und über eine ganze Heerschar junger Mädchen gebot. Ihr Wirken konnte ich aus meinem Mansardenzimmer im alten Schloss gut beobachten. Der riesige Herd wurde mit Holz befeuert. Es gehörte zu den Dienstaufgaben von Inez, dieses Holz in Körben aus dem Holzschuppen auf dem Schlossplatz hereinzuholen.

So sah man sie öfter im Laufe des Tages mit ihrem Korb im Holzschuppen hantieren und das schwere Gebinde die Treppe hinauf in die Küche schaffen.

Neben unserem Großvater Alexander, der vom Krankenbett aus Schloss und Grundbesitz regierte, war Onkel Gebhard der Chef über alles. Er war mit Ende 30 in unseren Augen ein alter Junggeselle, bei dem die Familie nicht mehr damit rechnete, dass er noch einmal heiraten würde. Neben einer Passion für sportliche Autos war er begeisterter Reiter und Tennisspieler. Man kannte ihn in der Woche eigentlich nur in Reithosen, Stiefeln und Tweedjacke, begleitet von seiner grau gefleckten, kurzhaarigen Jagdhündin Wilma, die eine Französin war.

Inez war, wie ich schon erwähnte, zum Küchendienst abkommandiert worden und gehörte nun auch zu den Gesichtern, die sich im Küchenfenster mir gegenüber zeigten. Eines Tages sah ich voller Verwunderung, dass sie den Korb mit Brennholz nicht allein trug, sondern Onkel Gebhard einen Henkel ergriffen hatte und ihr dabei half, das Holz in die Küche zu transportieren. Ein höchst ungewöhnlicher Vorgang, auf den ich mir eigentlich keinen Reim machen konnte. Ich kannte ihn als besonders höflichen und freundlichen Menschen, aber diese Art von tätiger Mithilfe war eigentlich unter seiner Würde.

Ich hatte diese Szene schon vergessen, als ich einige Wochen später von einer Fahrradtour nach Laar zu meinem Freunde Gero Wietersheim zurückkehrte und auf der Schlosstreppe Fräulein Schulz, der „lieben Köchin", begegnete. Sie erzählte mir als Neuigkeit, dass Baron Gebhard und Inez sich verlobt hätten. Mir blieb die Spucke weg. Das also hatte sich hinter der ungewöhnlichen Hilfsbereitschaft verborgen.

Nur wenige Wochen später wurde dann auch schon geheiratet. Von diesem Tag an war Inez für uns in den Kreis der Erwachsenen getreten und zählte nicht mehr zu unserer Jugendgruppe.

Zwei besondere Privatlehrer

Mit dem Einbruch des Winters hatten Klaus Leifeld, Sigi und ich die Landarbeit eingestellt. Wir trafen uns nun täglich in einem Zimmerchen neben der Küche im Obergeschoss des alten Schlosses mit Herrn Bonin, dem Studienrat aus Potsdam, der inzwischen vom Pferdestallboden in eines der Zimmerchen neben der Küche umquartiert worden war. Herr Bonin ließ sich aus Potsdam, wo seine Mutter in der russischen Besatzungszone lebte, seine Bücher schicken und begann mit uns einen Schulunterricht, der allen Beteiligten große Freude machte. Seine Hauptfächer Deutsch und Geschichte standen im Vordergrund, aber auch die Naturwissenschaften kamen nicht zu kurz. Nie wieder in meinem Leben habe ich in so kurzer Zeit so viel Bildung durch Lesen und Gespräch erlangt wie in den Wintermonaten 1945/46.

Unsere Englischkenntnisse, die wir im Schwarzhandel mit den GIs ohnehin aufbesserten, vertieften wir mit George von Pflugk, der mit seiner Frau Mausie, einer Cousine unserer Großmutter Matuschka, als Flüchtling zusammen mit der sechsköpfigen Familie seines Schwiegersohnes Götz von Seydlitz in sehr beengten Verhältnissen in der Cansteiner Molkerei wohnte.

Von Pflugk war zwar kein Pädagoge, aber seine Englischkenntnisse waren aufgrund eines langjährigen Amerikaaufenthaltes als junger Mann hervorragend. Außerdem liebten und verehrten wir ihn alle als väterlichen Freund, bei dem wir Tennis und Tischtennis lernten. Er hatte keinen Beruf erlernt, aber seine unglaubliche Begabung für jede Art von Spiel war bemerkenswert. Neben den klassischen Kartenspielen wie Bridge und Skat beherrschte er brillant Schach und Go. Bei den beiden letzteren Spielen trug er stets zahlreiche Fernpartien per Postkarte mit Spitzenspielern in ganz Europa aus. Daneben war er ein Virtuose auf dem Klavier, ohne je eine Note gelernt zu haben. Er setzte sich hin und spielte ununterbrochen eigene Kompositionen aus dem Stegreif. Seinen Lebensunterhalt als mittelloser Flüchtling hat er dann bis zu seinem Tode als Dolmetscher und Tennislehrer bei der britischen Besatzungsarmee in Bad Oeynhausen bestritten.

Neben diesen freiwilligen Lernstunden blieb uns jungen Leuten jetzt mehr Freizeit als im Sommer. Fernsehen gab es noch nicht, Radios waren nur wenige gute vorhanden. Der beliebteste Sender war „American Forces Network" (AFN), der damals die für uns brandneue Jazz- und moderne Tanzmusik brachte, die bei den meisten Erwachsenen als „Negermusik" verpönt war. Wir begeisterten uns für Benny Goodman und die für uns so neue Schlager-musik aus Amerika. Mein Favorit war George Gershwin. Hin und wieder ergatterte jemand eine Schallplatte mit solcher Musik von den Amis auf dem Schwarzmarkt.

Gesellschaftsspiele aller Art fanden unsere Begeisterung. Bridge und Skat, Rate- und Denk-sportspiele und immer wieder abendliche Tanzpartys mit dem Grammofon füllten unsere freien Stunden.

In der Diele im alten Schloss stand ein Tischtennistisch. Schläger und Bälle waren nur müh-sam auf dem Schwarzmarkt in Arolsen zu bekommen, aber es gelang uns immer, den nöti-gen Ersatz aufzutreiben. Durch das pausenlose Üben entwickelten sich die Begabteren un-ter uns wie Mandi und Klaus Leifeld durch die Trainerstunden bei George von Pflugk zu sehr guten Spielern. Mandi gewann später als Internatsschüler in Wyk auf Föhr die nord-deutschen Meisterschaften.

Die Erwachsenen waren neben der zeitraubenden Beschäftigung der Beschaffung lebens-wichtigen Materials von Lebensmitteln über Seife bis zu Nähnadeln im Winter 1945 fast alle ohne Arbeit. Sie beschäftigten sich mit mancherlei Hobbys. Die Bibliothek im neuen Schloss wurde stark frequentiert und sicher auch geplündert.

Tabakmarke „Eigenbau"

Die Raucher bauten im Garten Tabak an. Es gab dabei zwei Sorten, Virginia mit langovalen und Landtabak mit runden Blättern. Die beiden besten Tabakveredler waren unser Buchhalter Herr Molerus und Ludlett Köckritz. Ich selber baute auch Tabak im Garten unter dem alten Schloss an. Im Vergleich mit den guten Amizigaretten wie Camel und Lucky Strike blie-ben die selbst gedrehten Zigaretten aber immer zungenbeißerisch und grob im Geschmack. Doch es ging ja um die Nikotinwirkung, und die war sicher stärker. Es gab allerdings auch deutsche Zigaretten auf Raucherkarte. Für uns waren sie aber unerreichbar, weil wir noch nicht 18 waren. Doch besorgten wir sie uns auf dem Schwarzmarkt, auf dem ihr Wert etwa die Hälfte von Amizigaretten betrug.

Zwischen den Einheimischen und den „Flüchtlingen" in Canstein gab es in den frühen Nachkriegsjahren immer wieder Konflikte und Spannungen. Aber innerhalb der Gruppen natürlich auch, denn das enge Zusammenleben und die Knappheit aller Güter des täglichen Lebens, insbesondere der Lebensmittel, verlangte von allen eine Nervenstärke, die oft nicht vorhanden war.

Zu den echten Originalen unter den neuen Hausbewohnern gehörten die Geschwister Wall-hofen. Sie waren aufgrund alter Bekanntschaft aus der Jugend unserer schlesischen Großmut-ter in Canstein aufgenommen worden. Alle Geschwister, zwei Brüder und drei Schwestern, waren unverheiratet geblieben und hatten in Arbeitsteilung ihr Gut Travnik in Oberschlesien bewirtschaftet. Maria, die Älteste, hatte die Oberleitung. Ein Bruder war für die Landwirt-schaft, der andere für Wald und Jagd zuständig gewesen, die Schwestern für die Hauswirt-schaft, den Garten und die Bienenzucht.

In der Damenmode waren die „Wallhöfchens", wie sie liebevoll genannt wurden, so etwa 1928 stehen geblieben. Sie trugen Kapotthütchen, die aus dieser Zeit stammten, wie ein Markenzeichen nahezu ständig auf dem Kopf. Anfangs wohnten sie im Treppenaufgang im Osten des neuen Schlosses. Das ist das Gebäude, das 1993 abgerissen wurde. Wann immer sich etwas auf dem Schlosshof bewegte, öffnete sich das Fenster zur Hofseite und drei Kapotthütchengesichter blickten neugierig heraus.

Sie waren sehr redselig in einer betulichen, von großem Bemühen um Höflichkeit geprägten Art. Wann immer sie von anderen Menschen sprachen, setzten sie das Adjektiv „lieb" hinzu, um zu betonen, dass es sich in keinem Fall um Kritik handele. „Wie mir die liebe Franziska sagte, hat die liebe Frau Drilling heute Brötchen gebacken." Diese Angewohnheit war so eingeschliffen, dass mir Maria eines Tages berichtete, eine Neuigkeit habe in der „lieben" Zeitung gestanden.

Hochachtung für Polen

Ihre liebsten Gesprächsthemen beschäftigten sich natürlich mit ihrer Heimat Schlesien. Dabei war es für mich lehrreich und staunenswert zu hören, wie sehr sie sich als Oberschlesierinnen mit der polnischen Kultur identifizierten. Sie sprachen selbstverständlich sehr gutes Polnisch, und ein von ihnen hochverehrter Mann war der Kardinal Sapieha, der immer wieder erwähnt wurde. Der polnische Adel war ihnen vertraute Freundschaft.

Bei der Hetze gegen die Polen, die wir aus der Hitlerzeit kannten, und bei dem Zorn, den viele der Schlesier und Pommern nach der Vertreibung gegen sie empfanden, lernte ich von den Wallhofens die Toleranz gegen diese unsere östlichen Nachbarn, denen wir so vieles an Kultur verdanken.

Insbesondere Maria war eine sehr gebildete und belesene alte Dame. Unsere Großmutter Mesi, die als gebürtige Amerikanerin sehr liberal dachte und sehr gut in die heutige Zeit gepasst hätte, unterhielt sich gern mit ihr. Maria unterrichtete Sigi im Klavierspielen. Sie spielte sehr gut und war eine geduldige Lehrerin. Ein Problem bestand nur in ihrem Körpergeruch, der bei der Knappheit an Seife und Bademöglichkeiten nur schwer zu ertragen war. Mami löste das Problem, indem sie vor den Klavierstunden ihre letzten Parfümvorräte im Raum versprühte.

Brennholz im Barockschrank

Möbel hatten die Flüchtlinge natürlich keine mitbringen können. So standen alle die schönen Stilmöbel zum Gemeingebrauch in ihren Zimmern. Bei Wallhofens stand der rote Barockschrank im Zimmer neben einem Eisenofen. Ich erinnere mich gut, dass die Damen das Brennholz in diesem Schrank aufbewahrten.

Herrmann von Wallhofen, der nach dem Tod seines Bruders Georg auf der Flucht der einzige Mann der Familie war, verhielt sich stiller als seine Schwestern. Er sagte meist nur dann etwas, wenn man ihn ansprach. Dann aber zeigte er einen Humor, der auswies, wie sehr er über den Dingen stand. Er starb dann auch so still und unauffällig, wie er gelebt hatte, doch er ist mir unvergessen.

Humor war auch das Markenzeichen der Familie Habel. Frau Habel war eine rotwangige, lebhafte, tüchtige und immer fröhliche Frau. Sie hielt ihre Familie auf Trab, deren Kinder ihre Erbmasse nicht verleugneten. Sie fingen bei null an und wurden alle erfolgreiche, frohe Menschen. Vater Habel war ein guter Landwirt und erreichte schon nach kurzer Zeit, dass er in Marsberg einen Hof pachten und mit der Familie dorthin umziehen konnte.

Tante Elisabeth Elverfeldt, die Frau von Onkel Karl, lebte sehr zurückgezogen und war eine eigenbrötlerische Person. Sie war recht füllig und hatte wohl ständig die Sorge, sie könnte verhungern. Dabei schwankte sie zwischen Stolz und Furcht hin und her, was zu seltsamem Verhalten führte. Mami gehörte zu den Personen, zu denen sich Tante Elisabeth heimlich schlich, um Lebensmittel zu erbetteln. Das durfte nämlich wegen ihres Stolzes niemand wissen oder merken. An einem der langen Wintertage kam Tante Käthe Ostman im alten Schloss in die Diele, weil sie mal wieder ihren Sohn „Burli" (Paul-Eberhard) suchte, einen Lausbub, der sich gern versteckte. Sie war schon ziemlich wütend, weil er nirgends zu finden war. Da fiel ihr eine Bewegung an einem der Vorhänge auf, die als Kälteschutz vor allen Türen hingen. Energisch schritt sie darauf zu und riss den Vorhang zur Seite. Vor ihr stand die erschreckte Tante Elisabeth mit einem Töpfchen in der Hand, mit dem sie bei Mami hatte schnorren wollen.

Opa und der Mundraub

Der Frühstückstisch im neuen Schloss stand in der Nische des großen Esszimmers auf der Nordseite. Dort wurde für die Großeltern, Onkel Gebhard und Tante Marietheres das Frühstück angerichtet. Es stand dort immer eine Weile, bevor die Familie erschien, weil Großvater Alexander bettlägerig krank war und im Sessel vom ersten Stock hinuntergetragen werden musste. Für ihn und Onkel Gebhard hatte Tante Marietheres, die den Haushalt leitete, immer besondere Leckerbissen bereit.

Nun geschah es, dass in der Zeit, in der das Frühstück wartete, immer wieder Lebensmittel vom Tisch verschwanden. Insbesondere die Wurst schien es dem Dieb angetan zu haben. Anfangs stand auch schon mal Onkel Gebhards Hündin Wilma im Verdacht, doch konnte der Onkel ihr ein Alibi verschaffen. Da der Diebstahl immer wieder auftrat, entschloss sich Opa, dem unbekannten Mundräuber aufzulauern. Er ließ sich mit seinem Sessel hinter einen Vorhang stellen und wartete. Kurz nachdem das Frühstück bereitstand und das Personal den Raum verlassen hatte, öffnete jemand vorsichtig die Tür auf der Westseite des Hauses, wo im unteren Stock Onkel Karl und Tante Elisabeth, die Wallhofen-Geschwister und Toska Strachwitz wohnten. Tante Elisabeth lugte durch den Türspalt, hielt die Luft für rein und eilte leisen Schrittes zum Frühstückstisch und ergriff die Wurst. „Elisabeth!", dröhnte des Großvaters Kommandostimme. Sie ließ die Wurst fallen und flüchtete. Damit war das Rätsel gelöst und es wurde fortan nicht mehr gestohlen.

Das Verhältnis zwischen Opa Alexander und seinen Brüdern Karl und Ferdinand war ohnehin nie das beste gewesen. Nun war es wieder schwer getrübt worden und Onkel Karl zog bald danach mit Frau und Schwiegermutter nach Schloss Langen bei Bentheim, dessen Eigentümer er war. Als sie abzogen, mussten Mechthild und ich im Keller ihre dort verstauten Habseligkeiten für den Transport in Kisten verpacken. Wir staunten dabei nicht schlecht, denn wir fanden große Mengen an guten Dauerkonserven vor. Vom Corned Beef bis zu Ölsardinen gab es, was das Herz begehrt. Warum, so fragten wir uns, hat Tante Elisabeth Lebensmittel stehlen und schnorren müssen?

Ja, die Lebensmittel waren ein Problem. Auf dem Lande natürlich längst nicht so schlimm wie in den Großstädten, weil es schwierig war, die Bauern zu kontrollieren. Überall wurden ein paar Schweinchen mehr gehalten, als angegeben wurden, und an Brot, Kartoffeln und Zuckerrübensirup war kein Mangel. Auch wir waren Selbstversorger und brauchten keine Lebensmittelkarten, aber sonst wie alle anderen Kleiderkarten, Raucherkarten und was es sonst noch gab. Rationiert war eigentlich alles, und das mit deutscher Gründlichkeit.

Wenn „Unna" kommt

Für die Kontrolle der Selbstversorger gab es eine spezielle Dienststelle in Unna. Der Schrei „Unna" war ein Schreckensruf. Wenn er von Haus zu Haus durch ein Dorf lief, wurde alles unregistrierte Getier versteckt, und der Speck verschwand im Heuhaufen. Es wurde überall schwarzgeschlachtet und schwarzgebrannt. Da jeder dazu etwas auf dem Kerbholz hatte und man sich gegenseitig half, wurde innerhalb der Bauern selten jemand denunziert.

Bei den größeren Gütern war das schwieriger. Sie hatten zahlreiche Mitarbeiter, die keine eigenen Höfe hatten und die Tierbestände ständig kontrollierten. Für den Gutsbesitzer war es schwieriger und gefährlicher, schwarzzuschlachten. Für uns blieben für das Schwarzschlachten nur die Schafe übrig. Ihre Anzahl kannte außer dem sehr zuverlässigen Schafmeister Weskamp keiner. Da er die Tiere selbst nachts für uns schlachtete, fiel dies nicht auf. Meist half ich ihm dabei und transportierte die Teile in unsere Küche, wo mich unsere gute Frau Brauner erwartete und wir mit Mami gemeinsam das Fleisch in Dosen und Gläser einkochten, denn Tiefkühltruhen gab es noch nicht. Irish Stew war bei uns damals ein häufiges Gericht.

Ein Pfund Butter mehr

Durch die guten Beziehungen zum Geschäftsführer der Cansteiner Molkerei, Herrn Stroth, gab es für Mami manchmal ein Pfund Butter mehr, als uns als Lieferanten zustand. Trotzdem musste sie die Butter für unsere Schulbrote mit Mehl verlängern. Auch die Leber- und Blutwurst wurde auf diese Weise vermehrt. Ich habe den Geschmack dieses matschigen Brotaufstrichs noch immer im Gedächtnis. Diese Brote waren aber immer noch viel besser als die meiner Klassenkameraden in der Stadt. Ein begehrter Artikel aus der Molkerei war Molkenquark, der hin und wieder ohne Marken zu haben war und für den die Flüchtlinge gern lange Schlange standen. Der Forstmeister Poensgen, der mit seiner sechsköpfigen Familie oben unter dem Dach des neuen Schlosses hauste und immer sehr aktiv war, bereitete aus diesem Molkenquark und auf dem Felde aufgelesenem Hafer den unter allen Schlossbewohnern gerühmten „Poensgenpamps". Dieser war, mit Zuckerrübensirup verfeinert ein komplettes Gericht, das man ohne Marken erstanden hatte.

Der Gutsbetrieb stellte den Flüchtlingen Gartenland zur Verfügung, damit sie sich selber mit Gemüse, Kartoffeln und Salat versorgen konnten. Im ersten Jahr war eine Fläche am

Hang auf dem Kittenberg vorgesehen worden. Der schlitzohrige Gutsverwalter von Wrisberg hatte das schlechteste Stück Boden dafür ausgesucht. Der tonige Buntsandstein an dieser Stelle wird bei Trockenheit bretthart und ist nur mit großer Mühe zu zerkleinern – für Gartengemüse also völlig ungeeignet.

Nähen und Theater spielen

Die Frauen in den Familien, soweit sie nähen und stricken konnten, waren ständig damit beschäftigt, Kleidung zu beschaffen. Stoffe gab es auf dem Schwarzmarkt nur gegen Speck, Zucker oder Amizigaretten. Was es an gebrauchter Kleidung gab, wurde aufgetrennt und verarbeitet. So auch die Parade-Uniformen vom Opa, die heute sehr wertvoll wären. Mami verarbeitete den Wollstoff zu warmer Winterbekleidung für uns Kinder. Alte Pullover wurden aufgeribbelt und in andere Größen umgestrickt. Ich kann mich zu der Zeit an keinen Abend im Wohnzimmer erinnern, an dem unsere Mutter nicht strickte, nähte oder Kleider auftrennte.

Onkel Ebi Ostman war außer seiner Tätigkeit als Dolmetscher für den Cansteiner US-Dorfkommandanten, die nur bis Mai 1945 währte, arbeitslos. Er entdeckte seine poetische Begabung und begann, humoristische Verse und Theaterstücke zu verfassen, die häufig die Vorkommnisse in Canstein in einen allegorisch-altertümlichen Rahmen stellten. So die Ankunft einer Kutsche aus Schlesien im Mittelalter. Seine Theaterstücke wurden auf einer Minibühne aus Pappe aufgeführt, auf der an Drähten geführte bunte Papierfiguren auftraten. Kulissen und Figuren wurden nach seinen Anweisungen von unserer Cousine Mechthild Elverfeldt verfertigt. Die Uraufführungen von Stücken wie „Ritter Kuno's Gewissen" fanden im kleinen Salon statt. Dazu wurde der Durchgang zum großen Salon mit Tüchern so verhängt, dass nur das Theaterchen sichtbar und von hinten beleuchtet war. Zuschauer waren meist nur Oma Mesi und Tante Käthe, weil der Rest der Familie hinter der Bühne als Sprecher benötigt wurde. Wann immer sich eine Gelegenheit bot, wurden solche Sketche aufgeführt.

Elinor Köckritz und Totti Strachwitz, die treibenden Kräfte und die besten Schauspielerinnen bei diesen Aufführungen, dachten sich im Winter 1945/46 ein Theaterstück aus, das sie gemeinsam mit Onkel Ebi verfassten. Es hieß „Der Heiratsschwindler" und war eine Verwechslungskomödie, in deren Mittelpunkt eine Heiratsvermittlerin stand. Aufgrund der Proben hatte sich einiges aus dem Inhalt herumgesprochen. Es gab ein Gerücht, dass es anstößige Szenen gäbe. Zum Beispiel würde Mami an einer Stelle Herrn Molerus küssen.

Als nun die Aufführung näherrückte, ließ Oma Marietta sagen, dass sie nicht kommen werde, da das Stück unanständige Teile habe. Opa Alexander allerdings lachte nur darüber. Auch Vikar Strawe, unser Geistlicher aus dem Dorf, sagte zu. Die Aufführung wurde ein großer Lacherfolg, nicht nur wegen des Inhalts. Oma hatte sich, von Neugier geplagt, im Saal auf einen Stuhl gestellt. Wir konnten sie zu unserem Vergnügen von der Bühne aus durch den Schlitz zwischen den Vorhängen lugen sehen. Vikar Strawe fand das Stück so gut, dass er uns bat, es im Dorf in der Schule noch einmal aufzuführen, was wir mit Freude taten.

Nach heftigen Protesten aller Beteiligten wurden die Gärten dann zur allgemeinen Zufriedenheit 1946 in die Talaue am Bruchsweg verlegt. Dort reihte sich dann Garten an Garten und man sah immer emsige Personen gebückt bei der Arbeit.

Die Gärten wurden vom Schlossgärtner betreut. Mit seinem geistig behinderten Sohn Otti zusammen werkte er im Terrassengarten, der mit Stein- und Beerenobst bepflanzt war und das Gewächshaus enthielt, im Gemüsegarten am alten Schloss und in den Anlagen vor dem neuen Schloss. Auch der Park und der Friedhof waren seiner Pflege anvertraut. Wir Kinder neckten ihn mit dem Spitznamen „Schluse Maulwurf". Er ging immer ein wenig gebückt einher, wie es sich für einen älteren Gärtner gehört, und klagte ständig über das Wetter und die Schnecken. Er wohnte in einem alten Fachwerkhaus, zusammen mit dem Schäfer Weskamp. Es hatte sehr niedrige Decken und war innen duster mit schiefen Türen und weiß gekalkten Wänden.

Die Obstbäume, die auf den meisten hofesnahen Weiden und an den Straßen standen, waren von großem Wert für die hungernden Menschen. Wenn das Obst im Herbst reifte, wurden sie streng bewacht. Die Straße nach Arolsen war vom Buchholz bis zum Ziegenacker rechts und links von Obstbäumen gesäumt. Kurz vor der Ernte der Äpfel wurden die Bäume verlost und mit den Nummern der Besitzer gekennzeichnet.

Alles Essbare in Wald und Flur wurde gesammelt und verwendet. Pilze und Beeren wurden eifrig gesammelt, und es gab häufig Streit um die besten Plätze. Aus den Bucheckern ließ sich ein wohlschmeckendes Speiseöl pressen. Sehr zum Missfallen der Forstleute schlugen die Sammler mit schweren Hölzern oder Hämmern gegen die Buchenstämme, um die Bucheckern abzuschütteln. Die aufgeplatzte Rinde war nämlich die Eintrittspforte für Fäulnispilze. Heute noch kann man an alten Buchen diese Verletzungen erkennen.

Die Flüchtlinge hatten es nicht leicht mit den Sauerländern. In Canstein waren die Flüchtlinge in der Mehrzahl Schlesier. Unsere Großmutter Marietta Matuschka

„Jäger und Sammler" suchen auf dem Land nach etwas Essbarem – ein typisches Bild der frühen Nachkriegsjahre.

hatte ihr Hauspersonal fast immer aus Schlesien angeworben, und so waren viele der Mädchen als Ehefrauen in Canstein geblieben. Deren Verwandtschaft hatte nun in Canstein Zuflucht gesucht. Die Flüchtlinge und die Einheimischen waren noch für lange Zeit getrennte Gruppen, denn die kontaktfreudigen und lebensfrohen Schlesier hatten es schwer mit den misstrauischen und ein wenig schwerfälligen Westfalen. Die den Westfalen vom Typ her ähnlicheren Ostpreußen taten sich da leichter.

Konfessionen mischen sich

Vor dem Kriege war Canstein bis auf eine Familie ausschließlich von Katholiken bewohnt gewesen. Nun lebten durch den Zuzug der Flüchtlinge so viele Protestanten im Ort, dass die Kirche an bestimmten Sonntagen auch für deren Gottesdienste zur Verfügung gestellt wurde. Dadurch kam mehr Toleranz in das Verhältnis zwischen den Konfessionen, was wiederum die Verbindungen zu den evangelischen Waldeckern verstärkte.

Nach der Währungsreform 1948 besserten sich die wirtschaftlichen Verhältnisse erheblich. Bis zur Mitte der 1950er-Jahre waren dann die meisten der jüngeren Flüchtlinge in die Städte gezogen, wo sie Arbeit fanden und mit dem Wirtschaftswunder zu Wohlstand gelangten. Nur die Älteren blieben im Ort und sind nun so integriert, dass eigentlich niemand mehr weiß, wer ein „Zugereister" ist.

Eine der wenigen Verwendungen für das Papiergeld, das es vor der Währungsrefom gab, war die Bezahlung von Zugreisen. Mami war der Ansicht, dass Sigi und ich nach der langen Zeit der Isolation durch die Kriegsjahre, in denen man kaum reisen konnte, nun Verwandte und Freunde der Familie kennenlernen müssten. Es wurden daher in den Schulferien Besuche bei Onkeln und Tanten, Vettern und Cousinen aus den Familien Elverfeldt und Ostman organisiert.

Unterwegs in vollen Zügen

Die Besuche mussten sorgfältig vorbereitet werden, denn den Gastgebern fehlte es ja an vielen Dingen. Insbesondere waren die Lebensmittel knapp. So packten wir für jede Reise Brot und Butter, Speck, Wurst und Käse, Dosen mit eingemachtem Fleisch und Gemüse in unseren Rucksack. Handtücher und Seife, Klopapier und Schlafsack im Gepäck machten uns von der Inanspruchnahme des Haushalts der von uns heimgesuchten Verwandten und Freunde unabhängig. Oft nahmen wir unsere Fahrräder mit auf die Bahnreise, um am Ankunftsort beweglicher zu sein.

Das Hauptproblem bei solchen Reisen bestand darin, einen Platz im Zug zu ergattern. Die Züge waren eigentlich immer voll mit Menschen und Gepäck, wenn sie in den Bahnhof einfuhren. Die hungernden Bewohner der Städte fuhren alle regelmäßig mit der Bahn zum „Hamstern" aufs Land zu ihren Verwandten oder Handelspartnern. Bepackt mit Teppichen, Bildern, Töpfen und Pfannen, Äxten, Schaufeln, Nähnadeln und anderen wertvollen oder knappen Waren aus der Stadt fuhren sie hin. Mit Säcken voll Getreide, Kartoffeln, Gemüse, Fleisch und Eiern traten sie die Heimfahrt an.

Wenn man im Zug einen Platz finden wollte, von Sitzplätzen konnte man ohnehin nur träumen, musste man bei der Einfahrt des Zuges vorn und möglichst in der Nähe einer Tür oder zur Not auch eines offenen Fensters stehen. Nur gute Drängler und Fensterkletterer hatten dann ein Erfolgserlebnis. Wer den Einstieg in den Zug nicht schaffte, musste sehen, ob es auf den Trittbrettern oder an anderen Stellen außen an den Waggons einen Sitz- oder Stehplatz gab. Da die Züge recht langsam fuhren, konnte man es im Sommer riskieren, außen mitzufahren. Die Hamsterer riskierten dabei allerdings, dass ihnen schlitzohrige Diebe am Bahndamm auf Steigungsstrecken mit Hakenstangen die Kartoffelsäcke entrissen.

Viele dieser Besuche sind mir deutlich im Gedächtnis geblieben. Einer der ersten war in Paffendorf bei meiner Patentante Marietta von dem Bongart. Der eindrucksvolle große Backsteinbau des rheinischen Wasserschlosses steht noch immer vor mir und ich schiebe mein Fahrrad zum ersten Mal durch die Toreinfahrt.

An einem langen Gang im ersten Stock lagen die Wohnräume der großen Familie. Elegante Möbel und viele Fotos in Silberrahmen sind mir als typisch in Erinnerung. Pia, Wolfi, Wigi und die kleine Deida kannte ich ja aus Canstein und wir hatten keine Schwierigkeiten miteinander. Tante Marietta war eine liebevolle Gastgeberin, die neben mir meist noch zahlreiche andere junge Gäste aus der Nachbarschaft bewirtete. So wurden Kontakte geknüpft, die bis heute nicht abgerissen sind.

Onkel Ebi und Tante Käthe Ostman waren von Canstein aus nach Dahlerbrück bei Hagen weitergezogen, wo Tante Käthes Eltern und zahlreiche Geschwister, die Familie Kuhbier, lebten. Vater Kuhbier war damals schon ein alter Herr von über 80 Jahren. Er hatte aus dem Nichts eine Stahlfabrik aufgebaut und war ein groß gewachsener und beeindruckender Mann mit tiefer Stimme, der nicht nur seine Fabrik, sondern auch seine Familie mit Disziplin und Humor regierte. Seine Frau war eine kleine Italienerin, die ihm nur bis zur Hüfte reichte, aber an Energie nicht nachstand. Die Fahrt durch das Volmetal vom Bahnhof Hagen nach Dahlerbrück mit dem Fahrrad war für mich der erste Eindruck einer Industrielandschaft. Damals kein schöner Anblick mit viel schwarzem Dreck aus den Schornsteinen der Stahlwerke.

Zigarettenberge in Linnep

Mein erster Besuch in Schloss Linnep bei Onkel Karl und Tante Nanna Spee und ihren Kinder Klemens und Lörli hat einige Bilder in meiner Erinnerung hinterlassen, die mir immer wieder aufsteigen, wenn ich heute dort zu Besuch bin. Tante Nanna morgens früh im Wohnzimmer am reich beschnitzten großen Tisch mit einer kleinen Zigarettenmaschine, in der sie aus selbst angebautem Tabak und Papierröhrchen Berge von Zigaretten anfertigt, die in einer Silberdose gestapelt werden. Es war der Tagesvorrat für die Familie. Ich kenne Linnep nicht ohne Zigaretten. Dort muss immer ein Raucher leben. Ein weiteres Bild: Onkel Karl wandert, die Flinte unter dem Arm, mit mir durch seinen Wald. Er erklärt, wie eine Buchennaturverjüngung durchgeführt wird. Plötzlich erstarrt er zur Bildsäule. Langsam, wie ein Fuchs sich anschleicht, bewegt er sich auf einen Bombentrichter zu, der ganz und gar mit Brombeeren überwachsen ist. Blitzschnell fliegt die Flinte hoch und eine Katze wildert nicht mehr in seinem Revier.

Auf der Hochzeit von Onkel Gebhard und Inez lernte ich Elisabeth Stolberg kennen, die damals Frau Eisenbach hieß und als Witwe mit ihren drei kleinen Buben in Stuttgart wohnte.

Ich besuchte sie dort mehrmals. Da sie als Sekretärin des amerikanischen Kulturoffiziers bei der Militärregierung arbeitete, hatte sie Zugang zu allen Veranstaltungen. Durch sie, die sich zu meiner Mentorin und geduldigen Zuhörerin entwickelte, lernte ich den Sinn für schöne Dinge kennen. Theater und Musik waren mir unbekannte Dinge gewesen. Durch sie wurde ich ein musisch interessierter Mensch. Ich durfte ihr von meinen Gefühlen erzählen und meinen Liebeskummer beichten. Unvergessen ist mir eine Aufführung von Schillers „Don Carlos" mit dem großen Schauspieler Theodor Loos.

1948 erhandelte ich mir nach Ablegung des Führerscheins ein Motorrad NSU Quick für zwei Sack Roggen. Eine der ersten Reisen machte ich damit nach Honeburg bei Osnabrück zu den Ostmans. Dort war in den Sommerferien ein großes, schlaksiges, blondes Mädchen zu Besuch, das gerade erst 12 Jahre alt war, aber wie 14 wirkte. Sie hieß Helga Strachwitz, war ein Flüchtlingskind aus Schlesien und ich ahnte damals nicht, dass dies die erste Begegnung mit meiner zukünftigen Frau war.

Als unser Vater heimkam

Von Papi, dessen letztes Lebenszeichen der Zettel aus dem Lager in Österreich gewesen war, hörten wir nichts. Es muss sowohl für die Mami wie auch für unseren Großvater Alexander, der 1946 starb, eine schreckliche Sorgenzeit gewesen sein. Als ältester Sohn versuchte ich, so gut ich konnte, meine Mutter zu unterstützen, die sich bei den schwierigen Entscheidungen nach dem Tod meines Großvaters sehr alleingelassen fühlte. Als ich dann auch noch die Versetzung in die Oberprima verfehlte, war ich drauf und dran, die Schule an den Nagel zu hängen und mich in die landwirtschaftliche Lehre zu stürzen, um rasch im Berufsleben zu stehen. Doch dann kam in der Wende 1947/48 die erste gelbbraune Postkarte mit Antwortteil vom Papi aus Ryasan südöstlich von Moskau, wo er auf einer Kolchose arbeitete. Das war eine Freude, die ich nie vergessen habe. Die wenigen Zeilen erlösten uns von der Ungewissheit seines Überlebens. Wir konnten ihm antworten, und in der Folge kamen manchmal mit Unterbrechung von einigen Monaten weitere Karten. Er wurde nach Moskau überstellt und arbeitete dort an der Leninbibliothek und beim U-Bahn-Bau.

Was er in dieser Zeit an Entbehrungen überstehen musste, hat er uns nach seiner Heimkehr nur teilweise erzählt. Zweimal war er mit Hungerödemen in den Beinen in der Krankenbaracke kurz vor dem Tode. Nur sein christlicher Glaube, mit dem er auch seine Kameraden immer wieder aufrichtete, wie mir viele, die uns besuchten, berichtet haben, hielt ihn aufrecht. Oft erzählte er davon, dass er einmal, als ihn ein Kamerad fragte, wie lange sie denn wohl noch in Russland bleiben müssten, von vier Jahren gesprochen hätte. Dieser Zeitraum hatte sich bei ihm festgesetzt, und er schloss mit seinen Freunden Wetten darüber ab. Als dann endlich im Herbst 1949 die Nachricht kam: „Es geht nach Haus", lachte er über seine Vorahnung, denn die vier Jahre waren ja noch nicht um. Die Kameraden aber meinten, dass es nicht vier Jahre in Russland seien, mit denen er rechnen müsse, sondern die Zeit seit dem letzten Urlaub zu Hause. Man sollte es nicht glauben, aber es kam so. Am 25. November 1944 verließ er Canstein nach dem letzten Urlaub. Am 25. November 1949 war er wieder zu Haus. Wir hatten schon täglich darauf gehofft, dass er käme, denn am Ende des Jahres 1949 erschienen immer mehr Heimkehrer aus Russland im Lager Friedland bei Göttingen. Viele Freunde und Bekannte berichteten von ihren heimgekehrten Soldaten, die das Glück gehabt hatten, die Hölle der russischen Lager zu überstehen.

Spätes Wiedersehen

Fast alle Männer, die Soldaten gewesen waren, gerieten nach der Kapitulation in Kriegsgefangenschaft. Nur wenigen gelang es, sich in die Heimat durchzuschlagen und sich dort „unsichtbar" zu machen, sodass sie nicht entdeckt wurden. Jeder Mann im wehrfähigen Alter wurde durch die Besatzungstruppen kontrolliert und musste nachweisen können, dass er entweder ordnungsgemäß entlassen oder vom Wehrdienst befreit worden war.

Im Spätsommer 1945 kamen dann die ersten Heimkehrer meist aus der Gefangenschaft der Westalliierten in Frankreich oder aus England und den USA. Landwirte und verwandte Berufe wurden zuerst entlassen, weil sie helfen sollten, die Ernte einzubringen, die für die hungernden Menschen in Deutschland lebensnotwendig war.

Onkel Gebhard, der bei einem Tieffliegerangriff auf den von ihm bewachten Zug verwundet worden war, wurde aus dem Lazarett entlassen. Onkel Hermann Bongart erschien eines Tages mit einem Motorrad in Canstein. Die beiden waren die ersten Heimkehrer aus unserer Familie nach mir.

Von denen, die im Westen in Gefangenschaft geraten waren, erhielten die Angehörigen meistens Post, sobald diese wieder funktionierte. Von denen, die den Russen in die Hände gefallen waren, hörte man in den ersten Jahren nach dem Kriege nichts. Wir konnten uns glücklich schätzen, durch den Besuch von Papis Fahrer Utes und einen handgeschriebenen Zettel aus Österreich vom Überleben unseres Vaters zu wissen.

Aus Russland entlassene Kriegsgefangene waren zwischen 1945 und 1948 eine sehr seltene Erscheinung. Im Sommer 1945, als ich auf dem Gut Forst arbeitete, stand eines Nachmittags zur Kaffeepause ein hochgewachsener Mann in abgerissener Uniform auf dem Hof und sprach uns an. Er war wirklich nur noch Haut und Knochen und wankte so sehr, dass man kurz davor war, ihn aufzufangen. Es war Karl Knoche, ein Mann von ca. 25 Jahren, der aussah, als wäre er 50. Er setzte sich zu uns auf die Bank vor dem Pferdestall, die er so gut kannte, denn er war bei Kriegsbeginn Landarbeiter auf Gut Forst gewesen – und er erzählte. Im Jahr 1943 war er in russische Kriegsgefangenschaft geraten. Er hatte im Kohlebergbau unter Tage Schwerstarbeit verrichten müssen. Im Winter 1944/45 erkrankte er schwer an Typhus und war über viele Wochen dem Tode nahe. Da er sich aufgrund der Hungerrationen nicht erholen konnte, aber auch nicht starb, hatten ihn die Russen entlassen.

Er war auch jetzt noch so elend dran, dass man ihn erst einmal ins Krankenhaus Arolsen steckte. Als er dann nach längerer Zeit wieder arbeitsfähig wurde, absolvierte er einen Lehrgang als Masseur, Pfleger und Chiropraktiker. Er arbeitete dann als Pfleger am Krankenhaus in Arolsen und hat mir oft bei Rückenbeschwerden meine Wirbel wieder eingerenkt. Nie vergessen werden wir ihm seine liebevolle Pflege beim Tod unseres Vaters im November 1977.

Am 24. November 1949 gegen Abend erreichte uns dann die Nachricht, dass Papi in Friedland eingetroffen sei und am nächsten Tag abgeholt werden könne. Wenn ich heute daran denke, überkommt mich noch immer das gleiche unbeschreibliche Glücksgefühl wie damals. Zehn Jahre lang hatte ich eigentlich keinen Vater gehabt, denn er war während der Kriegsjahre nur zu kurzem Urlaub bei uns gewesen. Die letzten vier Jahre mussten wir ganz ohne ihn leben. Für mich war er das große Vorbild, mit dem ich noch nie als Mann gesprochen hatte. Als er uns das letzte Mal verlassen hatte, war ich 15 Jahre gewesen. Nun war ich 20. Unsere Mami lag fiebernd mit Grippe im Bett, als die Nachricht kam. So wurde entschieden, dass Wiez und ich, chauffiert von Herrn Guß, mit unserem neuen Ford Taunus – „Buckeltaunus" genannt – am 25. November nach Friedland fahren sollten.

Wir starteten früh am Morgen, weil die Straßen damals noch sehr schlecht waren und wir uns auf lange Fahrzeiten einstellen mussten. In Kassel ging es auf die Autobahn, die bis zur Werrabrücke bei Hannoversch Münden befahrbar war. Die Brücke allerdings war gesprengt und noch nicht wieder repariert worden. Wir fuhren von der Brückenauffahrt aus auf Serpentinen hinab ins Tal und erreichten Friedland von dort aus nach einer halben Stunde.

Zum Lager für Heimkehrer zu finden, war nicht schwer. Bald standen wir vor dem Gebäudekomplex aus niedrigen, grauen Baracken. Auf den Lagerstraßen wimmelte es von ebenso grau gekleideten Menschen mit blassen, mageren Gesichtern.

Wir parkten vor dem Lagertor, und Herr Guß blieb aus Sicherheitsgründen beim Wagen, denn es wurde damals überall geklaut. Wiez und ich betraten ein wenig ängstlich das Lagertor. Wie würden wir Papi finden können?

Uns kamen die Tränen

Überall um uns herum bewegten sich suchende Menschen, Angehörige und Kriegsgefangene. An einer Baracke befand sich eine riesige Tafel mit Fotos und Namen, die Angehörige dort angeheftet hatten, um die Heimkehrer auf ihre vermissten Familienmitglieder aufmerksam zu machen und vielleicht eine Nachricht über sie zu bekommen. Davor stand eine Traube von grauen Gestalten, die diese Notizen studierten. Für jeden Heimkehrer war die Benachrichtigung der Angehörigen von Kameraden über deren Verbleib oder Tod eine heilige Pflicht. Überall um uns herum fielen sich Menschen in die Arme. Frauen ihren Ehemännern, Väter und Mütter ihren Kindern. Die Wiedersehensfreude war so ansteckend, dass mir die Tränen aufstiegen. Wir traten in das Lagerbüro und warteten in der Schlange, bis wir an der Reihe waren, und ließen Papi ausrufen. Danach gingen wir suchend und die Gesichter musternd durch die Menge auf der Lagerstraße weiter. Plötzlich rief Wiez laut: „Ist das der Papi?", und ohne meine Antwort abzuwarten, rannte sie ihm in die Arme. Ja, er war es. Das geliebte Vatergesicht, jung wie immer, aber schmal, blass und unrasiert unter dem Schirm einer zerbeulten Militärmütze ließ mein Herz rasen. Stumm und in Tränen hielten wir drei uns umfangen.

Bevor wir das Lager mit ihm verlassen konnten, waren noch einige Formalitäten zu erledigen. Viel Gepäck gab es nicht zu schleppen, als wir zum Auto zurückkehrten. Ein halb gefüllter Sack enthielt die wenigen Habseligkeiten unseres Vaters, die für ihn in der Gefangenschaft Kostbarkeiten gewesen waren.

Fast während der ganzen Heimfahrt, auf der wir zusammen auf dem Rücksitz saßen, hielt Papi meine Hand. Es machte mich glücklich und stolz, ihn zu fühlen und ihm die Liebe und Geborgenheit seiner Familie vermitteln zu dürfen. Er fragte mich nach dem Wohlergehen aller Familienmitglieder, und ich schilderte ihm in Kürze die Ereignisse der Nachkriegsjahre. Er war erstaunt über die wirtschaftlichen Verhältnisse, die ihm im Vergleich mit Russland luxuriös erschienen, obwohl wir ja gerade erst ein Jahr nach der Währungsreform wahrlich noch bescheiden und beengt lebten.

Der erste Tag daheim

Die Auffahrt zum Schloss ist mir noch ganz präsent in Erinnerung. Papis Hand umklammerte die meine, und ich spürte, wie bewegt er innerlich war, alles wiederzusehen. Mami war, obwohl noch immer grippekrank, aufgestanden und hatte alles für seine Ankunft vorbereitet. Nachdem er uns Kinder und sie begrüßt hatte, führte sie ihn ins Badezimmer. Dort hatte sie ihm schon frische Wäsche und Kleider vorbereitet. Als sie seine verschlissene und halb zerrissene Unterwäsche nahm, um sie mit spitzen Fingern wegzuwerfen, protestierte er heftig und meinte, sie könne sie doch sicher noch für die Kinder brauchen. Von dem Genuss, den ihm dieses erste Bad in der heimischen Wanne nach zehn Jahren Entbehrungen bereitet hat, erzählte er immer mit Begeisterung.

An diesem Tag schirmte ihn Mami noch vor der übrigen Familie ab. Wir saßen mit ihm im Wohnzimmer, und er erzählte von der Fahrt im Zug von Moskau über Frankfurt an der Oder, wo alle Soldaten noch einmal überprüft und „gefilzt", also durchsucht worden waren, bis nach Göttingen an die Zonengrenze und ins Lager Friedland. Am nächsten Morgen kamen dann die Tanten und Onkel mit ihren Familien zur Begrüßung zu uns, am Nachmittag die Verwalter und Mitarbeiter von den Gutsbetrieben, der Rentmeister Herr Molerus, der in Norwegen Kriegsgefangener gewesen war und der Förster Grothues mit den Waldarbeitern. Für Papi war unsere Nachkriegswelt überwältigend und in vielen Aspekten unverständlich. „Euch geht es ja wirklich unverschämt gut", war sein Kommentar zu den ärmlichen Verhältnissen des ersten Jahres nach der Währungsreform. Aus der Sicht russischer Verhältnisse, ganz zu schweigen von dortigen Gefangenenlagern, eine verständliche Betrachtungsweise. Er war unglaublich bescheiden und anspruchslos und blieb erst einmal passiv und beobachtend gegenüber all denen, die ihn als den heimgekehrten Chef erwartungsvoll um aktive Entscheidungen angingen. Man sah ihm die Entbehrungen an, insbesondere klagte er über Gedächtnisstörungen durch den Eiweißmangel. Zweimal war er ja mit Ödemen in den Beinen dem Hungertod nahe gewesen. Er brauchte fast ein Jahr, um wieder ganz so aktiv und leistungsfähig zu werden, wie es nötig war.

Im Januar 1950, also kurz nach seiner Heimkehr, feierten wir gemeinsam mit dem Fürstenhaus in Arolsen ein zweitägiges Jugendtanzfest, das an einem Tag im Arolser Schloss und am nächsten Tag in Canstein stattfand. Als Folge dieses Festes haben sich eine ganze Reihe von Ehen ergeben. Auch für mich war es von Bedeutung, denn ich traf auf diesem Fest meine spätere Schwägerin Marielies Strachwitz, mit der ich mich anfreundete und dadurch meine – 1984 verstorbene – Frau Helga näher kennenlernte. Es muss für Papi nicht einfach gewe-

Von den Jahren im Krieg und in Gefangen-schaft gezeichnet: „Hubertus aus Gefangenschaft kommend" steht unter diesem Foto im Familien-album von Elverfeldt.

sen sein, Verständnis für solch fröhliche Feierei aufzubringen, aber ich glaube, er tanzte sogar mit.

Kurz nach diesem Fest kam Onkel Walter Ostman, der Bruder unserer Mutter, gleichfalls aus Russland zurück. Er hatte sich erst einmal nach Canstein als Heimatort gemeldet, weil Tante Nina mit den Kindern wegen der schwierigen Versorgungslage in Berlin zu ihrer Mutter nach Italien gezogen war. Seine Ankunft ist mir unvergesslich. Fröhlich lachend riss er seine Schwester in die Arme und bat um eine Flasche Sekt, die wir umgehend herbeibrachten – und es blieb nicht bei der einen. Mit seinem unverwüstlichen rheinischen Humor, der ihn bis zu seinem Tode als kranker Greis von über 80 Jahren nicht verließ, erzählte er die Geschichte seiner Gefangenschaft.

Als Zivilist von den Russen 1945 auf der Straße aufgegriffen und als Soldat behandelt, wurde er zuerst in das ehemalige Konzentrationslager Buchenwald gesperrt. Dort begegnete er seinem alten Freund, dem Schauspieler Heinrich George, den er aus der Zeit, in der er beim Film in Berlin als Regieassistent gearbeitet hatte, gut kannte. Dieser war in einem jämmerlichen Gesundheitszustand und ist ja dann auch im Lager verstorben. Onkel Walter, der sich im Leben immer mit Mut an jede Arbeit getraut hat, meldete sich als Künstler für das Lagertheater und war, als die Russen ihn nach einem halben Jahr in das Lager Karaganda in Kasachstan abtransportierten, Chef der Theatergruppe.

Zurück nach Russland?

Ebenso erfolgreich bestand er das Lagerleben in Karaganda. Was auch immer an Spezialistentätigkeit gefragt war, er meldete sich. So erzählte er uns vom Fliesenlegen und Mauern, Dirigieren einer Musikkapelle und Managen des Lagertheaters. Vor seiner Entlassung war er Chef der Schuster- und Schneiderwerkstatt im Lager. Das wirkte sich auf seinen Ernährungszustand aus, denn als Spezialist hatte er mehr Chancen, an Verpflegung zu kommen und war so bei den Untersuchungen der russischen Ärzte auf Arbeitsfähigkeit, die meist durch einen Kniff in den Popo durchgeführt wurde, fast immer in Gruppe A.

Doch bevor er heimkehren konnte, musste er noch eine schlimme Zeit durchstehen. Er war schon in Frankfurt/Oder eingetroffen, als er aus dem Zug geholt und nach Karaganda zurücktransportiert wurde. Dort wanderte er ins Gefängnis, und es wurde ihm der Prozess gemacht. Irgendjemand musste den Russen bei der Heimreise mitgeteilt haben, dass er während des Krieges Direktor der Firma Henkel/Düsseldorf in Brüssel gewesen war. Nun ließ man ihn im Gefängnis hungern und frieren, um ihm ein Geständnis abzupressen. Er sollte gestehen, die Firma Henkel habe in Brüssel Giftgas für die Konzentrationslager hergestellt. Doch auch diesmal bewährten sich seine schauspielerischen Fähigkeiten. Er brachte den Wachmannschaften Kartenkunststücke bei, und diese belohnten ihn mit Brot. So blieb er fit, spielte aber bei den Verhören durch einen Jiddisch-Deutsch sprechenden Geheimdienstmann, den er herrlich imitierte, den verhungernden armen Teufel. So blieb er standhaft und kam frei.

Wir lauschten mit Begeisterung seinen Geschichten, die Papi dann meistens mit komischen Begebenheiten aus seiner Gefangenschaft anreicherte. Nach mancherlei Formalitäten, die damals für Deutsche galten, wenn sie ins Ausland reisen wollten, konnte er dann endlich im Sommer 1950 seine Familie wiedersehen.

Wieder in die Schule

Im Frühjahr 1946 war die Organisation der Verwaltung in den Zonen der Militärregierung so weit hergestellt, dass die Schulen den Betrieb wieder aufnehmen konnten. Räumlichkeiten mussten gefunden werden, denn die meisten Schulen waren im Krieg zweckentfremdet oder zerbombt worden. Das Gymnasium in Arolsen begann im März/April 1946 wieder mit dem Unterricht in den Räumen, die am Ende des Krieges dafür hergerichtet worden waren. Das eigentliche Schulgebäude, das heutige Rathaus, war von den Amerikanern beschlagnahmt. Sie hatten in Arolsen großen Platzbedarf.

Neben den normalen Klassen von Sexta bis Oberprima, wie sie jetzt wieder benannt wurden, wurden Sonderlehrgänge für Kriegsteilnehmer eingerichtet, die in Einjahreskursen das Abitur ablegen konnten. Einige Schulkameraden der Geburtsjahrgänge 1927 und 1928 versuchten, in solche Lehrgänge zu gelangen, um im Schnellverfahren zum Schulabschluss zu kommen. Manchem gelang dieser Trick. Meinem Jahrgang 1929 war dieser Weg leider verbaut. So musste ich regulär meinen Platz in der Obersekunda einnehmen, die im Katasteramt untergebracht war. Bis auf unseren ehemaligen Schuldirektor Vilmar waren, soweit ich mich erinnern kann, alle Lehrer wieder im Dienst. Mehrere Gymnasiallehrer, die in Arolsen und Umgebung als Flüchtlinge untergekommen waren, ließen sich entnazifizieren und bewarben sich. Dazu gehörte auch Herr Bonin, der uns in Canstein während der „schullosen Zeit" mit großem Erfolg unterrichtet hatte.

Die Klasse bestand im Kern aus meinen alten Kameraden aus der Kriegszeit. Viele von denen, die mit uns von 1939 bis 1945 die „Oberschule für Jungen" besucht hatten, waren nicht an das neue Gymnasium zurückgekehrt. Der eine oder andere war noch in Kriegsgefangenschaft. Die meisten jedoch besuchten nun andere Schulen oder begannen eine Berufsausbildung. Mein neuer Freund Klaus Leifeld wechselte nach kurzem Besuch des Progymnasiums in Marsberg auch nach Arolsen in meine Klasse.

Der Transport zur Schule mit Pferd und Wagen wurde mir zu langweilig, als Onkel Gebhard beschloss, ihn an Herrn von Seydlitz zu übertragen, der mit einem Gespann in seinem Domizil in der Molkerei ein Fuhrgeschäft eröffnet hatte. Er fuhr im Schneckentempo, um seine Pferde zu schonen. Ich erwarb im Tauschhandel ein Fahrrad und fuhr nun bei Wind und Wetter täglich 20 bis 30 Minuten hin und 45 bis 60 Minuten zurück. Die Straße war damals noch nicht asphaltiert. Der Schotter bestand aus scharfkantigen Steinchen, die bei den miesen Reifen, die es zu der Zeit gab, sehr häufig platte Reifen verursachten. Flickzeug war eine Kostbarkeit und wurde teuer eingetauscht. Man bewahrte es in der Hosentasche auf, um es vor Diebstahl zu schützen. Wir wurden mit der Zeit Experten im Reifenflicken, aber auch im Leistungssport.

Alle Schüler aus dem Raum Canstein-Vasbeck mussten ja täglich den Buchholz und den Hebberg erklimmen und waren daher bei den Radrennen der Schüler immer unter den Besten. Wenn wir verschlafen hatten, fuhren wir den Buchholz auf unseren Rädern, die ja ohne Gangschaltung waren, in den Pedalen stehend hinauf. Dann konnte man die Strecke in 20 Minuten bewältigen.

Freude am Streitgespräch

Der Unterricht litt unter dem Mangel an Büchern und Papier. Die alten Schulbücher mussten erst durch die Militärregierung „entnazifiziert" werden, was nur bei wenigen Fachbüchern gelang. Neue kamen nur langsam auf den Markt, weil die Verlage nicht genug Papier zugeteilt bekamen. Noch heute besitze ich Aufsätze aus meiner Schulzeit 1946/47, die auf gelbgrauem, inzwischen zerfallenem Papier mit Bleistift geschrieben sind. Dieser Mangel an Material wirkte sich jedoch kaum auf die Qualität der Wissensvermittlung und Bildung aus, die wir von unseren Lehrern erfuhren. Sie waren bis auf wenige Ausnahmen motivierte und erfahrene Pädagogen.

Die auch für die Schulbildung allzuständige amerikanische Militärregierung in Arolsen legte Wert auf die Umerziehung des deutschen Volkes zur Demokratie und hierbei insbesondere der Jugend. Unsere Lehrer waren allesamt „entnazifiziert" worden und hatten den berühmten „Fragebogen" ausgefüllt. Wir begannen Freude an Diskussionen zu bekommen und uns im Argumentieren zu üben. Wenn Streitgespräche heftig wurden und einer von uns zu Tätlichkeiten überging, rief die ganze Klasse laut: „Fußballniveau!" Diese Abklassifizierung verfehlte selten ihre Wirkung. Wir erlernten Debattendisziplin und Abstimmungsverfahren. Wenn ich in späteren Jahren Sitzungen leiten musste, ist mir diese Erfahrung immer wieder zugutegekommen.

George, Mann und Novalis

Mich sprach besonders der Deutschunterricht an. Herr Bonin hatte mir durch seine Bibliothek die Literatur nahegebracht. Von Thomas Mann bis Stefan George war mir Prosa und Poesie nahegebracht worden. Unser neuer Deutschlehrer Herr Dr. Kind, der uns bis 1947 in Deutsch unterrichtete, war ein sensibler und gesundheitlich labiler Mann. Seine Begeisterung insbesondere für die deutsche Lyrik – er schwärmte für Angelus Silesius und Novalis – steckte mich an und hat mich bis heute nicht mehr losgelassen. Rainer Maria Rilke wurde mein Lieblingsdichter und ist für mich noch immer aktuell in seiner dichterischen Weltschau. Es war eine Zeit, die mich und meine sprachliche Ausdrucksfähigkeit geprägt hat. In Englisch stieg mein Notendurchschnitt durch das praktizierte Sprechen und Lesen von guter Literatur auf eine Zwei. Neben dem Schulunterricht dolmetschte ich häufig für die Amerikaner und Engländer und nahm Stunden bei Onkel George von Pflugk. Er lieh mir gute Bücher aus, die er als Dolmetscher bei der britischen Armee leicht beschaffen konnte. Studienrat Otto Becker, den wir ja schon seit der Sexta als Englischlehrer hatten, war mit meinen Leistungen bis auf die Aussprache sehr zufrieden. Den amerikanischen Akzent allerdings liebte er nicht, denn er sprach ein korrektes Oxford-Englisch.

Auf und Ab der Noten

Alle Bildungsfächer wie Geschichte, Erdkunde, Biologie und Religion, eingeschränkt auch Chemie und Physik, machten mir als Leseratte keine Schwierigkeiten. Probleme bereiteten allein die Lernfächer Latein und Mathematik, bei denen gepaukt werden musste. Hier ging es auf und ab mit den Noten, je nach der Jahreszeit und der Ablenkung durch das weibliche Geschlecht.

Alexander von Elverfeldt (Bildmitte) als Kontrollposten bei einer Fahrradrallye der Arolser Schule 1947/48

Meiner Cousine Mechthild hielt ich lange die Treue, auch als ich sie nur noch selten sah, weil sie in Bad Godesberg eine Fotografenlehre begonnen hatte. Mit Korrespondenz allein jedoch wurde der Kontakt schwächer. Schließlich fand ich auch heraus, dass sie dort neue Freunde gefunden hatte und sich dann eines Tages mit Dr. Bruno Baur verlobte.

Ein Test unter Männern

Als der eines Tages in Canstein auftauchte, um sich vorzustellen, dachte ich mir einen kleinen Männertest für ihn aus. Da es aufgrund der Vielzahl der Flüchtlinge im Haus kein Gastzimmer gab, hatte man ihn in einem der Säle im neuen Schloss in einem Himmelbett untergebracht. Dort suchte ich ihn auf und bot ihm als Begrüßungstrunk ein großes Glas Schnaps an, schwarzgebrannt von den Wolgadeutschen in Udorf. Der Schnaps hatte einen so hohen Alkoholgehalt, dass man immer ein Glas Wasser hinterherkippen musste. Bruno Baur war kein Freund von geistigen Getränken. Wenn er sich vor mir jungem Bürschchen – er war gut 20 Jahre älter als ich – nicht blamieren wollte, dann musste er „ex" trinken. Sein Gesicht nach dem Trunk war Balsam für meine eifersuchtswunde Seele …

Es gab eine Menge netter und hübscher Mädchen in der Arolser Schule. Da ich mich wieder „frei" fühlte, beteiligte ich mich mit mehr Interesse als bisher an den zahlreichen Partys der Schüler und jungen Leute. Wenn uns die Lust dazu überkam, verabredeten Klaus Leifeld und ich einen Termin und wir luden mit Mamis Einverständnis Schulkameraden und Kameradinnen nach Canstein zum Feiern ein. Sie wurden mit der Kutsche am späten Nachmittag in Arolsen abgeholt und nachts wieder heimgebracht. Bei einer dieser Tanzereien bekamen wir keine Kutsche für die Nachtfahrt und begleiteten unsere Mädchen und Freunde zu Fuß bis nach Massenhausen. In der warmen Sommernacht mit der Freundin im Arm durch den dunklen Buchholz zu wandern, war ja auch eine erfreuliche Angelegenheit.

Erster Schwarm in Arolsen

Im Winter 1945/46 fand ein Tanzkursus für die Oberklassen statt, der im Arolser Café Königsberg abgehalten wurde. Ein Klavierspieler war für die Musik zuständig. Er spielte von Noten, die mit der Hand kopiert waren. Ich erinnere mich mit Vergnügen daran, dass er den damals sehr populären Tanz „Swing" mit „Zwing" überschrieben hatte. Es stimmte, wir tanzten noch ziemlich „gezwungen". Ich hing zu der Zeit noch zu sehr an Mechthild, um mein Herz zu verlieren, aber immerhin sind aus diesem Tanzkursus drei Ehen hervorgegangen, die auch heute noch bestehen.

Mein erster Schwarm in Arolsen war eine bildhübsche, blonde Gastwirtstochter, der ich sehr den Hof machte. Sie ging hin und wieder mit mir im Schlosspark spazieren und war dabei nicht allzu spröde, aber ich spürte bald, dass ich nicht ihr Typ war, wie man heute sagen würde. In ihrer Klasse gab es auch ein immer fröhliches, brünettes großes Mädchen mit frischem Gesicht namens Inge. Bei einer Tanzerei im Hause meiner Angebeteten fanden wir Gefallen aneinander und sahen uns von da an öfter. Ihr liebevoll frecher Humor und ihre fröhliche Herzlichkeit nahmen mich bald so gefangen, dass ich zum Leidwesen meiner Familie, die mich lieber auf Adelsfesten gesehen hätte, kein Auge mehr für andere Mädchen hatte. Wir sahen uns, sooft wir konnten, durchstreiften gemeinsam den Tiergarten hinter dem Arolser Schloss, tanzten die Nächte durch auf den Schülerfesten und teilten unsere Schulsorgen miteinander. 1947 wurde ich 18 Jahre alt und belegte sofort danach einen Führerscheinkurs bei Georg Franke in Mengeringhausen. „Franken Schorsch" war ein besonders netter Mann, der jungen Menschen und ihren Motorisierungsträumen zugewandt war. Er wusste immer Rat und Hilfe, wenn es um Motorräder und Autos ging. Nach einigen Unterrichtsstunden in Mengeringhausen fanden wir uns in einer Gruppe von etwa fünf Anwärtern zur Prüfung ein. Der Prüfer stellte uns einzeln Fragen zu Verkehrssituationen. Bevor er sich an mich wandte, wurde ein Pole geprüft, dessen Deutsch noch etwas mangelhaft war. Als dieser nicht mit der exakten Antwort aus dem Lehrbuch, sondern sinngemäß und nach meiner Ansicht völlig richtig die Lösung erläuterte, fuhr ihn der Prüfer hart an und ließ ihn durchfallen.

Dieses Verhalten erboste mich derart, dass ich dem Prüfer widersprach und den Polen verteidigte. Das war ein großer Fehler, denn auch ich hatte nicht etwa die im Lehrbuch verzeichneten Antworten auswendig gelernt, sondern beantwortete die Fragen sinnentsprechend. Damit war ich erst einmal durchgefallen. Zwei Monate später durfte ich die Prüfung bei einem anderen Prüfer wiederholen und bestand sie ohne Probleme.

Nun galt es, ein Fahrzeug aufzutreiben. In Arolsen fand sich der Besitzer eines Motorfahrrades namens NSU Quick. Das war ein Kleinmotorrad mit einem 125-ccm-Zweitaktmotor und Fahrradpedalen, mit denen man das Fahrzeug auch zur Not auf der Ebene bewegen oder an steilen Bergen den schwachen Motor unterstützen konnte. Er war bereit, es mir nach längerem Handel für zwei Sack Roggen zu verkaufen. Ich besorgte mir das Benzin literweise auf dem schwarzen Markt, meist gegen amerikanische Zigaretten.

Nach den ersten glimpflichen Stürzen lernte ich, wie man auf glatter Fahrbahn bremst und beschleunigt und wie eine trockene und eine feucht-glatte Straßenoberfläche aussieht und sich am Lenker anfühlt. Nun war der Weg zur Schule weniger anstrengend. Ich brauchte nicht mehr so früh aufzustehen. Auch konnte ich, wann immer es passte, meiner Inge in Arolsen Besuche abstatten. Wir feierten fröhliche Feste, und meine Leistungen in Latein und Mathematik ließen deutlich nach.

Zeugnis ohne Vorwarnung

Die Folgen blieben nicht aus. Ostern 1948 hieß es auf meinem Zeugnis: „Nicht versetzt laut Konferenzbeschluss." Je eine Note Fünf in Latein und Mathematik wurden durch sechs Zweien in anderen Fächern nicht aufgewogen. Ich war wie vor den Kopf geschlagen, als mir unser Klassenlehrer das Zeugnis überreichte.

Normalerweise wurden alle Sitzenbleiber vorher per Post informiert und erschienen nicht zur Zeugnisverteilung. Wohl aufgrund der Zonengrenze und der Postzensur war der Brief in Canstein noch nicht angekommen. Er erreichte uns am Tag darauf. Was nun?

Ein Jahr länger zur Schule gehen zu müssen als geplant ließ in mir den Gedanken aufkommen, das Gymnasium zu verlassen und eine landwirtschaftliche Lehre zu absolvieren. Das Schicksal meines Vaters in Kriegsgefangenschaft war ungewiss, und es drängte mich, mehr über den Familienbesitz zu wissen und Verantwortung übernehmen zu können.

Die männlichen Teilnehmer des Tanzkurses – Alexander von Elverfeldt vorne, Zweiter von links

Die ganzen Ferien über ging ich mit mir zurate. Am Ende siegte die Freude am Lernen. Es gab ja neben den Paukfächern so viele Sachgebiete, die mir Freude machten, dass es mich hart angekommen wäre, sie aufzugeben. Die Entscheidung war richtig, denn in diesem zweiten Jahr Unterprima habe ich so viel gelernt wie nie wieder im Leben. Wenn ich heute meine Aufsätze von damals lese oder die in diesem Jahr angefertigte Jahresarbeit in Deutsch über das Brunnenmotiv in der Dichtung, dann habe ich nie wieder so gutes Deutsch gesprochen und geschrieben wie damals. Ich rezitierte Gedichte auf der Bühne in der Aula des Gymnasiums und arbeitete an Theateraufführungen mit. Daneben besuchte ich nachmittags eine Physikarbeitsgemeinschaft über Atomphysik und lernte bei einem Freund aus der Tatra Grundzüge der ungarischen Sprache. Ich las, was immer mich interessierte, von Goethe bis Hermann Hesse – und konnte meinen geliebten Rilke auswendig. Wir organisierten in einer kleinen Gruppe einen Diskussionsclub, bei dem uns der Studienrat Müller unterstützte, von dem es hieß, er sei Kommunist. Man traf sich im Arolser „Hofbräuhaus", und wir lernten bei einem Glas Bier die Regeln einer fairen und unfairen Debatte. Einer von uns hat dabei mit Sicherheit viel für seine spätere Juristenkarriere gelernt.

Meine Freundin Inge

Inge, meine damalige Freundin, zog gegen Ende dieses Schuljahres mit ihren Eltern nach Kassel. Dank meines Motorrades – inzwischen war ich von NSU Quick auf eine gebrauchte 250-ccm-NSU und nach der Ablegung des Führerscheins 3 auf eine neue 250 ccm-Victoria-Aero umgesattelt – sahen wir uns oft in Kassel, wo sie weiter zur Schule ging. Gemeinsame Kino- und Theaterbesuche sind mir in guter Erinnerung. Die Freundschaft mit ihr war für mich und meine weitere Entwicklung von großer Bedeutung, wie ich heute erkenne. Inge war schon als junges Mädchen ein sehr selbstbewusster und unabhängiger Mensch. Fröhlich-frech und kritisch stand sie der Welt und auch den Menschen gegenüber, die sie liebte. Ich lernte meine Partnerin achten und ihre weiblichen Gefühle und Interessen verstehen – und manchmal auch ertragen. Sie blieb immer unbeeindruckt von meiner Herkunft und sah die Probleme der gesellschaftlichen Ansichten meiner Familie ihr gegenüber sachlich und ohne Vorurteile. Wir diskutierten oft über die Unterschiede unserer Konfessionen, wobei sie tolerant und ohne die üblichen Vorurteile des evangelischen Christen mir als Katholiken gegenüber ihre Argumente vorbrachte. Meinen Überschwang der Gefühle bremste sie mit liebevoller Sachlichkeit. Im Rückblick muss ich feststellen, dass wir uns sehr gut ergänzten. Später habe ich mir bewusst oder unbewusst immer solche Partnerinnen gesucht, und sowohl meine verstorbene Frau Helga wie ihre Nichte Jane, mit der ich heute glücklich bin, balancierten mit ihrem realitätsbezogenen Wesen meine Ausreißer in die Fantasie. Noch heute stehe ich mit Inge in Verbindung, und wenn ich den Brief lese, mit dem sie seinerzeit unsere Jugendliebe beendete, so muss ich ihren Argumenten gegen eine Ehe recht geben. Doch zur Zeit meines Abiturs war davon natürlich noch keine Rede. Ihr Vertrauen ebenso wie ihre fröhliche Liebe und Herzlichkeit vermittelten mir eine seelische Ausgeglichenheit, die einer guten Ehe gleichkam. Dadurch fiel mir die Arbeit in der Schule leicht.

Meine Noten verbesserten sich zusehends. Es gab damals nur fünf Stufen: sehr gut, gut, ausreichend, mangelhaft und ungenügend. Sehr gut wurde nur sehr selten vergeben. Meine beiden Problemfächer Latein und Mathematik hob ich mit einiger Anstrengung wieder auf „ausreichend" an. Beim Rest der Fächer war mir ein „Gut" sicher, weil sie mich interessierten und mir Freude machten. Das galt insbesondere für Deutsch, Englisch, Geschichte und Physik. Aber auch Biologie, Erdkunde und Chemie fielen mir leicht.

Die Breite der damaligen Wissensvermittlung und die Qualität der Mehrzahl unserer Lehrpersonen machten den Zeitverlust an Schulbildung durch den Krieg weitgehend wett.

Die deutsche Lyrik begeisterte mich. Angelus Silesius, Goethe, Novalis, Mörike, Conrad Ferdinand Meyer und ganz besonders Rainer Maria Rilke waren mir wohlvertraut. Das einzige „Sehr gut" meiner Schulzeit neben fehlerfreien Mathearbeiten, die bei mir nicht so häufig waren, bekam ich für einen Test bei unserer Deutschlehrerin. Sie hatte uns Gedichte vorgetragen und wir mussten den Verfasser und die Stilrichtung benennen. Ich konnte alle richtig zuordnen.

Die Kunst der freien Rede

Mit Herrn Bonin hatte ich im Winter 1945/46 in Canstein auch das Rezitieren von Versen geübt. Die Fähigkeit, beim Vortrag sowohl den Sinn des Textes wie auch die Lautmalerei und Rhythmik der Verse miteinander in Einklang zu bringen, war mir wohl in die Wiege gelegt, denn es fiel mir leicht, mein Publikum mit Balladen, Sinn- und Liebesgedichten, insbesondere aber auch mit humorvollen Versen von Christian Morgenstern bis zu Eugen Roth zu fesseln. Das Auswendiglernen von Gereimtem ist mir immer besonders leicht gefallen. Meine Mutter erzählte mir, dass ich es schon als Kleinkind liebte, Verse aus Bilderbüchern nachzusprechen. Mein erstes frei vorgetragenes Gedicht lautete: „Was schaust du mich so grimmig an, so sprach der Dackel zu dem Hahn. Hab ich dir was zuleid getan?"

Mein Vater hielt uns Kinder immer dazu an, bei Geburtstagen und anderen Familienfeiern eine kleine Rede zu halten oder etwas aufzusagen. Für mich als ziemlich ängstlichem und scheuem kleinen Jungen war das anfangs immer eine große Überwindung. Später wurde es mir zur Routine, das Lampenfieber zu überwinden. Nachdem ich dann im Gymnasium einige Male vor allen Lehrern und Schülern in der großen Aula vorgetragen und dabei gespürt hatte, dass ich „ankam", verließ mich die innere Anspannung. Noch heute wundere ich mich darüber, dass sich die innere Gelöstheit, mit der ich meistens vor ein Auditorium trete, sofort auf die Zuhörer überträgt.

Schriftliche Arbeiten dieser Art standen uns im Abitur in Deutsch, Mathematik, Latein und Englisch bevor. Mündlich konnte man im gesamten Fächerkatalog geprüft werden. Wenn die Vorschlagsnote in einem der schriftlich zu prüfenden Fächer wesentlich von der Note in der Prüfungsarbeit abwich, konnte man davon ausgehen, in diesem Fach mündlich geprüft zu werden. Ein solcher Fall konnte angenehmer sein als die Ungewissheit über das Fach der mündlichen Prüfung.

Zwischen den schriftlichen Arbeiten und der mündlichen Prüfung lagen die Sommerferien. Unser Mathelehrer Herr Speckmann bot an, während der Ferien einmal in der Woche in der Schule anwesend zu sein, um mit Schülern, die sich für die Prüfung vorbereiten mochten, zu arbeiten. Ich nahm dieses Angebot wahr und fand mich gleich in der ersten Woche

Nicht Ostern und nicht vor den Sommerferien, sondern im September 1949 absolvierten die Arolser Schüler ihr Abitur – Alexander von Elverfeldt steht ganz hinten rechts.

zum angegebenen Termin ein. Ich war der Einzige, der gekommen war. So verbrachten wir eine gemütliche Stunde miteinander und Herr Speckmann besprach mit mir eine Aufgabe von der Art, wie sie in mündlichen Abiturprüfungen vorkommen. Nach den Ferien in der ersten Mathestunde rief er mich auf und ließ mich dieselbe Aufgabe an der Tafel rechnen. Noch ahnte ich nicht, was er damit bezweckte.

Nun stand es fest, dass ich in Englisch und Mathematik mündlich geprüft werden würde. Der große Tag kam heran. Ich wollte wie gewohnt mit meinem Motorrad zur Schule fahren, aber meine Mutter und Onkel Gebhard waren dagegen und hatten beschlossen, dass Herr Guß, der ehemalige Diener meines Großvaters, mich mit dem einzigen Familienauto, einem Ford Taunus, nach Arolsen bringen sollte. Wäre ich doch nur selber gefahren. Herr Guß kam in der letzten Minute angesaust und wir kamen fünf Minuten zu spät. Es war mein Glück, dass ich erst relativ spät in den Prüfungsraum musste, aber peinlich war es doch.

Das erste Zentralabitur

Die Kapriolen der Schulpolitik, die ja bis heute kein Ende gefunden haben, bescherten uns kurz vor dem Ende unserer Zeit im Gymnasium noch ein Problem. In der amerikanischen Zone war mit Wiederbeginn der Schule die Versetzung zum Sommertermin eingeführt worden, wie sie in den USA üblich war. Die übrigen Besatzungszonen hatten zum Teil die Versetzung zum Ostertermin, die vor dem Kriege in Deutschland üblich war, beibehalten.

Im Schuljahr 1949/50 beschloss man im neuen Bundesland Hessen zwei für uns wesentliche Änderungen. Einmal wurde wieder auf Osterversetzung umgestellt. Das hieß für mich und meine Klassenkameraden, ein halbes Jahr länger die Oberprima zu besuchen. Unser Abitur wäre dann erst zu Ostern 1950 möglich gewesen. Ein Schüleraufstand brach los. Die im Rahmen der Demokratisierung eingeführte Mitbestimmung, die in einer sogenannten „Schülerselbstverwaltung" als Parlament eingerichtet worden war, machte sich lautstark bemerkbar. In den Schülerzeitungen der hessischen Gymnasien wurde die Landesregierung wüst beschimpft. In Wiesbaden fand eine lautstarke Demonstration vor dem Kultusministerium statt. Die Folge war eine Umbenennung des Schülerparlaments in „Schülermitverwaltung" – und eine Vorverlegung des Abiturtermins auf September.

Eine weitere uns betreffende Regelung, die wir mittels Demonstrationen nicht aus der Welt schaffen konnten, war die Einführung eines zentralen Abiturs wie in Frankreich. Dies bedeutete, dass die schriftlichen Arbeiten in Mathematik, Englisch, Deutsch und Latein für alle hessischen Gymnasien aus Wiesbaden vorgegeben waren. Unsere Lehrer wussten also nicht, ob sie die gestellten Aufgaben im Unterricht behandelt hatten. Erst wenn sie vor der Klasse am Tag der jeweiligen Fachprüfung, der überall in Hessen der gleiche war, den Umschlag öffneten, kannten sie die an uns gestellten Anforderungen. Das war eine organisatorisch wie pädagogisch schwierige Methode. Sie wurde dann auch gleich wieder abgeschafft. So absolvierten wir das einzige zentrale Abitur, das es in Hessen je gegeben hat. Ich glaube, manche unserer Lehrer waren deshalb nervöser als wir.

Zuerst kam Mathe dran. Herr Speckmann hielt einen Fächer mit drei Zetteln in der Hand, von denen ich einen ziehen musste. Natürlich zog ich den, den er mir in die Hand drückte. Was stand darauf? Meine Aufgabe aus den Ferien. Flüssig erläuterte ich die Ableitung der Tangentenbedingung an der Ellipse an der Tafel. Das war geschafft. Eine Stunde später war ich in Englisch dran. Dr. Becker, unser Englischlehrer seit Sexta, übergab mir einen Text von George Bernard Shaw. Auf den ersten Blick erkannte ich, dass es sich um einen mit Shaw-stypischem Humor gewürzten Essay über die Engländer handelte, den ich ihm einmal geschenkt hatte, weil er ihn nicht kannte.

Wir unterhielten uns geistvoll darüber und ich hoffe noch im Nachhinein, dass der Direktor und die übrigen Mitglieder der Prüfungskommission beeindruckt waren. Die Zwei in Englisch war mir nun sicher.

Die Bierzeitung macht Ärger

Die Klassenkameraden berichteten von ihren Erlebnissen und Erfahrungen mit der mündlichen Prüfung. Der gesamte Fächerkatalog war vorgekommen zum Vorteil und Nachteil der Einzelnen. Wer in einem Hauptfach versagt hatte, wurde in einem Nebenfach geprüft, das er gut beherrschte, und konnte dann oft mit einer Zwei in dieser Disziplin ausgleichen. So hatte die ganze Breite der Fächer gegenüber dem heutigen Kurssystem Prüfungsvorteile. Auch war durch die damals kleineren Klassen der Kontakt zwischen Lehrern und Schülern intensiver.

Die Abschlussfeier unseres Jahrgangs verlief leider nicht wie geplant. Die Lehrer hatten Einblick in unsere Bierzeitung nehmen können, in der einige von ihnen wirklich nicht sehr gut wegkamen. Wir hatten in Anlehnung an das Goethejahr den „Faust" umgeschrieben und den Teufel darin eine Wette mit dem Herrn abschließen lassen, dass die Lehrer kritikempfindlich seien. Der Teufel behielt recht. Unsere Personenbeschreibungen waren allerdings auch ziemlich teuflisch geraten. Alle blieben unserer Feier fern und wir mussten uns entschuldigen. Nur der Hausmeister war uns treu geblieben. Die knallharten Aussagen stammten im Übrigen von denen unter uns, die älter als der Durchschnitt und Kriegsteilnehmer gewesen waren.

Die feierliche Überreichung der Zeugnisse fand in der damaligen Aula statt, die heute Bürgerhaus ist. Wieder kamen wir zu spät und es war mir äußerst peinlich, durch den vollen Saal mit Mami nach vorn zu gehen, wo der Direktor soeben dabei war, das Podium zu besteigen. Wer von uns eigentlich die Dankesrede an die Lehrer gehalten hat, ist mir gar nicht mehr in Erinnerung.

Ein Lebensabschnitt war beendet. Wie fast allen Abiturienten geht es mir noch heute so, dass ich davon träume, weiter nach Arolsen zur Schule zu fahren, obwohl ich weiß, dass ich das Abitur schon bestanden habe. Ich nehme aber im Traum weiter am Unterricht teil. Es werden allerdings seltsamerweise keine Arbeiten mehr geschrieben und so merkt es auch niemand, dass ich weder Vokabeln lerne noch Hausaufgaben jeglicher Art verrichte. Es ist eine sehr angenehme Art, zur Schule zu gehen.

Mit Axt und Säge im Wald – eine Aufnahme aus dem Familienalbum Elverfeldt

Zwischen Buchen, Büchsen und Büchern

Lehr- und Wanderjahre (1949 – 1955)

Als ich im September 1949 das Abitur bestanden hatte, ging ich daran, meine Ausbildung in der Land- und Forstwirtschaft vorzubereiten. Die landwirtschaftliche Lehre dauerte für Abiturienten damals zwei Jahre auf verschiedenen Ausbildungsbetrieben und war Voraussetzung für das Studium an der Universität oder Höheren Landbauschule. Die Lehrzeit begann erst am 1. April. Um die Zeit bis zum Frühjahr zu nutzen, absolvierte ich ein Praktikum im Forstamt Rhoden. Es war Lehrforstamt und betrieb zwischen Rhoden und Schmillinghausen eine Waldarbeitsschule, die vom Reichsarbeitsdienst vor dem Kriege im Blockhausstil erbaut worden war.

Das Forstamt wurde geleitet von Forstmeister Backhaus. Er war ein energischer, impulsiver und sachlicher Mann, dem man die Erfahrung als Vorgesetzter im zivilen wie militärischen Dienst anmerkte. Er begrüßte mich herzlich als „Nachbarn aus Westfalen" und kam sogleich auf mein Lernziel zu sprechen. Neben den Grundkenntnissen der forstlichen Arbeitslehre, die zu der Zeit noch auf Axt und Hobelzahnsäge basierte, sollte ich praktisch und theoretisch in Waldbau und Holzverkauf unterwiesen werden. Er riet mir, ein Tagebuch zu führen, in dem ich meine Erfahrungen schriftlich festhalten sollte. Er beabsichtigte, meine Aufzeichnungen wöchentlich zu kontrollieren und zu korrigieren.

Nach der Besprechung fuhren wir zur Waldarbeitsschule, wo ich den Internatsleiter, Herrn Scharf, kennenlernte und in einer der Wohnbaracken ein Zimmer zugewiesen bekam. Wir besichtigten die Unterrichtsräume sowie die geräumige Werkstatt, in der sich Schraubstock an Schraubstock reihte. Diese Räume wurden während des Jahres von Waldarbeitern bevölkert, die nach Absolvierung eines vorgeschriebenen Pensums von Praxisjahren im Betrieb zu Lehrgängen von 14 Tagen bis drei Wochen hier ihre Waldfacharbeiterprüfung ablegten.

Den Unterricht erteilten neben dem Internatsleiter Herrn Scharf die Revierförster Viering, Fehlkamm, Bohlender, Holzapfel und mein Lehrchef als Schulleiter. Jeder von ihnen unterrichtete in allen Fächern, besaß aber auch Spezialkenntnisse. Herr Fehlkamm zum Beispiel war ein in ganz Deutschland anerkannter Axtspezialist. Bei ihm lernte ich, mir einen Axtstiel selbst zu fertigen, der meinen Körpermaßen angepasst war. Ich lernte, die Schneide richtig „ballig" zu schleifen und beidhändig mit meiner Axt unfallfrei zu arbeiten.

Herr Bohlender verstand sich perfekt auf das Feilen und Schränken der Hobelzahnsäge. Nicht bei allen Waldarbeitern war dieser Typ in Gebrauch, weil sie meist noch die alte dreiecksbezahnte Schrotsäge besaßen. Die Hobelzahnsäge war allerdings nur dann leistungsfähig, wenn sie richtig geschärft und geschränkt war. Falsch geschärft, schnitt sie miserabel oder überhaupt nicht. Die Dreiecksbezahnte sägte auch noch, wenn sie sehr schlecht geschärft war und die Zähne wie „Kraut und Rüben" standen.

Wenn die Männer aus ganz Nordhessen mit ihren eigenen Werkzeugen zum Lehrgang eingetroffen waren, wurde gleich am ersten Tag ein Wettschneiden mit den Sägen veranstaltet. Im Stolz auf ihre Berufserfahrung war die Mehrzahl der Ansicht, dass sie eigentlich nichts mehr zu lernen bräuchten. „Unsere Säge schneidet bestens" war ihr Kampfruf. Wenn dann jedoch eine gut geschärfte Hobelzahnsäge neben der meist falsch gepflegten Dreiecksbezahnten bei vollem Muskeleinsatz der starken Männer doppelt so schnell durch den Stamm rutschte, war das Erstaunen groß und der Wunsch, eine solche Säge zu besitzen, noch größer. Die Amerikaner Gilbreth und Taylor hatten in den 1930er-Jahren damit begonnen, die Grundlagen der körperlichen Arbeit des Menschen systematisch zu untersuchen. Aus ihrer frühen Analyse der Körperbewegungen und Mechanik der Gliedmaßen sowie Rationalisierung durch arbeitsteilige Produktion ist das Lehrfach der Ergonomie entstanden. Die langfristig mögliche Dauerbelastung des menschlichen Organismus durch körperliche Arbeit wird damit ermittelt. Daraus leiteten sich schon damals Grundprinzipien ab, die in Rhoden in die Ausbildung der Waldarbeiter einflossen: zum Beispiel das Arbeiten in gebückter Haltung zu vermeiden, aus den Beinen zu heben oder auch einseitige Belastungen durch Wechsel der Arbeiten zu verringern.

Die Schüler fällten, wenn sie zum Lehrgang erschienen, den Stamm fast alle in gebückter Haltung. Im Lehrgang wurde ihnen beigebracht, kniend zu sägen und Knieschützer zu benutzen. Dabei wurde nicht nur ihr Rücken geschont, sondern sie stellten auch fest, dass sie mehr leisteten und somit im damals üblichen Akkord mehr verdienen konnten. Wenn ihnen eine solche Erkenntnis schon am Beginn des Lehrgangs vermittelt werden konnte, lernten sie auch die übrigen Regeln und Verfahren mit Feuereifer.

Streichholz am Lagerfeuer?

Die Lehrgangsteilnehmer lernten übrigens auch, sich richtig zu ernähren. In der kalten Jahreszeit wurde ihnen beigebracht, wie man mittels einer Astgabel die Butterbrote über dem Feuer erhitzt, bevor man sie isst, um den Magen zu schonen.

Eine alte Sitte wurde am Lagerfeuer mit Vergnügen gepflegt, die noch aus der Zeit stammte, als Zündhölzer eine Kostbarkeit waren. Wer sich seine Zigarette oder Pfeife bei brennendem Feuer mit einem Streichholz anzündete, musste der versammelten Mannschaft eine Flasche Schnaps spendieren. Man nahm sich daher zum Rauchen immer einen brennenden Ast aus der Glut und reichte ihn herum.

Neben gediegenen Kenntnissen der Waldarbeit und den Grundkenntnissen der praktischen Forstwirtschaft wie Auszeichnen von Beständen und Aushalten von geschlagenem Holz erwarb ich Kenntnisse in forstlicher Arbeitslehre und Ergonomie. Ich lernte Zeitstudien und Leistungsgradbeurteilungen durchzuführen. Fast alle Arbeiten im Walde wurden im Akkord vergeben, und daher galt es, eine gerechte Entlohnung über objektive Zeitnahmen zu erarbeiten. Diese sind nur durch einen dafür ausgebildeten Fachmann zu erstellen. Mir wurde bewusst, wie wichtig es für den Vorgesetzten körperlich arbeitender Menschen ist, solche Arbeiten einmal über längere Zeit selbst verrichtet zu haben und die Belastungen zu kennen.

Auf Wildschweinjagd

Im Winter 1949/50 fiel eine Menge Schnee. Das begünstigte die Bejagung der Sauen, die sich durch das Waffenverbot der Militärregierung erheblich vermehrt hatten. Die durch die Wildschweine angerichteten Schäden in der Landwirtschaft waren bei den knappen Lebensmittelvorräten der Nachkriegszeit von großer Bedeutung. Deshalb hatte die Militärregierung einzelnen Forstbetrieben Wehrmachtskarabiner zur Bejagung des Schwarzwildes zur

Vor dem Eingang zum Lehrgebäude der Waldarbeitsschule Rhoden entstand diese Aufnahme 1949/50: links der Internatsleiter Scharf, rechts der Revierförster Holzapfel, hinten – mit Brille – Alexander von Elverfeldt als Praktikant.

Verfügung gestellt. Im Forstamt gab es insgesamt vier Gewehre. Das war für eine sinnvolle Drückjagd viel zu wenig. Die Tatsache, dass wir in Canstein auch eine Waffe zugeteilt bekommen hatten, war daher hochwillkommen.

Immer wenn irgendwo im Forstamt Sauen fest waren, alarmierte mich mein Chef, und ich fuhr rasch mit meinem Motorrad nach Canstein und holte unseren Karabiner. Auf diese Weise kam den ganzen Winter über Abwechslung in den Lehrbetrieb.

Durch meine Jagdpassion während des Krieges und die vormilitärische Ausbildung war ich ein guter Schütze und erlegte in dieser Zeit etliche Sauen. Ich schaffte mir einen Jagdterrier an, den ich „Whisky" nannte. Er wurde in dieser Zeit zum Sauenspezialisten. Gute Hunde waren für die Saujagd in Rhoden notwendig, wenn es galt, die Sauen aus den dichten Kiefer- und Fichtenkulturen zu sprengen. Oft standen wir stundenlang in der Kälte und hörten sie darin rumoren, ohne eine Schwarte in Anblick zu bekommen.

Schalenwild angebleit

Von den zahlreichen Saujagden ist mir eine im Gedächtnis geblieben, weil ich dabei besonders stolz auf meine Leistung als Schütze war. Ich stand wegen der wenigen Gewehre als einziger Schütze im oberen Teil eines langen, mit Buchenaltholz bestockten Hanges. Ein einzelner Überläufer erschien hochflüchtig oberhalb von mir und stürmte hangabwärts. Ich schoss und kam gut ab, aber die Sau fiel nicht, sondern flüchtete weiter. Eingedenk des Rates meiner jagdlichen Lehrmeister folgte ich der Regel, auf ein angebleites Stück Schalenwild so lange zu schießen, wie man es sieht. Wohlweislich hatte ich ein volles Magazin mit fünf Schuss und zusätzlich eine Patrone im Lauf. Ich repetierte und schoss nun auf die angeschossene Sau laufend weiter, bis sie beim sechsten Schuss endlich fiel und verendete. Als ich an sie herantrat, stellte ich fest, dass fünf meiner sechs Schüsse den Körper der Sau getroffen hatten. Da es sich um Militärpatronen handelte, deren Geschosse spitz ausliefen, hatten diese nicht die Wirkung von Jagdmunition.

Forstmeister Backhaus legte großen Wert auf jagdliches Brauchtum. Er liebte es nicht, wenn die Schützen sich während der Treiben setzten und dadurch unaufmerksam waren oder

Wild durch hastiges Aufspringen vergrämten. „Man wird auf einen Stand gestellt und nicht auf einen Sitz gesetzt", bemerkte er zu solchem Verhalten. Er war ein selbstbewusster Mann und machte aus seiner Kritik an der forstlichen Obrigkeit keinen Hehl. Die Vorgesetzten „oben in Kassel" waren ihm meist suspekt. Die für die Domanialverwaltung so wichtige Wirtschaftlichkeit des Betriebes stand für ihn stets im Vordergrund.

Ihm und seiner Erfahrung als Arbeitslehrer verdanke ich die ersten Schritte ins Berufsleben. Der Grundsatz „Erst denken und dann danach arbeiten" hat mich immer begleitet. Insbesondere um meine Spontanität einzugrenzen, durch die ich oft in Versuchung gerate, mit dem Handeln vor dem Denken zu beginnen, war es eine gute Lehrzeit.

Auf einem Hof in der Börde

Nach der guten Vorbereitung auf körperliche Arbeit in einer Arbeitsschule begann nun meine landwirtschaftliche Lehrzeit. Kurz nachdem ich in Rhoden mit meinem Praktikum begonnen hatte (Herbst 1949), kam mein Vater aus russischer Gefangenschaft heim. Gemeinsam mit unserem Verwalter in Udorf, Herrn Witthaut, erkundigte er sich nach einer Lehrstelle für mich. Unser Verwalter kannte einen Betriebsleiter in der Nähe von Erwitte, der schon viele Lehrlinge ausgebildet hatte: Theodor Rickert-Löser auf dem Berkenbusch in der Nähe von Stirpe. Dieser erklärte auf Befragen, dass er zwar schon drei Lehrlinge für das Jahr 1950/51 eingestellt habe, aber ausnahmsweise bereit sei, mich als vierten dazuzunehmen. So trat ich Anfang April 1950 dort meine Lehre an. Theodor Rickert-Löser war ein bekannter Rotbunt-Züchter. Er hatte nach längerer Berufserfahrung als Gutsverwalter bei der Familie von Weichs in Borlinghausen in den Berkenbusch eingeheiratet, welcher der Familie Löser gehörte. Daher kam der Doppelname. Der Betrieb hatte 100 Hektar sehr gute Bördeböden arrondiert um den Hof und war in einem großen Rechteck von Stallgebäuden vor das alte Niedersachsenhaus mit der klassischen Tenneneinfahrt gebaut. 40 Kühe mit Nachzucht, 20 Sauen und 200 Mastschweine sowie acht Pferde bildeten den Viehbestand. Als Schlepper war ein Lanz-Bulldog vorhanden. Es gab noch keinen Mähdrescher.

Beim Zuckerrübenanbau, der noch im Handbetrieb lief, wurde in meinem Lehrjahr der damals neu entwickelte erste Rübenroder der Firma Kleine/Salzkotten versuchsweise eingesetzt. Mit hinten aufgeschnalltem Koffer fuhr ich auf meinem neu erstandenen 250-ccm-Victoria-Aero-Zweitaktmotorrad pünktlich am Morgen des 1. April auf dem Berkenbusch vor. Dort standen auch schon meine zukünftigen Lehrlingskollegen und „Leidensgenossen" Hans Mues, Hermann Tüshaus und Werner Böckenförde auf der Tenne, umringt von den Kindern des Hauses. Der älteste Sohn der Familie namens Theo begrüßte uns mit der leicht sauren Miene des Halberwachsenen. Er vertrat den Vater immer dann als Chef, wenn dieser verreist war. Auch er besaß ein Motorrad, eine 250-ccm-BMW. Das Gespräch unter uns drehte sich natürlich sogleich um diese Fahrzeuge. Die Meute der jungen Männer um uns ließ denn auch nicht locker, und wir mussten wenige Tage später ein Rennen austragen.

Das große Wohnhaus war als traditionelles Niedersachsenhaus aus Ziegelfachwerk erbaut. Es besaß noch die Tenneneinfahrt und Tenne. Die ehemaligen Stände für das Vieh rechts und links der Tenne waren als Schlafzimmer für Mitarbeiter ausgebaut worden. Wie in die-

Fahren Sie langsam, Herr Forstmeister!

Damals gab es im Forstamt noch einen Wegebaumeister, der für den Neubau und die Unterhaltung des Wegenetzes verantwortlich war. Er hieß „der alte Glimm". Unter seiner strengen Aufsicht durfte ich beim Bau der „Neumannstraße" im Revier Rhoden mitarbeiten.

Maschinen gab es damals noch keine, die Straßen wurden in Handarbeit erbaut.

Aus dem Steinbruch herangeschaffte grobe Steine wurden auf oder neben der Trasse abgekippt und dann verarbeitet. Mit schweren Hämmern wurden die großen Brocken in handliche Stücke zerkleinert. Mit diesem Material wurde die „Packlage" auf das mit der Schaufel sauber begradigte Planum von Hand gesetzt. Wie beim Legen von Pflaster wurde Stein an Stein hochkant aneinandergestellt. Da das Planum rechts und links von der Böschung begrenzt war, standen die Steine fest eingekeilt.

Wenn eine Strecke mit solcher Packlage versehen war, nahmen die Straßenarbeiter einen kleinen, beidseitig angespitzten Hammer zur Hand, der an einem armlangen federnden Stiel aus Haselnuss oder Esche befestigt war. Mit diesem kleinen Hammer schlugen sie von den Steinen der Packlage Schottersplitter ab, die in die Hohlräume zwischen den stehenden Steinen fielen und diese gegeneinander verkeilten. Anschließend wurden Sand und Kies als Verschleißschicht mit der Schaufel auf der Oberfläche der Packlage verteilt. Dann folgte die Dampfwalze, die langsam hin- und herfahrend die Straße verdichtete.

Beim Anlegen des Planums ebenso wie beim Setzen der Packlage war es wichtig, dass die Oberfläche eine gute Wölbung nach den Seiten aufwies, damit das Wasser von der Straße ablaufen konnte. Meister Glimm war ein Perfektionist und achtete bei der Arbeit auf jede kleine Abweichung vom Plan. Wenn ein Straßenstück fertig war, verteilte er große Steine derart auf der Fahrbahn, dass die Benutzer in Schlangenlinien fahren mussten und dadurch eine gleichmäßige Verdichtung bewirkten. Von Zeit zu Zeit wechselte er die Seiten und legte dafür die Steine um. So wurde erreicht, dass sich keine Fahrspuren bildeten, in denen das Regenwasser stehen blieb und Schlaglöcher verursachte.

Eines Morgens fuhr ich mit meinem Chef, Herrn Backhaus, in seinem DKW über die neue Straße ins Revier. Er war eilig und fuhr sehr flott. Dabei bemerkte er nicht, dass wir auf ein neues Straßenstück gerieten, auf das Meister Glimm noch keine Steine verteilt hatte. Als wir um eine Kurve bogen, stand dieser plötzlich vor uns mitten auf der Straße und hob drohend seine Schaufel. Mit zornrotem Gesicht trat er an den Wagen heran und rief: „Fahren Sie langsam, Herr Forstmeister!"

Mein Chef gab ihm recht und entschuldigte sich. Schnell fahrende gummibereifte Fahrzeuge sind Gift für Schotterstraßen, denn sie reißen die Steinchen aus der Oberfläche und schleudern sie zur Seite. Das verursacht Schlaglöcher und Gleisspuren. Dem Wegebau galt von nun an immer mein besonderes Interesse, und der Cansteiner Forstbetrieb verdankt den Anregungen von Meister Glimm und Forstmeister Backhaus sein komplettes Wegenetz.

sem Typ Bauernhaus üblich, wohnte die Familie im hinteren Teil des Hauses. Ich bezog zusammen mit Hermann Tüshaus ein Zimmer links der Tenne, wo wir in einem Doppelbett schliefen. Das Zimmer lag zu ebener Erde und hatte ein Fenster mit niedriger Brüstung zum Hof. Das sollte mir noch sehr nützlich sein.

Eleven, Melker und andere

Wir stellten unseren Wecker auf kurz vor 6 Uhr, um für das Frühstück um 6.30 Uhr und den Arbeitsbeginn um 7 Uhr rechtzeitig fertig zu sein. Die Arbeitszeit dauerte von 7 bis 19 Uhr mit einer Stunde Mittags- und je einer halben Stunde Frühstückspause um 10 Uhr und Kaffeepause um 16 Uhr. Die Arbeitswoche umfasste Montag bis Samstag, wohlgemerkt. Manchmal gab es schon am Samstagmittag frei.

Außer uns vier Lehrlingen wurden noch drei weitere Mitarbeiter und ein Melker beschäftigt. Einer fuhr den einzigen Schlepper des Betriebes, einen gummibereiften Lanz-Bulldog. Für die zwei Pferdegespanne waren die beiden anderen Landarbeiter zuständig. Einer von ihnen war noch unverheiratet, er wurde Heini genannt und war aus der Sowjetzone geflohen. Alle neben der eigentlichen Hofarbeit anfallenden notwendigen Verrichtungen oblagen natürlich auch uns Eleven. Dazu waren wir wöchentlich eingeteilt und mussten diese außerhalb der eigentlichen Arbeitszeit besorgen.

Wenn man „Dienstwoche" hatte, war man für die Hofaufsicht zuständig. Dazu gehörte die morgendliche und abendliche Kontrolle der Türen und Tore. Mit einem riesigen, rasselnden Schlüsselbund bewaffnet, umrundete man dazu den Hof. An den Ecken der größeren Gebäude waren Hunde angebunden, die wir mit Wasser und Futter versorgen mussten. Zu den Obliegenheiten der Dienstwoche gehörte ferner die allmorgendliche Ausgabe der abgewogenen und gezählten Kraftfuttersäcke an die Tierpfleger sowie die Kontrolle der Ausgabe und die Rücknahme von Handwerkszeugen wie Hacken, Schaufeln, Gabeln usw., die stets vollzählig vorhanden sein mussten und auf Schäden kontrolliert wurden.

Vor dem abendlichen Verschließen der Ställe war ein Stallrundgang zu absolvieren, bei dem alle Tiere auf ihren Gesundheitszustand sowie auf Zeichen von Brünstigkeit oder einsetzenden Geburten zu beobachten waren. Solche Besonderheiten waren je nach Bedeutung dem Chef oder dem zuständigen Melker bzw. Schweinemeister zu melden. Diese Nebentätigkeit beschäftigte den dafür eingeteilten Lehrling gute zwei Stunden am Tag, die bei neun bis zehn Stunden regulärer Arbeitszeit diese auf zwölf Stunden anwachsen ließen. Der Tag bestand dann wirklich nur noch aus Arbeiten, Essen und Schlafen.

Mahlen, mischen, Säcke füllen

Nachdem ich meinen Geist und meine schmerzenden Muskeln etwa einen Monat lang an diese Malocherei gewöhnt hatte, führte mich der Chef persönlich in eine weitere Elevenarbeit ein. Es handelte sich um das Mahlen und Mischen des Kraftfutters für die verschiedenen Tierarten. Auf dem Getreideboden über dem Mastschweinestall stand eine elektrisch betriebene Schrotmühle, die mit einem laut klappernden Walzengang die diversen Getreidekörner in feines oder grobes Mehl vermahlte. Je nach Bedarf ein- bis zweimal in der Woche musste der dazu eingeteilte Lehrling die verschiedenen Mischungen für die Milchkühe, die Kälber, die Mastschweine und die Sauen mit Ferkeln herstellen. Zu dem Getreideschrot aus dem eigenen Betrieb, das aus Gerste, Hafer, Roggen und Weizen bestand und in unterschiedlichen Anteilen gemischt wurde, kamen Sorghum (importierte Hirse), Sojaschrot, Rübentrockenschnitzel, Fischmehl und Mineralfutter hinzu.

Der Chef zeigte mir, wie man mit Säcken umgeht, sie richtig hebt und auf die Schultern wuchtet. Ferner lernte ich, wie man sie sachgemäß vollschaufelt und zubindet. Das kann ich noch heute und bin stolz, meine Kenntnisse in den seltenen Fällen anzuwenden, in denen man heute noch Säcke benutzt, zum Beispiel bei der Müllabfuhr. Auch das fachgerechte Umschaufeln des Getreides auf dem Lagerboden, das zur Konservierung von Zeit zu Zeit nötig war, brachte er mir bei.

Krach am frühen Morgen

Ob er mich nun danach auf die Probe stellen oder nur ein wenig schikanieren wollte, weiß ich nicht. Jedenfalls teilte er mich einige Zeit später in meiner Dienstwoche zum Futtermahlen ein. Wir hackten zu der Zeit zehn Stunden am Tag Rüben, und wenn ich abends meine Dienststunden herum hatte, war es 21.30 Uhr. Wann sollte ich dann eigentlich Futter mahlen? Ich beschloss, meinen Unmut durch eine demonstrative Geste kundzutun. Als das Kraftfutter zur Neige ging, legte ich mich um 21 Uhr nach dem Dienstende zu Bett und stellte mir den Wecker auf 4 Uhr früh. Der Kornboden lag dem Schlafzimmer des Chefs gegenüber. Kurz nach 4 Uhr stellte ich die Schrotmühle an und ließ sie bis zum Frühstück um 6 Uhr klappern. Bei der Arbeitseinteilung um 7 Uhr sagte mir der Chef leicht unausgeschlafen und mit saurer Miene: „Herr von Elverfeldt, Sie brauchen in dieser Woche kein Futter mehr zu mahlen, das macht mein Sohn Theo."

Bei allen Lieferanten war bekannt, dass es auf unserem Betrieb vier Lehrlinge gab. Das führte dazu, dass diese ihre Lastwagen entsprechend einteilten. Bei uns wurde nämlich auch noch nach der regulären Arbeitszeit abgeladen. So hatten wir oft, wenn wir vom Felde heimkamen, vor oder nach dem Abendbrot noch das Vergnügen, Kraftfutter oder Düngersäcke, Bausand oder Ziegelsteine, Zaunholz oder Obstkisten abzuladen. Alle Waren, die den Hof verließen oder angeliefert wurden, bewegten wir entweder in Säcken oder als Ballen von Hand. Handelte es sich um Schüttgüter, so waren Schaufel und Gabel das Handwerkszeug. Muskelenergie war immer noch billiger als Motorkraft oder Elektrik. Außerdem war es nach Ansicht unseres Chefs auch für den Menschen besser, seine Körperkraft einzusetzen. Wer nämlich abends nicht todmüde von körperlicher Arbeit alsbald sein Bett aufsuchte, käme nur auf dumme Gedanken und fiele dem Laster anheim. Davor blieben wir ständig bewahrt. Als ich mit meinem Motorrad hin und wieder an den Wochenenden nach Hause fuhr, bestand seitens der Familie meines Chefs großes Interesse daran, ob ich die Zeit wohl nur bei meinen Eltern oder vielleicht auch an anderen Orten verbracht hatte. Also wurde mein Tachostand kontrolliert und berechnet, ob ich wohl noch mehr Kilometer als bis nach Canstein zurückgelegt hatte. Das war meist der Fall, denn ich besuchte wenn irgend möglich auch Inge in Kassel. Es wurde meist spät, wenn ich am Sonntag zurückkehrte. Meine Kontrolleure waren auch sehr daran interessiert, zu welcher Uhrzeit das gewesen sein könnte, um mir meine Nachtschwärmerei vorzuhalten. Doch fand ich Mittel und Wege, um dieser Neugier vorzubeugen. Die Haustür war natürlich des Nachts verschlossen, und ich hätte klingeln müssen. Da ich aber im Erdgeschoss mit meinem Kollegen Hermann Tüshaus zusammen in einem „Ehebett" schlief, brauchte ich nur ans Fenster zu klopfen oder im Sommer durch das offene Fenster zu steigen und gelangte so unbemerkt ins Haus.

Außerdem schaltete ich etwa 200 Meter vor Erreichen des Hofes den Motor aus und rollte lautlos vor die Tür. Die Hunde, die an den Ecken der meisten Gebäude angebunden waren, kannten mich gut, da ich sie oft füttern musste, und schlugen nicht an, wenn ich heimkam. So blieb den Neugierigen unter den Familienmitgliedern nur der Tachostand übrig, um Vermutungen anzustellen, wo ich meine Sonntage verbracht hatte und wann ich ins Haus gekommen war.

Der Chef war viel unterwegs, da er ehrenamtliche Verpflichtungen im Rotbunt-Zuchtverband hatte und als Richter auf Versteigerungen und Schauen tätig werden musste. Wenn er zu Hause war, liebte er es, mit den Lehrlingen Schafskopf zu spielen. Er war ein guter Spieler und nahm ihnen dabei einen Teil des monatlichen Taschengeldes von 30 DM wieder ab. Ich blieb, da ich das Spiel nicht beherrschte, davon verschont.

Die Getreideernte verlief noch ganz nach der herkömmlichen Methode. Die ersten Mähdrescher waren gerade erst auf den Markt gekommen. Die Schläge wurden mit der Hand angemäht, damit der Mähbinder nicht durch das stehende Getreide fahren musste. Der Chef selber führte eine der Sensen, und ich musste ihm die Garben binden. Aus dem Schwad, den er mit seiner Sense sauber in die Reihe legte, griff ich mir, wie er es mir gezeigt hatte, eine Handvoll Halme, teilte sie in zwei Hälften und drehte daraus eine Art Seil, mit dem ich, den Schwad zusammenraffend, eine Garbe band. Noch immer bin ich stolz darauf, dass ich eine Garbe so binden kann, wie es wohl fast 2000 Jahre lang üblich war. Die Garben wurden in mühseliger Handarbeit zu Hocken zusammengestellt. Wenn sie trocken genug waren, wurde das Getreide in die Scheune eingefahren.

Meine technische Ader

Die Garben wurden vom Wagen aus über mehrere Personen von Gabel zu Gabel in die Höhe gereicht. Den obersten Platz nahm meist der Chef ein, der mir die Garben zuwarf, damit ich sie in Reihen nebeneinanderpacken und festtreten konnte. Mit der Geschicklichkeit lebenslanger Übung flog jedes Bund ausgerichtet so an seinen Platz, dass ich es nur selten umlegen musste und mich auf das Festtreten beschränken konnte. Wenn einer meiner Kollegen der letzte in der Transportkette war, hatte ich sofort erheblich mehr mit dem richtigen Packen zu tun.

Bei den körperlichen Arbeiten war ich nicht der beste unter den Kollegen, auch beim Rübenhacken tat ich mich schwer. Bei den Pflegearbeiten in der Obstplantage jedoch kam mir meine technische Ader zugute, und ich wurde zum Spezialisten für die Spritze, die auf einem Holzschlitten aufgeschraubt war und mit einem Pferd durch die Reihen der Spindelobstbäume gezogen wurde. Aufgrund meiner Erfahrungen mit dem Motorrad brachte ich den durch das Spritzwasser häufig streikenden Zweitaktmotor immer wieder in Gang.

Unfallverhütungsvorschriften für den Umgang mit Spritzmitteln hatte man uns nicht vermittelt, wenn es denn dazumal schon welche gab. Ich ging daher recht sorglos vor, wenn ich die Mischungen ansetzte. Zu den gefährlicheren Insektenmitteln gehörte seinerzeit E 605, das wir als Konzentrat in kleinen Fläschchen bekamen und verdünnen mussten. Ich hatte es schon oft benutzt und weder Handschuhe getragen noch mir nach dem Einrühren die Hände gewaschen.

E 605 vor dem Frühstück

Da wir in der Obstplantage die Frühstücks- und Kaffeepause verbrachten, fasste ich also meine Butterbrote immer mit den durch E 605 verunreinigten Händen an. Eines Tages wurde mir am Nachmittag speiübel, ich musste mich übergeben und mir war so elend, dass ich ins Haus ging und mich zu Bett legte. Am nächsten Morgen war ich dann wieder halbwegs arbeitsfähig. Heute weiß ich, dass ich damals haarscharf an einer tödlichen Vergiftung vorbeigeschlittert bin.

Nach einer Zeit der Eingewöhnung in die harte körperliche Arbeit auf dem Ausbildungsbetrieb Rickert-Löser bei Stirpe kamen wir Eleven auch auf andere Gedanken als nur ans Essen und Schlafen. Es wurden Streiche ausgeheckt. Einer von uns kannte sich mit Geflügel aus. So fingen wir eines Morgens etwa zehn Hühner ein, hakten ihnen die Flügel übereinander, wodurch ein Huhn bewegungsunfähig wird, und setzten sie in langer Reihe zur Arbeitseinteilung vor die Haustür. Der Chef war nicht begeistert.

Als wir eines Mittags wie gewohnt vor der Deelentür standen und auf den Chef warteten, veränderte sich das Gesicht unseres Freundes Heini plötzlich zu einer Schreckensmiene. Wie versteinert blickte er in Richtung Hofeingang. Von dorther näherte sich mit energischen Schritten eine ältere Frau, die von einem offensichtlich schwangeren jungen Mädchen begleitet wurde. Seine Vergangenheit in der Sowjetzone hatte ihn eingeholt. Er begrüßte die beiden, stellte sie dem Chef vor und entschuldigte sich für den Rest des Tages von der Arbeit. Er kam nach dieser Begebenheit nie mehr zur Arbeit zurück, daher weiß ich nicht, wo er abgeblieben ist.

„Gib mich Arbeit, kein Geld"

Einige Zeit später erschien in der Mittagspause ein Mann von etwa 40 Jahren auf dem Hof. Er trug einen verschlissenen braunen Straßenanzug, Schuhe, die mal bessere Zeiten gesehen hatten, und sprach waschechten Ruhrgebietsakzent. Der Chef begrüßte ihn und fragte, was er wolle. „Chef, gib mich Arbeit, aber kein Geld", war die Antwort. Eine seltsame Äußerung, aber Herr Rickert-Löser schien diesen Typen zu kennen. Er stellte ihn als Schweinepfleger ein. Diese Arbeit hatte vorher Heini erledigt. Es ging um das Füttern und Misten der Mastschweine. Unser neuer Mitarbeiter namens Emil fand eine Bleibe in Stirpe und erschien täglich pünktlich zum Dienst. Er arbeitete fleißig und hielt den Stall gut in Ordnung. Sonntags wurden die Mastschweine nur einmal gefüttert. Das übernahmen die Eleven umschichtig, um dem Mitarbeiter einen freien Tag zu ermöglichen. Am dritten Wochenende seiner Tätigkeit bei uns ging er zum Chef und sagte: „Gib mich Geld!" Als ich am Montagvormittag meine Dienstwochenrunde durch die Ställe machte und am Schweinestall ankam, waren die Türen und Fenster noch zu und unser Freund Emil war nirgends zu sehen. Ich betrat den Stall und prallte zurück, denn mir kam ein Schwall von stickigem Mistgas entgegen, der einem den Atem raubte. In einer Ecke des Stalles stand Emil stark schwankend und lud mit der Forke Mist auf seine Schubkarre. Er war kreidebleich und kurz vor einem Ohnmachtsanfall. Am Sonntag musste er so stark und so lange gezecht haben, dass er zur Zeit des Arbeitsbeginns noch ziemlich blau, aber trotzdem pünktlich zur Stelle gewesen war. Das hatte sein ausgeprägtes Pflichtgefühl noch geschafft, aber zu der Überlegung, beim Misten Fenster und Türen zu öffnen, hatte es nicht mehr gereicht.

In der Folgezeit stellte es sich nach und nach heraus, dass er ein typischer Quartalssäufer war. Weil er sich kannte, hatte er bei seiner Vorstellung „Gib mich kein Geld" gesagt und gehofft, sich dadurch vom Saufen abzuhalten. Es wurde von Woche zu Woche schlimmer mit ihm. Lange Zeit war er montags zur Arbeit pünktlich im Stall, wenn auch kaum mehr arbeitsfähig. Dann aber kam der Tag, an dem er es nicht mehr schaffte. Man fand ihn ohnmächtig mit schwerer Alkoholvergiftung im Straßengraben zwischen Stirpe und dem Berkenbusch, und das war das Ende seiner Tätigkeit bei uns.

Emil hatte einen großartigen Humor. Ich denke mit Freude an manches Gespräch unter dem Vordach der Schweinestalltür, bei dem er mir seine Ansichten über Gott und die Welt kundtat. Er besaß die menschliche Wärme, Kontaktfreudigkeit und Anteilnahme am Nächsten, welche die Kumpelgesellschaft an der Ruhr auszeichnet. Unter Tage sind alle Menschen gleich, und jeder wünscht dem anderen „Glück auf", damit er das Sonnenlicht wiedersehen möge. Hin und wieder gab es für mich Arbeiten, für die ich als Experte galt. Dazu gehörte alles, was mit Wald und Forst zu tun hatte. Wenn es um das Fällen von Pappeln an den Koppelzäunen ging, war mein Sachverstand gefragt. Insbesondere, wenn es um die Verkaufspreise für das Holz ging, wurde ich zurate gezogen. Als hinter der Scheune der Weg gehärtet werden musste, zeigte ich meinen Kollegen, wie man fachmännisch eine Packlage setzt und verdichtet. Der Rhodener Wegebaumeister Glimm hätte seine Freude an mir gehabt, als ich die von ihm gelernten Grundsätze weitergab.

Im „Heiligen Jahr" nach Rom

1950 war ein „Anno Santo", ein „Heiliges Jahr", in dem viele Katholiken nach Rom pilgerten, um die Peterskirche und die Basiliken zu besuchen und an einer Papstaudienz teilzunehmen. Für eine solche Pilgerreise nahm ich mir im arbeitsarmen Monat Dezember 14 Tage Urlaub für die erste Auslandsreise meines Lebens. 1950 gab es für Deutsche nur begrenzt Devisen, und die Pilgergruppe der Diözese Münster, mit der ich reiste, hatte neben den Pässen einen Sonderausweis für die Grenzkontrolle in Italien mitzuführen. Von Bonn aus fuhren wir in einem Tage mit der Bahn über Basel und Chiasso nach Rapallo, wo wir übernachteten und am folgenden Vormittag freie Zeit für eine Stadtbesichtigung hatten, bevor der Zug nach Rom abging.

Den viel besungenen „Vaters Rhein" kannte ich nur von einem Besuch bei den Großeltern in Düsseldorf vor dem Krieg und aus der Kriegsgefangenenperspektive. Daher genoss ich die

Auf seiner Pilgerreise nach Rom machte Alexander von Elverfeldt diese Aufnahmen an der Strandpromenade von Rapallo und im „Forum Romanum" in Rom.

Sehenswürdigkeiten des Rheintals von den Burgen bis zum Mäuseturm und der Loreley mit großem Vergnügen aus dem Zugfenster. Die schneebedeckten, hoch aufragenden Zinnen der Alpen in der Schweiz beeindruckten mich dann aber noch mehr. Als Sauerländer bin ich nie ein besonderer Freund des Flachlandes geworden. Die Gebirge jedoch, die ich auf meinen Reisen erleben durfte, haben mich immer fasziniert und angezogen. Man kann sich nicht sattsehen. Ich hatte mir einen guten Fotoapparat ausgeliehen und las nun eifrig in einem Lehrbüchlein über die Physik des Fotografierens. An der Zahl der Bilder kann ich ablesen, dass ich am liebsten jeden Berg und jeden schönen Blick in ein Tal als Foto mitgenommen hätte.

Staunen in Rapallo

Der Eindruck der Alpenlandschaft in der Schweiz war aber nur der Beginn. Was ich wenige Stunden danach erleben durfte, ist mir noch unvergesslicher, und ich träume oft davon. Aus der Dezemberkälte des Sauerlandes und den Schneebergen der Schweiz kommend, entstieg ich dem Zug in der Mittelmeeratmosphäre Rapallos. Die Luft war sommerwarm, und vor der glühend untergehenden Sonne wehten die Fächerkronen der Palmen an der Strandpromenade im Wind. Der Traum von südlichen Ländern mit Wärme, blauem Meer und üppigem Pflanzenwuchs, den ich aus meinen Büchern kannte, war Wirklichkeit. Ich staunte und sog die neuartige Welt um mich herum mit allen Sinnen ein: das klare Licht des Sonnenuntergangs, das rhythmische Klatschen der Wellen an den Strand, den Salzgeschmack der Meeresluft und den Duft der Blütenkörbe an der Promenade. Noch lange nach dem Einchecken in unsere Fremdenpension saß ich allein draußen auf einer Bank und freute mich, dass es solch eine Wunderwelt gab.

Wenige Jahre zuvor noch waren der Krieg und die Unmöglichkeit zu reisen, Alltag für mich gewesen. Vom Ausland wusste ich nur aus den Erzählungen der Eltern. Mami war in Florenz zur Schule gegangen und hatte uns begeistert erzählt vom warmen Klima, der anmutigen Landschaft und den Kunstwerken der Städte Italiens. Ihre Jahresarbeit als 16-Jährige über die Malerei der Renaissance in Italien mit vielen eingeklebten Postkarten erinnert in unserer Familie noch heute daran. Nun verstand ich ihre Sehnsucht.

Am nächsten Morgen, als alle meine Mitreisenden ihr Schicksal einem Reiseführer anvertrauten, machte ich mich selbstständig. Ich bummelte die Strandpromenade entlang. Zum ersten Mal bewunderte ich bewusst eine unzerstörte Häuserzeile im Stil der Jahrhundertwende. Bei meinen Besuchen als Kind im Berlin der Vorkriegszeit und in Düsseldorf hatte ich so etwas noch nicht wahrgenommen. Schlank wirkende, hell gestrichene mehrstöckige Villen mit klassisch verzierten Balkons und Säulenfriesen waren in einen Hang hineingebaut. In den winterlich kahlen Vorgärten mit verwinkelten Treppchen und schmiedeeisernen verspielten Zäunen bildeten dunkelgrüne Zypressen und Kiefern einen Blickfang. Die Dachziegel mit ihren von fahlem Gelb über Ockerbraun bis Hellrot wechselnden Farben waren mir neu und wirkten anheimelnd südländisch. Die Schönheit dieser Stadtlandschaft, die Sonne und das Meer versetzten mich in Hochstimmung. Froh vor mich hin summend wanderte ich weiter.

Einladung zum Tee

Überall gab es Souvenirläden. In einem Schaufenster fiel mir ein Schmuckstück ins Auge, das ich besonders schön fand. Es war ein „cornu", eine aus Silber getriebene und vergoldete Nachbildung eines Stierhorns, die mit einem kleinen Ring versehen war und als Anhänger getragen werden konnte. Ich beschloss, da mir der Preis nicht zu hoch erschien und meine Börse ja noch voll war, das Schmuckstück als Mitbringsel für meine Freundin Inge zu erstehen. Nun mussten meine Sprachkenntnisse herhalten. Ein wenig Italienisch kannte ich durch Mami, und Latein hatte ich ja sechs Jahre lang, wenn auch ungern und mit wenig Erfolg gelernt. Mutig redete ich drauflos und hängte immer ein zusätzliches A, O oder I an meine lateinischen Vokabeln. Das fand zwar den fröhlichen Beifall meiner italienischen Gesprächspartner, aber verstanden wurde ich nicht immer.

Als ich nun in diesem Laden radebrechte, kam mir eine gut gekleidete ältere Kundin zur Hilfe, die recht gut Deutsch sprach. Nachdem ich mit ihrer Unterstützung meinen Einkauf getätigt hatte, traten wir gemeinsam wieder ins Freie, und sie fragte mich nach dem Woher und Wohin. Da sie nicht weit entfernt wohnte, lud sie mich zu einer Tasse Tee in ihr Haus ein. Es war sehr geschmackvoll eingerichtet. Die sicher recht wertvollen antiken Möbelstücke standen allerdings ein wenig einsam auf dem winterkalten Marmorboden herum. Das Rokoko-Sesselchen im Wohnzimmer, auf das ich gebeten wurde, war mir fast zu schade, um mich mit meiner Reisehose darauf zu platzieren. Die Gastgeberin servierte mir eine Tasse Tee, und wir plauderten. Ob sie mir dabei etwas aus ihrer Lebensgeschichte erzählt hat, weiß ich nicht mehr. Immerhin erfuhr ich einiges über die Historie des um die Jahrhundertwende beliebten und als mondän bekannten Badeortes Rapallo.

Wir stellten fest, dass sie meine Passion für deutsche Lyrik teilte, und so rezitierten wir uns gegenseitig Rilke, Hofmannsthal, Novalis und Goethe. Auf diese Weise verging die Zeit rasch in freundschaftlichem Einvernehmen und Sympathie. Wir verabschiedeten uns voneinander ohne das Bedürfnis eines Adressenaustausches. Die Begegnung war uns als Erinnerung wertvoller.

Die Bahnreise nach Rom eröffnete bei schönstem Wetter immer aufs Neue bestaunenswerte Landschaften. Die flachen Dächer und einfachen Konstruktionen der Häuser auf dem Lande erinnerten mich an das neue Schloss in Canstein und das Gutshaus von Forst. Die offenen Täler mit Zypressen und Pinien, frisch gepflügten erdbraunen Äckern und kräftigen weißen Rindern auf den Weiden ließen auf eine ertragreiche Landwirtschaft schließen. In meiner Fantasie bevölkerte ich sie mit den römischen Bauern aus meinen Geschichts- und Lateinstunden, deren Ackerbau einst die Grundlage für ein Weltreich schuf.

Bei der Papstaudienz

In Rom wohnten wir sehr einfach in einer Herberge der Pallottinerpatres an der Ponte Sisto, einer anmutig geschwungenen alten Tiberbrücke. Unser Pilgerprogramm, das wie üblich den Besuch der vorgeschriebenen Kathedralen enthielt, wurde in einem engen Zeitrahmen abgewickelt und ließ mir nur wenig Platz für eigene Pläne. Unvergessen geblieben ist mir die eindrucksvolle und würdige Gestalt von Papst Pius XII. bei der Audienz für Tausende von Pilgern im Petersdom. Meine Eltern waren ihm einmal persönlich während seiner Zeit als Nuntius in Berlin begegnet und hatten voll Hochachtung von ihm berichtet.

Beim Besuch des Forum Romanum entfernte ich mich von der Gruppe und ihrem eifrig parlierenden Führer und setzte mich auf einen Steinquader. Wieder überließ ich mich meinen historischen Tagträumen und bevölkerte die Ruinen. Männer in weißen Togen und mit Sandalen an den Füßen, barfüßige Buben und halb verschleierte Frauen bewegten sich zwischen den Säulen. Shakespeares „Julius Cäsar" und die Rede des Mark Antonius kamen mir in den Sinn. Hier hatte Cicero seine Reden gehalten, die uns als Schülern das Leben schwer machten. Hier war einst das Zentrum der Welt gewesen. Von den im Eiltempo abgegrasten Sehenswürdigkeiten beeindruckten mich besonders das Pantheon, die Katakomben, das Colosseum und die Kirche St. Maria in Cosmedin. Diese alte Basilika vermittelte mir in ihrer Einfachheit die Atmosphäre eines Andachtsraumes der frühen Christenheit, ohne die Ablenkungen des Prunks späterer Stile.

Unsere Rückreise, die größtenteils bei Nacht stattfand, hatte keine besonderen Höhepunkte. Nach kurzem Besuch zu Hause kehrte ich zu meiner Lehrstelle und der täglichen Arbeit mit Gabel und Schaufel zurück. Innerlich bereichert von den ästhetischen und geistigen Eindrücken der Reise fiel mir die Schufterei nun viel leichter.

Die neue Lehrstelle

Gegen Ende meines ersten Lehrjahres 1950 infizierte ich mir beim Abladen von Mineraldünger eine kleine Verletzung am linken Mittelfinger. Da ich nicht in der Krankenkasse gemeldet war, weil mein Chef mehr Lehrlinge eingestellt hatte, als er durfte, behandelte man die stark anschwellende Hand mit Ichthyolsalbe. Ich legte den Arm in eine Schlinge. Dann kam das Wochenende. Mein Vater holte mich ab, um mit mir zur Vorstellung auf meiner neuen Lehrstelle bei Herrn Wilhelm Püllen auf dem Hermannshof bei Düren zu fahren.

Am Morgen vor der Abfahrt besuchte ich noch rasch den Cansteiner Arzt Dr. Wennekes, damit dieser sich meine Hand anschauen konnte. Unter der schwarzen Schicht der Ichthyolsalbe war die Haut des Mittelfingers gespannt vom Eiter. „Das muss sofort operiert werden", lautete seine Diagnose. Wir dachten, mit einem ambulant durchgeführten Schnitt wäre die Sache erledigt und nahmen unterwegs Kontakt mit einer Düsseldorfer Klinik auf, die uns Verwandte empfohlen hatten. Der Professor höchstpersönlich operierte mich. Als ich aus der Narkose erwachte, wurde mir mitgeteilt, dass ich mindestens zwei Tage zur Beobachtung bleiben müsse.

Wir verschoben die Vorstellung auf dem Hermannshof also per Telefon. Papi fuhr wieder nach Hause, und ich nahm zwei Tage später den Zug nach Düren.

So wurde das Ende meiner Zeit auf dem Berkenbusch für meinen Chef Rickert-Löser eine teure Angelegenheit, denn er musste das Honorar des Herrn Professor und zwei Tage Klinikaufenthalt seines Lehrlings aus eigener Tasche begleichen.

In diesem meinem ersten Lehrjahr habe ich gelernt, bei harter körperlicher Arbeit durchzuhalten und den Humor nicht zu verlieren. Mein Lehrherr hat mir beigebracht, wie man richtig mit Gabel, Schaufel, Hammer und allem Handwerkszeug des Bauern umgeht, insbesondere aber eine Art der Zusammenarbeit, bei der jeder seine Tätigkeit so gestaltet, dass er dem anderen die Arbeit erleichtert. Dafür bin ich ihm sehr dankbar.

Auch in kleinen Dingen genau

Am Dienstag nach der Operation konnte ich die Klinik in Düsseldorf verlassen. Der Professor sah sich sein Werk noch einmal an, und die Oberschwester verband meine Hand neu. Als sie bei der obersten Binde angekommen war, fiel ihr das Ende auf den Boden. Sie hob es auf und wickelte weiter. Als der Klinikchef das sah, wurde er stinkwütend und schnauzte die Schwester an, sie habe gefälligst eine neue Binde zu nehmen. Da ich noch nichts von Krankenhaushygiene verstand, war mir dieser Wutausbruch ziemlich unverständlich, denn durch die äußerste Binde konnte doch die Wunde nicht infiziert werden. Damals verstand ich noch nicht, dass es ums Prinzip ging: Wer in kleinen Dingen nachlässig ist, wird es auch rasch in großen. Mit der Bahn fuhr ich über Köln nach Düren und von dort mit dem Bus nach Eschweiler über Feld. Der Hermannshof liegt am Ortseingang des Dorfes in Richtung Düren. Interessiert sah ich mir auf der Fahrt die im Vergleich zu unseren Verhältnissen großen Schläge an, die völlig eben waren und auf denen ich junges Getreide und feinkrümelig bearbeiteten Ackerboden erkennen konnte, der wohl schon Zuckerrübensaat enthielt. Der Boden war hellbrauner Löss, das Beste vom Besten.

Mein zukünftiger Lehrherr Wilhelm Püllen, der mich erwartet hatte, öffnete mir die Tür, begrüßte mich mit einem herzlichen Händedruck und führte mich in sein Arbeitszimmer. Er war ein mittelgroßer, gut aussehender Mann mit schlohweißem, leicht schütterem Haar, blitzblauen fröhlichen Augen und einem gewinnenden Lächeln, das dem Gesprächspartner ein stilles Einvernehmen zu vermitteln schien. Ich jedenfalls war gleich von ihm eingenommen. Er befragte mich nach meiner bisherigen Lehrzeit, und ich hatte schon so viel Vertrauen zu ihm gewonnen, dass ich neben den guten Erfahrungen auch einiges Kritische über meinen bisherigen Lehrherrn äußerte. Als ich das tat, unterbrach er mich mit einem freundlichen Lächeln und sagte: „Seien Sie vorsichtig, Herr von Elverfeldt, wenn Sie mir Kritisches über ihre vorige Lehrstelle mitteilen. Sie müssen sich dabei im Klaren sein, dass ich jetzt denken könnte, was Sie wohl später anderen Berufskollegen über mich erzählen werden …"

Dies war der erste Rat, den ich von ihm erhielt und den ich immer beherzigt habe. Nachdem wir uns etwa eine Viertelstunde lang unterhalten hatten, erklärte er mir, dass er bereit sei, mich als Lehrling einzustellen.

Von Dieben umgeben?

Dann erläuterte er mir einige Grundsätze für die Arbeit auf seinem Betrieb. Zwei davon sind mir besonders im Gedächtnis haften geblieben. Er sagte: „Also, Herr von Elverfeldt, wenn Sie sich während Ihrer Zeit hier bei uns eine Freundin suchen wollen, so habe ich nichts dagegen, aber bitte nicht hier im Haushalt oder im Dorf, sondern meinetwegen in Düren oder an einem anderen entfernteren Ort, wo es kein Gerede gibt. Zweitens möchte ich Sie darauf aufmerksam machen, dass Sie ständig darauf achten müssen, Diebstähle zu verhindern. Schließen Sie stets sorgfältig alles ab. Hier im Dorf stehlen alle, auch die, die jeden Sonntag in der Messe sind. Was Ihre Ausbildung betrifft, so gehe ich selbstverständlich davon aus, dass Sie alle landwirtschaftlichen Arbeiten erlernen wollen. Dies überlasse ich Ihnen, ich werde mich nur darum kümmern, wenn Sie Fragen haben. Was ich jedoch mit meiner Ausbildung erreichen möchte, ist, Ihnen die Fähigkeit zu vermitteln, einen Betrieb zu leiten."

Er erzählte mir, dass sein Vater früh gestorben sei. So habe er sich als 24-Jähriger die Kenntnisse eines Betriebsleiters unter großen Sorgen und Schwierigkeiten durch oft schmerzliche Erfahrungen selbst beibringen müssen. Das wollte er seinen Lehrlingen ersparen. So gab er mir einige Hinweise:

„Bitte schaffen Sie sich ein Notizbuch an, das Sie immer bei sich tragen. Wenn ich Ihnen eine Anweisung gebe, lege ich Wert darauf, dass Sie diese sofort in ihrem Merkbuch eintragen. Wenn Sie in freien Minuten aufmerksam über den Betrieb gehen, notieren Sie sich bitte, was Ihnen auffällt, vor allem, wo Arbeiten anstehen, die bei schlechtem Wetter erledigt werden können. Wenn es während der eingeteilten Tagesarbeit regnet und die Mitarbeiter dadurch ohne Beschäftigung sind, werde ich mich nicht darum kümmern. Es ist dann Ihre Aufgabe, die Arbeit umzuorganisieren und die Mitarbeiter das tun zu lassen, was Sie sich in Ihrem Notizbuch aufgeschrieben haben. Ich werde mir dann ansehen, was Sie für wichtig gehalten haben und Ihnen meine Meinung dazu sagen. Außerdem bitte ich Sie, die Witterung zu beobachten und abends den Wetterbericht zu hören. Wenn ich um 22 Uhr zu Bett gehe, möchte ich auf dem Tischchen vor meinem Schlafzimmer schriftlich Ihre Vorschläge für die Arbeitseinteilung des nächsten Tages vorfinden. Am Ende Ihrer Lehrzeit bei mir will ich 14 Tage in Urlaub fahren und Ihnen unbesorgt die Betriebsleitung überlassen können." – Soweit die Anweisungen des Bauern Wilhelm Püllen. Nach einer freundlichen Verabschiedung fuhr ich nachdenklich, aber mit großer Vorfreude auf meinen neuen Lehrbetrieb nach Hause. Der Hermannshof war ein Pachtbetrieb von rund 250 Hektar. Neben dem Anbau aller Getreidearten war die wichtigste Ackerfrucht die Zuckerrübe – die „Knolle", wie man dort sagte. In geringem Umfang wurden auch Kartoffeln produziert. Die Viehhaltung bestand aus einem Abmelkbetrieb mit etwa 50 Kühen im Anbindestall und aus einer Schweinemast. Es wurden etwa 20 Dauerarbeitskräfte und zahlreiche Saisonarbeiter und -arbeiterinnen beschäftigt. Zwei Lanz-Bulldog-Schlepper und etwa zwölf Pferde waren die Anspannung. Die Transportarbeiten erfolgten nicht wie bei uns in Canstein mit hölzernen Rungenwagen, sondern mit einspännigen Kippkarren. Die Pferde gingen im Kummet ohne Hintergeschirr, da alle Felder eben waren. Deshalb besaßen die Kippkarren auch keine Bremsen. Zusätzlich zur Pferdeanspannung wurden in der Hochsaison der Rübenernte auch Ochsen in die Kippkarren gespannt. Mit diesen im wahrsten Sinne des Wortes großen Rindviechern, die der Chef in Bayern einkaufte, war nicht leicht umzugehen. Sie besaßen enorme Zugkraft und konnten viel besser als die Pferde die vollen Kippkarren vom Acker schaffen, auch wenn sie mit den Rädern halb im Boden versunken waren. Wenn die Tiere störrisch wurden, waren sie allerdings nur schwer dazu zu bewegen.

Der Hof war in der typisch rheinischen Bauweise im geschlossenen Rechteck aus Ziegelsteinen erbaut. Zwei große Tore konnten in der Nacht geschlossen werden. Das mehrstöckige Wohnhaus war Teil des Gebäudevierecks und lag neben dem Haupttor. Im Inneren gab es schmale und steile Treppen, wie sie in Holland üblich sind. Diese führten in das Obergeschoss, in dem die Angestellten mit Familienanschluss untergebracht waren. Außer mir waren das der Lehrling Erhard Waubke und der Volontärverwalter Günther Horny. Ich war auf dem Betrieb der erste Lehrling aus adligem Hause. Herr Püllen hatte sich, wie ich nach Jahren erfuhr, sehr schwer getan, einen solchen zukünftigen Gutsbesitzer einzustellen. Dass ich dieses Misstrauen abgebaut und die lange Reihe seiner späteren Lehrlinge aus adligen Familien eröffnet habe, rechne ich zu meinen „Berufserfolgen".

Der Sturz von der Treppe

Die Lehrlinge hatten vollen Familienanschluss und wurden von der stets fröhlichen Frau Gertrud Püllen und ihrer rundlich-mütterlichen Köchin Fräulein Gretchen bestens betreut und versorgt. Die Kinder der Familie, die alle noch nicht im Schulalter waren, machten mir große Freude. Selbst an eine zahlreiche Schar jüngerer Geschwister gewöhnt, kannte ich viele Spiele, und wir hatten viel Spaß miteinander.

Ein Erlebnis mit dem damals jüngsten Kind, einem Buben von drei Jahren, ist mir unvergessen. An einem Sommernachmittag betrat ich den Eingangsflur und wollte die steile „holländische" Treppe nach oben benutzen. Im selben Augenblick polterte es von oben, und der kleine Junge kam wie ein Hase bei der Treibjagd kopfüber-kopfunter die Stufen hintergesaust. Mir blieb das Herz stehen. Ich konnte ihn gerade noch festhalten und vor dem Aufprall auf den Fliesen bewahren. Ich war sicher, dass er sich etwas gebrochen hatte. Der Hausarzt war rasch zur Stelle. Doch der Kleine hatte großes Glück gehabt, denn der Arzt stellte nur ein paar Prellungen fest.

Jeden Abend lagen unsere drei Vorschläge für die Arbeitseinteilung des nächsten Tages vor dem Schlafzimmer von Herrn Püllen. Am Morgen danach gab es dann die Manöverkritik, wenn er seine Anweisungen erteilte.

Am Anfang übernahm ich die Vorschläge meiner Kollegen, denn ich war in solchen Überlegungen ein völliges „Greenhorn". Nach einigen Wochen jedoch wagte ich auch einmal eigene Vorschläge und hatte hin und wieder ein Erfolgserlebnis, wenn der Chef beim Frühstück sagte: „Wie Herr von Elverfeldt vorgeschlagen hat, fangen wir heute mit dem Rübenhacken an."

„Herr von Dingenskirchen"

Was die Namen betraf, so konnte es vorkommen, dass er wegen der Arbeitseinteilung so in Gedanken vertieft war, dass er zu mir versehentlich „Herr von Waubke" sagte oder auch einmal „Herr von Dingenskirchen". Man spürte ihm, wenn es um wichtige Entscheidungen ging, immer noch die Nervosität des jungen Mannes an, der beim plötzlichen Tod seines Vaters allein die Verantwortung hatte übernehmen müssen.

Außer als Jungvolkführer in der Nazizeit war ich noch nie Vorgesetzter einer größeren Gruppe von Menschen gewesen. Auf dem Berkenbusch hatte es ja außer uns vier Lehrlingen nur zwei Arbeiter und die Tierpfleger gegeben, denen ich nur selten Anweisungen geben musste. Jetzt war ich ohne Vorbildung für 10 bis 20 Arbeiter und Arbeiterinnen verantwortlich und musste sowohl Anweisungen geben als auch die Arbeitsqualität überwachen. Diese Aufgabe galt es bei eigenem körperlichen Einsatz in einer Tätigkeit zu erfüllen, die meine Untergebenen schon seit vielen Jahre kannten.

Mein Vater hatte mir dazu den guten Rat gegeben, nie den Anschein zu verbreiten, als ob ich eine Arbeit beherrschte, sondern die Mitarbeiter zu fragen, wie man es richtig macht. Das zahlte sich aus. Die erfahrenen Landarbeiter waren stolz darauf, mir zu zeigen, wie man Qualitätsarbeit leistet. Auf diese einfache Weise hielt ich sie zu ordentlicher Arbeit an und lernte selbst dazu.

Wenn zu entscheiden war, ob eine Feldarbeit wegen Regen abgebrochen werden musste, kam es oft zu Meinungsverschiedenheiten, denn die Mitarbeiter waren natürlich über jede bezahlte Arbeitsunterbrechung erfreut und murrten, wenn ich weiterarbeiten ließ. Dabei behielt ich in der Beurteilung der Wetterlage meistens recht, weil ich schon als Junge Wetterbeobachtung gelernt hatte und Schlüsse aus der allgemeinen Situation, dem Wolkenbild und der Windrichtung ziehen konnte.

Rübenernte und viel Handarbeit

Die nur zum Teil mechanisierte Rübenernte auf dem Lehrbetrieb Püllen, dem Hermannshof bei Düren, erforderte viel Handarbeit. Sowohl die Rüben als auch das Blatt wurden von Hand mehrfach auf- und umgeladen: auf dem Felde entweder in Kippkarren oder luftbereifte Schlepperanhänger und von dort ins Silo oder auf die Bahn. Die Waggonverladung war die härteste Arbeit. Besonders wenn man einen Anhänger entlud, war der Anfang schwierig und anstrengend, weil mit der Rübengabel erst einmal ein Stück des Wagenbodens freigeschaufelt werden musste, um die mit einer ovalen Kugel als Spitze versehenen Zinken unter die Rüben schieben zu können. Wenn dann ein Standplatz freigeräumt war, warf man die Rüben vom Anhänger aus leichter über die Waggonkante. Es war eine Knochenarbeit, von der Betonfahrbahn, auf die ein beträchtlicher Teil der Ladung beim Öffnen der Seitenplanke gekullert war, Rüben in den Waggon zu schaffen.

Das Abfahren des schweren und oft matschigen Rübenblatts vom Feld war eine vergleichbare Anstrengung, denn die Ladekante der Kippkarren, über die man die Gabel hieven musste, war kopfhoch. War man mit einer Karre am Flachsilo angekommen, musste sie zum Abkippen auf das Silo hinaufgefahren werden. Durch lautes Gebrüll und Schwingen der Peitsche angefeuert, schaffte es das jeweilige Pferd oder der Ochse hin und wieder allein. In den meisten Fällen war jedoch ein weiteres Pferd mit einem Helfer zum Vorspannen vonnöten. Der abgekippte Blatthaufen musste dann noch unter großer Kraftanstrengung mit der Gabel verteilt werden.

Im Zusammenhang mit der Kippkarre erinnere ich mich an einen Tag auf dem Hermannshof, an dem mir nahezu alle Arbeit misslang. Am Morgen hatte ich bei der Neueinteilung der Arbeit nach einem Gewitterguss einen Fehler gemacht, von dem ich wusste, dass er den Chef sehr ärgern würde. Nachmittags musste ich mit der Kippkarre Mist aus einem Stall auf einen Haufen auf dem Felde fahren. Bei der zweiten oder dritten Fuhre zog der schwere Kaltblüter die Karre zu sehr nach einer Seite, das rechte Rad rutschte vom Haufen seitlich herunter und die Karre schlug über die Kante um. Das Pferd wurde mitgezogen, blieb aber, da das Geschirr zerriss, unverletzt.

Ich war wütend und verzweifelt, zog mit dem Pferd zum Hof und holte Hilfe. Nun erwartete ich zur Abendbesprechung ein Donnerwetter. Nachdem ich meinen wenig erfreulichen Tagesbericht gegeben hatte, geschah zu meiner Verwunderung nichts. Müde und traurigen Sinnes ging ich in mein Zimmer. Dort traute ich meinen Augen nicht, denn auf meinem Nachttisch stand eine kühle Flasche Bier. Ja, so ein Lehrherr war Wilhelm Püllen. Er wusste, dass ich mich nun doppelt anstrengen würde, meine Sache gut zu machen.

Auch im Kuhstall gab es öfter, als uns lieb war, Arbeit für die Lehrlinge. Der Chef fuhr hin und wieder zu Auktionen und kaufte hochtragende Kühe. Diese wurden per Bahn angeliefert. Da der Transport in den engen Waggons die Tiere großem Stress aussetzte, gab es bei Kühen, die unterwegs Wehen gehabt hatten, erhebliche Komplikationen bei der Geburt der Kälber. Dann mussten auch nach Feierabend oder an den Wochenenden die Lehrlinge als Hilfskräfte des Melkermeisters ran und auch schon mal alleine mit einer gebärenden Kuh fertig werden.

Der Melker aus Holland

Der Melkermeister war ein echtes Original aus Holland. Er sah sehr merkwürdig aus, denn er besaß nur noch wenige Zahnstummel in einem braun geränderten Mund. Die Ursache dieses seltsamen Aussehens lernte man rasch kennen, denn von Zeit zu Zeit griff er in seine Tasche und zog einen Beutel mit Pfeifentabak hervor, von dem er einen Klumpen als Priem zum Kauen in den Mund schob. Er war ein erfahrener Melker und Experte in Geburtshilfe. Nur selten mussten wir den Tierarzt rufen.

Der Abmelkstall auf dem Hermannshof war im Vergleich mit den Zuchtställen in Canstein oder auf dem Berkenbusch ein wenig appetitlicher Betrieb. Allerdings habe ich dort eine Menge über Geburtshilfe im Viehstall gelernt.

Im Herbst wurde ich dann bei der Landwirtschaftskammer Rheinland zur Lehrlingsprüfung angemeldet. Mein Arbeitstagebuch, das ich bei Herrn Püllen ohnehin täglich führen musste, entsprach den Vorschriften. Herr Horny, der diese Prüfung schon hinter sich hatte, weihte mich in die Tricks der Prüfer ein. Wir wurden damals auch noch in Handarbeiten geprüft, die während meiner Praxis gar nicht mehr vorgekommen waren. Zum Beispiel hatte ich noch nie eine Sense in der Hand gehabt oder mit Pferden gepflügt, weil Mähen und Pflügen auf meinen Lehrbetrieben mechanisiert gewesen war. Ich ließ mich im Eilverfahren unterweisen, wie man eine Sense handhabt, schärft und dengelt. Meine Fertigkeit darin blieb wegen mangelnder Übung, die für die Sensenarbeit unbedingt erforderlich ist, jedoch recht mangelhaft.

Was die Prüfer verstellen

Die richtige Anspannung, Einstellung und Handhabung des im Rheinland üblichen pferdebespannten Kipppfluges war eine Kunst, bei der viele Einzelheiten zu beachten waren. Herr Horny zeigte mir, was die Prüfer häufig am Pflug verstellen. Die Mechanik der Pflugarbeit zu erläutern, ist theoretisch nur schwer möglich. Da ich schon mit dem Schlepper gepflügt hatte, kannte ich deren Grundlagen aus der Praxis. Doch von der Auswirkung der Pferdean-

Peills Experimente: Ackern ohne Vieh

In Ollesheim, ganz in der Nähe des Hermannshofes, lag der Hof der Familie Peill. Herr Peill war ein außerordentlich fortschrittlicher Landwirt. Er nahm eine Entwicklung vorweg, die fast alle größeren Ackerbaubetriebe in den 1960er- und 1970er-Jahren vollzogen. Durch die Kriegsereignisse hatte er seinen gesamten Viehbestand verloren. Er beschloss daraufhin, kein Vieh mehr anzuschaffen. Das war eine Revolution für den Ackerbau, den man sich seinerzeit nicht ohne Mistdüngung vorstellen konnte. Alle Professoren der Fachrichtung Ackerbau an den Universitäten prophezeiten ihm schwere Ertragseinbußen. Herr Peill jedoch ersetzte die Zufuhr organischer Substanz durch Gründüngung mit Weißkleeuntersaat und die Einarbeitung des gehäckselten Strohs direkt nach dem Mähdrusch, den er als einer der Ersten eingeführt hatte.
Eine zusätzliche Stickstoffgabe ermöglichte die Umwandlung des Strohs in Humus. Die Rübenernte konnte Peill voll mechanisieren, da er ja kein Rübenblatt mehr benötigte. Der Lössboden vertrug die Verfestigung durch die Schlepper und Anhänger gut. Wenn er danach gepflügt wurde, war die Bodenstruktur sofort wieder in Ordnung.
Das hätte man mit unserem schweren Cansteiner Boden nie wagen dürfen, denn er hätte jahrelang Druckschäden gezeigt. Die Strohdüngung nach der Abschaffung des Viehs in den 1970er-Jahren führte dann zusammen mit der erhöhten Schlagkraft der Bodenbearbeitung durch starke Schlepper auch bei uns zu einer erheblichen Verbesserung der Bodenstruktur. Herr Peill war so mit der Einführung dieser modernen Ackerbaumethode ein echter Pionier der Landwirtschaft im Rheinland gewesen.

spannung auf die Arbeit des Pfluges hatte ich keine Ahnung. Die Prüfer verstellten gern das Geschirr oder hängten die Zugstränge aus. Auch änderten sie die Einstellungen des Zugpunktes am Pflug. Da die Eisen und Lederteile jedoch meist Rost und Verschleißspuren aufwiesen, konnte man daran oft erkennen, wo etwas verstellt worden war.

Eine weitere Falle stellte die Prüfkommission beim sensorischen Erkennen von Mineraldüngersorten. Meistens wurde unter die in Häufchen auf einem Tisch ausgelegten, sehr ähnlich aussehenden Düngersorten ein Häufchen Zement gelegt, das man leicht mit Thomasmehl verwechseln konnte. Geruchsproben und das Zerreiben der Stoffe zwischen den angefeuchteten Fingern erleichterten die Unterscheidung der Düngerarten.

Das gefürchtete Abschätzen von Volumen und Gewicht von Schüttgütern wie Getreide oder Sand in Haufen hatte ich auf dem Berkenbusch ganz gut erlernt. Auch das Abdrehen der Sämaschine, um die Aussaatmenge zu bestimmen, beherrschte ich.

Guten Mutes fuhr ich am Prüfungstag auf einen Hof in der Nähe von Düren, wo die mir unbekannten Prüfer die Lehrlinge in Empfang nahmen. Was die Vorurteile der Prüfer betraf, so hatte ich schlechte Karten. Zum einen war ich der einzige Abiturient mit dem Privileg, nur zwei Lehrjahre für die Prüfung nachweisen zu müssen, normal wären drei notwendig gewesen. Das hielten die meisten Prüfer für eine zu kurze Ausbildung. Zum anderen stammte ich aus Westfalen und trug einen adeligen Namen.

Alexander von Elverfeldt (vorne, mit Brille) mit Gleichaltrigen auf einer Feier zur Allerheiligenkirmes in Soest 1951. Dieses Volksfest Anfang November bildete den Auftakt zum neuen Ausbildungsjahr an der Höheren Landbauschule.

Da wir aber in den einzelnen Sparten von jeweils unterschiedlichen Herren geprüft wurden, verteilte sich dieses Risiko. Die Theorie bestand ich problemlos. Bei den praktischen Vorführungen gelang mir das Pflügen besser, als ich befürchtet hatte. Beim Sensenmähen jedoch geriet ich an einen Experten bäuerlicher Handarbeit. „Sie haben wohl noch nie eine Sense in der Hand gehabt", war sein Kommentar. In dieser Disziplin war damit eine Fünf fällig. Beim Handmelken, das ich auch nicht allzu oft betrieben hatte, erging es mir nicht besser. Ich bekam eine Kuh zugeteilt, deren Euter fast an den Boden reichte und die man nicht in einen Eimer melken konnte. Der Bauer, auf dessen Betrieb wir geprüft wurden, hatte für diese Kuh eine große Schüssel im Stall, die ihr zum Melken untergestellt wurde. Wegen meines langen Rückens bedurfte es gewisser Akrobatik, um dieses Euter zu leeren. Ich überschritt bei Weitem die Zeit und erhielt wohl wegen der erschwerten Bedingungen gerade noch eine Vier. Eine Woche nach der Prüfung erhielt ich die Urkunde, die mich zum „Geprüften Landwirtschaftsgehilfen" machte.

Als Landbauschüler in Soest

Nun hätte ich ein Universitätsstudium an einer der landwirtschaftlichen Fakultäten beginnen können. Während meiner Lehrzeit hatte ich die Bedeutung der aufkommenden Mechanisierung der landwirtschaftlichen Arbeiten erkannt. Ich beschloss daher, anstelle der Universität die Höhere Landbauschule zu besuchen, die seinerzeit nach einjährigem Studium den Abschluss als „Staatlich geprüfter Landwirt" bot. Diese relativ kurze theoretische Ausbildung als Landwirt ermöglichte es mir, in der gleichen Zeit, die ein Studium erfordert hätte, zusätzliche Kenntnisse im Landmaschinenbau zu erwerben. Zum Erwerb dieses Wissens plante ich ein Praktikum im Landmaschinenbau und den Besuch der Ingenieurschule Köln in diesem Fach. Dankbar für eine arbeitsreiche Lehrzeit, in der ich viele wichtige Erfahrungen machen durfte, begann ich am 1. November 1951 mein Studium an der Höheren Landbauschule in Soest. Drei Dozenten erwarteten uns in den Hauptfächern und einige Hilfsdozenten in den Nebenfächern Forstwirtschaft und Gartenbau. Dr. Berendes, ein ernster Westfale, Bauernsohn aus Marienmünster bei Steinheim und Offizier beider Weltkriege, war der Direktor, der uns in Ackerbau unterrichtete. Dr. Munde, ehemaliger Direktor der Höheren Landbauschule Landsberg an der Warthe, war für das Fach Betriebswirtschaft zuständig. Professor Brüggemann, der aus Schlesien stammte und Professor in Admont in Österreich gewesen war, gab Vorlesungen in Viehzucht. Diesen drei Männern verdanke ich die konzentrierte Vermittlung eines Fachwissens, das ich sonst in drei bis vier Jahren an einer Universität sehr viel umständlicher hätte erwerben müssen und das sowohl für die Praxis im Betrieb wie auch zum Verständnis wissenschaftlicher Ausarbeitungen ausreichte.

Das Vergnügen rangierte in Soest erst einmal vor der Arbeit. Unser Semester begann mit der Allerheiligenkirmes, dem größten und wichtigsten Fest des Jahres in unserem Studienort. Die mittelalterliche Innenstadt, umgeben von einer Wallmauer, füllt dann all ihre Plätze und Gassen mit Buden und Fahrgeschäften.

Neben dem Jahrmarktstreiben finden gesellschaftliche Veranstaltungen statt. Zu einem Ball der Bürgerschaft wurden traditionell auch die Studenten der Höheren Landbauschule geladen, die neu in Soest eingetroffen waren. Auf diesen Ball freute ich mich besonders, denn ich war seit einiger Zeit „ledig".

Viele Jahre hatte ich meiner Freundin Inge die Treue gehalten. Wir waren jedoch einig geworden, dass unsere Zweisamkeit keine dauerhafte Zukunft haben könne. So fühlte ich mich „frei" für einen neuen Flirt.

Schöne Tage mit Tilla

Außer Josef von Weichs und Hubert von Metternich, die mit mir im Semester waren, kannte ich im ganzen Ballsaal keine Seele. Als die Musik begann, schlenderte ich durch die Tischreihen und sah mich unter den Töchtern der Soester Familien um. Hier lernte ich Tilla kennen, Tochter einer Kaufmannsfamilie, die im Herzen von Soest ein Haushalts- und Spielwarengeschäft betrieb. Meine Zuneigung wurde wundervoll erwidert, und wir verbrachten im folgenden Jahr viele Stunden unserer Freizeit in Harmonie miteinander. Unser Ziel war oft der nahe Möhnesee, in dem wir schwammen oder am Ufer lange Spaziergänge machten.

Die Stunden mit ihr waren die Höhepunkte meines Soester Jahrs und sind mir unvergesslich. Wir wussten, dass wir keine gemeinsame Zukunft haben würden, denn sie war die Erbin des väterlichen Betriebes, und meine Familie hätte sich damals noch schwergetan, wenn ich „bürgerlich" geheiratet hätte.

Bis heute haben wir Verbindung miteinander gehalten. Sie führte den elterlichen Betrieb noch lange allein und verpachtete ihn dann. Leider ist sie unverheiratet geblieben.

Mit den Feierlichkeiten der Allerheiligenkirmes und mit neuen Bekanntschaften begann das Semester sehr erfreulich. Es fiel uns jedoch trotz des durch die drei Temperamente unserer Lehrer recht anregenden Unterrichts bei allen gleich schwer, dem Vortrag zu folgen. Wir kamen ja aus der Praxis und waren gewohnt, den Tag bei körperlicher Bewegung im Freien zu verbringen. Nun saßen wir unbeweglich den ganzen Vormittag im engen Hörsaal und schliefen trotz der Bemühungen der Männer auf dem Katheder immer wieder ein. Es dauerte sicher ein bis zwei Monate, bis sich dieser Zustand besserte.

Dr. Berendes breitete in ausgezeichnet vorbereiteten Referaten die ganze Palette des Wissens im Acker- und Pflanzenbau vor uns aus. Sein Vortragsstil war wenig abwechslungsreich, und so schlief ich trotz meines großen Interesses für dieses Fachgebiet gerade bei seinen Unterrichtsstunden oft ein. Ich las aber nebenbei viel über den Ackerbau im Lehrbuch und in Fachzeitschriften. So waren meine Kenntnisse trotz der Schläfrigkeit gar nicht schlecht und führten zu der Bemerkung von Dr. Berendes: „Komisch, komisch, dieser Elverfeldt schläft immer, aber wissen tut er doch was."

Dr. Munde war ein nüchtern-sachlicher Lehrer, dem man die Erfahrung des ehemaligen Schulleiters anmerkte. Sein Humor aber verriet, dass hinter der notwendigen Arbeitshaltung ein froher Mensch steckte, der nicht ohne Verständnis für gewisse Schwächen seiner Studenten war. In seinen Vorlesungen lernten wir die Grundsätze von Albrecht Thaer und Friedrich Aereboe, den Klassikern der landwirtschaftlichen Betriebswirtschaftslehre, kennen, die seine großen Vorbilder waren.

Viele Jahre später fand ich in unserer Bibliothek die Erstausgabe der „Grundsätze der rationellen Landwirtschaft" Albrecht Thaers, die dieser auf der ersten Seite signiert hatte, und dachte an meinen verehrten Lehrer. Der Paragraf 1 darin lautet:

„Die Landwirtschaft ist ein Gewerbe, das zum Ziel hat, durch Erzeugung, zuweilen auch durch fernere Bearbeitung vegetabilischer und tierischer Substanzen, Gewinn zu erzielen oder Geld zu erwerben. Nicht der höchstmögliche Ertrag, außer wo man ihn aus Versuchsgründen zeigen wollte, sondern der höchstmögliche nachhaltige Gewinn nach Abzug aller Kosten ist das Ziel des Wirtschaftens des Landwirts und muss es sein, selbst im Hinblick auf das allgemeine Beste."

Rinderfell und Milchleistung

Bei allem Bemühen um Leistungssteigerung schärfte Dr. Munde uns ein, die ökonomische Kontrolle durch Buchführung und Kostenrechnung nie zu vernachlässigen. Dazu lehrte er uns die Methoden und Verfahren eingehend und mit zahlreichen praktischen Übungen.

Unser Tierzuchtlehrer Professor Brüggemann war von ganz anderer Wesensart als seine beiden Kollegen. Er vermittelte sein Wissen, das sehr umfassend und modern war, auf leichte Weise. Nicht immer kam er vorbereitet in die Vorlesungen, sondern unterrichtete gern im Gespräch aus dem Stegreif. Das fiel ihm nicht schwer, denn er hatte die Grundlagen im Kopf. Natürlich kamen dabei auch häufig Themen zur Sprache, die nichts mit Tierzucht zu tun hatten. Er war ein körperlich kleiner, sehr beweglicher und temperamentvoller Mann mit einer gehörigen Portion Humor, der auch schon mal angriffslustig werden konnte. Von Genetik verstand er sehr viel, und wir lernten von ihm, dem alten Aberglauben zu entsagen, dass man vom Äußeren („Phänotyp") eines Tieres ohne Weiteres auf seine Eigenschaften („Genotyp") schließen kann. Oder anders gesagt: Die Verteilung der Flecken bunter Rinder lässt keinen Schluss auf die Milchleistung zu.

Ich habe in den 1970er-Jahren oft an ihn gedacht, als die Zuchtverbände begannen, die Milchleistung ihrer Tiere durch Einkreuzung mit amerikanischen Hochleistungsbullen zu verbessern. Damals lachten wir über die Fotos amerikanischer Zuchttiere, die unser Professor von seiner USA-Reise mitgebracht hatte. Sie zeigten stockmagere schwarzbunte Holstein-Frisians, denen bei der Vorstellung der Kopf hochgezogen wurde.

Die Köpfe hoch

Auf unseren Zuchtschauen wurde die Massigkeit des Tierkörpers durch Niederhalten des Kopfes betont. Das Zuchtziel und Schönheitsideal war ein quadratisches, rumpfiges Tier. Wir fanden diese amerikanischen Rinder hässlich. Dabei bedachten wir nicht, dass diese schon erheblich höhere Milchleistungen hatten. Für die Mast existierten dort Spezialrassen. Wer darauf aufmerksam machte, dass die Entwicklung bei uns auch zu einer solchen Spezialisierung führen würde, wurde mit der Bemerkung abgetan: „Wir haben doch keine amerikanischen Verhältnisse, bei uns ist alles anders!" Ich habe mit Vergnügen festgestellt, wie zwischen 1970 und 1980 die Köpfe der Milchkühe bei den Auktionen immer höher gehoben wurden. Inzwischen sind alle schwarzbunten und ein großer Teil der rotbunten Milchkühe von amerikanischen „Holsteins" nicht mehr zu unterscheiden.

Kurz vor dem Beginn meines Soester Studiums hatte ich meine heiß geliebte 250-ccm-Victoria-Aero in Canstein in die Scheune gestellt und mir einen 24-PS-VW Käfer gekauft. Nun fuhr ich erstmals im Trockenen und im Winter sogar mit Heizung in der Spitze 110 Stundenkilometer. Es war der reine Luxus. So gut motorisiert nutzte ich nun die Freizeit und die Ferien zum Reisen. Die Wochenenden verbrachte ich entweder zu Hause, mit Freundin Tilla am Möhnesee oder auf den zahlreichen Partys der Landbauschüler im winterlichen Soest. In unserem Semester studierten in der Mehrzahl Bauernsöhne, die sich größtenteils als Hofesnachfolger ausbilden ließen. Einige davon kannte ich bereits. So zum Beispiel Werner Zündorf, der mein Nachfolger als Lehrling bei Rickert-Löser gewesen war, und Josef von Weichs aus Borlinghausen, einem unserer Nachbargüter. Josef war mein Platznachbar zur Linken, rechts von mir saß Hubert von Metternich aus Graffeln. Hubert war der älteste Student, er war im zweiten Weltkrieg schon Offizier gewesen und genoss daher die besondere Zuneigung unseres Direktors Dr. Berendes, der altgedienter und pflichtbewusster Soldat gewesen war.

Konzentriertes Fachwissen

Jeder Student musste im Laufe des Jahres, das er in der Höheren Landbauschule verbrachte, ein Fachreferat halten. Mein Thema aus dem Ackerbaubereich lautete „Die Nährstoffaufnahme durch die Pflanze". Es erforderte eine Menge Vorbereitung und das eingehende Studium der physikalisch-chemischen Zusammenhänge von Osmose und Kolloidverhalten. Da mich diese Vorgänge interessierten, arbeitete ich mich rasch ein und mein Referat war erfolgreich. Als ich viele Jahre später als frischgebackener Präsident des Deutschen Forstwirtschaftsrates mit dem „Sauren Regen" konfrontiert wurde, konnte ich die Auswirkungen auf Boden und Pflanze gut begreifen und vor Kamera und Mikrofon den Politikern und Bürgern erklären. Auch die Fachgespräche mit den Forstprofessoren fielen mir leichter.

Im Rückblick aus der Berufserfahrung auf dieses eine Jahr Studium war ich mir später bei Treffen mit meinen Kommilitonen einig, dass wir ein Fachwissen konzentriert geboten bekommen haben, das einem längeren Universitätsstudium gleichkam. Wer interessiert war, konnte auf den Ausbildungsstand eines Diplomlandwirts gelangen.

Das Examen als „Staatlich geprüfter Landwirt" am Ende des Studiums konnte jeder bestehen, der während der Lehrzeit aufgepasst hatte. Mir jedenfalls fielen sowohl die schriftlichen Aufgaben wie die mündliche Prüfung leicht.

Exkursion in den Süden

Im Herbst fand unter der Leitung von Professor Brüggemann eine einwöchige Exkursion nach Süddeutschland mit einem Abstecher nach Tirol statt. Wir besuchten zuerst die Weinbauschule und das Institut für landwirtschaftliche Arbeitslehre in Kreuznach. Mit großem Interesse folgte ich aufgrund meiner Erfahrungen mit der forstlichen Arbeitslehre in Rhoden den Ausführungen von Professor Preuschen, der schon vor dem Krieg im Osten als Arbeitslehrer tätig gewesen war und zahlreiche Verbesserungen für die manuelle Landarbeit entwickelt hatte. Er war zum Beispiel der Erfinder der Köpfschippe für die Zuckerrübenernte und hatte dafür ein sehr sinnvolles und rationelles Arbeitsverfahren entwickelt.

Soester Landwirtschaftslehrer: Dr. Munde (links) unterrichtete Betriebswirtschaft, Professor Brüggemann (rechtes Bild, Mitte) lehrte Tierzucht.

Zur Zeit unseres Besuches bei ihm lief gerade eine Mechanisierungswelle für die damals noch existierenden Kleinbetriebe von unter zehn Hektar durchs Land, bei der die Pferde und Kühe als Zugtiere durch kleine Schlepper von 10 bis 15 PS ersetzt wurden. Er wetterte gegen diese Umstellung, da sie den Kleinbauern kein zusätzliches Einkommen brächte. Sie würden die eingesparte Arbeitszeit nach seiner Ansicht nur mit dem Nachbarn am Gartenzaun bei einem Plausch vergeuden. Da diese Bauern häufig nur das Geld für den Kleinschlepper aufbringen konnten, ohne sich die passenden Anhängegeräte leisten zu können – Anbaugeräte gab es noch nicht –, sah man interessante Kombinationen bei der Arbeit.

Ich erinnere mich lebhaft an eine Szene, die wir alle vom Bus aus bestaunten. Ein Bauer saß auf seinem neuen Schlepper und hatte einen Pferdepflug angehängt, hinter dem die Frau mit hängender Zunge in einer Abgaswolke versuchte, das Gerät an den Sterzen in der Furche zu halten. In der industriellen Vollbeschäftigung der 1960er-Jahre wurden aus diesen Bauern Nebenerwerbslandwirte. Oder sie verpachteten ihr Land an Nachbarn.

Professor Preuschen führte uns auch eine Dreschmaschine vor, deren Antrieb er auf geringeren Energieverbrauch umgestellt hatte. Den üblichen großen Antriebsmotor, der über zahlreiche Riemen die vielen Wellen der diversen Aggregate der Maschine antrieb, hatte er durch lauter kleine E-Motoren ersetzt, die Schüttler, Gebläse und Dreschtrommel separat antrieben. Seine Einsicht in die Notwendigkeit der Energieeinsparung war der Zeit weit voraus.

Als nächster Exkursionspunkt waren die Betriebe des Markgrafen von Baden im Reiseplan vorgesehen, durch die uns Toni Freiherr von Herzogenberg als Chef der Verwaltung führte. Er war der Lehrchef und spätere Schwiegervater meines Vetters Clemens Spee in Linnep. Ich habe seine Fachkenntnisse und Fähigkeiten insbesondere in der Betriebswirtschaft und seinen augenzwinkernden Humor immer sehr bewundert. Im Jahre 1945 hatte er sich bei der Arbeitssuche als Flüchtling bei meinem Onkel Gebhard um die Stelle des Cansteiner Verwalters beworben, war aber nicht berücksichtigt worden.

In Salem staunten wir über eine gut durchgezüchtete Fleckviehherde mit für damalige Verhältnisse bester Milchleistung. Sie wird sicher auch in den 1960er-Jahren das Schicksal fast aller Milchkuhherden auf Großbetrieben geteilt haben und verkauft worden sein. In Admont in Tirol bewunderten wir eine Haflingerzucht und die dortige kleine Herde von Lipizzanerstuten. Professor Brüggemann erläuterte uns die Eigenschaften des Haflingers und wir lernten, dass dieser nur dann seinen echten Tiroler Typ entwickelt, wenn er als Jährling auf Almwiesen mit knapper Futterversorgung aufwächst. Im Tal wird er bei gutem Futter zu einem kleinen Kaltblüter.

Später habe ich dann mehrmals bei Besuchen in Meran bei meiner Schwiegermutter Elisabeth von Strachwitz zu Ostern das Haflingerrennen auf der Galopprennbahn miterlebt. Wenn wir beim Wetten auf das Pferd mit dem ausgeprägtesten Warmbluttyp setzten, konnten wir oft gewinnen.

Zoll und metrisches Maß

Während meiner Zeit an der Höheren Landbauschule in Soest hatte ich einen vorgeschriebenen 14-tägigen „Deula-Kurs" in Warendorf besucht. Sinn dieser Ausbildung war es, jungen Landwirten im Eilverfahren einige Kenntnisse über Landmaschinen zu vermitteln. Rasch wurde mir klar, wie unzureichend eine solche Miniausbildung war. Mein technisches Interesse ging weit darüber hinaus. Außerdem erkannte ich, welche umwälzende Entwicklung sich mit der beginnenden Mechanisierung der Landarbeit anbahnte. Es drängte mich, mehr über Maschinenbau zu lernen.

In der arbeitsarmen Zeit im Winter 1953/54 fragte ich bei Herrn Dr. Hans Goeke in der Firma Metallwerke Neheim Goeke & Co. K.G. in Neheim-Hüsten an, ob ich dort einen Monat lang ein Praktikum ableisten könne. Dieses Unternehmen, das mein Großvater mitbegründet hatte, gehörte meinem Vater und seinen Geschwistern. Dort wurden Armaturen für die Warmwasserzentralheizung hergestellt. Für mich öffnete sich eine bis dahin völlig unbekannte Welt: die Welt der Metallbearbeitung, die mich noch heute fasziniert. Von der Werkzeugmacherei aus, deren Meister Herr Wortmann mich als Mentor während der ganzen Zeit in Neheim betreute und mich in die Geheimnisse des Drehens, Fräsens, Hobelns und Bohrens einweihte, über Gießerei, Presserei, Dreherei und Montage lernte ich alle Betriebsstätten und den Ablauf der Fertigung von Armaturen für die Heizungsbranche kennen. Ich lernte, wie man eine Schieblehre benutzt und wie man metrische Gewinde von Zollgewinden unterscheidet.

Praktikum in Harsewinkel

Inzwischen hatte ich mich nach den Aufnahmebedingungen für die Ingenieurschule in Köln, Abteilung Landmaschinenbau, erkundigt und erfahren, dass man als Abiturient ein Jahr Praktikum vorweisen musste und eine Aufnahmeprüfung zu bestehen war. Durch Vermittlung unseres Landmaschinenhändlers Franz Kleine in Salzkotten konnte ich am 1. August 1953 als Praktikant bei der Firma Claas in Harsewinkel antreten.

Dort fand ich eine Bleibe mit Vollpension im Mansardenzimmer eines Einfamilienhauses bei einer sehr netten Arbeiterfamilie. In der Lehrwerkstatt wurden mir zusammen mit den Lehrlingen erst einmal die Grundbegriffe der Metallbearbeitung beigebracht. Der Meister war besonders nett und gab sich große Mühe mit mir. Die Arbeit an der Drehbank machte mir die größte Freude.

Das Werk erstreckte sich schon damals über einen beträchtlichen Bereich. Vom Werkstor lief man an vier bis fünf Hallen vorbei, bis man auf der gegenüberliegenden Seite des Areals den Werkzeugbau erreichte. An der Materialausgabe erhielt ich eine der üblichen Klappkisten für Werkzeuge, in die der Lagerist mir anhand einer Liste, die ich unterschreiben musste, die Hämmer, Zangen, Maul- und Ringschlüssel, Schraubendreher, Meißel usw. in den Behälter zählte. Ich bekam eine abschließbare Werkbank zugeteilt und wurde vom Meister meinem Vorarbeiter Erich Spilker vorgestellt. Er war ein freundlicher und sachlicher Westfale. Wie ich bald herausfand, war Erich Spilker der beste Facharbeiter im Betrieb. Wenn es im Betrieb ein technisches Problem gab, so wandte sich Franz Claas, der Techniker der beiden Seniorchefs der Firma, an Erich und erörterte mit ihm die Lösung. Erich griff sich dann ein Stück Karopapier, ein Zeichendreieck und einen Bleistift und ging an die Arbeit. Wenn er mit seiner Zeichnung zufrieden war, bestellte er das nötige Material und fertigte das Teil oder die Maschine an. Wenn ich trotz meiner zwei linken Hände handwerklich zu arbeiten gelernt habe, dann verdanke ich es Erich. Er hatte eine Engelsgeduld mit mir, und ich habe nie ein ungeduldiges oder verärgertes Wort von ihm gehört.

Drei große Arbeitsaufträge, bei denen ich ihm assistieren durfte, habe ich in Erinnerung. Franz Claas hatte auf einer Versteigerung eine riesige Tischfräsmaschine erstanden, die aus der Demontage der Besatzungsmächte stammte und durch Sabotage unbrauchbar gemacht worden war. Die empörten Arbeiter des Betriebes, aus dem sie abtransportiert worden war, hatten in die Ölwannen der Getriebe der Fräsköpfe Sägemehl geschüttet. Dieses hatte zwar die Zahnräder blockiert, aber kaum Abrieb oder Bruchschäden verursacht.

Auf der Exkursion der Soester Landbauschüler zum Versuchsgut Limburgerhof entstand 1953 diese Aufnahme: „Zuchteber, natürlich aus Münster" – schrieb von Elverfeldt damals unter dieses Foto.

Mithilfe eines Krans baute Erich mit mir die Fräsköpfe ab, und wir demontierten sie, um sie zu reinigen. Im Inneren der Getriebe befand sich neben den zahlreichen, auf Wellen verschiebbaren Zahnrädern ein Gewirr von Ölleitungen, das die diversen Lager mit Schmierstoff versorgte. Weil es von der Maschine natürlich keine Zeichnungen gab, mussten alle diese Leitungssysteme genau registriert werden, damit wir sie nach der Demontage und Reinigung wieder richtig zusammenbauen konnten. Erich brauchte dazu nur wenige Aufzeichnungen. Er hatte aufgrund seiner Erfahrungen beim Zusammenbau ein Bild vom Inneren der Getriebe im Kopf.

Zwischendurch gab es immer wieder eilige Aufträge für Werkzeuge. Meist handelte es sich um Stanzwerkzeuge für die zahlreichen Blechteile der Mähdrescher. Im Sommer meines Jahres bei Claas waren die ersten selbstfahrenden Mähdrescher mit oben aufgebautem Perkins-Dieselmotor an die Bauern ausgeliefert worden. Alle wurden im Winter ins Werk zurückgeholt und aufgrund der Praxiserfahrungen umgebaut. Für die neu konstruierten verstellbaren Keilriemenscheiben des Dreschtrommelantriebs musste eine Bearbeitungsmaschine erstellt werden, die mit einer Aufspannung alle Oberflächen bearbeiten konnte. Franz Claas hatte eine gebrauchte große Drehbank gekauft, und Erich Spilker konstruierte daraus eine halb automatische Revolverdrehbank mit mehreren Werkzeugköpfen, die gleichzeitig oder auch hintereinander mit hydraulischem Vorschub die Laufflächen für die Keilriemen bearbeiteten. Dazu setzte er sich, mit Karopapier und Bleistift bewaffnet, an seine Werkbank und zeichnete die Teile. Von der Hydraulikpumpe bis zu den Steuerventilen und Vorschubzylindern wurde alles im Hause selbst hergestellt. Trotz der Statistenrolle, die ich als sein Handlanger dabei spielte, lernte ich nie wieder so viel über Hydraulik, Passungen und Oberflächenbearbeitung wie beim Bau dieser Werkzeugmaschine.

Pfeifkonzert der Arbeiter

Innerhalb der Belegschaft gab es gewisse ungeschriebene Regeln. Eine davon bestand darin, nie mit der Arbeit zu beginnen, bevor die Sirene das Signal dafür gegeben hatte. Eines Tages musste ich für eine aus der Demontage stammende Maschine einen neuen Luftfilter bauen. Dafür brauchte ich zwei Blechronden, also zwei abgerundete Blechteile, die ich mir hätte ausschneiden müssen. Auf meinem langen Weg vom Eingangstor zur Werkzeugmacherei hatte ich einige passende Stücke in einem Schrottbehälter gesehen. Als ich am nächsten Tag zur Arbeit kam, nahm ich sie auf dem Weg zur Werkstatt gleich mit. Ich betrat mit den Ronden in der Hand noch vor dem Signal zum Arbeitsbeginn die Werkzeugmacherei, in der die ganze Mannschaft auf den Bänken saß und das Zeichen zum Arbeitsbeginn erwartete. Alle blickten auf mich und auf die Ronden in meiner Hand, und wie auf ein Kommando hin begann ein Pfeifkonzert. Ich hätte eben, in der Werkstatt sitzend, erst die Sirene abwarten und dann noch einmal bis zum Eingangstor zurücklaufen müssen, um die Ronden zu holen. Das war die ungeschriebene Regel.

Hin und wieder passierten mir natürlich auch Missgeschicke. Beim Bau eines Stanzwerkzeugs musste ich gehärtete Stifte in die Bohrungen einer Stahlplatte eintreiben. Ich hätte gut daran getan, die Stifte abkühlen zu lassen, um sie leichter einschlagen zu können. Ob aus Faulheit oder Unwissenheit – warum, weiß ich nicht mehr genau –, versuchte ich es mit Gewalt und nahm den dicken Hammer. Das ging bei einigen Stiften gut. Dann aber platzte einer der gehärteten Bolzen unter meinem Hammerschlag explosionsartig auseinander. Die Splitter flogen mit großer Wucht durch die Werkstatt. Erich half mir, den zerbrochenen Stift aus der Platte zu treiben, und nachdem wir die restlichen Stifte gekühlt hatten, ließ sich meine Arbeit leicht vollenden. In meiner Aufregung hatte ich zwei kleine Metallsplitter nicht bemerkt, die mir in die Bauchhaut und den Unterarm gedrungen waren. Der Splitter auf dem Bauch arbeitete sich nach einigen Monaten von selbst heraus, den im Unterarm bemerkte ich erst viele Jahre später. Solches „Lehrgeld" musste ich noch öfter zahlen, aber es ging immer glimpflich aus.

Die Tanzbälle des Adels

Im Herbst und Winter dieses Jahres in Harsewinkel verbrachte ich viele Wochenenden auf Festen und Tanzereien. Durch meine Freundschaft mit Gero von Wietersheim, den ich bei unseren hessischen Nachbarn von Stark in Laar schon als Kind kennengelernt hatte, besuchte ich nicht nur die Feste des westfälischen Adels und meiner alten Schule in Arolsen, sondern auch die Bälle der evangelischen Standesgenossen in unserer Nachbarschaft. Einer davon war der Borcke-Ball in Bad Driburg, den der aus dem heute polnischen Pommern stammende Graf Borcke-Stargordt organisierte. Gero besorgte mir dafür eine Einladung, ebenso für den als exklusiv bekannten Knigge-Campe-Ball in Hannover und für das Fest des hessischen Adels in Kassel. Zur Karnevalszeit war der Knall-Knebel-Ball in Hannover eine meiner liebsten Veranstaltungen. Er wurde von den Flüchtlingsfamilien veranstaltet. Drei Kapellen spielten in verschiedenen Sälen für mehrere Hundert junge Leute.

Wie beim Karneval üblich, fischte man sich seine Partnerinnen aus der Menge. Auf einem der Driburger Bälle fing ich dann aber ernsthaft Feuer. Zwei schlanke, dunkelhaarige Mädchen, die offensichtlich Schwestern waren, fielen mir auf. Die Jüngere hatte ein slawisches Gesicht mit hohen Backenknochen, einem weichen, großen Mund und ausdrucksvollen, dunklen Augen. Ihre Züge erinnerten mich an Elisabeth Eisenbach-Stolberg in Stuttgart, der ich meine Freude an Literatur und Theater verdanke.

Ich stellte mich den beiden vor und erfuhr, dass diese braun gebrannte Schönheit Friederike von G. hieß und Flüchtling aus Westpreußen war. Sie lernte Grafik und Modedesign in einer Fachschule in Krefeld und wohnte in Oberhausen. Ihre mädchenhafte Natürlichkeit und Anmut der Bewegung bezauberten mich. Im Gespräch erkannte ich rasch, dass ich es mit einer sehr selbstbewussten Persönlichkeit zu tun hatte, die neugierig auf die weite Welt war und eine sehr eigenwillige Vorstellung vom Schönen hatte. Wir tanzten viel miteinander an diesem Abend und beschlossen, uns wiederzusehen.

Im Forstamt Glindfeld

Im Bereich der Land- und Forstwirtschaft hat mein besonderes Engagement eigentlich immer der Forstwirtschaft gegolten. Mein Praktikum an der Waldarbeitsschule in Rhoden und die Bewunderung und Sympathie für einige Forstleute, die ich durch meinen Vater oder Großvater und bei Jagden kennengelernt hatte, waren die Ursache für diese Neigung gewesen. Ich las viel über Forstwirtschaft, insbesondere studierte ich Forstgeschichte und Waldbau in der Fachliteratur aus zwei Jahrhunderten, die es in unserer Schlossbibliothek in großem Umfang gab. Die Liebe zu den Bäumen, die mein Großvater Georg Ostman von der Leye als begeistertes Mitglied der Deutschen Dendrologischen Gesellschaft mir schon als Kind nahegebracht hatte, tat ein Übriges.

So war ich mit den forstlichen Grundkenntnissen bereits vertraut und hatte mich deshalb darauf konzentriert, mir erst einmal landwirtschaftliches Fachwissen anzueignen. Mir fehlte in erster Linie noch mehr Erfahrung im Walde, und daher bewarb ich mich um ein Praktikum im Forstamt Glindfeld und wurde zu meiner Freude auch angenommen.

Der preußische Forstmeister

Zu den guten Freunden meines Großvaters und Vaters zählte die Familie von Lüninck in Ostwig. Ein Mitglied dieser Familie war preußischer Forstmeister und leitete das Forstamt Glindfeld bei Medebach, das etwa 30 Kilometer von Canstein entfernt ist. Franz Freiherr von Lüninck war in seinem großen Geschwisterkreis in Ostwig aufgewachsen, hatte eine Klosterinternatsschule besucht und nach dem Abitur in Hannoversch Münden Forst studiert. Sein Onkel war Forstmeister in Glindfeld gewesen, und nun war sein Jugendwunsch, in dessen Fußstapfen zu treten, wahr geworden.

Als junger Soldat im Ersten Weltkrieg war er im Kurierdienst des Kaisers in Europa unterwegs gewesen und hatte vor allem das alte Osmanische Reich kennengelernt. Danach war er viele Jahre als Landrat in Ostpreußen tätig, eine Zeit, an die er immer mit großer Freude zurückdachte, denn die naturnahe Landschaft und die bodenständigen Menschen dort waren ihm dabei ans Herz gewachsen. Auch seine ausgeprägte Jagdpassion war nicht zu kurz gekommen. Alle Forstleute, die Ostpreußen vor dem Krieg erlebt hatten und mir davon erzählten, bekamen leuchtende Augen und hörten nicht auf zu schwärmen. Ein Forstmeister in Ostpreußen war ein kleiner König und meist über seine amtlichen Pflichten hinaus für erheblich mehr Dinge des öffentlichen und privaten Lebens der Menschen in seinem Forstamt zuständig als seine Kollegen im Westen. Neben diesen Pflichten kamen auch die Freuden nicht zu kurz. Die Pirsch auf den Rehbock im Hochsommer, die Hirschbrunft im Herbst als Höhepunkt jagdlichen Erlebens und die winterlichen Saujagden im tiefen Schnee erfreuten das Herz des passionierten Jägers. Böse Zungen hatten dazu eine Scherzfrage parat: „Was ist ein preußischer Forstmeister?" Antwort: „Ein zum Zwecke der Jagd von Bäumen umstandener Reserveoffizier." Das jedoch war Franz Lüninck sicherlich nie gewesen. Während des Zweiten Weltkriegs war er Leiter der Rohstoffverwaltung für Holzprodukte in Österreich, bevor er nach dem Krieg das Forstamt Glindfeld übernahm. Er besaß hervorragende Fachkenntnisse und war nicht nur als Prüfer bei den Forstreferendaren und Jagdscheinaspiranten gefürchtet, sondern auch die vorgesetzte Behörde „aß mit ihm nicht gern Kirschen". Mein Praktikum bei ihm absolvierte ich zwei Jahre vor seiner Pensionierung. Während dieser Zeit war eine Erneuerung der Forsteinrichtung (Inventur der Holzvorräte) von Glindfeld fällig. Sie wurde aber verschoben, weil man wegen von Lünincks gefürchteter fachlicher Kritik den neuen Forstmeister abwarten wollte.

Sommertage mit dem Verwalter Lödige

Zur Vertiefung meiner Kenntnisse und um den Betrieb besser kennenzulernen, arbeitete ich unmittelbar nach der Soester „Höla-Zeit" ab August 1953 als zweiter Verwalter auf dem Gut in Canstein bei meinem alten Mentor Friedrich Lödige. Wir planten die Arbeiten für den nächsten Tag gemeinsam und bezogen Alternativen für die verschiedenen Wetterlagen mit ein. Seine Erfahrung mit den Cansteiner Klimaproblemen kommt mir noch heute zugute, wenn ich zum Himmel aufschaue, um festzustellen, ob es in der nächsten Stunde regnen wird.

Lödiges Art, mit Menschen umzugehen, war außergewöhnlich für einen Gutsverwalter zu seiner Zeit. Einer unserer Eleven verschlief regelmäßig. Das war für uns vor allem dann unangenehm, wenn dieser Frühdienst hatte, weil die Viehversorger wie Melker und Schweinemeister das Kraftfutter für die Morgenfütterung brauchten, das, um Diebstähle zu vermeiden, täglich ausgegeben wurde. Dann wurde einer von uns beiden von den Wartenden herausgeklingelt. Wir weckten dann natürlich auch unseren Eleven.

Eines Tages meinte Herr Lödige: „Wissen Sie was? Wenn er wieder mal verschläft, lassen wir ihn schlafen. Mal sehen, wann er aufwacht …" Gesagt, getan. Der Eleve, der normalerweise um 5.30 Uhr hätte aufstehen müssen, schlief bis 10 Uhr. Dieses Versäumnis war ihm so peinlich, dass er danach nie mehr zu spät aus den Federn kam.

Mich betrübt es noch heute, dass Herr Lödige bis zu seinem plötzlichen Tode trotz seines Fleißes und seiner mühevollen Arbeit nie einen betriebswirtschaftlichen Erfolg erlebt hat. Nur wenige leidlich gute Ernten durfte er einbringen und den Anstieg der Milchleistung in seinem geliebten Kuhstall mit Freude registrieren.

Aber diese Erfolge beim Ertrag wurden fast nie im finanziellen Abschluss des Betriebes wirksam, weil der steigende Aufwand insbesondere bei den Löhnen den Gewinn minderte. Doch diese Ergebnisse machten ihn nie missmutig. Er setzte auf das nächste Jahr und versuchte aufs Neue, den Gewinn zu verbessern.

Wenn ich an seinen Tod denke, so bin ich stets innerlich bewegt. Ich arbeitete schon in Neheim-Hüsten und war zufällig in Canstein im Büro, als man mich anrief, weil Herr Lödige tot auf der Straße nach Arolsen aufgefunden worden war. Als ich dort eintraf, kniete Herr Dr. Wennekes neben dem Toten. Lödige lag vornüber niedergestürzt mitten auf der Landstraße nach Arolsen kurz vor dem Abzweig zum Gut. Ich dachte zuerst an einen Autounfall. Doch Dr. Wennekes diagnostizierte einen Herzinfarkt, der sogleich zum Tode geführt hatte.

Da es in Canstein damals noch keine Aufbahrungsstätte gab, fuhr ich den Verstorbenen auf dem Rücksitz meines VW-Käfers zur Leichenhalle des Marsberger Krankenhauses. Diese Totenwache im Auto für einen so sehr bewunderten und verehrten Menschen ist mir immer eine Mahnung und wichtige Erinnerung geblieben.

Im Herbst 1954 fuhr ich mit meinem Käfer erst einmal den gewohnten Weg nach Korbach, von dort auf gewundener Straße bergan durch die malerischen Fachwerkdörfer des Waldecker Uplandes nach Medebach. Einen Kilometer hinter dem Ortsausgang in Richtung Küstelberg und Winterberg bog ich in eine schmale Straße nach links ab. Sie führte in ein flaches Tal hinab, in das ein großer Gebäudekomplex eingebettet lag. Es waren die Reste des ehemaligen Klosters Glindfeld, in denen sich das staatliche Forstamt und in den Gutsgebäuden die Wohnung und Forstverwaltung des Holzhändlers Heller befanden. Ich fuhr hinunter bis zur Klostermauer und zum Eingangstor. Dahinter erhob sich vor mir das zweistöckige alte Hauptgebäude des Klosters, dem schon lange der Kreuzgang und die Kirche fehlten. Eine eiserne Kaminplatte mit dem Wappen der Augustiner-Chorherren, der letzten hier ansässigen Mönche vor der Säkularisierung, war vorn in die Wand eingelassen. Die mönchische Lebensweise jedoch war in diesem Hause noch nicht erloschen, wie ich bald erleben durfte.

Im „Forst-Kloster"

Franz von Lüninck war Junggeselle und wurde von seiner Schwester Antonia, genannt Tona, als Hausfrau betreut. Die beiden lebten mit einer Köchin allein im alten Kloster. In der Familie nannte man sie liebevoll „Abt und Äbtissin" von Glindfeld. Sie begrüßten mich mit großer Herzlichkeit. Der Humor der Weisen leuchtete aus ihren Augen. An ihrer einfachen und ein wenig altertümlichen Kleidung erkannte man, dass ihnen ihr Äußeres unwichtig war. Nachdem ich mein Zimmer bezogen hatte, tranken wir im Wohnzimmer Tee. Dazu servierte uns Tona köstliches, vom Nachbarbauern gebackenes Roggenbrot und hausgemachte frische Butter aus der gleichen Quelle. Da ich kein Freund süßer Sachen bin, erbat ich mir statt Marmelade Senf als Brotaufstrich. Dieser ungewöhnliche Wunsch wurde mir von der Hausfrau schmunzelnd erfüllt. Von nun an erhielt ich, wenn wir gemeinsam Tee tranken, stets den nötigen Senf dazu. Nie habe ich diesen so einfachen Genuss vergessen.

Im Untergeschoss des Klostergebäudes befanden sich die Küche und das Forstamtsbüro. Im Obergeschoss lag die Wohnung der Geschwister. Außer einigen spartanisch eingerichteten Schlafzimmern ohne Bad und fließend Wasser – zum Waschen benutzten der Forstmeister und seine Gäste die altertümliche Schüssel mit Kanne – gab es ein hübsches Esszimmer mit alten dunklen Stühlen und einem großen Eichentisch. Das Herz des Hauses war ein mit Möbeln aus der Jahrhundertwende sehr gemütlich eingerichtetes Wohnzimmer, dessen Zentrum ein hoher, grüner Kachelofen bildete, der mit einer umlaufenden Sitzbank versehen war. Es war im Winter der einzige beheizte Raum im Obergeschoss.

Wenn man die spartanisch-einfache Lebensweise der Geschwister Lüninck betrachtete, so war der Ehrentitel „Abt und Äbtissin" gut gewählt. Nicht nur das frühe Aufstehen im kalten Schlafzimmer und der Gang durch eisige Flure zur Toilette, sondern auch das Eis auf der Waschschüssel wurde durch die exzellente Küche der Hausfrau und den Weinkeller des Hausherrn aufgewogen, die Leib und Seele auf angenehmste Weise zusammenhielten. Ich erinnere mich lebhaft an mit Backpflaumen und Maronen gefüllte Wildschweinrippen samt einem süffigen Rotwein – ein Mahl, das wir im ungeheizten Esszimmer in Mäntel gehüllt bei angenehmster Unterhaltung vergnügt verzehrten, ohne die Kälte auch nur wahrzunehmen.

Mein Tagesablauf und Ausbildungsprogramm im Forstamt Glindfeld wurde sorgfältig geplant und abgestimmt. Vom Aufenthalt in den verschiedenen Revierförstereien zum Kennen-lernen der unterschiedlichen Waldgesellschaften über die Begleitung des Chefs Franz von Lüninck als Adjutant bis zur Buchführung und Holzabrechnung im Büro war alles enthalten. Ich lernte, Laub- und Nadelholzbestände aller Altersstufen auszuzeichnen und naturnahe Mischbestände zu pflegen. Das Aufmessen des Holzes und insbesondere die Sortierung des Laubstammholzes zu erlernen fand mein Lehrmeister besonders wichtig. Er war ja Berater nicht nur des dem Forstamt angegliederten privaten Markenwaldes, sondern auch zahlrei-cher Privatwaldbesitzer in der näheren und weiteren Umgebung. Daher wusste er genau, worauf es bei meiner Ausbildung für die Verwaltung eines privaten Forstbetriebes ankam. Aber auch im Staatswald stand für ihn das wirtschaftliche Handeln immer an erster Stelle.

Der Winter 1954/55 war recht kalt und brachte viel Schnee. Da das Forstamt vom Orketal an der hessischen Grenze bis nach Jagdhaus und Schanze bei Schmallenberg reichte, war ich häufig mit Franz in dessen altem grauen VW Käfer auf schlecht geräumten Straßen durch die verschneiten Berge des Sauerlandes unterwegs.

Manche Nebenstraßen wie die Verbindungsstraße nach Siedlinghausen waren unpassierbar. Wenn wir anhielten und durch den Schnee zur Inspektion von Waldbeständen stapften, blickten wir in eine unberührte Landschaft, die noch nicht vom Touristenbetrieb gestört

Teestunde mit Tona und Franz von Lüninck im Wohnzimmer in Glindfeld

wurde. Die Stille ringsum, in der man selbst das Zirpen der Meisen hörte, befreite die Seele vom Tagesgeschäft. In solchen Augenblicken tankte auch ich die Gelassenheit, die ich an meinem Lehrherrn bewunderte.

„Im Zweifel die Freiheit"

Seine Grundeinstellung lässt sich zusammenfassen in der alten lateinischen Weisheit, die Wahlspruch der katholischen Studentenverbindungen ist: „In necessariis unitas, in dubiis libertas et in omnibus caritas – Im Notwendigen Einigkeit, im Zweifel Freiheit, über allem die Liebe." Auf dieser Haltung beruhte sein hohes Ansehen bei Untergebenen, Nachbarn und Freunden. Im fachlichen Urteil, in sittlichen Grundsätzen und in der Auffassung vom Recht war er unbestechlich und unerbittlich. Allem Neuen, Andersartigen und Unbekannten gegenüber war er weltoffen, tolerant, aufgeschlossen und von einer Liberalität, die man ihm nicht ohne Weiteres zugetraut hätte. Die Motivation seiner Handlungen und Reaktionen entstammte jedoch immer seiner tief im christlichen Glauben verwurzelten Liebe zur Schöpfung und den Menschen.

Lüninck besaß eine ausgeprägte Beobachtungsgabe für Entwicklungen in der Natur. Wenn er mir einen Waldbestand zeigte und die geplante Weiterentwicklung erläuterte, war ich am Ende wie in einem Zeitraffer mit der Geschichte des Bestandes ebenso vertraut wie mit dem zu erwartenden Holzertrag, den dafür notwendigen Eingriffen und den örtlichen Wachstumsbedingungen. Immer sah er sich als Glied in der Kette der Betreuer dieses Waldes und sprach mit Hochachtung von seinen Vorgängern, deren Planungen er, soweit sie archiviert waren, sorgfältig studiert hatte. Beim Beobachten des Pflanzenwachtums und Bodenzustandes halfen ihm seine umfangreichen botanischen Kenntnisse. Es gab kaum eine Pflanze, die er nicht kannte und in die Waldgesellschaften einordnen konnte. Ich habe sein enormes Wissen immer sehr bewundert.

Ein guter Verhandlungstrick

Sein Sinn für Situationskomik war der herausragende Teil seines Humors. Wir haben sehr viel miteinander gelacht. Eine Geschichte, in der er eine solche Situation absichtlich herbeiführte, möchte ich meinen Lesern nicht vorenthalten: Nach einem deftigen Frühstück mit westfälischem Schinken und einem Spiegelei im nur dürftig erleuchteten Esszimmer half ich meinem Chef in seinen jagdgrünen, am Kragen schon reichlich abgeschabten Lodenmantel, der ihn sicher schon viele Jahre wärmte. Wir traten hinaus in die Dunkelheit der Winternacht, die durch eine Schneedecke ein wenig aufgehellt wurde, und holten seinen grauen VW aus der Garage. Unser Ziel war Schanze bei Schmallenberg, wo uns ein Holzkäufer erwartete. Die Scheinwerfer des über den festgefahrenen Schnee der Straße hoppelnden Käfers beleuchteten tief herabhängende Zweige, die die breitkronigen Sauerlandfichten wie schmale Hochgebirgsexemplare erscheinen ließen. Nach kurzer Fahrt erreichten wir den Schlossberg, auf dessen Anhöhe der romantische Fachwerkort Küstelberg liegt, den Franz besonders liebte. Bei solcher Schneelage war man nicht immer sicher, hinaufzugelangen, denn es wurde nur unzulänglich geräumt. Unser Käfer kämpfte sich jedoch wacker durch die Schneerinnen. Mit einigen Schlenkern der Hinterachse erreichten wir über Küstelberg, Winterberg und Schmallenberg am Ende unser Ziel Schanze.

Schon bei der Abreise hatte ich festgestellt, dass Franz sich noch nicht rasiert hatte. Dies war keineswegs ungewöhnlich, und ich dachte mir nichts dabei. Wir betraten das Forstgehöft und begrüßten den Revierförster und seine Frau. Im mollig warm geheizten Büro hängten wir unsere Mäntel an die Garderobe, setzten uns an den Tisch und besprachen die Tagesprobleme. Zur verabredeten Zeit meldete sich der erwartete Sägewerksbesitzer an der Haustür und wurde hereingebeten. Die Hausfrau servierte uns allen einen Kaffee, während Franz unseren Gast nach seiner Familie befragte, über die er sehr genau informiert war. Auch die neuesten Ereignisse im Heimatort unseres Kunden waren ihm bekannt und kamen zur Sprache. Es verging geraume Zeit, bis man zur Sache kam. Das zum Verkauf stehende Holz war schon vor dem Schneefall besichtigt worden, und so ging es nur noch um den Preis. Die Höhe der Messzahlen, die beim Stammholzverkauf die Preisfindung für die verschiedenen Durchmesser der Stämme vereinfachen, klaffte bei den beiden Verhandlungspartnern erheblich auseinander. Erst nach langem Tauziehen kam man sich schrittchenweise näher.

Dann aber war wohl für beide Kontrahenten das „Ende der Fahnenstange" erreicht. Beide schwiegen sich freundlich an. Die Zeit verrann, die Situation begann peinlich zu werden. Mit einem Mal erhob sich mein Chef, ohne ein Wort zu sagen, ging zu seinem Mantel, griff in die Seitentasche und zog zu unser aller Verwunderung seinen elfenbeinfarbenen Philips-Elektrorasierer hervor, steckte ihn in eine Steckdose nahe seinem Sitzplatz und begann, sich in aller Ruhe zu rasieren. Alle Gesprächsteilnehmer sahen ihm verwundert zu, bis er fertig war. Der Holzkäufer, dem man ansah, dass er die Anspielung verstanden hatte, ergriff lachend das Wort und sagte: „Einverstanden, Herr Forstmeister! 320 Messzahlpunkte für Sie …"

Was sind „Klosterknüste"?

Bei den Revierförstern Volbracht in Glindfeld und Keck in Küstelberg half ich beim Auszeichnen und Holzaufmessen und lernte dabei die waldbaulichen Bedingungen in den Höhenlagen um 800 Meter kennen. Die Buche kommt dort an die Grenze ihrer Existenzmöglichkeit. Sie wird sehr kurz im Schaft und wächst langsam. „Klosterknüste" nannte Forstmeister Schrader, der Nachfolger von Franz, diese Buchen. Erträge ließen sich aus diesen Beständen nicht erzielen. Sie waren Brennholzvorrat für Notzeiten. An den ausgedehnten Fichtenbeständen im Alter von 80 bis 110 Jahren konnte man noch die große Aufforstungswelle des 19. Jahrhunderts erkennen. Davor waren die Berge des Sauerlandes verheidet. Nicht umsonst heißt der Berg oberhalb von Glindfeld „der Kahle".

Die Jagd war meines Lehrchefs große Passion. Insbesondere die Hege und richtige Bejagung des Rotwildes lagen ihm am Herzen. In der Brunft war der gesamte Betrieb der Jagd untergeordnet. Leider habe ich diese „Hohe Zeit", in der Franz von Lüninck Tag und Nacht im Revier unterwegs war, nicht miterleben können.

Für die Lehrlinge waren alle Trophäenträger, seien es Hirsche oder Rehböcke, tabu. Beim weiblichen Wild hingegen hatten wir freie Büchse, wenn wir den Abschuss nach dem Prinzip „Erst das Kalb oder das Kitz" sorgfältig durchführten. Da es nur wenig offene Flächen im Revier gab, musste man das Rehwild schießen, wenn man es sah. So kam ich oft mit Ricke und Kitz nach Hause.

Einige Stücke schoss ich beim Reviergang allein, wenn sie mir günstig kamen. Eines Nachmittags war ich bei hohem Schnee ziemlich weit vom nächsten geräumten Weg weggepirscht, als ich einem Alttier mit schwachem Kalb begegnete. Ohne lange nachzudenken schoss ich das Kalb, das sofort verendete. Als sich das Jagdfieber legte, kam mir der Verstand zurück, und ich erkannte, welch harte Arbeit ich mir mit meiner Passion aufgebürdet hatte. Nachdem das Kalb aufgebrochen war, ergab sich nämlich das Transportproblem. Zum nächsten geräumten Weg waren es gute 400 Meter bergauf. Das Kalb war schwerer, als ich dachte. An einem Vorderlauf zu ziehen geht nur so lange gut, wie die Unterarmmuskeln ohne Krampf in der Lage sind, die Finger um das Fußgelenk der Beute zu schlingen. Diese Methode währte nicht lange. Dann kam mir eine Idee. Ich zog meinen Gürtel aus und knöpfte die Hose an Hemd und Jacke fest. Mit dem um das Haupt des Kalbes geschlungenen Gürtel hatte ich einen guten Halt für meine Hand. Trotz der Kälte schweißgebadet erreichte ich nach einer halben Stunde mit dem Kalb im Schlepptau keuchend den Weg. Von dort lief ich bis zu meinem Auto und holte Pferd und Schlitten aus dem Forstamt. Der Schalk in den Augen von Franz war nicht ohne Schadenfreude, als ich ihm Bericht erstattete.

Schälschäden im Wald

Das Rotwild war ein forstliches Problem, das mein Chef nicht gern wahrnahm. Er hatte gemeinsam mit seinem Freunde Franz Ewers aus Medebach den Wiederaufbau des Rotwildbestandes im oberen Sauerland nach dem Niedergang im 19. Jahrhundert betrieben und freute sich daran. Vor allem die Jungbestände im Wald litten schwer unter dem Verbiss und den Fegeschäden.

Die Schälschäden waren zwar in den Wintereinständen beträchtlich, im ganzen Revier aber längst nicht so gravierend wie in manchen anderen Rotwildbezirken. In einigen Buchennaturverjüngungen hatte man in kleinen Gattern Gruppen von Douglasien in Lücken eingebracht. Sie waren schon zu Stangen herangewachsen und die Holzgatter begannen zu verrotten, als die Hirsche sie als Einstand entdeckten. Es war ein Jammer zu sehen, wie diese durch Fegen und Schälen die Stämmchen vernichteten.

Mein Lehrherr beobachtete das Wiedererwachen der Natur im Frühjahr durch sein enormes Wissen um Tiere und Pflanzen mit allen Einzelheiten von Tag zu Tag. Das Erscheinen der ersten Bachstelzen war der Auftakt der „Schnepfenstrichabende". Auf dem Weg zu diesem gemeinsamen Frühjahrserlebnis lehrte er mich, das Wiedererwachen der Natur mit allen Sinnen wahrzunehmen, vom Wohlgefühl der zunehmenden Sonnenwärme über die Schönheit der ersten Blütenpflanzen, den Gesang der Vogelarten bis zum Geruch des Waldbodens. Wir pirschten hintereinander die Bestandsränder entlang, an deren Gehölzen sich die ersten grünen Triebe zeigten. Dann standen wir ein bis zwei Stunden auf unseren Plätzen und lauschten auf den Ruf der Schnepfen. Es war immer ein besonderes Ereignis, wenn man in der Dämmerung gegen den Himmel den Zickzackflug eines Pärchens dieser Langschnäbel beobachtet hatte. Wir haben beide in diesem Frühjahr 1955 keinen Schuss auf eine Schnepfe abgegeben, aber die Freude über den „Anblick" genügte uns und machte eine Beute unwichtig.

Der Aufenthalt in Glindfeld diente jedoch nicht nur meiner Ausbildung zum Jagd- und Forstmann, auch meine Allgemeinbildung wurde auf angenehme Weise gefördert. Die Abendgespräche und die Tischkonversation mit Tona von Lüninck drehten sich nicht nur um meine Familie, sondern ihr großes Interesse an Literatur harmonierte aufs Beste mit dem meinen. Wir besprachen die Neuerscheinungen des Buchmarktes, die stets auf dem Tisch im Wohnzimmer für die „Klosterfamilie" bereitlagen und lasen uns gegenseitig Stellen vor, die uns besonders gefielen.

Nicht jeder hätte hinter ihrem ein wenig burschikosen Auftreten und ihrer Landfrauentüchtigkeit einen so gebildeten und feinsinnigen Geist vermutet. Wir wurden in dieser Zeit gute Freunde. Wie sehr habe ich mich gefreut, als ich viele Jahre später für alle ihre „Eleven" die Gratulationsrede zu ihrem 90. Geburtstag halten durfte, den sie noch in voller Frische erlebte. Im Geiste sehe ich sie immer noch in Glindfeld bei klirrendem Frost mit ausgeschnittenem Kleid ohne Hut und Mantel in den Garten gehen, um Krauskohl für das Mittagsmahl zu holen oder am Kachelofen im Sessel sitzend einen historischen Roman zu schmökern.

Bereichert durch praktisches und theoretisches Fachwissen und durch den Geist von „Abt und Äbtissin" verließ ich im Spätsommer 1955 das schöne Glindfeld.

Für 250 Dollar erworben: Das gebrauchte Cabriolet der Marke Studebaker diente Alexander von Elverfeldt in den USA als Gefährt.

„Von einem, der auszog, die Welt zu sehen"

Die Reise in die USA (1956)

Seit meinem Abitur hatte ich eine vielseitige Ausbildung durchlaufen. Nun wollte ich wissen, ob sie sich im Alltag bewähren würde. Es war mein Wunsch, mir selbst zu beweisen, ohne ererbtes Vermögen wie der normale Bürger eine Familie ernähren zu können. Daher entschloss ich mich, in die USA auszuwandern, um dort aus eigener Kraft eine Existenz aufzubauen.

Dass mein Ziel ausgerechnet Amerika war, hatte einen Grund. Meine Großmutter mütterlicherseits, Elena Ostman von der Leye, war 1879 in Hoboken, New Jersey, USA als Tochter eines Reeders geboren worden. Nach dem frühen Tod ihres Vaters reiste ihre Mutter mit den drei Töchtern, von denen meine Großmutter die älteste war, häufiger nach Europa, damit die Kinder Fremdsprachen lernten. Sie begannen damit in Frankreich, lernten also Französisch, und dann zogen sie nach Hannover, damit die Kinder auch des Deutschen mächtig würden. Dort lernte meine Großmutter einen Kürassierleutnant kennen und heiratete ihn im Jahr darauf, als er zum Ulanen-Regiment nach Düsseldorf versetzt worden war.

Nach dem Tode meines Großvaters 1942 lebte Großmutter bei uns. Mit liebevoller Strenge lehrte sie uns Kinder, was sie für wichtig hielt. Ausreichende und vielseitige Ernährung in der Jugend, Sauberkeit und Hygiene in Bad und Toilette waren ihr ein vordringliches Anliegen, das bei der knappen Versorgung mit Lebensmitteln und Seife nie ausreichend erfüllt werden konnte. Um dafür sorgen zu können, hat sie dann trotz ihres schweren Herzleidens unter primitiven Bedingungen die Strapazen der Schiffsreise über den Atlantik auf sich genommen. Provinzialität und fehlende Bildung verachtete sie. Daher waren für sie die Nazis immer eine „Horde von Primitiven" gewesen, von denen sie nichts hielt und nichts Gutes erwartete. In der Familie hatte sie daraus nie einen Hehl gemacht. Was die Bildung betraf, so wiederholte sie uns gegenüber immer wieder ihren Grundsatz: „Gute Manieren und fremde Sprachen sind für das Fortkommen eines jungen Mannes die wichtigsten Fähigkeiten, alles andere ist zweitrangig." Sie richtete daher zum einen ihr Augenmerk auf unsere Tischsitten sowie die Art, wie wir ihr begegneten und mit ihr „Konversation" machten. Zum anderen zog sie mich und meinen Bruder Sigi zu englischen Konversationsstunden heran, in denen sich allmählich unser Schulenglisch in gesprochenes Englisch wandelte. Sie erzählte uns viel aus ihrer Jugend in New York und von den Europareisen mit ihrer Mutter vor dem Ersten Weltkrieg: „Vor dem Ersten Weltkrieg konnte man in alle Länder der Welt außer Russland ohne Pass reisen", bemerkte sie immer wieder mit dem Hinweis auf die extreme Kontrollen und Einschränkungen der neuen Zeit, die damit ihrer Meinung nach nun wirklich nicht fortschrittlicher und moderner geworden war.

Sie dachte kosmopolitisch und war jedem überzogenen Nationalismus abhold. Bei allem Stolz auf die Freiheiten ihres Heimatlandes habe ich sie nie die Nationalhymne singen hören, die oft im Radio erklang. Allerdings haben wir das von ihr mit brüchiger Stimme gesungene „Yankee doodle went to town" noch heute im Ohr.

Als geborene New Yorkerin riet sie uns stets davon ab, in New York zu bleiben, wenn wir einmal die USA besuchen würden: „New York ist nicht Amerika. Das wahre Amerika findet ihr beim Besuch der Naturschönheiten und der Menschen auf dem Lande." Wie recht sie hatte, sollte ich bald herausfinden.

Die Erzählungen von Oma Mesi, der häufige Kontakt mit den US-Soldaten und die Unterrichtsstunden in Englisch bei meinem väterlichen Freund Georg von Pflugk, der nach seiner Flucht aus Sachsen in Canstein wohnte und als junger Mann während des Ersten Weltkriegs mehrere Jahre in den USA gelebt und sich durchgeschlagen hatte, verstärkten meine Begeisterung für die Neue Welt.

Um meinen Plan zu verwirklichen, informierte ich mich über die Bedingungen eines langfristigen Aufenthalts in den USA. Es stellte sich heraus, dass nur die Einwanderung für ein solches Vorhaben infrage kam. Dazu war es notwendig, einen „Sponsor" zu finden, der mich empfahl.

Wieder kamen mir familiäre Verbindungen zu Hilfe. Mein Onkel Walther Ostman von der Leye war mit einer Familie Keith befreundet, die in Kansas City, Missouri, lebte. Sally Keith war Mutter von zwei Söhnen, John und Robert, sowie einer Tochter, Lucy. Sie war in ihrer Jugend Kunststudentin in Düsseldorf gewesen. Während dieser Zeit hatte sie meinen Onkel kennengelernt, und sie waren ein jugendliches Liebespaar geworden, das damals keine Chance zu einer Eheschließung hatte. Viele Jahre später, als sie beide verwitwet und über 70 Jahre alt waren, haben sie dann doch noch geheiratet und einige Jahre in glücklicher Ehe miteinander verlebt, bis zum Tode meines Onkels. 1951 hatte Sally Keith wieder Verbindung mit der Familie aufgenommen, und besuchte uns in Canstein. Ihre Tochter Lucy hielt sich zur selben Zeit als Kunststudentin in Fontainebleau bei Paris auf. Auch sie reiste nach Canstein, um dort ihre Mutter zu sehen und uns kennenzulernen.

Wege zum Visum

Was lag nun näher, als diese Freundschaft für mein Vorhaben zu nutzen? Ich schrieb an Lucy und ihren Vater Ed Keith, und er erklärte sich gern bereit, sich für mich einzusetzen. Er übersandte mir umgehend das notwendige notariell beglaubigte Schreiben.

Im Konsulat in Frankfurt wurde ich nach meiner Berufsausbildung und den Motiven für die Auswanderung befragt. Meine Anwort schien den Beamten zufriedenzustellen, und er überreichte mir ein Antragsformular mit einem langen Fragebogen, den ich ausfüllen und unterschreiben sollte. Ich wurde darin gefragt, ob ich in die Vereinigten Staaten einreisen wolle, um den Präsidenten zu ermorden, Prostitution zu betreiben, mit Rauschgift zu handeln, den Gesetzen zuwiderzuhandeln und Ähnliches mehr …

Da ich dergleichen nicht beabsichtigte, hatte ich keine Schwierigkeiten mit der Unterschrift. Der Beamte machte mich darauf aufmerksam, dass ich mit einer Wartezeit von etwa zehn Monaten rechnen müsse, bis meine Aufnahme in die deutsche Einwandererquote im Ablauf der Aspirantenliste an der Reihe sei.

Nun galt es, die Zeit des Wartens mit sinnvoller Beschäftigung zu füllen. Mein Bruder Sigi arbeitete nach Abschluss seiner Lehrzeit bei der Deutschen Bank in Düsseldorf und wohnte in Meerbusch. In Krefeld gab es eine private Handelsschule, die von einem der Brüder Rüsseler aus Arolsen geleitet wurde. Ich beschloss, mich dort anzumelden, und belegte je einen Kurs in Buchführung und Maschinenschreiben. Die erworbenen Kenntnisse sollten sich später als sehr nützlich erweisen, denn Buchführung hätte ich ohnehin lernen müssen und ohne meine Kenntnis in „Zehnfingerblind" wären meine Erinnerungen nie geschrieben worden. Ich wohnte bei Sigi, und wir besuchten an den Wochenenden gemeinsam die Verwandten in der Umgebung und natürlich zahlreiche Jugendpartys. Gleichzeitig überlegte ich mir, auf welche Weise ich in der Neuen Welt Geld verdienen könnte. Da ich schon einige Erfahrungen mit der Instandsetzung meines VW Käfers hatte und dieser gerade seinen Siegeszug in den USA antrat, beschloss ich, meine Kenntnisse so zu erweitern, damit ich als Automechaniker in Amerika arbeiten könnte. Bei einer Arolser Firma verbrachte ich etwa zwei Monate unter der Anleitung des humorvollen und freundlichen Herrn Striening schraubend in und unter dem Käfer. Danach fühlte ich mich zwar nicht als Fachmann, aber für die üblichen Wartungsarbeiten fit genug. Ich wollte ja auch nicht den Rest meines Lebens mit solcher Arbeit verbringen.

Mein Bruder Sigi hatte von seiner Bank inzwischen das Angebot bekommen, ein halbes Jahr bei der Bankers Trust Company in New York zu arbeiten. Im Februar 1956 reiste er auf einem Schiff der Holland-Amerika-Linie los und berichtete begeistert von seiner Überfahrt und der Ankunft im Hafen von New York. Er wohnte im Westen von Manhattan als Untermieter bei einer vor den Nazis geflüchteten deutschen Jüdin in einem Apartmenthaus am Riverside Drive und dann mehrere Monate mit vier anderen deutschen Jungbankern in Greenwich Village. Bald hatte er auch Verbindung mit den Verwandten aufgenommen, die ihm von Oma Mesis Zeit in New York berichteten. Sie hatte uns damals in ihren Briefen verschwiegen, dass sie viele Wochen im Krankenhaus verbracht hatte und dass die Pakete, die wir bekamen, von den Verwandten gepackt und versandt worden waren. Im Nachhinein bewundere ich noch immer ihre Tapferkeit.

Die Älteste im Kreise der Verwandten war Tante Lottie (Francesca Eleonora Sedlaczek geb. Latson), die sich mit über 90 Jahren noch an die Hochzeit der Eltern unserer Großmutter erinnerte!

Sigi hatte sich in der Stadt bald eingelebt und mit dem Telefonsystem, der U-Bahn, den Busfahrplänen und den Örtlichkeiten vertraut gemacht. Er sollte mir eine sehr nützliche Vorhut werden.

Der lange Weg nach Übersee

Im März erhielt ich endlich mein Visum mit einer damals schon in Plastik eingeschweißten „Green Card" als Ausweis, die in der Größe einer Visitenkarte alle Daten sowie ein Passbild enthielt. Mit diesem Einwandererausweis kann ich auch heute noch jederzeit legal einreisen und einen dauernden Aufenthalt beanspruchen. Auch stünde mir das Recht zu, nach einigen Jahren einen Antrag auf Staatsbürgerschaft zu stellen.

Ich konnte nun die Vorbereitungen für meine Überfahrt treffen. Am angenehmsten erschien mir nach dem Studium von zahlreichen Prospekten die Möglichkeit, kurzfristig noch einen Platz auf einem italienischen Atlantikkreuzer zu erhalten. Ich buchte also kurz entschlossen ein Bett in einer Doppelkabine auf der „Christoforo Colombo", die am 29. April von Genua kommend in Cannes Passagiere aufnehmen sollte, um dann über Gibraltar nach sieben Tagen in New York einzulaufen.

Nach Übernachtung bei meiner Patentante Marietta von dem Bongart in Uedorf bestieg ich früh um 1 Uhr den D-Zug nach Paris. Einige Tage später ging es von dort weiter an die Cote d'Azur nach Cannes. Über meine Hin- und Rückreise und den Aufenthalt in den USA habe ich in Briefen nach Canstein berichtet. Am 29. März 1956 schrieb ich:

„Von einem, der auszog, die Welt zu sehen, und der nun hier bei Regen in der miesen Halle eines Hotels in Cannes sitzt und darauf wartet, dass sein Schiff ihn am Nachmittag an Bord nimmt, um ihn Europa zu entreißen! Es ist ein seltsames Gefühl, innerlich schon unterwegs in die Neue Welt zu sein und noch im alten Kontinent, wenn auch französisch gesprochen wird und nicht gerade deutsche Gemütlichkeit herrscht. Heute Nacht habe ich geträumt, auf einem Familienfest in Canstein zu sein und das Schiff verpasst zu haben. Wütend wachte ich auf und stellte mit Erleichterung fest, dass ich mich in Cannes befand und mein Schiff um 16 Uhr ablegen würde."

Freiheitsstatue und Wolkenkratzer

Aus meinem Brief vom 8. April 1956: „Erster Blick auf den fremden Kontinent: im Nebel eine mit wenigen kahlen Bäumen bewachsene Küstenlinie. Am Ufer eine große Autostraße, auf der ein Verkehr rollte, wie wir ihn nur aus unseren Großstädten während der Haupt-verkehrsstunden kennen. Und das am Sonnabend in einem Stadtteil, in dem kaum jemand wohnt! Amerika, das Land der Autos, empfing mich gleich mit dem passenden Eindruck. Governors Island, Manhattan vorgelagert, kam in Sicht, und meine einheimischen Mitreisen-den klärten mich darüber auf, dass die dort zu sehenden Bauten fast alle militärischen Zwe-cken dienen. Von dort gehen die meisten Militärtransporte nach Übersee ab, und die Män-ner erinnerten sich teilweise mit gemischten Gefühlen an dieses Eiland. Die Freiheitsstatue kam in Sicht, und sie erschien mir nicht so groß, wie man es mir zu Hause erzählt hatte. Als ich dann aber die Maße erfuhr, war ich erstaunt, denn mir war sie nicht größer erschienen als unser Hermannsdenkmal bei Detmold. Und dann der berühmte Blick auf die Wolken-kratzer von Manhattan. Etwas ganz Neues für ein Europäerauge sicherlich, aber ich hatte keine überwältigenden Gefühle. Vielleicht ist das ein schlechtes Zeichen für mein Gemüt, aber ich kann nun mal nichts dran machen. Ich dachte nur: ‚Das ist es also.'"

Und wenig später, nach den ersten Tagen in New York, notierte ich am 18. April 1956 in mein Tagebuch: „Leuchtreklamen der Welt. Riesige Tassen, die rauchen, Pferde, die mittels Lichttricks galoppieren, und tausend andere witzige Sachen. Die Leute hier haben Humor. So gibt es zum Beispiel in der Subway, wo morgens und abends immer ein tolles Gedrän-ge ist, ein Plakat von einem tristen Bahnhof mit nur einem wartenden Reisenden. Darun-ter steht: ‚Kein Menschengedränge in Podunk. – Aber wer will schon in Podunk leben?' So macht man sich mit Humor das Leben leichter. Als ich Sigi zu seiner Subwaystation beglei-tete, begegneten wir vor einem Hotel dem Herzog von Windsor mit seiner Gemahlin, die gerade einem Taxi entstiegen. So hat man die auch mal in echt gesehen. Er ist viel kleiner, als er auf Fotos wirkt."

April 1956. Langsam lief unser Schiff „Christoforo Colombo" am Pier der großen Atlanti-kliner ein. Die Passkontrolle durch den „Immigration and Nationalisation Service" begann

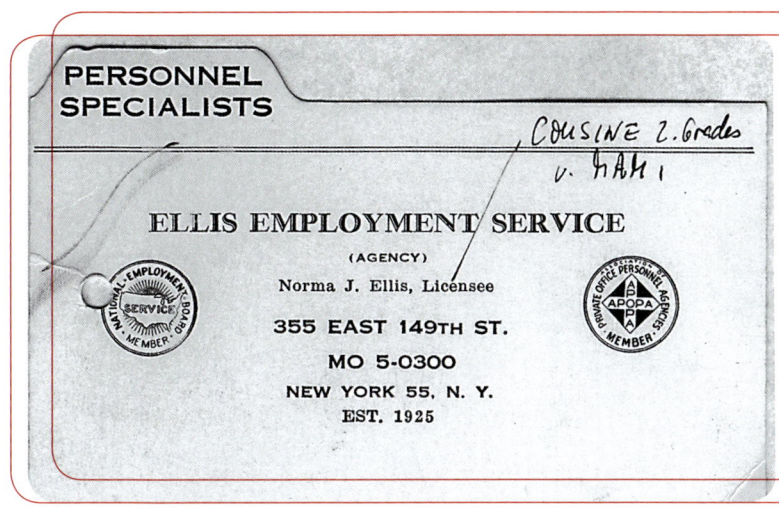

Das familiäre Netz reichte weit über den Atlantik: Die Visitenkarte der Personalvermittlung von Norma Ellis in New York, einer entfernten Verwandten von Elverfeldts, zahlte sich letztlich bei der Jobsuche aus.

mit langem Schlangestehen. Schritt für Schritt kam ich dem Schreibtisch des Beamten näher. Ein bärbeißiges Gesicht hinter der Tischplatte gab sich Mühe, freundlich dreinzublicken und fragte mich nach dem Woher und besonders eingehend nach dem Wohin. Er blätterte in einer Namensliste, stempelte meinen Pass, reichte mir die „Green Card" zurück und entließ mich mit „Good luck!"

Neubürger ohne Adelstitel

Damit war ich ein „in den USA residierender geduldeter Ausländer". Doch Zeit für das Nachdenken über den nun erreichten, von mir so lange erwarteten Zustand blieb mir erst einmal nicht. Auf dem Pier stand das Gepäck alphabetisch nach Namen geordnet. Ich eilte zum „E" wie Elverfeldt. Aber trotz eifrigen Suchens war mein Koffer nicht zu finden. Was konnte passiert sein? Bevor ich mit Nachfragerei die Pferde scheu machen konnte, kam mir der rettende Gedanke, doch mal unter „V" wie „von" Elverfeldt nachzusehen. Und siehe da, dort stand er. Erst später lernte ich, dass der gesamte in Amerika lebende deutsche Adel unter „Von" im Telefonbuch zu finden ist. Wer als Mitglied des Adels in den Vereinigten Staaten lebt, verliert alle Titel – und wie könnte es auch im Mutterland der Demokratie unter den Gegnern der alten absoluten Monarchien anders sein? Das „von" jedoch, das ja dem niederländisch-flämischen „van" ähnlich ist, wird als Bestandteil des Nachnamens betrachtet. Viele Amerikaner haben es sogar mit dem Namen verbunden und schreiben in einem Wort: „Vanhouten" oder „Vandam".

Wie berichtet, war mein Bruder Sigi bereits einige Wochen vorher von seinem Arbeitgeber in die USA geschickt worden. In Sigis Wohnung angelangt, erfuhr ich von seiner Wirtin, die mich freudestrahlend in bestem Kölsch begrüßte, dass er losgefahren sei, um mich am Schiff zu begrüßen. Kurz danach klingelte bei ihr das Telefon, Sigi fragte nach mir, und bald darauf konnten wir uns umarmen. Das ekelhafte, nasskalte Aprilwetter in den zugigen Straßen New Yorks blieb leider nicht ohne Folgen für mich. Aus einer Erkältung entwickelte sich rasch eine sehr schmerzhafte Angina, und ich legte mich mit Schüttelfrost und Fieber ins Bett. Am nächsten Tag besuchte ich die Praxis eines Arztes, dessen Schild ich in der Nähe gesehen hatte. Mit großem Interesse hörte er sich meine Einwandererpläne an. Dann untersuchte er mich gründlich, sah mir in den Hals und hörte meinen Brustkorb ab. Er zog eine Schublade seines Schreibtisches auf und entnahm ihr zwei Ärztemuster von Medikamenten. Eines war ein Antibiotikum, das andere ein Sulfonamid. „So", sagte er, „stellen Sie sich den Wecker und nehmen Sie aus jeder Packung eine Tablette stündlich Tag und Nacht. Gute Besserung, Sie schulden mir nichts." Damit entließ er mich. Ich tat wie geheißen, und am nächsten Morgen waren meine Beschwerden verschwunden.

Auf der Suche nach einem Job

Nun konnte ich mich intensiv auf die Jobsuche begeben. Ein Besuch bei dem VW-Händler in der Bronx war enttäuschend. Die Werkstatt war ausreichend mit Mechanikern versorgt. Zwei Tage später fuhr ich von der Bronx wieder einmal mit dem ratternden und nach Kurzschluss riechenden Express-Subway Richtung Manhattan in die East 149th Street. Dort wanderte ich auf dem Bürgersteig bis zur Hausnummer 355, wo sich im Erdgeschoss das Büro des „Ellis Employment Service" befand. Die Chefin Norma Ellis war eine entfernte Verwandte meiner Mutter.

Durch eine braune Holztür mit geschnörkelt umrahmtem Glaseinsatz, auf dem der Name der Firma zu lesen stand, betrat ich ein typisch amerikanisches Büro. Niedrige hölzerne Schreibtische im imitierten Stil der Gründerzeit mit Drehstühlen, an denen brusthohe Karteischränke standen, waren durch graue, mit angepinnten Zetteln übersäte Stellwände voneinander getrennt. Tante Norma, wie ich die Chefin nannte, riet mir von Jobs in Supermärkten ab. Sie würden harte Arbeit schlecht bezahlen, meinte sie. Wir suchten gemeinsam Firmen heraus, die „mechanics" (Mechaniker) oder „mechanically inclined persons" (an Mechanik interessierte Leute) bzw. „machinists" (Maschineneinrichter bzw. -bediener) einzustellen beabsichtigten. Ich bedankte mich herzlich bei ihr. Sie wünschte mir „Good luck!"

Ich hängte mich sofort ans Telefon. Da es sich bei den Firmen meist um mittelgroße Unternehmen handelte, war überall der Chef selbst für neues Personal zuständig. Meine anfängliche Unsicherheit bei den Vorstellungsgesprächen legte sich schnell. Vom Pförtner wie vom Chef wurde ich überall gleich freundlich empfangen. Ich hatte den Eindruck, als sei ich ein lang erwarteter lieber Gast. Das war natürlich nicht der Fall, wenn schon meine Lebensgeschichte und Herkunft mehr Interesse weckte als die eines durchschnittlichen New Yorker Arbeiters. Was ich erst nach einer Weile hinter dieser angenehmen Lebensart erkannte, war die Kunst, mit Menschen freundlich umzugehen, um sie für sich einzunehmen. Anfangs war ich sicher, eine Anstellung erhalten zu haben, wenn ich mit den Worten verabschiedet wurde: „Geben Sie mir Ihre Adresse, wir rufen Sie bald an!" Es geschah dann aber nichts.

Ich lernte, dass ein jeder Amerikaner die ablehnende Bedeutung dieser Verabschiedung kennt. Nur wenn es heißt: „Rufen Sie uns Montag wieder an!", hat man eine Chance, eingestellt zu werden.

Diese Höflichkeit, die jedes direkte „Nein" vermeidet, und der „lächelnde" Umgang miteinander fallen jedem Deutschen auf, der zum ersten Mal die USA erlebt. Viele sind dann rasch geneigt, diese Herzlichkeit für oberflächlich zu halten, wenn sie dahinterkommen, dass sie Mittel zum Zweck ist. Wer jedoch länger in diesem Lande lebt, lernt die Geister zu unterscheiden. Die Zahl derer, bei denen diese Freundlichkeit gegen jedermann aus dem Herzen kommt, ist groß und hält ein Leben lang an. Wenn ich Freunden aus jener Zeit auch nach langer Trennung wieder begegne, ist die Verbindung der Herzen nie abgerissen.

Eines meiner Vorstellungsgespräche führte ich bei der Firma Willow Mfg. Co. ganz in der Nähe meines Domizils in der Hone Avenue. Der Chef, Mr. Scheinman, stand auf, ging um seinen Schreibtisch und begrüßte mich mit Handschlag. Mein Praktikum im Werkzeugbau interessierte ihn sehr, und er wollte wissen, ob ich mit einer Mikrometerschraube umgehen könne. Im Gegensatz zur „deutschen" Schieblehre, die in Millimetern arbeitet, benutzt der amerikanische Arbeiter die Mikrometerschraube in Zolleinheiten. Das sollte noch ein kleines Problem für mich werden. Nach einem Gespräch von einer Viertelstunde sagte Mr. Scheinman: „Rufen Sie mich am Montag wieder an!"

Mein erster Arbeitstag

Das tat ich dann auch, und schon am Dienstag um 9 Uhr begann mein erster Arbeitstag bei Willow Mfg. Co. Wie Mr. Scheinman mir erläutert hatte, stellte seine Firma Gehäuseteile aus Blech für militärische elektronische Geräte her. Außer für den Eigenbedarf wurden Press- und Stanzwerkzeuge auch für andere Firmen im Lohn gefertigt. Die Fabrik war zweistöckig. Im Erdgeschoss wurden die Gehäuse gefertigt und im Obergeschoss war die Werkzeugschlosserei untergebracht. Ein einfaches, aus Stahlträgerfachwerk errichtetes Gebäude mit gusseisernen Fenstern. Im Inneren herrschte mittlere Unordnung. Bei Claas in Harsewinkel, wo ich vor meiner US-Reise eine Zeit lang gearbeitet hatte, wäre das nicht durchgegangen. Überall standen Boxen mit Halbfertigteilen im Wege, die teilweise vom langen Stehen Rost angesetzt hatten. Der Holzfußboden war dunkelbraun vom Kühlöl und stellenweise glitschig. Mr. Scheinman machte sich nicht die Mühe, mich mit den Kollegen oder dem Vorarbeiter bekannt zu machen, sondern drückte mir ein quadratisches Werkstück aus Blech in die Hand, dessen vom Stanzen noch scharfe Ränder abgekantet waren, sowie einen Schaber und forderte mich auf, eine mit solchen Blechdeckeln gefüllte Box herbeizuschaffen und diese Teile zu entgraten. Ich begab mich folgsam an die monotone und primitive Arbeit.

Gegen Mittag erschien ein untersetzter, grauhaariger und finster blickender Mann in grauem Arbeitsoverall und befahl mir, die Arbeit sofort einzustellen. Ich hörte daher auf zu schaben und war ganz froh, meine schmerzenden Hände ein wenig auszuruhen. Nicht lange darauf erschien Mr. Scheinman wieder und fragte mich, warum ich nicht arbeitete. Ich deutete auf den Vorarbeiter und teilte ihm mit, dass dieser mich zur Einstellung meiner Tätigkeit aufgefordert habe. Mr. Scheinman führte daraufhin ein längeres Gespräch mit ihm und hieß mich dann weitermachen.

Als gegen 4 Uhr nachmittags eine Sirene den Feierabend verkündete, erschien kurz darauf der vierschrötige Vorarbeiter wieder bei mir und erklärte mir das Vorkommnis. „Dieser Betrieb ist ein Union-Shop", sagte er, „wer hier arbeiten will, muss in unsere Betriebsgewerk-schaft, die ‚Union', eintreten. Du bist ein Einwanderer. Nach unseren Regeln brauchst du in den ersten sechs Wochen kein Mitglied zu werden, so lange kannst du also hier arbeiten. Wenn die Zeit herum ist, musst du in die Union eintreten." Den letzten Satz betonte er bedrohlich. Das soll mich wenig jucken, dachte ich bei mir, denn länger wollte ich ohnehin nicht in New York bleiben.

Am nächsten Tag wurde ich „befördert", denn mein Chef stellte mich an eine Bohrma-schine und erläuterte mir, wie ich mithilfe einer Vorrichtung Blechplatinen mit exakt aus-gerichteten Bohrungen versehen konnte. Ich spannte also den ganzen Tag Platinen in die Vorrichtung und bohrte meine Löcher.

Gespräche mit der „working class"

Zur Lunchzeit gab es eine halbe Stunde Pause, und ich hatte Gelegenheit, mich mit den Kollegen bekannt zu machen. Schnell lernte ich dabei die Hierarchie dieses Betriebes ken-nen. Der raubeinige Vorarbeiter war ein echter New Yorker, dessen mit Flüchen gespicktes Slang-Englisch schwer zu verstehen war. Die Werkzeugmacher waren allesamt Einwande-rer. Ein besonders netter Deutscher namens Adolf, der immer mein Helfer in der Not wur-de, wenn ich technische Probleme hatte, der Pole John, der auch ein wenig Deutsch sprach, der Italiener Johnny, der Italoamerikaner Walter und der deutsch-jüdische Vorarbeiter Kurt bildeten die Mannschaft der Facharbeiter. Die Hilfsarbeiter für anspruchsvollere Jobs waren schwarze Amerikaner. Insbesondere Georgy aus Harlem wurde mein Freund, als ich ihm von meinen guten Erfahrungen mit farbigen GIs in der Gefangenschaft erzählte. Sie reinig-ten die Fußböden und Maschinen, verrichteten Transportarbeiten, fuhren den Gabelstapler und sorgten für Ordnung im Lager. Die Hilfsarbeiter an den Produktionsmaschinen und Fließbändern waren fast alle Puerto Ricaner, die damals die größte Einwanderergruppe nach New York stellten. Sie sprachen kaum Englisch und hatten einen Vorarbeiter, der ihnen die Anweisungen auf Spanisch erteilte. Die Arbeit begann um 8 Uhr mit einer halben Stunde Lunch um 12 Uhr, einer Viertelstunde Pause um 15 Uhr, um 16.30 Uhr war Feierabend. Originaltext meines Briefes vom 23. April: „Am Abend fühle ich mich noch so frisch, ich glaube, ich such' mir noch eine Abendbeschäftigung."

An einem Wochenende besuchte ich das „Metropolitan Museum of Art". Zusammen mit Sigi begeisterte mich auch das „Museum of Natural History". Durch diese Ausstellung der Flora und Fauna der Welt und ihrer Geschichte wurde man schon damals mithilfe moderner Medien geführt. Ein Tonbandgerät mit Kopfhörer erläuterte auf Knopfdruck die einzelnen Exponate nach Sälen geordnet.

Raus aufs Land

Nach einigen Wochen Häusermeer der Großstadt freute ich mich auf einen Wochenendaus-flug mit Karli und Steffi Mutius in die Umgebung von New York. Mit ihrem großen Che-vrolet fuhren wir auf dem Hudson River Parkway nach Norden. Vor und hinter uns in endloser Kolonne Straßenkreuzer, Stoßstange an Stoßstange – es dauerte über eine Stunde, bis wir die Stadtgrenze erreichten. Außer Krokussen in den Vorgärten war vom Frühling noch nicht viel zu sehen. Wir bogen von der Hauptstraße in einen Nebenweg ab, der an einer Farm vorbeiführte.

Zum ersten Mal sah ich die typische „Gentlemanfarm" der Ostküste mit ihren weiß gestrichenen Bretterzäunen, hinter denen die hornlosen schwarzen Aberdeen-Angus-Kühe mit Kälbern bei Fuß weideten. Der heimatliche Geruch von Rindermist verstärkte meine Sehnsucht nach Landleben. „New York ist nicht Amerika", hatte mir meine Großmutter eingeschärft. Sie hatte recht, allein schon die noch winterlich kahle Landschaft hier war anziehender als das Häusermeer. Bald erreichten wir unser Ziel, einen Reiterhof, den Karli öfter besuchte, um sich körperlich zu bewegen. Alles sah sauber und adrett aus. Die Pferde waren gut im Futter und blank geputzt. Die Ställe waren im roten Anstrich schwedischer Bauernhäuser gehalten, alle Zäune frisch in Weiß gestrichen.

Frühling in Amerika

Mai 1956. In den Gärten und Parks der Stadt New York begann der Frühling, viel rascher als bei uns in Deutschland Einzug zu halten. Überall streckten die Frühjahrsblüher ihre farbenfrohen Köpfe aus dem Boden. Tulpenbäume und Magnolien, Kirschen und Äpfel öffneten ihre Knospen. Das helle Grün der austreibenden Pflanzen weckte mein Fernweh. Ich prüfte meine Reisekasse und beschloss, in der New Yorker Metallfirma Willow & Co. noch ein wenig zu arbeiten, um dann gen Süden zu starten.

Meine Kündigung bei der Firma Mitte Mai nahm Mr. Scheinman mit Lächeln zur Kenntnis und wünschte mir viel Glück für die Zukunft. Ich verabschiedete mich und fuhr gen Süden. Mein Ziel war die Snowden-Farm in Charlottesville im Bundesstaat Virginia. Die Milchviehfarm gehörte Dominik und Elko Stillfried, die ich bei meiner Tante kennengelernt hatte. Den Hudson River überquerte ich zwischen den eleganten Bögen der majestätischen George-Washington-Brücke. Bei meiner Rückkehr und bei zahlreichen Besuchen in New York in späteren Jahren bin ich oft über diese Brücke gefahren. Immer wieder zog mich dabei der Blick auf das Häusermeer der Großstadt New York und New Jersey, die Heimatstadt meiner amerikanischen Vorfahren, in seinen Bann. Bei Tage die Hochhäuser Manhattans und die endlosen Kaianlagen, bei Nacht das funkelnde Lichtermeer und die Kette der Autoscheinwerfer – auch eine Stadtlandschaft kann schön sein.

Doch dieser Eindruck wurde durch das sich daran anschließende Landschaftsbild bei Weitem übertroffen. Nachdem die Häuserzeilen aufhörten, bot sich das Frühlingsbild Amerikas dar. Wann immer die Straße einen Blick in die Landschaft zuließ, sah ich weit geschwungene bewaldete Täler und Hügel. Im Verhältnis zu meiner Heimat in Westfalen, in der sich Dorf an Dorf reiht und wo der Wald auf die Bergkuppen und schlechten Böden beschränkt ist, gab es hier fast nur dichte Laubbaumbestände. Vom zarten Pastellgrün bis zum dunklen Lackgrün boten die hier so zahlreichen Baumarten jede Farbabstufung. Darin eingebettet lagen schwächer bewaldete Flächen mit weißrosa und gelb blühenden Sträuchern. Farmen in Einzellage mit weiß gestrichenen Bretterzäunen rund um sattgrüne Weiden unterbrachen das Bild, ohne den harmonischen Gesamteindruck der Waldlandschaft zu stören.

Die Straße war vierspurig und erinnerte mich an unsere Autobahnen. Ich staunte über die Großzügigkeit der Anlage. Der Mittelstreifen war mindestens 10 Meter breit und als flacher Graben ausgebildet, um Unfallwagen aufzufangen. Der Highway führte auf meiner Strecke an Großstädten wie Philadelphia und Baltimore vorbei, aber ich verspürte kein Bedürfnis, diese Orte zu besuchen. Mein Ziel war zunächst Washington DC, dann ging es weiter gen Süden nach Virginia. Entlang der Höhenstraße der Shenandoah Mountains sind die Wälder im Frühling voller blühender Gehölze. Staunend über die Blütenpracht und die Ausblicke in diese fast unberührt wirkenden Wälder, hielt ich immer wieder an. Schilder machten auf „Photogenic Sceneries" aufmerksam, und es lohnte sich stets, dort anzuhalten. Erst später habe ich gelernt, dass diese Wälder nach Kahlschlag und Rodung für Farmland eine zweite Waldgeneration aus Naturverjüngung bilden.

Zu Beginn der Besiedelung im 17. und 18. Jahrhundert wurde in den Oststaaten der USA fast alles ackerfähige Land gerodet und urbar gemacht. Als der Drang nach Westen einsetzte und die guten Böden des Mittleren Westens unter den Pflug kamen, wurde ein großer Teil der Farmen im Osten wieder aufgegeben und der Natur überlassen. Der Wald eroberte sich die Flächen zurück. So gibt es nun etwa 120- bis 150-jährige Laubwälder aus natürlicher Wiederbewaldung – und das auf großer Fläche von den Neuenglandstaaten bis nach Florida.

Endlose Laubwälder im Osten der USA – die Aufnahme entstand auf der Reise 1956 – und der Forstexperte erkennt: Die Wälder entstanden aus Naturverjüngung nach Rodungen.

Vom „Parkway" in Richtung Charlottesville/Virginia bog ich nach Osten ab. Hier beginnt der alte Süden mit seinen großen Landsitzen, die einst Sklavenplantagen waren. Die Häuser im Stadtkern von Charlottesville sind im Kolonialstil mit den klassischen weißen Säulen vor der Eingangstür erbaut. Man darf sich dabei nicht täuschen lassen, die Säulen sind nicht aus Marmor, sondern aus Holz.

So duftet Virginia

Die Straße von Charlottesville nach Scottsville am James River, an dessen Ortsrand mein damaliges Ziel, die Snowden-Farm, liegt, windet sich hügelauf, hügelab durch Bachtäler und über Bergkuppen, die von Weidezäunen durchschnitten werden. Am Zustand der Zäune kann man meist den Wohlstand des Farmers erkennen. Oft liegen die weiß gestrichenen Wohnhäuser frei auf den Kuppen oder in den Tälern. Die Scheunen mit ihren typischen spitzovalen Giebeln und die Beton- oder Stahlhochsilos ragen als Wahrzeichen in den Himmel. Der die Landschaft durchschweifende Blick bleibt immer wieder an den zahlreichen Hemlock- und Wacholderbäumen hängen, die als dunkelgrüne Säulen die Zäune begleiten und brachgefallene Flächen besiedeln. Sie sind hier die Pionierpflanzen, die sich als erste vor den Laubbäumen ansamen. Zwischen den Farmen liegen kleinere und größere Waldflächen, bei denen das helle Grün der Laubbäume zu den dunklen Kronen der Virginiakiefern einen reizvollen Kontrast bildet. Feuchte Flächen an den Bachläufen sind von silbrig schimmernden Pappeln gesäumt und bilden ein gutes Biotop für die langschaftigen Tulpenbäume mit ihren ahornartigen Blättern und eleganten Blüten.

Ein Gefühl unbekümmerter Freiheit erfüllte mich. Von niemandem abhängig und mit allen Möglichkeiten dieses schönen und für den Neuankömmling so offenen Landes vor Augen, überließ ich mich dem Zauber des Augenblicks. Auf einer Anhöhe fuhr ich an den Straßenrand, stieg aus und blickte vom Böschungsrand weit ins Land. Ich hob mein Gesicht in die Sonne und atmete tief das Aroma Virginias ein, eine Mischung aus „Honeysuckle", einer Geißblattart, Wacholder und Rindermist-Landluft.

Ein Wahrzeichen des ländlichen Amerika sind die „mailboxes", die Hausbriefkästen. An jeder Abzweigung von der Landstraße, die zu einer Farm führt, stehen diese oben abgerundeten Blechkästen mit ihrer meist offen hängenden Klappe. Auf der Seite steht der Name des Besitzers. Mittels dieser Information ist man rasch in der Lage, eine Besiedlungsstatistik der durchfahrenen Gegend, nach der nationalen Herkunft geordnet, zu erstellen. Der deutsche Bevölkerungsanteil in Virginia musste demnach bei 40 Prozent liegen.

Fahren nach Zahlen

Um mich nicht zu verfahren, hatte ich die Karte stets griffbereit auf dem Beifahrersitz liegen. In den USA gibt es an den Straßenkreuzungen nur selten Richtungsschilder mit Ortsnamen. Stattdessen sind dort kleine Schilder mit den Straßennummern angebracht, die man auf der Karte wiederfindet. Man muss also wissen, über welche Straßen man zum Zielort gelangt. Ohne Karte ist das kaum möglich. Ich fand das System dennoch ganz praktisch. Allerdings übersieht man die kleinen Schildchen leicht, und manchmal sieht die abbiegende, löcherige Asphaltstraße nicht nach einer weiterführenden Landstraße, sondern eher nach einer Farmzufahrt aus.

Vom Ortseingang von Charlottesville führte die Durchfahrtsstraße in einer Talschlucht hinunter an den James River. Meist einstöckige, einfache und weiß gestrichene Häuser mit hölzernen Außenfassaden säumten die Straße. An der Hauptstraße parallel zum Fluss gab es einen Eisenwarenladen, ein genossenschaftliches Lagerhaus und einen Lebensmittelladen. Der Ort machte keinen sonderlich wohlhabenden Eindruck.

Zwischen dem Ort und dem Fluss verlief eine Bahnlinie, auf der soeben ein langer Güterzug, von einer Diesellok mit heulender Sirene ratternd bewegt, den Ort passierte. Ein Geräusch, das ich vor allem nachts noch oft hören sollte. Ich fragte nach der Snowden-Farm, und es war einfach, dorthin zu finden.

Nach einigen Fahrminuten lag sie vor mir: ein zweistöckiges, weiß gestrichenes Holzhaus mit einer kleinen Veranda vor der Eingangstür, dahinter auf der Rückseite zwei einfache Maschinenschuppen und der Garten. Etwa 50 Meter vom Wohnhaus entfernt an der rechten Seite der Straße lagen ein Betonsilo, ein Melkschuppen und ein offener Stall für die Kühe. Die Snowden-Farm – oder in der Schreibweise des 18. Jahrhunderts „Snowdon-Farm" – war einmal Eigentum einer historisch bedeutenden amerikanischen Familie gewesen. Ein Bruder des späteren Präsidenten der USA, Thomas Jefferson, hatte hier gewirtschaftet. Der klassizistische Wohnsitz Thomas Jeffersons, Monticello, ist ein Wallfahrtsort für Freunde der US-Geschichte und liegt ganz in der Nähe.

Vom Flüchtling zum Farmer

Wie war der Eigentümer Dominik Graf Stillfried von Rattonitz, ein Schlesier, an diese Farm gekommen? Im Zweiten Weltkrieg war er zum Jagdflieger ausgebildet worden. Nach der Flucht 1945 hatte er als Werkstudent in München studiert, bevor er sich als arbeitsloser Diplomlandwirt entschloss, in die USA auszuwandern. Seinen ersten Arbeitsplatz hatte er als Landarbeiter auf einer Pferdefarm in Virginia gefunden. Von dort wechselte er als Verwalter auf die Snowden-Farm, die einem Mr. Jessup gehörte. Dieser war mehrfacher Millionär und besaß Beteiligungen an Pepsi-Cola und der Trailways-Buslinie. Sein besonderes Interesse galt der Milchwirtschaft. Er war Eigentümer der Molkerei in Charlottesville und hatte zur Sicherung der Milchanlieferung mehrere Farmen gekauft, zu denen auch Snowden gehörte. Nachdem Dominik die Verwalterstelle angetreten hatte und damit ein festes Gehalt bezog, heiratete er Elko von Krogk, die er aus Schlesien kannte. Elko war in Kolumbien groß geworden, wo ihr Vater als Kaufmann tätig war. Elkos Vater, der in Kolumbien einige Mühlen und landwirtschaftlichen Grundbesitz bewirtschaftete, hatte seinem neuen Schwiegersohn eine Stelle in Kolumbien angeboten. Dominik war daran interessiert und besuchte seinen Chef Mr. Jessup, mit dem ihn inzwischen eine Freundschaft verband, um ihm seine Kündigung mitzuteilen. Dieser war darüber sehr betrübt, denn er schätzte Dominiks Tüchtigkeit. Die Farm war unter seiner Leitung aufgeblüht, und die Milchleistung und -qualität hatten zugenommen. Er bot daher Dominik an, ihm die Farm zu einem Vorzugspreis zu verkaufen und räumte ihm niedrige Zinsen und eine langfristige Abzahlung der Kaufsumme ein. Für diese günstige

Das Wohnhaus der Snowden-Farm in Charlottesville im Bundesstaat Virginia – das Gebäude wurde um 1970 abgebrochen.

Möglichkeit, Eigentum zu erwerben, hatte auch Dominiks Schwiegervater Verständnis, und so unterschrieben Dominik und Elko den Kaufvertrag.

Als ich bei ihnen eintraf, waren sie seit zwei Jahren Besitzer der Farm, die zur Hälfte aus ausgeplündertem Wald bestand. Beide arbeiteten hart und lebten sparsam, um die Zins- und Tilgungszahlungen leisten zu können. Zu ihrem großen Kummer waren sie noch immer ohne Kinder. Emil, ein Studienfreund von Dominik, war als Partner mit in den Kaufvertrag eingetreten und arbeitete ebenfalls auf der Farm.

Schon die Begrüßung durch Elko, die bei meiner Ankunft am Nachmittag natürlich allein im Haus war, machte mich mit dem Geist des Hauses vertraut. Ohne Konventionen und in ihrer selbstverständlich-nüchternen Art führte sie mich durch das Haus, zeigte mir mein Zimmer und erläuterte mir die Regeln des Zusammenlebens. Nach dieser Einführung ging ich über die Straße zur „dairy", wie der Melkschuppen genannt wurde, und traf dort Dominik und Emil. Sie hatten gerade die Arbeit beendet und säuberten den Melkstand. Wir begannen sogleich mit dem Fachsimpeln und Dominik erläuterte mir den Betrieb.

Rund 300 acres Gesamtfläche (umgerechnet ca. 120 Hektar) umfasste der Landbesitz der Farm, davon 200 acres in der Talaue des James River und 100 acres auf dem anschließenden Hügel. Milchproduktion bildete den Hauptzweig des Betriebs. Es wurden 50 Kühe der Rasse Guernsey mit der Absicht einer Aufstockung der Milchviehherde auf 90 Tiere gehalten. Das Grundfutter bestand im Sommer aus Weidegang mit Zufütterung von Mais- und Grünroggensilage, im trockenen Frühherbst aus der Winterfutterreserve, für die auch Heu in der Zeit des stärksten Graswuchses geworben wurde. Die Milchleistung betrug damals etwa 5000 Liter pro Kuh und Jahr bei 4,5 Prozent Milchfett. Ein Fischgrätenmelkstand mit Absaugung der Milch über Filter und Kühlung in Kannen war eingebaut. Gemolken wurde zweimal täglich um 4 Uhr früh und 4 Uhr nachmittags.

Die Milchpreise unterlagen einer Quotenstaffelung. Die Quote richtete sich nach den Absatz-
möglichkeiten der Molkerei in einem von Überproduktion geprägten Markt. Die A-Quote
mit dem höchsten Preis wurde jährlich im Monat September, dem produktionsschwächs-
ten Monat der Milchfarmen, neu festgesetzt. Wer diese Menge nicht liefern konnte, bekam
die Quote gekürzt, wer überlieferte, konnte eine höhere erhalten, sofern der Absatz gestie-
gen war. Der Preis für die B-Quote schwankte je nach Absatzlage um die Gestehungskosten
der Milch, und die C-Milch war vom Preis her völlig unzureichend. Wer A-Milch liefern
wollte, musste natürlich auch Qualität liefern. Fettprozente und Bakteriengehalt wurden regelmäßig überprüft.

Der Maschinenpark

Auf der Snowden-Farm standen etliche Maschinen für die Arbeitserledigung zur Verfügung:
drei 40-PS-Schlepper, davon einer mit Frontlader, außerdem zwei alte Kipperlastwagen, ein
Miststreuer, ein Pflug und eine Scheibenegge, eine Rundballenpresse damaliger Bauart, ein
Mähwerk und einige einfache Schlepperanhänger. Das Mineraldüngerstreuen, das Mähdre-
schen und die Silofutterernte erledigten Lohnunternehmer.
Zur Lagerung von Heu und Stroh gab es neben dem Melkstand einfache, aus Rundhölzern
gefertigte Pultdachschuppen, die in der Hauptwindrichtung als Regen- und Windschutz
eine Bretterwand besaßen. Der vordere Teil dieser lang gestreckten Schuppen diente als Of-
fenstall für die Kühe, was das Füttern von Heu und das Einstreuen mit Stroh sehr verein-
fachte, denn man brauchte beide Produkte nur über eine Abtrennung zu werfen. Die Kon-

Die Guernsey-Kühe warten vor dem Melkstand der Snowden-Farm.

struktion dieser Gebäude wirkte ausgesprochen „selbst gestrickt" und war es wohl auch. Eine Baugenehmigung hätte es dafür in Deutschland nie gegeben.

Außer Dominik und Emil waren meist zwei weitere Landarbeiter beschäftigt. Der eine war Earl Shores, ein typischer Südstaatler, lang und schlaksig und mit einem herrlich trockenen Humor. Der zweite wechselte häufig und war meist ein Schwarzer.

Wenn ich in meiner Lehrzeit daheim im Kuhstall gearbeitet hatte, war ich von der Feldarbeit befreit gewesen und konnte den mangelnden Schlaf mittags nachholen. Bei den Milchviehfarmern in den USA wird das Melken ähnlich wie das tägliche Zähneputzen nicht als Arbeit betrachtet. Diese geht erst nach dem Melken los und umfasst mindestens acht bis neun Stunden. In der ersten Woche hatte ich einen sauberen Muskelkater von der Arbeit mit der Gabel und Schaufel in der Sonnenhitze und schlief wie ein Stein.

Jagd auf den Skunk

Elko besaß zwei Hunde und eine Katze. Zum Haushalt gehörten 1956 ein deutscher Schäferhund, ein Langhaardackel und ein Siamkater. Der Schäferhund muss irgendwann mit der Sekte der Baptisten in Verbindung gestanden haben, denn jeden Sonntag, wenn deren Gesang aus der nahen Kirche über den Fluss zu uns herüberscholl, jaulte er begeistert mit. Er begleitete mich stets früh um 3 Uhr, wenn ich mit dem Pick-up-Truck hinausfuhr, um die Kühe zum Melken hereinzuholen. Er sprang dann auf die Ladefläche, und wenn wir die Herde erreicht hatten, machte er seinem Namen als Hütehund alle Ehre und trieb die Tiere sanft nach Hause.

Eines Morgens watschelte ein schwarzes, mardergroßes Tier mit weißen Streifen vor dem Wagen über den Feldweg. Fast hätte ich es überfahren. Ein Stinktier!

Mit einem Riesensatz sprang der Schäferhund von der Ladefläche und verschwand hinter dem Skunk im Mais. Es geschah, was wohl unvermeidlich geschehen musste. Nach kurzer Zeit erschien ein heftig jaulender und seinen Kopf am Boden reibender Hund auf dem Feldweg. Er stank barbarisch. Elko steckte das Opfer des Skunks sofort in die Badewanne, aber das half nur wenig. Etwa zwei Wochen musste der arme Hund außerhalb des Hauses verbringen, bis der Gestank weg war.

Gute Laune beim Melken

Das Melken im Fischgrätenmelkstand war sehr viel angenehmer als im Anbindestall, den ich aus meiner Lehrzeit gewohnt war. Das Euter ließ sich in Augenhöhe ohne Anstrengung reinigen und bearbeiten, und man brauchte sich nicht zu bücken. Auch das Ansetzen und Abnehmen des Melkzeugs war viel bequemer. Die Kühe kannten die Prozedur und standen bis auf wenige Ausnahmen geduldig vor dem Eingang Schlange, bis sie an der Reihe waren. Einige Nachzüglerinnen musste man jedoch hineintreiben. In ihren Boxen teilten wir ihnen einzeln anhand einer Liste der letzten Milchkontrollergebnisse je nach Milchleistung das Kraftfutter zu.

Da wir den übrigen Tag ja noch Arbeit genug vor uns hatten bzw. beim Nachmittagsmelken den Feierabend herbeisehnten, war unser Bemühen stets darauf gerichtet, die Melkzeit möglichst kurz zu halten. Ob das gelang, hing von vielen Faktoren ab. Das Reinigen des Melkstandes war eine zeitraubende Angelegenheit. Je weniger die Kühe im Melkstand auf den Boden klackerten, desto schneller verlief die Reinigung. Ob da wenig oder viel zu beseitigen war, lag an der Art des Futters, aber noch viel mehr an der Stimmung der emotionell sehr empfindlichen „Rinderdamen". Diese wiederum spiegelte immer die innere Ausgeglichenheit des Melkers wider. Auch wenn wir nicht zornig herumbrüllten, was natürlich auch vorkam, sondern nur unausgeschlafen durch den Melkstall schlurften, klatschten die Kuhfladen in Massen hernieder. Waren wir jedoch guter Laune und ging uns die Arbeit leicht von der Hand, brauchten wir am Ende des Melkens kaum etwas abzuschrubben.

Tage in Washington

Als wir die Heuernte beendet hatten, gab es etwas Luft beim Arbeitsbedarf. So konnte ich Lucys Einladung Folge leisten und eine knappe Woche nach Washington fahren. In einer hübschen alten Villa in einem Vorort der Stadt wohnte ein Freundeskreis junger Männer in einer Wohngemeinschaft. Sie waren alle Studenten in der „Foreign Service School", der Ausbildungsstätte des US-Außenministeriums. Lucy hatte eine Reihe von Flirts mit einigen von ihnen, und Barclay, ihr späterer Mann, wurde auch auf dieser Schule ausgebildet. Die netten angehenden Diplomaten hatten ein Zimmer für mich frei. Von der Villa „Vaucluse" aus fuhr ich nun täglich in die Stadt und die Umgebung. Da mein Bruder Sigi nach Beendigung seines Bankpraktikums beabsichtigte, mit mir durch die Staaten nach San Francisco zu fahren, war ich an einem Arbeitsplatz in der Forstwirtschaft an der Westküste interessiert.

Der Farmer Dominik Stillfried am Steuer des Traktors der Marke „Allis Chalmers" mit seinen Mitarbeitern.

Die Zentrale des „US Forest Service" befindet sich im US-Department of Agriculture, dem Landwirtschaftsministerium. Man riet mir, dort einfach mit meinem Anliegen vorzusprechen. Das Ministerium liegt an einer der großen Avenues von Washington und ist ein imposantes Gebäude. Ich fand einen Parkplatz am Straßenrand und betrat den Haupteingang. Eine freundliche junge Frau in der Informationsloge übergab mir nach kurzem Telefonat einen Laufzettel mit einer Zimmernummer, und wenige Minuten später begegnete ich dem ersten US-Forstmann meines Lebens.

Das Gespräch mit ihm sollte von großer Bedeutung für mein weiteres Leben werden. Ja, selbst bis in die Tage hinein, in denen ich dies niederschreibe. Mit großer Herzlichkeit empfing mich ein braun gebrannter Herr von etwa Mitte fünfzig, indem er um seinen Schreibtisch herumging und sich mir mit Handschlag vorstellte. Wir sprachen über die Forstwirtschaft in Europa und insbesondere in Deutschland, das er von forstwissenschaftlichen Tagungen her kannte. Da ich ein Auswanderervisum besaß, sah er keine Schwierigkeit für mich, an der Westküste Arbeit beim Forest Service zu finden. Er übergab mir zum Abschied ein Empfehlungsschreiben und die Adresse des Mannes, bei dem ich mich melden sollte.

Die offene Freundlichkeit und das Entgegenkommen empfand ich, der ich an deutsche Kriegsbehörden gewöhnt war, als außergewöhnlich. Rasch lernte ich in den Wochen danach, meine Scheu abzulegen und mit dieser Art von Offenheit auf unbekannte Menschen zuzugehen.

Lehrstunden in Demokratie

Durch Lucy und ihre Freunde wurden meine Tage in Washington mit Erlebnissen vollgepackt. Sie begeisterte mich für die Museen der Hauptstadt mit ihren großartigen Gemäldesammlungen und der einzigartigen, nur dem Deutschen Museum in München vergleichbaren „Smithsonian Institution". Tom Smith, einer der Diplomatenschüler, war Assistent eines Senators und nahm mich zu einer Anhörung im Senat mit. Hubert Humphrey, damals ein bekannter Senator, diskutierte Fragen der Landwirtschaft in scharfer Kontroverse mit einem Sachverständigen, den er wohl persönlich gut kannte. Es war für mich ein echtes Demokratieerlebnis. Die beiden debattierten knallhart in der Sache, aber ohne jede persönliche Schärfe. Ein anderer der jungen angehenden Diplomaten, den ich näher kennenlernte, war Peter Semler. Er hatte eine Freundin russischer Herkunft, die Helen Boldyreff-Tiesenhausen hieß. Mit den beiden fuhren Lucy und ich an einem herrlich warmen Sommerabend auf einem Kanu den Potomac hinauf bis zu einem geeigneten Picknickplatz am Ufer, wo wir ein kleines Grillfeuer entzündeten, leckere Steaks grillten und einem guten Rotwein zusprachen. Auf der Rückfahrt ging es gottlob flussabwärts, denn wir waren alle so sehr beschwipst, dass wir nicht viel rudern konnten.

Am Abend vor meiner Rückkehr zur Snowden-Farm fand in einem der gemütlichen Reihenhäuser aus dem 18. Jahrhundert, die mit ihren von Säulen flankierten Portalen an London erinnern, eine Tanzparty statt, zu der außer dem Freundeskreis aus Vaucluse zahlreiche andere junge Leute gekommen waren. Mit einem Japaner meines Alters namens Juichi Kamikawa kam ich ins Gespräch. Er war wie ich erst kurze Zeit zuvor eingewandert. Als wir uns gegenseitig über unsere Herkunft informierten, stellten wir trotz der Entfernung in Geografie und Kultur Gemeinsamkeiten fest, die sogleich eine Welle der Sympathie auslösten. Er stammte wie ich aus einer alten Adelsfamilie, deren jahrhundertelange Machtstellung, wie die meiner Familie, im 19. Jahrhundert zu Ende gegangen war.

Gegen Hurrapatriotismus

Die Erfahrungen mit dem Machtmissbrauch von totalitären Regimen in unseren Heimatländern und mit dem Kriegsgeschehen einigte uns in der Überzeugung, dass nur die gelebte Demokratie eine brauchbare Staatsform sei. Wir lehnten den Hurrapatriotismus und vor allem jegliche Militärbegeisterung ab. Auch alle den Standesunterschied betonenden Umgangsformen und die Etikette waren uns zuwider. Das vom natürlichen Taktgefühl bestimmte Verhalten unserer amerikanischen Freunde fanden wir nachahmenswert. Ich bin dem jungen Japaner nie wieder begegnet. Trotzdem ist mir diese Stunde des Gesprächs unvergessen.

Leicht verkatert traf ich am Montagmorgen wieder in Scottsville ein. Dort erwartete mich eine traurige Nachricht. Mein Onkel Gebhard, der an einem Hirntumor litt, war verstorben. Diese Tatsache veränderte meine Zukunftspläne radikal. Er war als Geschäftsführer der Vertreter unserer Familie in der Firma Metallwerke Neheim Goeke & Co. gewesen, an der mein Vater, seine Geschwister und ein Großonkel Anteile hielten. Mein Vater stand nun mit dem Problem der Betriebsleitung der Land- und Forstwirtschaft in Canstein und der Vertretung unserer Familie in diesem Unternehmen allein da. Ich beschloss, meinen USA-Aufenthalt abzubrechen und sofort nach Hause zurückzukehren. In einem längeren Telefongespräch schlug mir dann mein Vater vor, doch noch bis Weihnachten in den USA zu bleiben. Nur zu gern willigte ich ein.

Auf in den Nordwesten

Mein Bruder Sigi beendete am 1. August seine Praktikantenzeit bei Bankers Trust Company in New York und plante, zu uns auf die Snowden-Farm zu kommen, um dann von dort aus mit mir eine Fahrt quer durch die USA zu unternehmen. Sigi traf in den ersten Augusttagen mit dem Greyhound-Bus in Charlottesville ein, wo ich ihn abholte. Mit großem Spaß arbeitete er auf dem Felde und in den Ställen mit. Wir planten unsere Reise über den Kontinent so sorgfältig wie möglich. Dominik und Elko liehen uns einen Teil ihrer Campingausrüstung, sodass wir uns weitgehend selbst versorgen konnten. Der Studebaker wurde noch einmal zum „tune-up" gebracht, wie der Regelservice in den USA genannt wird. Wir ließen die Räder auswuchten und Motor- und Getriebeöl wechseln. Am 10. August rollten wir dann gen Nordwesten.

Mit meinem Bruder Sigi fasste ich den Plan, eine Reise quer durch die USA zu unternehmen. Wir nahmen uns vor, über Cleveland/Ohio, Kansas City, Denver und den Yellowstone-Nationalpark nach San Francisco zu fahren – mit dem Auto! Wenn wir diese Strecke in der vorgegebenen Zeit schaffen und bei unseren Besuchen ein wenig Zeit mit den Freunden und beim Sightseeing verbringen wollten, mussten wir täglich rund 700 Kilometer fahren. Das waren acht bis zehn Stunden Fahrzeit.

Es gab dazumal noch nicht sehr viele Autobahnen in den USA. Der Überlandverkehr war schwach, und in den dünn besiedelten Staaten gab es meist keine Geschwindigkeitsbegrenzung. Zuerst galt es, quer durch den Shenandoah-Nationalpark die Allegheny Mountains zu überwinden. Dort blühte es zwar nicht mehr so üppig wie bei meiner Anreise im Mai, aber die Ausblicke von der Höhenstraße in das Grün der Waldtäler brachten uns in Urlaubsstimmung. An Pittsburghs rauchenden Schloten vorbei erreichten wir abends den Eriesee und das große und hübsch eingerichtete Wohnhaus der Familie Ong in Cleveland, die mit einem Onkel von uns befreundet war und uns eingeladen hatte. Am Tage nach unserer Ankunft besichtigten wir die Firma „General Electric". Der Demonstrationsraum für die Kunden von Beleuchtungseinrichtungen ist mir besonders in Erinnerung geblieben. Auf einer Bühne war ein Wohnzimmer mit zahlreichen Veränderungsmöglichkeiten aufgestellt. Man konnte von der Wandfarbe bis zum Bodenbelag nahezu alle Details verändern, die Einfluss auf die Ausleuchtung besaßen. Der Clou war dann allerdings die Art der Beleuchtung. Direkt und indirekt, Decken- und Stehlampen, Glühbirnen und Neonröhren: Das gesamte technische Repertoire konnte vorgeführt werden. Tom Ong demonstrierte uns die Anlage. Er begann mit der optimalen Arbeitsplatzausleuchtung, schaltete auf Lesestellung, Fernsehlicht und Abendgesellschaftsstimmung, auf „gemütlich" und „ungemütlich". Ich war beeindruckt, welchen Einfluss die Beleuchtung auf die Stimmung der Menschen ausübt. Eine weitere Attraktion, typisch für Amerika, bildeten die größte und die kleinste Glühlampe der Welt.

Durch die „Kornkammer Amerikas"

Wir steuerten weiter in Richtung Westen. Über Toledo/Ohio und Peoria/Illinois auf Kansas City/Missouri. Jenseits des Ohio begann nun die fruchtbare Schwarzerde-Landschaft des Mittleren Westens – die „Kornkammer Amerikas", die heute so viele Menschen in allen anderen Erdteilen mit ernährt. Es war eine weite grüne Ebene, hin und wieder leicht hügelig, durch die sich die Straße schnurgerade hinzog.

Die USA sind im Quadratsystem vermessen, den sogenannten „sections", in denen das Farmland wiederum in Rechtecken und Quadraten an die Siedler verteilt wurde. In regelmäßigen Abständen taucht an der Straße eine Abzweigung mit Hausbriefkasten, der „mailbox", auf, oder die weißen Farmgebäude liegen schon aus großer Entfernung sichtbar direkt an der Kreuzung mit der Überlandstraße. Heute fährt man auf Autobahnen viel langweiliger dahin als 1956. Die Namen auf den mailboxes unterbrachen den bald langweiligen Wechsel zwischen Mais, Luzerne und Sojabohnen rechts und links. Außer den schottischen Mac's und irischen O's – etwa den O'Neills oder O'Connors – waren auch Namen wie Schulze, Meier, Muller, Schneider und Schmitz weitverbreitet. Es gab aber auch hin und wieder Gebiete mit skandinavischen -sons und slawischen -ski.

An den zahlreichen bunten und einfallsreichen Reklameschildern merkten wir stets schon Stunden vorher, dass eine Stadt vor uns lag, deren Tankstellen, Motels, Hotels und Restaurants auf sich aufmerksam machten. Die Städte und ihre großen Durchfahrtsstraßen bieten in den ganzen USA wenig Individuelles. Die überall gleichen Reklameschilder der großen Ölkonzerne, Restaurant- und Hotelketten beherrschen das Straßenbild. Dasselbe gilt für die meist uniformen Gebäude. Außergewöhnliche Architektur findet sich in den Kleinstädten nur selten und bleibt auf die Großstädte beschränkt. Auch die repräsentativen Gebäude der Verwaltungshauptstädte sind fast immer dem Capitol in Washington nachempfunden.

Der größte Ochse

Die Eintönigkeit des Dahinrollens, die nur selten durch überholende Fahrzeuge oder beim Abbremsen an Baustellen unterbrochen wurde, belebte sich hin und wieder, wenn interessant aufgemachte Werbeschilder eine Sehenswürdigkeit ankündigten. An der Grenze zum Staate Iowa wurde uns der „biggest steer in the world", der größte Ochse der Welt, angekündigt. Dazu wurde die Entfernung angegeben, die uns noch von diesem „Weltereignis" trennte. Unsere Spannung stieg von Schild zu Schild, als sich die Meilen bis zu diesem Riesenochsen immer mehr verringerten.

Nur noch „eine Meile"… – dann standen wir vor einem bunt bemalten Schuppen mit einem großem Parkplatz. Für ein Eintrittsgeld von zwei Dollar wurde uns der Anblick dieses Rindviehs gewährt. Fürwahr ein Prachtexemplar. Der Ochse maß gut 1,80 m Schulterhöhe und war wohlgenährt. Seine relativ langen, nach vorn gekrümmten Hörner und der dunkelbraune tiefe Rumpf machten ihn zu einem wahren „Urviech". Er dürfte wohl fast zwei Tonnen gewogen haben.

Schräge Werbeverse

Andere Kurzweil boten die zahlreichen Werbeslogans. Einer, der uns sehr amüsierte, verteilte seine Aussage über mehrere Schilder. Er las sich wie folgt: „Does your husband …" – dann folgte ein Schild mit „misbehave …", dann kam „go and buy him …" und am Ende der banale Werbeschluss „… Burma Shave!" – Übersetzt ergab das die Botschaft: „Wenn dein Mann sich danebenbenimmt, dann geh und kauf ihm Burma Rasiercreme!"

Am Spätnachmittag näherten wir uns dem Strom der Ströme Nordamerikas, dem Mississippi. Hannibal, die Heimatstadt von Mark Twain und Schauplatz der Geschichte von Tom Sawyer und Huckleberry Finn, lag vor uns. Wir fuhren zuerst bis an die Brücke und ließen die schier unübersehbare Breite dieses Flusses auf uns wirken. In der beginnenden Dämmerung war das ein beeindruckender Anblick. Behäbig wälzten sich die Wassermassen dahin, doch bei aller scheinbaren Schwerfälligkeit war die Schwungkraft ihrer Bewegung erkennbar. Wir übernachteten in einem Motel und besuchten nach einem späten Frühstück erst einmal das Geburtshaus Mark Twains und das dazugehörige Museum. Dort frischten wir anhand von Erinnerungsstücken unsere Lesefreuden aus Kindertagen wieder auf. Die frühen Fotos der Mississippidampfer, auf denen so viele Einwanderer über New Orleans in den Mittleren Westen gekommen sind, ließen uns Mark Twains Welt wiedererstehen.

Weiter ging es gen Kansas City. Die Landschaft wurde immer flacher und trockener. Stunde um Stunde fuhren wir schnurgerade durchs flache Land. Hier hatte sich einst die weite Grassteppe der Prärie erstreckt, die die Indianer regelmäßig abbrannten und dadurch das Vordringen der Waldzone von Norden her verhinderten. Sie war die Heimat riesiger Büffelherden gewesen.

Das Umpflügen der Grasnarbe und die damit verbundene Freilegung des Bodens zur Aussaatzeit im Herbst führte zur Bodenerosion durch Wasser und Wind. Erst rigorose Maßnahmen des Erosionsschutzes wie das Pflügen entlang der Höhenschichtlinien und der streifenweise Wechsel von Brache und Anbau beendeten das Sterben der Farmen in dieser Gegend. Im Norden dieser Klimazone dringt inzwischen der Wald auf den aufgelassenen Farmen mit Pionierholzarten wie der Aspe nach Süden vor. Die Naturschützer versuchen dort durch Beseitigung der Aspen und kontrolliertes Brennen die ursprüngliche Savannenlandschaft wiederherzustellen.

Verwirrung in Kansas

Wir erreichten Kansas City spät am Abend und hatten große Schwierigkeiten, das Haus der Familie Keith in der „53. Straße" zu finden. Es gibt eine Straße dieses Namens gleich zweimal in der Stadt. Wenn man das nicht weiß, ist man ganz schön in Schwierigkeiten. Sigi war ganz nervös und verzweifelt, weil ich den Ehrgeiz hatte, mich auch ohne Hilfe eines Taxifahrers zurechtzufinden.

Das gelang schließlich auch, und ein von unseren Gastgebern serviertes saftiges Steak beruhigte die Gemüter. Ed Keith, Lucys Vater, war ein großer breitschultriger Mann, ein Amerikaner von altem Schrot und Korn im Stile von Teddy Roosevelt. Er hatte in seiner Jugend als Cowboy gearbeitet und verbrachte seinen Urlaub auch jetzt noch auf Ranchen im Sattel. Vor dem Ersten Weltkrieg war er Mitglied der Freiwilligen Feuerwehr der Stadt Kansas City gewesen. Im Keller unter seinem Schlafzimmer hatte er einen Pferdestall eingerichtet, in den er durch eine Bodenklappe hinunterrutschen konnte, um sofort satteln und in seiner Feuerwehrausrüstung zum Brandherd galoppieren zu können.

Lucy kam zum Wochenende nach Hause, und wir verbrachten mit ihr und ihrem Bruder Robert gemütliche Plauderstunden am Pool. Wir besichtigten ein Möbelgeschäft, das die Eltern Keith in der Innenstadt betrieben. Der gute Geschmack von Sally, die ja in Europa Kunst studiert hatte, wurde am Stil der ansprechenden Einrichtungskollektionen deutlich. Viel naturfarbenes Holz im Kolonialstil, gedrechselte Möbelfüße, bunte Bezüge und Tiffany-Glas prägten das Bild. Das Kunstmuseum von Kansas City präsentierte sich unerwartet reich an europäischer Malerei des 19. Jahrhunderts, konnte aber auch mit Zeugnissen der italienischen Renaissance aufwarten. Warum man in New York eine Stadt wie Kansas City als Provinznest abtat, war mir unverständlich.

Der Abschied von der Familie Keith und ihrem gemütlichen Zuhause fiel uns schwer, aber der ferne Westen lockte. Die Landstraßen verliefen pfeilgerade, ohne Endpunkt am flimmernden Horizont. Nur hin und wieder rauschte ein entgegenkommender Lastwagen, Greyhound-Bus oder Straßenkreuzer an uns vorüber, nachdem er sich schon von Ferne mit einer Staubwolke angekündigt hatte. Gelbreife Weizenfelder und Stoppelbrache aus dem Vorjahr wechselten sich im Vorüberfahren ab.

Irgendwann, nach vielen Tagen Flachland, zeichneten sich am Horizont zum ersten Mal wieder Berge ab. Die Rocky Mountains rückten näher, und bald wurden aus den schwachen Umrissen in der Ferne klare Konturen einer alpenähnlichen Gebirgskette. Wir fuhren

Der Campingkoch bei der Arbeit

in die Stadt Denver ein. Ein riesiges Gebilde mit Tausenden von Einfamilienhäusern und einer modernen Hochhauscity. Alles wirkte sauber, freundlich und neu. Eine Wachstumsstadt. Mitten auf einer Kreuzung würgte Sigi im dicksten Verkehr den Motor ab und bekam ihn nicht wieder in Gang. Wenn es sehr warm war, hatte der Vergaser seine Mucken, und es bedurfte eines speziellen Spiels mit dem Gaspedal, um dem Motor wieder zündfähiges Gemisch zukommen zu lassen. Wir stiegen um, und auch ich benötigte eine Weile, bis der Wagen wieder lief. In der Wartezeit blieb alles ruhig. Die geduldigen Amerikaner hupten nicht und äußerten auch sonst kein Zeichen von Ungeduld. Welch ein Unterschied zu unseren Landsleuten daheim!

In der Baumwelt der „Rockies"

Wir erklommen die Berge Colorados. Die Vegetation am Ostabhang der „Rockies" weist deutlich auf die geringen Niederschläge hin. Einzelne Kiefern und Wacholder wachsen über spärlichem Grasbewuchs. Nach dem Überwinden der Passhöhe sind die Westabhänge dann von dichtem Nadelwald bedeckt, der sich im Höhennebel und Niederschlag der Wetterseite ausgebildet hat.

Wir bogen bald nach Norden ab. Über Rawlins und Three Forks fuhren wir Stunde um Stunde in Richtung Yellowstone. Ausgedehnte Waldflächen wechselten an den Hängen mit großflächigen Felsformationen ab, die oft bizarre Formen aufwiesen. Da gab es Reihen von eckigen Säulen oder knollige Gebilde, die an erstarrte Flutwellen erinnerten und die vulkanische Herkunft des Gesteins erkennen ließen, neben Sedimentfelsen, in wechselnden Farben geschichtet und von parallelen Erosionsriefen durchzogen. Nur hin und wieder erinnerte eine Farm, meist malerisch neben der Straße in das Tal gebettet, an die Anwesenheit der Zivilisation. Die auf der Karte vermerkten Städte waren meist nicht mehr als eine Ansammlung von einigen Einheitsholzhäusern samt Kirchlein, Tankstelle, Motel und Minisupermarkt. Schon seit unserer Abfahrt in Kansas City bewirteten wir uns selbst mit Gerichten nach

Camper- oder Junggesellenart. An den Überlandstraßen gab es an allen landschaftlich besonders reizvollen Stellen Picknickplätze. Wenn uns der Hunger überkam, hielten wir an einem solchen Ort an und packten unseren Benzinkocher samt Kochtopf, Pfanne und Lebensmitteln aus. Natürlich war der Dosenöffner unser wichtigstes Küchengerät. Zwei Steaks in der Pfanne und eine große Dose Baked Beans im Kochtopf, dazu Orangensaft und ein paar Tomaten, das war eines der Standardgerichte.

Im Yellowstone-Nationalpark

Wir erreichten die Grenze des Yellowstone-Parks in der Abenddämmerung. Im Licht des Sonnenuntergangs zeichneten sich die Silhouetten der Berggipfel klar gegen den Himmel ab. Im Schatten der langen, schlanken Stämme eines Nadelwaldes in der Talaue fanden wir Unterkunft für die Nacht in einer „cabin", einem einfachen Holzhäuschen. Es war gerade groß genug für zwei Bettpritschen, Tisch und Stühle.

Mitten in der Nacht weckte uns ein lautes Klappern und Scheppern vor unserem Nachtquartier. Ich griff nach meiner Taschenlampe, öffnete die Tür und leuchtete in Richtung des Lärms. Vor einer umgestürzten Mülltonne blickten zwei weiß gestreifte Waschbärengesichter in den Lichtkegel. Sie waren gerade dabei, den Inhalt auf Fressbares zu untersuchen. Nur ungern watschelten sie davon, als ich mich näherte und die Tonne wieder aufrichtete. Sie waren nicht die einzigen Wildtiere, die von den Nahrungsvorräten der Touristen zehrten. Beim Befahren der Erschließungsstraße des Nationalparks trafen wir auf den ersten Stau. Schwarzbären versperrten die Fahrbahn. Sie liefen an den Autos auf und ab und blickten erwartungsvoll in die Fenster. Das eine oder andere wurde vorsichtig ein Stück geöffnet, ein Keks oder ein Bonbon wurde den wartenden Bären zugesteckt, obwohl schon an der Einfahrt zum Park auf das Fütterungsverbot hingewiesen worden war. Immer wieder werden unvorsichtige Besucher durch Bären verletzt oder sogar getötet.

Natürlich nahmen auch wir die Bären eingehend in Augenschein. Die Schwarzbären, deren Gesichtsfärbung einem Dobermann ähnelt, zeigen jedoch im Gegensatz zu Hunden keinerlei Mimik. Sie schauen mit einem völlig unbeteiligt wirkenden Ausdruck um sich. Nachdem wir dann alle paar Kilometer an einem neuen Bärenbettelplatz eine Autoschlange vorfanden, wurden uns die Bären langweilig, und wir überholten die wartenden Fahrzeuge, wann immer sich das machen ließ.

Die Bären aber waren erst der Anfang. Nach und nach zeigte sich uns ein großer Teil der im Schutz des Parks lebenden Tierwelt. Auf großen Grünflächen in der Talaue grasten Rudel von Wapiti-Hirschen und Bisons. Wir hielten an und konnten ungeniert zwischen den Tieren umherwandern.

Einige Meilen weiter stand eine Gruppe von Touristen mit gezückten Kameras am Flussufer. Wir gesellten uns zu ihnen und entdeckten den Grund ihrer Aufmerksamkeit im Wasser. Ein starker Elchbulle äste etwa zehn Meter vom Ufer entfernt Wasserpflanzen ab und hielt dabei den halben Kopf unter Wasser. Die Zuschauer versuchten durch Zurufe und Wedeln mit Taschentüchern, den Goliath dazu zu bringen, sein Haupt zu heben, damit man ihn gut fotografieren könne. Er dachte nicht daran, sondern drehte uns weiteräsend sein Hinterteil zu.

Auch Weißwedel- und Maultierhirsche bekamen wir neben der Straße äsend oder beim Überqueren zu sehen. Auf den Parkplätzen unterhielten uns beim Picknick die Chipmunks (Erdhörnchen) und ihre großen Eichhörnchenverwandten zusammen mit den blau gefärbten Camprobbern, einer unglaublich frechen Häherart, die einem das Brot aus der Hand stiehlt.

Schon von weither begrüßte uns die größte Sehenswürdigkeit des Yellowstone-Parks mit ihren aufsteigenden Dampfwolken: das Gebiet der Geysire und der heißen Quellen. Auf Brettterstegen konnte man das riesige Areal durchstreifen. Überall brodelten und spritzten die Quelltöpfe, aus denen kochendes Wasser und Wasserdampf aus der Erde hervorbrachen. Hin und wieder wird der Druck im Erdinneren so stark, dass aus einem solchen Loch eine Fontäne von Dampf und Wasser als Geysir in die Höhe schießt.

Der bekannteste dieser Geysire ist der „Old Faithful". Er stößt regelmäßig etwa alle halbe Stunde eine Fontäne aus. Mit einer Gruppe farbenfroh gewandeter Sommerurlauber aus allen Staaten der USA standen auch wir andächtig vor dem großen Loch im Boden und blickten auf unsere Uhren. Und tatsächlich: Zur angegebenen Zeit begann es im Kraterhügel zu zischen und zu brodeln. Mit gewaltigem Getöse stieg eine riesige Wasserfontäne in den Sommerhimmel.

Aus unserem Campingvorrat holten wir zwei Eier und legten sie mit einem Löffel in das kochende Wasser einer flachen Lache. Nach fünf Minuten fischten wir sie mit spitzen Fingern wieder heraus und verzehrten hartgekochtes Ei – mit Schwefelgeschmack.

Im Nordwesten des Parks liegt der „Grand Canyon of Yellowstone". Er beeindruckte uns sehr durch seine steilen Felswände mit den von Gelb bis Rot wechselnden Farben der Sandsteinformationen.

Wie ein guter Jäger …

Wir legten in der Nähe eine weitere Übernachtung in einer Cabin ein und fuhren dann zurück durch den Park nach Süden bis nach Jackson Hole im Grand Teton Nationalpark. Die Gebirgskette der Grand Tetons erinnert mit ihren steil aus dem Tal aufragenden Zinnen an die Alpen und bietet einen imposanten Anblick.

Hier wohnte die mir von Tom Smith in Washington empfohlene deutsche Biologin Margaret Altmann, die an Elchen und Wapitis Verhaltensforschung betrieb. Jackson Hole war ein kleiner Ort mit wenigen einfachen Blockhäusern. So fanden wir rasch zu ihrer Heimstatt, die aus einem einstöckigen Holzhaus mit angebautem Stall bestand.

Frau Altmann begrüßte uns herzlich und erzählte gern von ihrer spannenden Tätigkeit. Die meiste Zeit des Jahres verbrachte sie allein oder mit einem Praktikanten in der Wildnis. Mit Fernglas und Teleskop beobachtete sie das Wild und machte genaue Aufzeichnungen über jede Bewegung. Sie kannte auf diese Weise nahezu alle Elche und den größten Teil der Wapitirudel im Bereich der beiden Naturparks.

Wie ein guter Jäger wusste sie über alle Einstände ihres Wildes und seine Gewohnheiten zu den verschiedenen Jahreszeiten bestens Bescheid. Sie hatte als Erste über die „Kindergärten" der Wapiti gearbeitet. Die Alttiere der Wapiti legen ihre Kälber in Gruppen ab, wenn sie zur

Äsung aus der Deckung ziehen. Einige erfahrene weibliche Tiere bleiben als „Babysitter" bei den Jungtieren und bewachen diese gegen Raubwild. Frau Altmann lud uns ein, am nächsten Morgen mit ihr ins Revier hinauszureiten und Elche zu beobachten.

In fremden Sätteln

Nachdem wir die Nacht im Motel von Jackson verbracht hatten, fanden wir uns früh um 5 Uhr noch vor Sonnenaufgang am Haus der Biologin ein und halfen ihr, drei der Pferde zu satteln. Aufsatteln hatten wir beide zwar zu Hause während des Krieges gelernt, aber hier handelte es sich um Westernsättel, und die bedurften besonderer Handhabung. Sie wurden mit Decken unterlegt, die auf spezielle Art gefaltet werden mussten. Der Bauchgurt hatte auch keine Schließe, sondern wurde einfach kräftig durch einen Eisenring angezogen und mit einem besonderen Knoten festgezurrt.

Nachdem wir aufgesessen waren und es uns in den angenehm tiefen Sätteln bequem gemacht hatten, zeigte sie uns, wie man die Pferde mittels Schenkeldruck und dem sogenannten „neck reigning" dirigiert. Man zieht nicht an einem Zügel wie bei uns, sondern legt nur die Zügelfaust auf die rechte oder linke Seite des Pferdehalses. Da das Gebiss ausschließlich als Kandare ausgelegt ist, dient es allein zum Anhalten und zum Verlangsamen der Geschwindigkeit. Wir probierten diese unbekannte Art, ein Pferd zu dirigieren, aus, und es klappte vorzüglich. Bequem im Sattel wiegend, zogen wir also im Gänsemarsch mit Frau Altmann voran auf einem „trail", wie die Wanderwege genannt werden, in die Aspen-, Weiden- und Erlenwildnis des Talgrundes hinaus und von dort in die Hänge der Berge. Allmählich wurde es heller. Nach knapp zwei Stunden Ritt hielten wir auf einer Kuppe an und banden die Pferde mit einem Halshalfter an Bäume.

Margaret Altmann hatte jedem von uns ein Fernglas ausgeliehen, und so suchten wir mit ihr den Talgrund nach Wild ab. Sie fand natürlich „ihre" Elche viel schneller als wir und dirigierte unsere Gläser dorthin. Zwei starke Bullen mit mächtigen Schaufeln und drei Kühe mit recht kräftigen Kälbern machten wir aus. Sie schraubte das große Spektiv auf ein Stativ, und nun wurde es erst richtig spannend, weil wir die Kolosse damit aus nächster Nähe betrachten konnten.

Grizzlybär und Hirsche

Geruhsam zogen sie voran und wechselten hin und wieder aus dem Talgrund in die dicht bewachsenen Unterhänge der Berge, in denen wir sie dann oft aus den Augen verloren, weil sie sich wohl zum Wiederkäuen niedergetan hatten. Eine Elchkuh führte Zwillinge, und es war lustig anzusehen, wie die beiden sich spielerisch jagten und mit ihren langen Haxen Sprünge machten.

Die Zeit verging wie im Fluge. Wir holten den Lunchbeutel aus den Satteltaschen und verzehrten mit Genuss unsere Sandwiches in der warmen Mittagssonne. Am Nachmittag bummelte dann auch noch ein Grizzlybär durch unsere Flussaue. Er inspizierte jedes Loch im Boden auf ausgrabbare Beute und versuchte sich mit Fischfang in den Seitenarmen des Flusses. Wir sahen ein Rudel Maultierhirsche mit den für uns so ungewöhnlich nach vorn ragenden Geweihstangen, die äsend im halben Hang unter uns durchzogen, ohne Wind zu bekommen. Es war ein unvergesslicher Tag für uns. Am Abend luden wir dann unsere Führerin zum Essen in das einzige kleine Lokal des Ortes ein und tauschten noch bis spät in die Nacht Wild- und Jagdgeschichten aus.

Am großen weißen Salzsee

Bis zum Abflugtermin meines Bruders Sigi aus San Francisco blieben nur noch wenige Tage. Wenn wir unterwegs noch etwas sehen wollten, mussten wir uns sputen. Wir steuerten daher nach Salt Lake City im Staate Utah. Durch trockene Landschaften mit kargen Büschen und gelbbraunen Grasflächen fuhren wir Meile um Meile an den sauberen Farmen der Mormonen vorbei bis zu deren Hauptstadt. Die Salzseen blieben mir stark im Gedächtnis haften. Die riesigen, im Sonnenlicht gleißenden Oberflächen gehen am Horizont ohne Rand in die wabernde Luft des Firmaments über.

Über Elko, Nevada, erreichten wir in der Dunkelheit die Glücksspielstadt Reno. Über den glimmernden Leuchtreklamen der Zufahrtsstraße ragte die wohl sicher 30 Meter hohe Leuchtfigur eines Cowboys in den Nachthimmel. Er schwenkte unermüdlich seinen Revolver auf und ab.

Am nächsten Morgen verzichteten wir auf einen Bummel durch die verschlafene Spielerstadt und machten uns mit vollgetanktem Studebaker auf den Weg nach San Francisco. Rechts und links der Straße lag die Trockenwüste mit einzelnen Sagebrush-Büschen, kahlen staubgrünen Hügeln und Felsformationen im Hintergrund. In den Tälern standen im Schatten der wenigen Bäume, die sich hier Grundwasser erschlossen hatten, kleine braunweiße Herefordkühe mit mageren Kälbern. Rancher konnten hier offensichtlich nicht reich werden. Die Straße, die bisher schnurgerade verlaufen war, begann sich allmählich wieder bergauf zu winden. Wir erklommen die Ostseite des Küstengebirges. In den höheren Lagen, in denen die Berge die Wolken streiften, war die Landschaft wieder bewaldet. Weitständige alte Kiefern bestimmten das Waldbild in den mittleren Höhenlagen, darüber waren dann schon Tannenarten und Douglasien eingemischt. Nahe der Baumgrenze sah man nur noch Tannen. Nördlich vom Lake Tahoe erreichten wir die Passhöhe, von wo aus der Highway hinunter nach Sacramento ins „gelobte Land" Kalifornien führte. Die Ausblicke von der Anhöhe in die von immergrünen Nadelwäldern bedeckten Täler des Westabhangs des Küstengebirges waren eine Augenweide.

Straßen im Quadrat

In Oakland erwartete uns eine Verwandte, Marianne Gräfin Matuschka. Sie war so alt wie wir, aber eine Tochter unseres Großonkels Manfred aus seiner späten Ehe – sie war also eine „generationsverschobene Tante". Sie studierte an der Universität in Berkeley und bewohnte ein kleines Apartment, in dem auch noch Platz für unsere Schlafsäcke war. Wir fuhren mit ihr auf das oberste Stockwerk eines Hotels, von dem aus man die ganze Bucht überblicken konnte. Wir besuchten natürlich auch die alte City von San Francisco. Ich staunte über die Idee, die Straßen im Schachbrettmuster einfach steil über Berg und Tal zu führen. Wie oft wird da ein Auto, das nicht mit den Rädern gegen den Bordstein gesichert ist, die Handbremse missachten und in die Tiefe sausen? Für die berühmte Cablecar-Straßenbahn ist diese Einteilung natürlich von großem Vorteil, denn der bergab fahrende Zug hievt den bergauf fahrenden mit dem Zugseil im Boden hinauf. Wir bummelten durch Chinatown mit den exotischen Lädchen und Garküchen. Eine Überquerung der mehrere Kilometer langen Oakland Bridge und der Golden Gate Bridge machte meinen Bruder Sigi noch mit San Francisco vertraut. Am nächsten Tag brachte ich ihn schon am frühen Morgen zum Flughafen. Er flog frohgemut nach New York zurück, von wo aus er mit der Holland-Amerika-Linie per Schiff nach Hause reiste.

Ich konnte noch einige Zeit bleiben. In meinem Portemonnaie war allerdings ziemlich Ebbe. Meine Dollars reichten bei sparsamen Ausgaben für Übernachtung wohl noch bis Oregon, dann aber musste es „Nachschub" geben.

Im Dienst des Forest Service

Vor unserer Reise über den Kontinent hatte ich mich in Washington nach einer Arbeitsmöglichkeit in der Forstverwaltung, im „US Forest Service" erkundigt. Ich hatte eine Adresse in Portland im Bundesstaat Oregon erhalten – und dort fuhr ich nun hin. Ein Forstmann im Hauptquartier des US Forest Service begrüßte mich herzlich und führte mich in sein Büro. Nachdem ich ihm mein Anliegen vorgetragen und seine Fragen nach dem Woher beantwortet hatte, erinnerte er sich an ein Schreiben aus Washington, das ihm meinen Besuch angekündigt hatte. Danach füllte er ein Formular aus, das ich unterschreiben musste. Damit war ich als Arbeiter beim Forest Service eingestellt.

Nun bekam ich klare und detaillierte Anweisungen und Ratschläge. Er beschrieb mir den Weg zu einem Ort namens Estacada im Osten von Portland und wies mich an, dort bei der Ranger Station des Forest Service vorzusprechen. Ferner nannte er mir ein Ausrüstungsgeschäft in der Nähe des Büros, in dem ich mir solide Regenbekleidung und stabile Waldarbeiterschuhe mit spezieller, rutschfester Sohle kaufen sollte.

Die Straße nach Estacada führt durch besiedelte Talauen, in denen landwirtschaftliche Nutzung überwiegt. Milchviehbetriebe wechselten mit Mastrinderfarmen, Beerenobstkulturen und Grassamenanbau ab. Überall verschönerten große alte Nadelbäume, meist Douglasien und Rotzedern, die bei der Rodung der Felder übrig geblieben waren, die Landschaft. An den Hängen der Berge wuchs ein Gemisch von jungen und mittelalten Erlen, Pappeln und Nadelhölzern, die aus natürlicher Wiederbewaldung stammten. Einfache, meist einstöckige Holzhäuser mit Zinkblechdächern prägten das Bild der Siedlungen und Farmen an der Straße. Eagle Creek hieß der letzte Weiler, der aus ein paar Häusern an der Fahrbahn bestand, dann kam das Ortsschild „Estacada – Population (Einwohner) 700".

Die Straße führte leicht bergab zu einer Kreuzung mit einer Tankstelle. Auf der linken Seite entdeckte ich ein grün gestrichenes, einstöckiges Bürogebäude mit dem Wappenschild des Forest Service an der Tür. Davor standen einige Wildwest-Gestalten in Jeans, Regenjacken, schweren Schuhen und mit einem flachen, tellerartigen Aluminiumhelm auf dem Kopf. Ich parkte am Straßenrand, grüßte die Männer und betrat das Büro. Gleich an der Eingangstür befand sich ein Tresen, hinter dem ein Mann in der helloliven Forstuniform des Forest Service am Schreibtisch saß. Er war, wie sich herausstellte, schon auf mein Kommen vorbereitet. Er nannte mir eine Adresse, wo ich mir ein Zimmer mieten konnte, und teilte mir mit, dass ich mich um 17 Uhr wieder im Büro einfinden möge, um in der kommenden Nacht als Feuerwächter zu arbeiten.

Feuerwächter in der Nacht

Eine freundliche ältere Amerikanerin begrüßte mich und übergab mir den Schlüssel für ein Zimmer im Erdgeschoss ihres Einfamilienhauses. Ich brachte meine Siebensachen unter und begab mich wieder zum Forest Service. Außer dem mir schon bekannten Forstmann erwartete mich ein baumlanger blonder Kerl mit Jeans und Aluhelm. Er wurde mir als Gus Peterson vorgestellt.

Gus fuhr mit mir über die Kreuzung hinaus zur Brücke über den Clackamas River zu einer Art Bauhof. Dort waren Vans und Pick-ups des Forest Service geparkt und verschiedene Anbaugeräte für Wegebau und Feuerbekämpfung in offenen Schuppen abgestellt. Gus öffnete eine Remise und entnahm ihr zwei Hacken und Äxte.

Diese Hacken dienen, wie ich später schnell lernte, der Feuerbekämpfung und werden „Pulaskis" genannt. Sie weisen an ihrem Stielende zwei sich gegenüberliegende Werkzeuge auf. Die eine Seite ist eine scharf geschliffene Axtschneide, die andere eine schmale, ebenso scharfe Hacke. Man kann damit sowohl Holz als auch Boden bearbeiten. Auch die Äxte waren für mich ungewöhnlich, weil sie doppelte, einander gegenüberliegende Schneiden aufwiesen. Sie schwingen sich dadurch ausgewogener, und man braucht sie nicht so häufig zu schärfen. Nach einiger Zeit Fahrt waren wir an unserem Arbeitsplatz angekommen. Im Hang unterhalb des Weges breitete sich eine riesige baumfreie Fläche aus, die meterhoch mit Astreisig, Stammabschnitten von 30 Zentimeter Durchmesser und mehr sowie großen Holzsplittern und zusammengeschobenen Nadelstreu- und Humushaufen bedeckt war. Am Rande der Fläche hatte man mit einer Planierraupe einen breiten Streifen vom Auflagehumus befreit und den rötlichen Mineralboden offengelegt. Es qualmte überall, an manchen Stellen leuchtete bei Windstößen Glut auf. Gus stellte unseren Pick-up am oberen Rand des Kahlschlages auf, sodass wir durch die Windschutzscheibe fast die ganze, etwa 30 Hektar große Fläche überblicken konnten. Unsere Aufgabe bestand darin, hier die Nacht zu verbringen und dafür zu sorgen, dass das Feuer nicht den Schutzstreifen überwand.

Holzvermessen an der Straße

Wir schulterten unsere Pulaskis und umrundeten erst einmal die glimmende und rauchende Fläche. Es war windstill, nur hin und wieder wirbelten die Schwaden ein wenig herum. Wir kontrollierten und zogen an einer stark glimmenden Stelle am Rande der Schlagfläche das Reisigmaterial auseinander. Zum Fahrzeug zurückgekehrt, setzten wir uns ins Fahrerhaus und verzehrten die vom Forest Service bereitgestellten Sandwiches mitsamt einigen Dosen Cola. Gus erzählte mir von seiner Jugend auf einer Farm in Minnesota, wo seine Eltern am Ende des vergangenen Jahrhunderts, aus Schweden kommend, Grund und Boden erworben hatten. Die Auswanderer aus Skandinavien bevorzugten die Staaten Michigan, Minnesota und Wisconsin südlich der Großen Seen, in denen das kontinentale Klima und vor allem die Landschaft mit den zahlreichen Seen Schweden und Finnland ähnelt. Als junger Mann war er nach Oregon gezogen und hatte sich als Waldarbeiter bei einem der zahlreichen Holzunternehmen verdingt. Als kräftigem Bauernsohn war ihm diese harte Arbeit gut von der Hand gegangen. Mit Axt und Säge war er von Kindheit an vertraut.

Außer bei den Feuerwachen arbeitete er an der „scaling station". Das war eine Vermessungsstation an der Straße kurz vor Estacada, über die alle Holztransporte liefen. Sie befand sich auf einem Parkplatz mit Ausfahrt neben der Straße. Sie bestand aus einer Rampe mit Wartehäuschen. Dort wurden die auf dem Lastwagen verladenen Stämme nach Länge, Durchmesser und Qualität vermessen und registriert. Danach zahlten die Einschlagsunternehmen, die „Logger", ihre Gebühren, die sogenannte „stumpage", an den Staatsforst. An der Rampe war eine Messlatte angebracht, der Lastwagen fuhr dort mit den vorderen Stammenden an die Nullmarke und erleichterte damit das Messen der Längen. Mit einem Zollstock ermittelte Gus den Durchmesser der einzelnen Stammabschnitte sowie die Stückzahl und begutachtete die Qualität durch Augenschein.

Eine spontane Einladung

Wir verbrachten die Nacht mit regelmäßigen Kontrollgängen, im Gespräch oder einfach nur dösend, bis wir um 7 Uhr in der Frühe abgelöst wurden. In Estacada meldeten wir uns im Forest Service zurück und berichteten von der ereignislosen Nacht. Als wir das Büro betraten, waren schon einige Kollegen anwesend, und es fuhr noch ein weiterer Pick-up mit behelmten Gestalten vor. Alle hatten irgendwo Wache geschoben. Natürlich kannten sie sich untereinander, und mein neues Gesicht in der Runde erregte trotz durchwachter Nacht allgemeines Interesse. Gus stellte mich vor, und ich wurde ausgefragt.

Nach und nach verließen dann die Männer den Raum, um heimzufahren, nur ein junger Forstmann verwickelte mich noch in ein längeres Gespräch. Er hieß Richard Burke und wurde, wie in Amerika üblich, abgekürzt „Dick" genannt. Als er hörte, dass ich mich in einem möblierten Zimmer eingemietet hatte, lud er mich spontan ein, bei ihm zu wohnen. Nur zu gern sagte ich ihm zu. Wir holten meine Sachen, ich bezahlte meine Wirtin. Dann bugsierte er mich mit seinem Auto voran zu seinem Einfamilienhaus zwei Straßen weiter. Seine Frau, die etwa Ende zwanzig war, begrüßte uns herzlich und war mit dem überraschend eingeladenen Gast augenscheinlich einverstanden. Mary-Jean und Dick hatten zu ihrem großen Kummer keine Kinder. Beide waren Enkel irischer Einwanderer.

Zum ersten Mal war ich nun Gast bei einer echten amerikanischen Familie. In einem amerikanischen Haushalt wird man bei Weitem nicht so „bemuttert" wie bei uns. Es wird erwartet, dass der Gast sich in den Haushalt integriert, indem er mithilft, wo er Arbeit sieht, sich selbst beschäftigt und seine Wünsche wie ein Familienmitglied offen äußert. Aus meinem Elternhaus nicht daran gewöhnt, im Haushalt mitzuhelfen, hatte ich bei Elko schon meine ersten Erfahrungen mit Geschirrspülen, Tischabdecken und Zimmerputzen gemacht. So gab ich mir große Mühe, ein angenehmer Hausgenosse zu sein.

Am Morgen nahm Dick mich in seinem Dienstwagen mit zur Rangerstation jenseits des Clackamas River. Dort lernte ich eine große Anzahl seiner Kollegen und den Chef-Ranger Bill Ronayne kennen. Er war für den Clackamas River District im Mount Hood National Forest zuständig. Dieser umfasste etwa 80 000 Hektar Fläche, damals noch weitgehend unberührter Nadelwald und das Wassereinzugsgebiet des Clackamas River.

Die Aufgaben des Forest Service beschränken sich im Unterschied zu unseren Staatsforsten auf die Überwachung der Einhaltung der Forstgesetze, die Waldbau- und Erschließungsplanung und den Forstschutz, beim Letzteren mit dem Schwerpunkt der Waldbrandbekämpfung. Der Holzeinschlag, der dafür notwendige Wegebau und die Wiederaufforstung werden an Unternehmen vergeben, deren Arbeit vom Forest Service kontrolliert wird.

Die Arbeitseinteilung wurde in lockerer Gesprächsrunde abgewickelt. Das Wetter war aufgrund der hohen Luftfeuchtigkeit und der Bewölkung mit leichtem Nieselregen für das Verbrennen des restlichen Ast- und Holzmaterials (Schlagabraums) auf den Kahlschlägen besonders günstig. So wurde ich einer Gruppe zugeteilt, die diese Arbeit verrichten sollte. Außer Dick war noch ein Forstmann eingeteilt, der sich als Howard Beguelin vorstellte. Er war ein kleiner lebhafter Mann mit einem offenen und fröhlichen Lächeln, aus dem der Schalk blinzelte. Im fernen Iowa war er auf einer Farm groß geworden. Seine Vorfahren waren aus der Schweiz ausgewandert, und er war stolz darauf, noch ein paar Worte Französisch zu sprechen.

Die Vermessungsstation für Rundholz

Zusammen mit Gus Peterson und einigen weiteren Arbeitern luden wir aus einem Schuppen eine Art von großen Gießkannen mit Stahlwollestopfen am Ausguss sowie Kanister mit Benzin und Diesel, Pulaskis, Äxte und Schaufeln auf die Ladeflächen von zwei Pick-ups. Wieder ging es die Straße am Clackamas flussaufwärts. Nach etwa einer halben Stunde kamen wir an einen Kahlschlag, auf dem man große Haufen frisch abgetrennter Äste und Unmengen von schwachem Stammholz und hier und da auch von alten Stämmen erkennen konnte.

Wir legen jetzt Feuer

Jeder bekam eine Kanne und füllte sie mit einem Drittel Benzin und zwei Dritteln Diesel. Wir stellten uns im Abstand von etwa 10 Meter voneinander am Rande der Schlagfläche auf, zündeten das Gemisch am Ausguss der Kanne an und begannen wie eine Treiberwehr bei der Jagd über die Fläche zu laufen, soweit man es Laufen nennen konnte, denn wir kletterten eigentlich nur über Geäst oder balancierten auf Stämmen. Dabei verteilten wir das Feuer um uns herum, indem wir hin- und herliefen und brennendes Dieselöl auf das Reisig träufelten. Bevor ich mit der Arbeit begann, machte mich Dick noch einmal auf die Sicherheitsregeln aufmerksam. „Erst kommt deine Sicherheit und die deiner Kameraden – und dann der Arbeitserfolg. Hetze dich nicht, sondern denke, bevor du handelst!"

Im regenfeuchten Material kam das Feuer nur langsam in Gang. Die Gefahr, von den Flammen eingeschlossen zu werden, war gering. Die Krabbelei mit der schweren und unhandlichen Kanne an der Seite war anstrengend.

Diese Art des Verbrennens von Schlagabraum wäre mir einmal fast zum Verhängnis geworden. Wir waren eifrig dabei, brennendes Dieselöl zu verteilen, als ich plötzlich mit beiden Beinen voran in ein tiefes Loch im Boden rutschte, das unter dem Astwerk verborgen war. Um mich mit den Händen irgendwo festhalten zu können und die gefährliche brennende Kanne loszuwerden, warf ich diese zur Seite. Leider blieb sie aber nicht liegen, sondern rutschte hinter mir her in den tiefen Trichter, den der Wurzelteller eines umgestürzten Baumes aufgerissen hatte. Die Situation wurde nun im wahrsten Sinne des Wortes „brenzlig". Ich steckte im Geäst fest und konnte mich kaum rühren, während hinter mir das brennende Dieselöl aus der Kanne an der Wand des Trichters hinabrieselte.

Howard Beguelin hatte zu meinem Glück sofort die Situation erkannt. Er sprang im Eiltempo über das Astwerk herbei, riss die Kanne in die Höhe und trug sie aus dem Gefahrenbereich heraus. Dann half er mir aus meiner Zwangslage. Dieses gemeinsame Erlebnis war der Beginn unserer Freundschaft.

Deutschstämmige Bekannte

Reisende Deutsche waren in den 1950er-Jahren im Westen der USA eine Besonderheit, ja eine kleine Sensation für die Bürger in den abgelegenen Gebieten Oregons. Sie dachten sich, es müsse für einen Fremden so weit weg von der Heimat eine Freude sein, einem Landsmann zu begegnen. So berichteten mir nahezu alle meinen neuen Freunde von ihren deutschstämmigen Bekannten und erwarteten mit Spannung, ob ich diese Müllers, Schneiders oder Meyers persönlich kannte.

In Estacada, wo ich beim Forest Service arbeitete, gab es eine aus Deutschland stammende Besitzerin eines Textilgeschäftes. Ich musste sie natürlich besuchen. Sie war etwa 60 Jahre alt und sprach häufig stockend einen schwäbischen Dialekt, aber unter Anwendung englischen Satzbaus. Das war verständlich, denn sie hatte wohl nie Hochdeutsch gekonnt und sicher jahrzehntelang kein Schwäbisch mehr gehört. Meine Verwunderung wurde aber noch größer, als wir bei unserer Unterhaltung zum Englischen übergingen, denn nun war sie keineswegs verständlicher. Es hörte sich an wie ein „Western"-Dialekt mit schwäbischem Akzent und vereinfachten Satzregeln. Dass sie mit diesen Sprachkenntnissen erfolgreich ein Geschäft betreiben konnte, zeigt, mit wie viel Toleranz und Verständnis die Amerikaner auf die Sprachprobleme von Einwanderern reagieren.

Doch nun zur Arbeit beim Forest Service: Die üblichen Planungsarbeiten begannen wieder, nachdem wir aufgrund des günstigen Wetters alle Kahlschläge abgebrannt hatten. Gemeinsam mit den Förstern Al Gano, Martin Reed und Dick Platt sollte ich die Woche in einem Zelt an einem kleinen See im unberührten Nadelurwald verbringen und sie bei der Vermessungsarbeit unterstützen.

Eine umfangreiche Ausrüstung wurde zusammengestellt. Zu den unentbehrlichen Äxten und „Pulaskis", einer Kombination aus Hacke und Axt, kamen Vermessungsgeräte und Kartenmaterial, ein tragbares Funksprechgerät, Verpflegung für fünf Tage in der Wildnis und als persönliche Ausstattung Unterwäsche und Socken zum Wechseln sowie Waschzeug und Medikamente.

Im Zelt am „Überraschungssee"

Diese Zusammenstellung von notwendigem Material wurde vom Umfang und Gewicht her so gering wie möglich gehalten, denn wir würden alles auf dem Buckel einige Meilen durch den weglosen Busch bis zum Zelt schleppen müssen. Dafür gab es rucksackähnliche Tragegestelle, die aus einem rechteckigen Holzrahmen bestanden, der mit Segeltuch bespannt war. Darauf wurden die in Säcke verpackten Utensilien verschnürt. Die vier Traglasten waren dann jeweils etwa gleich schwer, etwa zwischen 30 und 40 Kilogramm. Zusammen mit den Werkzeugen verluden wir sie in den Kofferraum eines Vans und fuhren los.

Wieder ging es längs des Clackama-Flusses in die Berge. Die morgendlichen Nebelschwaden lichteten sich, sodass ich die Ausblicke in die schiere Unendlichkeit der dicht bewaldeten Bergkuppen genießen konnte, über denen der Vulkankegel des Mount Hood mit seinem schneebedeckten Gipfel thronte.

Meine Arbeitskollegen, die diesen Anblick täglich vor Augen hatten, lehnten sich in den Sitzen zurück und holten noch ein wenig Schlaf nach. Langsames Fahren war auf der Schotterpiste bergauf ohnehin geboten, denn hinter jeder Kurve konnte die Straße plötzlich abgerutscht sein oder große Erosionslöcher aufweisen. Auch die Begegnung mit einem der riesigen Holzlastwagen, den „log trucks", war immer eine risikoreiche Sache. Wenn sich ein solches Ungetüm durch seine Staubfahne ankündigte, hielt man im Pkw am besten auf einem der Ausweichplätze an. Nach zwei Stunden vorsichtiger Fahrt von Kurve zu Kurve vorbei an zahlreichen abgeräumten Kahlschlägen erreichten wir das Ende der Holzabfuhrstraße. Wir befanden uns in der oberen Hälfte des ziemlich steilen Abhangs eines Bergrückens. Das Ziel des uns nun bevorstehenden Geländemarsches war der gegenüberliegende Hang, an dem jenseits des Tales das Zelt am „Surprise Lake", dem „Überraschungssee", auf uns wartete. Martin Reed zeigte mir, wie ich die Schulterriemen des Packrahmens einstellen musste, um ihn möglichst bequem tragen zu können. An der Unterkante gab es ein Band, das sich auf die Hüften abstützte. Wir halfen uns gegenseitig beim Schultern der Lasten, und dann setzte sich unsere Kolonne in Bewegung. An einer Stelle, die ihm günstig erschien, verschwand Al Gano als Anführer hinter der Straßenböschung, und wir folgten ihm hinunter in den steilen Hang. „Timber cruising" nennen die Forstleute Nordamerikas das Durchqueren des Waldes. Es kommt tatsächlich einer Kreuzfahrt gleich, weil man in der Wirrnis von Unterholz, Baumleichen, rutschigen Moospolstern und sumpfigen Stellen nur selten geradeaus gehen kann. Ständig sind Umwege nötig. Hin und wieder erleichtert ein in Marschrichtung liegender Baumstamm das Vorwärtskommen.

Durch den Urwald Oregons

Mir war erst einmal ganz schön mulmig zumute, als ich mit der schweren Last auf dem Rücken die steile Böschung hinunterbalancierte. Leider besaß ich nicht die „caulk boots" meiner Arbeitskollegen, die ähnlich den Fußballschuhen lange Spikes unter der Sohle haben. Meine Spezialboots hatten stattdessen an der Sohle eine sehr tiefe Profilierung und in deren Mitte eine Filzeinlage, die das Ausrutschen recht gut verhinderte. Ohne diese Schuhe wäre ich wohl schon auf den ersten Metern zu Boden gegangen. Wir kletterten nun im wahrsten Sinne des Wortes „über Stock und Stein" den steilen Hang hinab.

Je weiter wir in das Tal vorstießen, umso feuchter wurde der Boden, umso dichter die Vegetation. Es war nicht immer möglich, größere, von Unterholz bestockte Flächen zu umgehen. Wir mussten uns in solchen Fällen mit der Axt einen Weg bahnen. Meist war es Rhododendron, der uns den Weg versperrte. Riesige Büsche, dicht an dicht, mit glitschigen und federnden Ästen, die nicht leicht zu durchtrennen waren.

Ein echtes „Teufelszeug" war der „Devil's Club", ein bis zu brusthohes Gewächs in der Art unserer Pestwurz mit großen Blättern an langen, mit ekligen Stacheln besetzten Stängeln. An vielen Stellen gab es großflächige Vorkommen von Huckleberries, den amerikanischen Vettern unserer Heidelbeeren, die mannshoch werden und mühsam zu durchqueren sind.

Im Talgrund angekommen, verschwitzt und total ausgepumpt, ließen wir unsere Traglasten erst einmal auf den Boden ab und labten uns an Sandwiches und Cola aus der Dose. Dazu gab's einen Apfel und den obligaten Schokoriegel. Nach einer halben Stunde Pause ging es weiter. Die anfänglichen Muskelschmerzen in Beinen und Rücken erinnerten mich an die Getreideschlepperei beim Dreschen daheim.

Nun galt es, den in einer gut fünf Meter tiefen Schlucht dahinrauschenden Fish Creek zu überqueren. Nach kurzer Suche fanden meine Kollegen den ihnen vom letzten Aufenthalt her bekannten Übergang wieder. Es war ein grün bemooster, etwa 30 Zentimeter starker Douglasienstamm, der über die Schlucht gestürzt war. Als er mit viel Mut und Überwindungskunst überschritten war, keuchten wir unter unseren Lasten bergauf. Meine Verschnaufpausen wurden immer häufiger. Im Oberhang war die Kletterei dann nach einiger Zeit zu Ende. Wir erreichten einen Pfad, den die Forstleute, die vor uns hier gewesen waren, aufgehauen hatten.

Auf dem weichen Waldboden

Eine halbe Stunde ging es noch bergauf, dann verlief der Pfad in der Ebene, und eine Lichtung wurde in der Ferne sichtbar. Ein See in der Größe eines mittleren Dorfteiches kam in Sicht. An seinem Ufer stand ein Militärzelt für vier Mann. Wir luden ab und legten uns erst einmal in der Abendsonne flach auf den weichen Waldboden, um zu entspannen. Dann verstauten wir unseren Proviant und die Schlafsäcke im Zelt, das mit vier Luftmatratzen ausgestattet war.

Das Lager war ein idyllischer Platz unter den hoch aufragenden Douglasien und Hemlocks und an der Lichtung mit dem See, in dem sich der Himmel spiegelte, der sonst überall durch das dichte Kronendach verborgen war. Wir entfachten ein Feuer und rösteten darauf unsere restlichen Sandwiches, bevor wir nach dem Sonnenuntergang in unsere Schlafsäcke krochen. Nach dem Frühstück erläuterte mir Marty die Arbeitsmethoden. Wir verwandten ein Vermessungsgerät namens „Transit". Mit ihm konnte man die Kompassrichtung bestimmen, den Steigungswinkel feststellen und die Entfernung zu einem Peilstab messen. Um damit im Gelände die Fortführung der Wegetrasse zu bestimmen, musste erst einmal die grobe Richtung festgelegt werden. Dann wurde mit Axt und Pulaski eine Trasse durch das Unterholz freigeschlagen, damit man Sichtverbindung zwischen Transit und Peilstab bekam. Waren die Werte für die Steigung zu hoch oder die Richtung ungünstig, musste die Trasse verlegt werden. Wenn die Streckenführung festgelegt war, wurde sie in die Karte eingezeichnet. Außerdem wurden die Schwierigkeitsgrade für die Erdbewegungen beim Wegebau eingeschätzt, wenn etwa Sprengarbeiten oder der Bau von Durchlässen für Niederschlagswasser notwendig wurden.

Messen, schätzen, abholzen

Diese Planungsarbeiten waren sehr zeitaufwendig. Passend zur Wegetrasse wurden die zukünftigen Einschlagsflächen bestimmt. Maßgebend dafür waren das auf der Fläche vorhandene Holz und die Erreichbarkeit. Die aufstehenden Stämme wurden nach einem statistischen Verfahren in Probekreisen auf Menge und Qualität beurteilt. Alle diese im Gelände erhobenen Daten wurden aufgezeichnet und berechnet. Im Winter dienten sie dann als Ausschreibungsunterlagen für Bieter aus dem Kreis der „logger", wie die Holzeinschlagsfirmen hießen. Anfangs arbeitete ich mit Marty zusammen. Besonders die Rhododendron-Äste waren wegen ihrer Elastizität und Zähigkeit nur schwer zu zertrennen. Rasch lernte ich dabei den Umgang mit der doppelschneidigen Axt, die sich harmonischer als unsere einschneidige schwingen lässt.

Nach einigen Tagen Wegeplanung nahm mich Al mit, als es um das Erheben der Probeflächen in einem geplanten Kahlschlag ging. Entsprechend der Gesamtfläche des Einschlagsgebietes wurde anhand statistischer Daten die Anzahl der Probekreise bestimmt und genauestens vermessen – es war eine Arbeit, die viel Konzentration erforderte und uns rasch ermüdete. Kleine Pausen waren immer wieder nötig, damit wir exakt arbeiten konnten.

In solchen Pausen und beim Plausch am abendlichen Lagerfeuer lernte ich meine drei Arbeitskollegen näher kennen. Al Gano und Martin Reed waren etwa fünf Jahre älter als ich und bereits erfahrene Forstleute. Sie waren verheiratet und hatten Kinder im Vorschulalter. Dick Platt war Junggeselle und kam frisch von der Universität. Er war etwa in meinem Alter. Al Gano war im Pazifikkrieg gegen die Japaner Offizier bei den Marines gewesen. Er hatte das mörderische „Inselhüpfen" und die Schlacht um Okinawa miterlebt. Ich konnte mir diesen unglaublich ausdauernden und körperlich geschickten drahtigen Mann gut in der Uniform der US Marines vorstellen. Er war mehrfach verwundet worden und besaß zahlreiche Orden.

Einsätze im Bombenkrieg

Martin Reed war mit einer Engländerin aus London verheiratet. Während des Krieges war er längere Zeit in England als Bomberpilot der US Air Force stationiert gewesen. Er machte mir gegenüber keinen Hehl daraus, dass er zahlreiche Einsätze über Deutschland geflogen war und Städte wie Berlin und Köln bombardiert hatte. Gerade durch diese Tatsache bekamen wir ein besonders freundschaftliches Verhältnis zueinander und halten heute noch Verbindung. Al hatte seine Angel mitgebracht. Er fing fast immer genug Fische für das Abendessen, die wir uns in der Pfanne brieten. Ich war an das Ausnehmen und Zubereiten von Forellen in Canstein gewöhnt. Deshalb staunte ich, als er mit einer Kneifzange vor dem Ausnehmen die Flossen herausriss. Mir schmeckten die Forellen allerdings auch ohne Flossen ausgezeichnet. Der Fisch kann nach dem Fang gar nicht schnell genug in die Pfanne kommen, um Biss und Geschmack zu erhalten.

Die Arbeit im Urwald von Oregon war kein Vergnügen – diese Aufnahme entstand im strömenden Regen.

Über unserem Zeltlager in der Wildnis am See lag ein Bergrücken, der „Camelback" hieß. Eines Nachmittags machten Marty und ich etwas früher Feierabend und stiegen auf diese Anhöhe. Sie war oben felsig und daher nicht mit starken Bäumen bewachsen. Das ermöglichte einen freien Ausblick auf die Berglandschaft der Cascade Mountains. Auf der Nordseite reihte sich unter einem lückenlosen Nadelbaumteppich Bergkette an Bergkette bis an den fernen Horizont. Darüber thronten die schneebedeckten Vulkankegel des Mount Hood und Mount St. Helens. Wir saßen still auf einem Felsen und hingen unseren Gedanken nach. Dann sagte Marty: „Wir sind an dieser Stelle die ersten Menschen. Die Indianer sind nie hierhergekommen, denn es gab Wild nur in den Flusstälern. Die Landvermesser sind nur ihren Quadratlinien gefolgt, und die verlaufen weit entfernt von hier."

Aufbruch und ein Barbecue

Die Gegenden der Welt, die noch nie ein Mensch betreten hat, werden immer weniger. Dass ich zu denen gehörte, die ein solches Erlebnis haben durften, erfüllte mich mit Stolz und Freude. Freitagvormittag räumten wir das Lager auf und packten alle Habseligkeiten auf unsere Tragggestelle für den Heimweg. Zurück blieb nur, was zur Ausrüstung einer Ersatzmannschaft nötig war: Zelt, Schlafsäcke, Küchengeräte und die weniger wertvollen Werkzeuge. Um das Gewicht der wöchentlichen Verpflegung erleichtert, kletterten wir durch das Gesträuch gut drei Stunden bis zu unserem Van und kamen gegen Abend nach Estacada zurück.

Am Samstagnachmittag war ich mit meinen Gastgebern zu einem Barbecue bei unserem District Ranger Bill Ronayne eingeladen. Wir fuhren zu einem Picknickplatz am Clackamas River, etwa vier Meilen von Estacada entfernt. Unter riesigen alten Douglasien waren in der Talaue für die Touristen Feuerstellen und Kombinationen von Tisch und Bänken eingerichtet, die wir benutzten. Auf dem Parkplatz standen und rollten die bunten Straßenkreuzer der Fünfzigerjahre mit ihren breiten Chromgrills und hohen Heckflossen. T-Shirts in allen Farben des Regenbogens und Jeans beherrschten die Szene. Die Forstleute des Districts mit ihren Familien waren fast vollzählig erschienen.

Dick stellte mich den Kollegen vor, die ich noch nicht kennengelernt hatte. Ich wurde sofort in ihre Gespräche einbezogen. Es herrschte ein fröhlich-lockerer Umgangston, und es gab nur wenige, denen man eine gewisse Schüchternheit anmerkte. Obwohl es im Forest Service üblich ist, die Beamten ständig in den ganzen USA herumzuversetzen und sie dies hinnehmen müssen, wenn sie befördert werden wollen, kannten sich die meisten untereinander. Diesen Schluss zog ich aus dem Inhalt der Gespräche, die sich meist um gemeinsame Erlebnisse in Nationalforsten wie New Mexico oder Georgia drehten, weit entfernt von Oregon. Wie bei uns hatte eine große Anzahl der Anwesenden dieselbe Universität besucht. Man tauschte Erinnerungen aus und klatschte über Jahrgangskameraden. Alkohol gab es nur in Form des wässerig-dünnen amerikanischen Biers. Diejenigen unter den Männern, die in Deutschland Soldaten gewesen waren und mich natürlich darauf ansprachen, teilten mit mir die Sehnsucht nach deutschem Bier.

Am Montag begann wieder der Dienst in den Wäldern. Während der größte Teil der Mannschaft Kahlschläge abbrennen musste, genossen wir vier in den folgenden Wochen das Privileg, weiter am Surprise Lake im Zelt zu leben und uns den Arbeitstag nach unserem Geschmack einzuteilen. Es regnete öfter, und wir mussten dann viel Zeit im Zelt oder in Regenkleidung am Lagerfeuer verbringen. Sie fragten mich nach dem für sie Wissenswerten aus Deutschland aus – und ich ließ mir von ihnen ihre Holzernte-Technik und Wegebau-Methode erklären.

Über geköpfte Bäume

Schon Ende des 19. Jahrhunderts hatte man in Amerika mithilfe der Dampfmaschine eine Seilbringungstechnik für die schweren Stammabschnitte entwickelt. Eine Seilwinde zieht die Stämme über eine Umlenkrolle, die am Wipfel eines geköpften Baumes befestigt ist, an einem Ende in die Höhe und schleift sie dann an den Verladeplatz. Der geköpfte Stamm ist dabei mithilfe von Stahlseilen nach allen Seiten hin vertäut. Die Stammstücke wurden damals mit Schmalspurbahnen aus dem Wald transportiert und, wenn möglich, auf dem Wasser mittels Flößen oder per Schiff zum Sägewerk gebracht. Das ließ sich natürlich nur in relativ ebenem Gelände bewerkstelligen.

Die moderne Methode, das Holz mit Lastwagen auf Wegen zu transportieren, wurde in den steilen Berggebieten erst durch die Erfindung der wassergekühlten Lastwagenbremse möglich. Die Spezial-Lkws für die Holzabfuhr, die „log trucks", besitzen hinter dem Fahrerhaus einen Wassertank, aus dem sie Wasser über die Bremsen laufen lassen können, um ein Nachlassen der Bremswirkung beim Erhitzen zu verhindern.

Auch der Wegebau, der vor dem Zweiten Weltkrieg viel langwierige Handarbeit erforderte, war durch die Erfindung der Planierraupe, einem Kind des Krieges im Pazifik, erst in der Schnelligkeit und Mühelosigkeit unserer Tage möglich geworden.

Saatgut für das Sauerland

Natürlich unterhielten wir uns auch über die Wuchsgebiete und Ansprüche der Baumarten. Die Douglasie mit ihren weltweit bekannten und begehrten Holzqualitäten, ihrer hohen Anpassungsfähigkeit an unterschiedliche Klimabedingungen und ihrem raschen Wuchs fand natürlich mein besonderes Interesse, da sie ja schon seit der Mitte des 19. Jahrhunderts in Deutschland angebaut wurde. Da die Douglasie über weite Teile des nordamerikanischen Kontinents verbreitet ist, hat sie eine Vielzahl lokaler Sorten ausgebildet. Für den Anbau in Europa ist daher die örtliche Herkunft des Saatguts von enormer Bedeutung. Zur damaligen Zeit war es bei den Saatguthändlern der USA üblich, die Samenzapfen an Orten pflücken zu lassen, wo es sich bequem bewerkstelligen ließ. Als Standort wurde die nächstliegende Wetterstation angegeben, die sich oft Hunderte von Kilometern entfernt befand. So waren die Klimadaten des Saatguts sehr unzuverlässig.

Ich plante daher, Anfang Oktober Estacada zu verlassen und mir eine Gegend zu suchen, die in Höhenlage und Niederschlägen dem Sauerland entsprach und in der Spätfröste häufig auftraten. Dort wollte ich dann Zapfen gewinnen und daraus Samen für daheim ernten, also Saatgut „klengen" lassen, wie es in der Fachsprache heißt.

Ende September wurde ich am üblichen Freitag nach der Heimkehr vom Surprise Lake gebeten, am Samstagabend zur Feuerwache bereitzustehen. Wenig begeistert sagte ich zu.

Eine historische Aufnahme mit Seltenheitswert: Sie entstand um 1950 und zeigt eine Aussichtsstation in den Wäldern Oregons – von hier wurde vor Waldbränden gewarnt.

Mein alter Freund Gus Peterson und ich fuhren in die Berge zu einem Kahlschlag. Er war am Vortag abgebrannt worden. Auf ihm glimmte und qualmte es noch überall. Gus blickte immer wieder zum Himmel. Wir machten unseren Rundgang wie üblich, ohne dass es Probleme gab. Dann verbrachten wir die Stunden in der Dunkelheit des Fahrerhauses und umrundeten regelmäßig das feurige Geschehen, dessen Licht zur Orientierung ausreichte. Der Morgen dämmerte und es begann, hell zu werden, als Gus beim Verlassen des Fahrzeugs erschreckt ausrief: „Der Wind ist umgeschlagen!"

Aus Osten blies sehr warme Luft, die an den Föhn in Bayern erinnerte. Überall flackerten auf der Fläche Flammen auf. Asche und verkohlte Holzstückchen flogen durch die Luft. Wir griffen unsere Kurzbeile, die Pulaskis, und rannten los. Der Kahlschlag war gut geschützt, denn er hatte einen breiten Gürtel offengelegten Mineralbodens rundum und auf der windabgewandten Seite im Oberhang zwei übereinanderliegende Holzabfuhrwege als zusätzliche Begrenzung. Schon nach etwa 100 Metern sahen wir, dass ein Stück brennende Borke über die Schutzzone in den angrenzenden Bestand geflogen war. Ich rannte hin und löschte das Feuer mit Erde ab. Als ich mich umblickte, sah ich zahlreiche andere Brandherde aufflammen. Der starke Wind blies brennende Teile aus dem Kahlschlag mühelos über mehr als 100 Meter. Es war sinnlos, hier weiter zu löschen. Wir mussten Alarm schlagen.

Wir hatten kein Sprechfunkgerät. Daher beschlossen wir, dass Gus ins Tal fahren und Feueralarm auslösen sollte, während ich die weitere Entwicklung des Brandes verfolgen sollte. Wir fuhren zur Kreuzung mit dem Hauptabfuhrweg zurück. Sie lag oberhalb des Brandgebietes und bot einen guten Blick über das Tal, da sie von einer älteren, bereits wieder begrünten Hiebsfläche umgeben war. Das war ein sicherer Platz, an dem ich nicht vom Feuer eingeschlossen werden konnte. Ich kletterte auf einen der hohen Wurzelstöcke und bekam damit noch bessere Sicht auf das Krisengebiet.

In dem Waldbestand, der unter mir an den brennenden Kahlschlag anschloss, brach die Hölle los. Das Bodenfeuer breitete sich immer rascher im ganzen Bereich aus. Nach und nach kletterten die Flammen an den zahlreichen toten Stämmen in die Höhe und erfassten das Reisig der abgestorbenen Kronen. Das entstehende Wipfelfeuer erweiterte sich mehr und mehr durch herumfliegende brennende Äste und Rindenteile. Der Wind nahm durch die Hitze kräftig zu und trieb glühendes Material immer weiter vom Brandherd fort.

Der nächste Altbestand oberhalb der Abfuhrstraße war gut 900 Meter entfernt. Ich traute meinen Augen nicht, als ich beobachtete, dass die Thermik des Feuersturms rot glühendes Material so hoch riss, dass es auch diese Entfernung überbrückte und sogar dort den Wald in Brand setzte.

Mit Raupe und Löschflugzeug

Etwa eine Stunde hatte ich auf meinem Ausguck gesessen und dieses schaurige und faszinierende Geschehen beobachtet, als eine Planierraupe die Straße heraufrumpelte. Der Fahrer hatte Wege repariert, und Gus hatte ihn zu mir hinaufgeschickt. Wir blickten in die Runde und sahen nur noch brennende Baumbestände. Wo sollte er allein mit der Arbeit beginnen? Bald erschien ein einmotoriges Sportflugzeug über uns und umkreiste das Großfeuer. Kurz darauf kam Gus zurück und fuhr mit mir und dem Raupenfahrer ins Tal. Auf einem der Campingplätze trafen Vans voller Männer und Pick-ups des Forest Service ein, beladen mit Handwerkszeug, Feuerwehrschläuchen und benzingetriebenen Pumpen. An einem der Tische stand Bill Ronayne mit Al Gano, Dick Burke, Martin Reed und Howard Beguelin. Sie hatten eine Karte vor sich liegen und besprachen die Lage. Der Pilot hatte eine grobe Skizze der brennenden Fläche eingezeichnet. Die gesamte Fläche dieses Waldbrandes, der unter der Bezeichnung „Fish Creek Fire" einer der größten in der Geschichte dieses Distrikts war, betrug 900 Hektar. Immer mehr Helfer strömten in das Lager und wurden registriert. Ich erfuhr, dass es ein Gesetz gab, das eine Zwangsrekrutierung unter den Autofahrern an den Straßen erlaubte. Außerdem waren wegen der guten Bezahlung auch die Indianer des nahen Reservats und die „Winos", die Obdachlosen aus Portland, am Einsatz als „firefighter" interessiert.

Mir, einem an militärische Ordnung gewöhnten Deutschen, erschien der zentrale Organisationsplatz ein großes Durcheinander zu sein, denn nirgendwo wurde angetreten und kommandiert. Doch bald lernte ich diese andere Art zu organisieren kennen. Sie basiert auf der Selbstständigkeit des Einzelnen. An den Baumstämmen auf dem Campingplatz waren Kopien der Karte des Brandgebietes angebracht, auf denen die Löschgruppen und ihre Einsatzzonen eingezeichnet waren. Daneben befanden sich Listen, auf denen der Gruppenführer und die Namen der ihm zugeteilten Männer aufgeführt waren. Jeder suchte seine Gruppe selbstständig auf und fragte sich zu deren Sammelplatz durch.

Der Trichter im Bach

Meinen Namen fand ich in der Gruppe von Al Gano. Da er am Kartentisch leicht zu finden war, gesellte ich mich zu ihm, und wir fuhren mit etwa zehn Mann hinauf in den Berg. An unserem Einsatzort angekommen, erkannte er sofort die Möglichkeit, das Bodenfeuer einer

Kulturfläche an einem alten Zufahrtsweg zu stoppen. Nicht weit davon floss ein kleiner Bach. Auf dem Pick-up gab es gut 100 Meter Schlauch und einen Trichter aus Segeltuch, an den man den Schlauch anschließen konnte. Der Trichter wurde 60 Meter oberhalb der brennenden Fläche mitten im Bach vertäut, sodass das Wasser in die weite Öffnung fließen musste. An der Düse am Ende des Schlauches stand das Wasser so stark unter Druck, dass es Mühe machte, den Strahl zu dirigieren. Al drückte mir die Düse in die Hand und zeigte mir, wie ich die „hot spots", die heißesten Stellen auf der Brandfläche, erkennen und löschen konnte. Als wir beim Einbruch der Dämmerung abgelöst wurden, war ich 17 Stunden auf den Beinen gewesen. Am nächsten Tag ging es früh erneut an die Löscharbeit. Inzwischen waren Feuerwehren aus der ganzen Gegend zusammengezogen. Nahezu zwei Wochen kämpften wir mit dem Feuer, bis uns Regen zur Hilfe kam.

Eigentlich hätte ich mich ja schon längst auf den Weg machen müssen, um meine Douglasien-Zapfen für das heimische Sauerland zu pflücken. Nun war es dazu zu spät, das warme

Wetter hatte zum Ausfallen der Samen geführt. Daher beschloss ich gen Westen loszufahren, um noch vor den ersten Schneestürmen über die Rocky Mountains und durch den Mittleren Westen nach Virginia zurückzugelangen. Ich plante aber zuerst einen Besuch bei einem Saatguthändler in Tacoma ein, denn ich wollte mein Wort halten und guten Douglasiensamen mitbringen.

Während der Rückfahrt von Oregon an die Ostküste im Herbst 1956 habe ich ein Kurztagebuch geführt. Diesen Teil meiner Reise möchte ich chronologisch schildern, damit die Vielfalt der Erlebnisse deutlich wird.

Zu diesem Foto heißt es in den Aufzeichnungen von Elverfeldts: „Das Bild zeigt den Blick vom Camelback auf den Surprise Lake und das Ende des Holzabfuhrweges im Gegenhang. Unser Zelt stand am linken unteren Rand des Sees."

Bei Dienstbeginn verabschiede ich mich im „office", im Büro des Forest Service in Oregon, von Bill Ronayne, Martin Reed, Al Gano und Dick Burke. Von Howard Beguelin hatte ich schon am Abend vorher Abschied genommen. Dabei hatte er mir die Adressen seines Zwillingsbruders und seines Schwagers mitgegeben, und ich versprach ihm, diese beiden auf ihren benachbarten Farmen in Iowa zu besuchen.

Auf dem Weg nach Tacoma fahre ich bei einer besonderen Baumschule, der „Greeley Nursery" vor. Ein Assistent des Chefs zeigt mir interessante Pappelversuche mit Trichocarpa-Hybriden (eine Sorte, die zwischen 1987 und 1996 eine der leistungsfähigsten Pappeln bei den Kurzumtriebsversuchen in Canstein war). Gegen Mittag sprach ich bei dem Forstsamenhändler Cornelius in Tacoma vor. Er riet mir, den Samen bei der Firma „Manning Seed" in Seattle zu kaufen, und er übergab mir eine Einladung zu einem forstlichen Fachvortrag für den gleichen Tag abends im Hotel Roosevelt in Seattle.

Samstag. Nach langem Ausschlafen fahre ich im Norden von Seattle an den Puget Sound. Ein langer Spaziergang am Ufer macht mich wieder wach für die Schönheit dieser Landschaft. Aus dem das Wasser überwallenden Nebel lugt hin und wieder das Ufer einer der zahlreichen Inseln dieser fjordähnlichen Bucht hervor und in der Ferne die von dunklen Wäldern überzogene Gebirgskette.
Auf der Fahrt zurück nach Seattle erblickte ich einen Menschenauflauf an einer Volkswagenvertretung. Man umlagerte dort den Käfer und ein hier noch unbekanntes Auto, den DKW 3/6, der mit seinem Zweitaktmotor Aufsehen erregte.

Sonntag. Nach dem Frühstück fuhr ich um 10 Uhr zur nächsten katholischen Kirche in die Sonntagsmesse. Es waren alle Hautfarben und Ethnien vertreten. Ein Schwarzer und ein Chinesenjunge waren als Messdiener tätig. Ich erkannte Philippinos, Iren und Italiener in der Menge neben Schwarzen aller Schattierungen. Nach der Messe begrüßte der Priester seine Schäflein an der Kirchentür. Mit mir, den er nicht kannte, sprach er etwas länger.

Für den Vormittag hatte ich mich bei der Firma „Manning Seed" angemeldet, die Forstsaaten aller Art vertreibt. Dort begrüßte mich ein dänischer Forstmann namens Goerdes. Wir erörterten die Vor- und Nachteile der angebotenen Samen, und ich entschloss mich zum Kauf von vier Pfund Samen aus Spätfrostlagen. Danach fuhr ich zur Universität und traf dort einen besonders netten und entgegenkommenden Professor, der mich eingehend über die Forstgeschichte der Westküste informierte. In ihren Anfängen war das eine reine Exploitationswirtschaft in den Gebieten, die durch den Abtransport auf dem Wasser begünstigt waren. Forstliche Arbeiten begannen erst unter Präsident Theodore Roosevelt am Beginn des 20. Jahrhunderts. Deutsche Forstleute wie Schenck und Fernow waren damals an dieser Entwicklung als Lehrer maßgeblich beteiligt.

15. Oktober 1956

Aufgrund der kurzen Nacht verschlief ich gründlich und sauste ohne Frühstück zu meiner Verabredung in Snoqualmie Falls. Dort besitzt die Firma Weyerhaeuser eine große Treefarm mit Sägewerk und Furnierherstellung. Vor dem Bürogebäude begrüßte mich Don Dowling, der „chief forester", also der leitende Förster des Betriebes.

Nach Einführung in den Betrieb stellte er mich meinem Exkursionsführer Hans Wiedmer vor, einem Schweizer Forstmann, der schon lange bei Weyerhaeuser arbeitete. Er fuhr mit mir den ganzen Tag durch das Revier. Eindrucksvolle und rasch wachsende junge Bestände in den Tallagen nach Kahlschlägen um die Jahrhundertwende wechselten mit dürftigen und lückigen Kulturflächen an manchen Steilhängen. Der Anteil an Naturwaldbeständen war hier bedeutend geringer als im National Forest.

Hans Wiedmer lud mich zum Übernachten in sein Haus ein. Er war Vermessungfachmann, und ich lernte an diesem Abend eine Menge über die Art der Landvermessung im alten Amerika. Die Oberfläche ist in quadratische „sections" aufgeteilt, und die Vermessungseinheit ist die „chain", eine Kette, welche die Vermesser benutzten, um die Längen zu bestimmen.

16. Oktober 1956

Am Vormittag besichtigte ich das Säge- und Furnierwerk. Dort wurde nur bestes starkes Rundholz verarbeitet. Auch starke Stämme wurden, wenn sie kleine Faulstellen aufwiesen, ins Papierholz aussortiert.

Bei strömendem Regen fuhr ich am Nachmittag weiter gen Osten und erreichte am Abend Moses Lake als Übernachtungsort. Es wurde nun wirklich Zeit, den Kontinent wieder zu durchqueren, denn die ersten der gefürchteten Schneestürme konnten zu dieser Jahreszeit schon auftreten. Allein auf der Straße eingeschneit zu werden, kann böse ausgehen.

17. Oktober 1956

Der heftige Dauerregen nahm kein Ende. Wie gut, dass es noch kein Schnee war. Den ganzen Tag fuhr ich in Washington, Idaho und Montana durch die Täler und über schon zum Teil verschneite Pässe gen Osten. Wenn die Regenschleier die Sicht freigaben, fiel der Blick auf hohe, bewaldete Bergketten. Die sich gelb färbenden Nadeln von ausgedehnten Lärchenbeständen im Dunkelgrün der übrigen Koniferen belebten die Landschaft. In Missoula, Montana, suche ich mir eine Bleibe für die Nacht.

19. Oktober 1956

Bei der Durchquerung der Cheyenne Indian Reservation sah ich zum ersten Mal Indianerleben im Dorf. Kinder und kranke alte Leutchen vor heruntergekommenen Holzhäuschen. Kaputte Autos und Kühlschränke im Vordergrund. Ein junger Mann wollte ein Stück mitgenommen werden. Er berichtete mir, dass er schon öfter als „firefighter", also als Feuerwehrmann bei Waldbränden mitgearbeitet hätte. Mit großem Stolz sagte er: „Indians never get tired! – Indianer werden nie müde!"

Ich hielt in den Black Hills von South Dakota, um mir den Mount Rushmore anzuschauen. Die riesigen, in den Fels gesprengten Köpfe der US-Präsidenten blicken über eine Landschaft, die mich beim Durchfahren häufig an das Sauerland erinnerte. In der Nähe von Rapid City suchte ich mir ein Motel.

Im Spätnachmittag fuhr ich, nun schon im Staate Iowa angelangt, eine Tankstelle an. Es war immer ratsam, dies rechtzeitig zu tun, denn oft waren die Abstände bei den großen Entfernungen zwischen den Orten für den Reservevorrat zu weit. Ich stieg aus und machte Knie- und Rumpfbeugen, um die steif gewordenen Muskeln zu entspannen. Als ich mich auf der Tankstelle umblickte, fuhr ein blitzblanker neuer VW Käfer an der Säule neben meinem Studebaker vor. Sein Nummernschild war außergewöhnlich, und ich erkannte es sofort: „US Forces Germany", das Nummernschild der amerikanischen Armee in Deutschland. Dem Wagen entstieg eine fröhlich dreinblickende, dunkelhaarige junge Frau, die mich an die Filmschauspielerin Ava Gardner erinnerte. So wie ich ihr Nummernschild, so hatte auch sie sogleich das D-Schild an meinem Wagen entdeckt, das Sigi und ich mit dem Zusatz „We are from Germany" am Heck des Studebaker Champion angebracht hatten. Es hatte uns mehrere Male vor Strafmandaten bewahrt, weil die freundlichen amerikanischen Polizisten damals noch auf Ausländer Rücksicht nahmen.

Sally Henry, so hieß meine neue Bekanntschaft, war erst vor wenigen Tagen aus Heidelberg, wo sie bei der US-Army als Sekretärin gearbeitet hatte, nach Hause zurückgekehrt. Sie schwärmte von Deutschland und natürlich auch von ihrem Käfer, dessen Schiebedach damals eine Neuheit war. Sie war auf dem Weg zu ihren Eltern in Cedar Rapids, das für mich auf dem Wege lag. Wir fuhren also hintereinander bis Cedar Rapids, und ich lernte ihre Eltern kennen, die ebenso nette und gut aussehende Menschen waren wie ihre Tochter. Sie besaßen ein Häuschen für Gäste in ihrem Garten, in dem ich einquartiert wurde. Bis spät in die Nacht sprachen wir über Deutschland, seine schönen Landschaften und Städte. Der Charme meiner Gesprächspartner nahm mich so sehr gefangen, dass ich diese kurze Begegnung nie aus dem Gedächtnis verloren habe. Nach einem Frühstück zur zeitigen Morgenstunde verabschiedete ich mich herzlich von meinen Gastgebern, nicht ohne ein Foto von Sally in ihrem VW als Andenken geschossen zu haben.

24. Oktober 1956

Iowa ist die Kornkammer Amerikas. Reicher Schwarzerdeboden, der ehemals über Tausende von Hektar durch Präriegras bedeckt war, produziert nun auf riesigen Flächen Mais und Sojabohnen. Die heute auf 500 bis 1000 Hektar angewachsenen Farmen hatten bei meinem Besuch 1956 Durchschnittsgrößen von 150 Hektar. Auf einer solchen Farm war Howard aufgewachsen. Er hatte meinen Besuch bei seinem Schwager Eldred Mather und seinem Zwillingsbruder Francis Beguelin angemeldet, und so wurde ich auf der Farm seines Schwagers Eldred in der Nähe von Greene am Nachmittag von Howards Schwester herzlich begrüßt.

Sie brachte mich zu ihrem Mann aufs Feld hinaus. Ein etwa 30 Hektar großer Maisschlag war bereits zur Hälfte abgeerntet, und die zerquetschten Stängel bedeckten den bröckligen, trockenen schwarzen Boden. Eldred saß auf einem großen grünen John-Deere-Traktor, der einen zapfwellengetriebenen „cornpicker" zog.

Dies ist eine Landmaschine, die die Maisstängel durch zwei sich gegenläufig drehende Walzen zieht, die die Kolben abstreifen. Diese fallen dann auf rotierende Gummiwalzen, durch deren Drehung die Lieschen von den Kolben getrennt werden. Die goldgelben reifen Kolben fallen dann auf ein Förderband, das sie in einen Transportbehälter füllt. Dieser Transportbehälter wird von Zeit zu Zeit in einen Kippanhänger entleert.

Eldred nahm mein Angebot, ihm zu helfen, gern an. Er erläuterte mir die Bedienung des zweiten John-Deere-Schleppers, der vor den Anhänger gespannt war. Für mich, der zu Hause nur den Lanz-Bulldog gewohnt war, bedeutete dieser Schlepper den reinen Luxus. Ein bequemer Sitz, ein relativ leiser, ruhig laufender Benzinmotor und als Gipfel der Bequemlichkeit: Servolenkung. Keine schwergängige, stoßende Lenkung mehr, die Arme und Gelenke strapazierte. Ich fuhr nun für den Rest des Nachmittags die Kornwagen zu einem großen Stahlgittersilo, in das die Ladung mithilfe eines Förderbandes vom Kipper entleert wurde. In diesem Silo trockneten die Maiskolben an der Luft ab und wurden im Winter gerebelt, um die Körner vom Kolben zu trennen.

Eldred mästete mit seinem Mais Schweine und verkaufte auch einen Teil der Ernte an die Genossenschaft. Im Krieg hatte er so viel verdient, dass er seiner Hobbyfliegerei frönen und sich eine Cessna hatte kaufen können. Leider war sie bei einer Bruchlandung zerstört worden. Den Propeller hatte er sich aber als Andenken im Büro an die Wand gehängt. Wir verbrachten den Abend mit Fachsimpeln und Vergleichsrechnungen zwischen deutschen und amerikanischen Betriebszahlen.

26. Oktober 1956

Den ganzen Tag fuhr ich ohne lange anzuhalten bis in die Nähe von Columbus/Indiana. In der Dunkelheit fand ich kein Motel und entschloss mich, im Wagen auf dem Liegesitz der Beifahrerseite zu übernachten.

27. Oktober 1956

Um 6 Uhr früh erwachte ich auf meinem etwas unbequemen Lager, warf mir am nahen Bach kaltes Wasser ins Gesicht und startete weiter in Richtung Osten. Die Überquerung des Ohio, eingerahmt von Laubwald in den Herbstfarben aller Schattierungen von Gelb, Rot und Grün, ließ mich meine Eile vergessen. Ich hielt lange auf der Brücke und nahm dieses eindrucksvolle Bild in mein Gedächtnis auf.

Durch Kentucky und West Virginia fraß ich nun Meile um Meile. In Charleston nahm ich einen Anhalter mit. Es war ein Soldat der Navy auf dem Weg zum Heimaturlaub. 100 Meilen lang konnte ich mich nun auf dem Beifahrersitz dem Schlaf hingeben. Spät am Abend erreichte ich dann die Snowden-Farm. 650 Meilen lagen an diesem Tag hinter mir, das sind 960 Kilometer. (Ende des Tagebuchberichtes.)

Im Spätherbst 1956 wurde es allmählich Zeit, meine Rückreise und den Abschied von Amerika zu organisieren. Von anderen Atlantiküberquerern hatte ich erfahren, dass man Schiffspassagen zu recht günstigen Preisen auf Frachtschiffen buchen könne. Richmond in Virginia ist einer der großen Häfen an der Ostküste der USA. Da diese Stadt nicht weit von Scottsville entfernt ist, fuhr ich dorthin. Der Hafen war sehr groß, und der militärische Teil war besonders sehenswert. Zwei hoch aufragende Flugzeugträger waren der Blickfang im grauen Heer der ankernden Kriegsschiffe. Ein Kreuzer war zur Besichtigung freigegeben, und ich nahm die Gelegenheit wahr, einen solchen Stahlkoloss von innen kennenzulernen. Im Sonnenschein auf Deck machte es Spaß, sich die Geschütze und die technischen Details erklären zu lassen. Als es dann aber unter Deck ging, merkte ich bald, dass ich nicht zum Marinesoldaten geboren war. Die drangvolle Enge und die ständige Gefahr, sich bei meiner Körpergröße den Schädel an Stahl anzuschlagen, machten die Fortbewegung äußerst mühsam und verminderten die Konzentration auf den Vortrag des Führers. Zurück auf dem Deck fühlte ich mich wie nach einem Besuch im Bergwerk.

Auf einem Frachter zurück?

Nach diesem Erlebnis fuhr ich in den Frachthafen und betrat aufs Geratewohl das Büro einer Reederei. Die Dame am Empfang begrüßte mich freundlich und verwies mich an einen Mitarbeiter, der mir nett, wie die meisten Amerikaner sind, rasch eine Liste der Reedereien zusammenstellte, die Passagiere auf ihren Frachtern beförderten. Es waren nicht sehr viele, sodass ich schon nach etwa drei Stunden meine Runde der Besuche beenden konnte. Leider ohne positives Ergebnis. Es war mir nicht mehr möglich, mit einem Frachter vor Weihnachten zu Hause zu sein. Also blieb nur noch die teure Passage auf einem Linienschiff übrig.

Die günstigste Möglichkeit war eine Passage auf der „United States", dem damals größten und schnellsten Passagierschiff der Welt. Ich buchte eine Überfahrt für Anfang Dezember. Während des Aufenthaltes in Amerika war ich noch nie bei einem Friseur gewesen, weil sich immer ein Bekannter oder Arbeitskollege gefunden hatte, der die Kunst des Haareschneidens beherrschte. Beim Anblick eines mit allen Werbemitteln versehenen Friseursalons dachte ich, ein neuer Haarschnitt sei doch notwendig. Der Laden besaß ein Schaufenster, das den Blick durch zahlreiche gut frisierte Puppenköpfe und blinkende und blitzende Gerätschaften zur Haar- und Bartpflege anzog. In einer Ecke entdeckte ich zu meinem Erstaunen einen ausgestopften Hasen, gehörnt und mit einem Fasanenschwanz versehen.

Neugierig betrat ich den Salon, in dem mich ein graubärtiger, dunkelbraunhäutiger Friseur in blütenweißem Kittel sofort in einen der lederbezogenen Sessel komplimentierte. Ohne lange zu fragen begann er damit, mich auf eine Haarwäsche vorzubereiten und kippte den Sessel nach hinten. Ich ließ es geschehen, denn meine Aufmerksamkeit war durch die rundherum von den Wänden auf mich herabstarrenden Wolpertinger gefesselt. Da gab es eine Katze mit Eulenkopf und Pfauenschwanz, Hasen mit den absonderlichsten Gehörnen und ein Gürteltier mit Fuchskopf und Raubvogelkrallen. Außerdem jede Menge Jagdtrophäen vom Hirschgeweih bis zum Bärenschädel.

Ich fragte meinen Haarkünstler, ob er schon einmal in Bayern gewesen sei. Das war zwar nicht der Fall, aber er wusste genau, was ein Wolpertinger ist, und schien auf diesem Gebiet ein Experte zu sein. Außerdem war er Jäger und begann sogleich, mir seine Abenteuer zu erzählen, während er mir eifrig den Kopf rubbelte.

Damals war der sogenannte „crew cut" der beliebteste Herrenhaarschnitt. Eine Frisur, bei der von meiner Lockenpracht nur noch eine Bürste verblieb, die er ohne Scheitel zu einem stilvollen „round top", wie er es nannte, ausformte. Dazu dienten ihm zahlreiche Hilfsmittel wie Heißluftföhn und Rasiermesser. Auch eine Kopfmassage mit speziellen Essenzen führte er durch. Am Ende hatte er wohl alle Handreichungen absolviert, die zu seinem Repertoire gehörten. Die Rechnung war entsprechend. 20 Dollar! Das waren damals 40 DM. Leicht geschockt, aber sicher sehr verschönt, verließ ich das Wolpertingerkabinett …

Die Armaturenfabrik Metallwerke Neheim Goeke & Co. KG in Neheim-Hüsten, an der unsere Familie die Mehrheitsbeteiligung hielt, sollte nach der Heimkehr meine neue Wirkungsstätte werden. Dieses Unternehmen hatte bei einer Firma namens Goss & De Leeuw in Connecticut eine neu entwickelte Maschine bestellt, auf der man Messing und Rotgussgehäuse für Ventile in einem Arbeitsgang an drei Seiten ausdrehen und mit Gewinde versehen konnte. Mein Vater hatte mich gebeten, diesem Unternehmen einen Besuch abzustatten. Dieser Termin stand mir also noch bevor und passte gut in meinen Reiseplan, da ich ja ohnehin von New York aus die Heimreise antreten würde.

Fahrt mit dem Ozeanriesen

Mit Abschiedstrauer im Herzen saß ich im Greyhound-Bus nach New York. Zum ersten Mal erlebte ich dort die Atmosphäre internationaler Gremien, in der ich dann viel später bei der Internationalen Arbeitsorganisation (ILO) in Genf und der Welternährungorganisation (FAO) in Rom selbst arbeiten durfte. Es war ein spannender Tag mit einer Vollversammlung der UNO, an der ich als Zuschauer teilnehmen durfte. In einem durch die verglasten Wände recht lichten Raum überblickte ich als Zuhörer die Vertreter aus der ganzen Welt, die einer Rede des österreichischen Außenministers Figl lauschten. Er sprach zum Ungarnaufstand, der ja gerade zu Ende gegangen war.

Bei der Besichtigung des Gebäudes stellte ich fest, dass wir vielen Personen begegneten, deren Gesichter ich aus der Zeitung und dem Fernsehen kannte. Es war für mich eine neue Erfahrung festzustellen, dass Politiker sich nicht von normalen Menschen unterscheiden. Wenn ich sie da so sitzen und essen oder in ein Gespräch vertieft sah, fand ich, sie benahmen sich für die Bedeutung ihres Amtes zu banal. Es gab allerdings Ausnahmen. Wir standen eine Weile in der Nähe des russischen Außenministers, der sich am Tisch mit zwei Herren unterhielt. Es war der Vorgänger von Gromyko, dessen Name mir damals geläufiger war als heute. Sein Gesicht war von einer Art unbeweglicher Starre, ein Pokergesicht. Es fehlte jegliche Natürlichkeit, und es schien, als ob er jede Regung voll unter Kontrolle hätte. Viele Jahre später bei Tagungen im ILO in Genf bin ich diesen Gesichtern bei der russischen Delegation wieder begegnet.

Die Firma Goss & De Leeuw besuchte ich kurz vor meiner Abreise aus New York. Es war ein typischer mittelgroßer Familienbetrieb, der auf die Herstellung von Werkzeugmaschinen spanabhebender Fertigung spezialisiert war. Bereitwillig zeigte mir der Geschäftsführer das Werk, und ich war von der Sauberkeit und dem Bemühen um Präzision und Qualität beeindruckt. Was das Äußere der Maschinen betraf, so fiel mir ein wesentlicher Unterschied zu deutschen Produkten dieser Art auf. Vor allem die Gussteile waren nur auf denjenigen Flächen bearbeitet, wo es notwendig war. Kopfenden von Wellen beispielsweise blieben sandgestrahlt gussrau, wenn sie nicht zum Einspannen bearbeitet werden mussten. Es wurde nur auf Zweckmäßigkeit hin bearbeitet, Schönheitsarbeiten wurden vom amerikanischen Kunden wohl nicht honoriert und unterblieben deshalb. Die von uns bestellte „1-2-3" benannte Gehäusebearbeitungsmaschine stand schon fertig verpackt im Werk und sollte bald aufs Schiff verladen werden.

Am 30. November bestieg ich das Fallreep des wie eine Bergwand vor mir aufragenden Ozeanriesen „United States". An Bord war alles sachgemäß modern gestaltet. Dies war ein Schiff, das seine Passagiere bequem und rasch von A nach B transportieren konnte, aber kein Ort für eine romantische Seereise. Mein Kabinenkollege war ein stiller, freundlicher deutscher Student, dem ich anmerkte, dass er die Gespräche mit mir auf das Notwendige zu beschränken suchte. Außer ihm saß an meinem Tisch im Speisesaal eine mollige junge Rheinländerin aus Bensberg, die fröhlich von ihrem Verwandtenbesuch in den USA berichtete. Wir begannen nach dem ersten Tanzabend an Bord einen netten Schiffsflirt miteinander. Sie tanzte sehr gut.

Am 5. Dezember legten wir vormittags an der Columbuskaje in Bremerhaven an. Meine Mutter stand am Pier, um mich abzuholen. Nun überflutete die Wiedersehensfreude den Abschied von einem Kontinent, der mich mein Leben lang nicht mehr losgelassen hat.

Ich setzte mich sogleich ans Steuer und fuhr wieder durch Deutschland. Noch gab es ja in Norddeutschland kaum Autobahnen, und es kam mir im Vergleich zu den USA so vor, als käme ich aus den Ortschaften nie heraus. Die Dichte der Besiedlung nahm mir ein Freiheitsgefühl, an das ich mich in den USA gewöhnt hatte. Es bedrückte mich ständig, Menschen zu sehen und im dichten Straßenverkehr dauernd unter Stress zu stehen. Mehrere Monate dauerte es, bis sich dieses Gefühl wieder verlor.

Erst heute begreife ich richtig, wie sehr mich dieser Aufenthalt in der Neuen Welt verändert hatte. Selbstbewusstsein und Selbstachtung waren gestärkt worden. Ich wusste, wer ich war und was ich leisten konnte. Eine innere Unabhängigkeit von meiner Herkunft hatte sich eingestellt. Diese Grundhaltung und die unkomplizierte Art des Umgangs der Bürger Nordamerikas miteinander, die ich mir angeeignet hatte, ermöglichten es mir von nun an, ohne innere Hemmungen und Vorbehalte auf jeden Menschen zuzugehen. Ja, es machte mir geradezu Freude, Personen mit verschlossenen Gesichtern anzusprechen und zu erleben, dass sie sich mir öffneten. Eine solche innere Lockerheit hatte ich vorher nicht besessen. Ich verdanke sie der Freundschaft und dem Entgegenkommen der Menschen Nordamerikas.

Helga mit Alexander und Georg 1960

Gründerjahre
und neue Zeiten

Familie, Landwirtschaft und Agrarpolitik
(1957 – 1997)

inen neuen Dienst in der „Firma" in Neheim trat ich nach dem Weihnachtsfest 1956 an. Im Bürogebäude gab es eine leer stehende Wohnung. Mit zwei Koffern zog ich ein, nicht ahnend, dass ich diese Stadt fünf Jahre später mit Frau und drei Kindern, einem Lkw und einem Möbelwagen wieder verlassen würde. Fräulein Bauernfeind, Chefbuchhalterin und guter Geist des Unternehmens, wies mich in meine erste Tätigkeit in der Arbeitsvorbereitung ein, nachdem mir Herr Dr. Hans Goeke das Werk gezeigt und mich den Mitarbeitern vorgestellt hatte.

In meiner Junggesellenwohnung in Neheim war ich des Alleinseins bald müde. Ich stürzte mich also in den Festestrubel der Karnevalszeit. Dazu gehörte auch der „Damenclubsball" in Münster Ende Januar. Das Wiedersehen mit Helga Strachwitz auf diesem Ball überwältigte mich. Ich ließ sie den ganzen Abend nicht mehr aus dem Arm, und sie erzählte mir begeistert von Rom und Italien. Der Gesprächsstoff ging uns nicht aus, und wir vergaßen das Fest und seine Teilnehmer. Schon früh verließen wir den Ball und verbrachten wohl sicher zwei Stunden im Auto, weil sie, wie wir feststellten, genauso gern küsste wie ich.

Danach verging kein Wochenende mehr, ohne dass wir uns sahen. Sie wohnte bei ihrer Mama Elisabeth in der Nievenheimer Straße in Düsseldorf nahe der Neusser Rheinbrücke. Wir machten lange Spaziergänge am Rheinufer und erzählten uns von unseren Erlebnissen in Italien und den USA.

Ende Februar holte ich sie zum rheinischen Herrenclubsball ab, und wir tanzten miteinander bis in den frühen Morgen. Ich wohnte in Linnep bei den Spees und blieb am Tage danach noch in Düsseldorf. Am Nachmittag fuhren wir ins Bergische Land und machten einen langen Waldspaziergang. Als wir danach im Auto saßen, sprachen wir darüber, dass wir uns ja längst einig seien, für immer beieinanderzubleiben und eigentlich nichts dagegen spräche, unseren Familien mitzuteilen, dass wir verlobt seien.

Wir kauften also auf der Rückfahrt eine Flasche Champagner, die wir der Mama mit unserer Neuigkeit zusammen überreichen wollten. Doch als wir an der Haustür klingelten, riss sie nur rasch die Tür auf und eilte zurück zum Fernseher, wo gerade ein spannendes Stück über einen Heiratsschwindler lief. Es bedurfte einiger Überredungskunst, sie davon zu lösen, um ihr unsere Neuigkeit mitzuteilen. Sie nahm die Botschaft ohne sonderliche Aufregung hin und begann sogleich mit einem Gespräch über die praktischen Auswirkungen. Also, eine Hochzeit wäre erst im Herbst möglich. Frühere Termine sollten wir uns aus dem Kopf schlagen. Dann ging es sofort an die Liste der zu benachrichtigenden Personen. Natürlich freute sie sich über unsere Nachricht, aber sie war immer besorgt, dass sie vor ihrer Tochter Autorität verlieren könnte, wenn sie zu viel Gefühle zeigte. Meine Mutter lag grippekrank im Bett, als ich heimkam und ihr meine Verlobung verkündete und sie raten ließ, mit wem. Bei den vielen Flirts, die ich nach meiner Rückkehr aus Amerika hatte, keine einfache Sache. Aber sie riet sofort richtig.

Eine Woche vor der Hochzeit, die am 18. Juni 1957 stattfand, wurden wir in Heddinghausen standesamtlich getraut. Was den Ablauf der Hochzeit betraf, so hatten wir alle Einzelheiten den Eltern überlassen. Ich hatte mir brav meinen Frack gekauft und Helga wenig Einfluss auf ihr Brautkleid genommen, denn Mama kümmerte sich nur zu gerne darum und duldete ungern Widerreden. Wenn wir nun schon – gar nicht so ungern – die Organisation und den Ablauf unserer Hochzeit der Familie überlassen hatten, so baten wir es uns aus, über die Hochzeitsreise ganz allein zu entscheiden. Sie sollte lang sein, mindestens vier Wochen. Ich sehnte mich danach, in der Natur zu sein und weit weg vom dicht besiedelten Mitteleuropa. Also schlug ich Skandinavien vor, und Helga stimmte mir begeistert zu. Auch fand sie meine Idee, auf einem Teil der Reise zu campen, ganz ausgezeichnet, insbesondere weil man damals in Schweden und Norwegen noch frei auf jeder Wiese sein Zelt aufschlagen durfte, wenn man den Platz ordentlich hinterließ. Die Familien fanden diese Idee ziemlich verrückt, doch wir ließen uns nicht beirren.

Nach der Rückkehr von unserer Hochzeitsreise bezogen meine Frau und ich erst einmal zwei Zimmer im Westflügel des neuen Schlosses in Canstein. Da ich meine Tätigkeit als mitarbeitender Kommanditist in unserem Familienunternehmen der Firma Metallwerke Neheim Goeke & Co. KG wieder aufnehmen wollte, fuhr ich täglich hin und zurück. Das war natürlich keine Lösung auf Dauer, denn es gab noch keine Autobahn und die kürzeste Verbindung über Brilon und die Möhnestraße war kurvig und schlecht ausgebaut.

In einer kleinen Welt

Weil noch immer Wohnungsmangel herrschte, war es schwer, eine kleine Behausung in der wachsenden Industriestadt Neheim für uns zu finden. Um für die leitenden Angestellten Wohnraum zu schaffen, hatte die Firmenleitung auf dem betriebseigenen Grundstück an der Straße „Zur alten Ruhr" zwei Einfamilienhäuser und ein Zweifamilienhaus errichtet. Da ein dort wohnender Angestellter gerade selbst ein Haus gebaut hatte, konnten wir dort im Spätsommer 1957 eine kleine Wohnung beziehen. Ein recht geräumiges Wohnzimmer mit Essecke und Durchreiche zur Küche, Schlafzimmer und Bad, das war unsere kleine Welt. Von dort aus konnte ich bequem über das Firmengrundstück ins Büro laufen. Jahre eines glücklichen Zueinanderfindens begannen.

Wenn ich abends aus der Firma heimkam, setzte sich Helga mit ihrer Gitarre auf einen Stuhl und sang mir italienische Schlager vor. Ich höre und sehe sie im Geiste noch immer vor mir. Sie strahlte Anmut, mädchenhafte Freude und Fröhlichkeit aus. Durch einen Bekannten, der bei Telefunken arbeitete, kamen wir preisgünstig an Schallplatten. Helgas Musikbegeisterung wirkte ansteckend und ich entwickelte Verständnis für klassische Musik. Beethovens Klavierkonzerte führen mich heute bei jedem Anhören in diese harmonische und glückliche Zeit zurück.

Wir lasen gemeinsam Bücher und besprachen sie miteinander. Wenn sie auch bevorzugt Liebesromane wie „Angélique" verschlang, so traute sie sich doch auch an meine oft schwerere Kost wie die Werke Teilhard de Chardins. Wir unterhielten uns viel über weltanschauliche Fragen. Dabei teilten wir die Abneigung gegen überzogene Frömmigkeitsübungen unserer katholischen Kirche. Ausgehend von der Frage, ob es ein Weiterleben nach dem Tode gebe, die uns viel beschäftigte, fanden wir im Laufe der Jahre zu dem erlösenden Glauben an die Auferstehung Christi, der uns das gemeinsame Beten lehrte.

Helga mit den Kindern vor unserem Opel

Wir erzählten uns eingehend von unseren bisherigen Erfahrungen. Für sie waren die Heimat in Bruschewitz und die Flucht 1945 Schlüsselerlebnisse. Der Hunger während der Tage in Dresden und die Angst vor den Russen steckten tief in ihrer Seele. Sie war nach den Entbehrungen des Flüchtlingsdaseins ebenso dankbar für die einfachen Bedürfnisse des Lebens wie ich nach den Erfahrungen der Kriegsgefangenschaft.

Allein die Tatsache, ein Dach über dem Kopf und genug zu essen zu haben, war uns wertvoll. Meine Arbeit in der Firma Metallwerke Neheim Goeke & Co. KG war inzwischen über das Stadium des Kennenlernens hinausgewachsen. Ein Betrieb mit seinerzeit fast 400 Mitarbeitern ließ sich nicht in wenigen Wochen überblicken. Meine Erfahrungen mit Industriebetrieben stammten aus meinen Betriebspraktika bei Claas in Harsewinkel, den Metallwerken Neheim, der Autowerkstatt Illmann in Arolsen und der Willow Manufacturing Corp. in New York. Ich hatte allerdings die Betriebe nur aus der Perspektive des Mitarbeiters kennengelernt, nun aber sollte ich in der Betriebsleitung mitarbeiten.

Die Voraussetzungen dafür waren recht schwierig, da mein Status auf die Rechte eines „Mitarbeitenden Kommanditisten" beschränkt war. Wer die Rechte des Kommanditisten in der Rechtsform der KG kennt, weiß, dass dessen Anspruch auf Information auf die jährliche Bilanz beschränkt ist und eine Weisungsbefugnis nicht existiert. Auch war ich kein Angestellter des Unternehmens. Dies bedeutete, dass ich meinen Lebensunterhalt aus meinem Anteil am Jahresgewinn bestreiten musste und in meiner jeweiligen Tätigkeit keine Führungsrechte besaß. Ich gewann allerdings den Mitarbeitern gegenüber eine gewisse Autorität durch die Tatsache, dass ich in ihren Augen als Mitunternehmer zur Betriebsleitung zählte.

In unserer aus zwei Zimmern, Küche und Bad bestehenden Wohnung im Erdgeschoss des Einfamilienhauses Zur alten Ruhr 12 hatten wir es uns bald recht gemütlich gemacht. Es gab natürlich immer eine Menge zu tun und Helga war mit dem weiteren Einrichten gut beschäftigt.

Sie hatte nicht viel mehr Haushaltserfahrung als ich, wenn sie auch einige weibliche Fertigkeiten wie Nähen und Stricken leidlich beherrschte. Vom Kochen verstanden wir beide nichts. Da wir aber gerne gut aßen, brachten wir uns nach und nach eine Menge bei und kauften gute Kochbücher, nach denen wir uns mit wechselndem Erfolg richteten. Die erste Ente, die Helga briet, hatte sie leider vergessen auszunehmen … – Wild aus Canstein, wo wir die meisten Wochenenden im Jahr verbrachten, stand häufig auf dem Speiseplan.

Als ich noch als Junggeselle im Bürogebäude wohnte, putzte eine Frau Schäfer meine Wohnung. Sie bot sich an, auch bei uns zweimal in der Woche zum Reinemachen zu kommen. Sie verstand sich bald recht gut mit Helga und brachte ihr manche Haushaltskniffe, vor allem auch beim Kochen, bei. Als Witwe und Rentnerin mit schwerem Gesundheitsschaden hat sie später viele Jahre bei uns in Canstein gewohnt und mitgeholfen.

Das erste Kind

Ende 1958 erfuhren wir, dass Helga schwanger war. Die letzten Monate dieser ihrer ersten Schwangerschaft waren mühsam, denn sie war sehr schlank gewesen und nahm erheblich zu. Das Frühjahr 1959 war schon im April recht warm und die Hitze machte ihr zu schaffen. Die ersten Minuten der Gemeinsamkeit nach der Geburt unseres Sohnes Alexander gehören zu den eindrucksvollsten Erlebnissen meines Lebens. Eng aneinandergeschmiegt heulten und lachten wir zusammen vor Glück. Zu ihrer großen Freude klappte das Stillen ausgezeichnet. Alexander trank sehr gut und zügig und der Doktor meinte, er würde ein guter Biertrinker werden.

Zu Hause erwartete Mutter und Kind eine ältere erfahrene Säuglingsschwester namens Helene, die für die damals übliche Wochenpflege eingestellt worden war. Helga stürzte sich mit Feuereifer auf die Pflege des Babys, eine Tätigkeit, die sie liebte und mit größtem Pflichtbewusstsein erfüllte. Natürlich hörte sie nicht auf den Rat der Schwester, den jungen Herrn auch einmal brüllen zu lassen, wenn seine Fütterungszeit noch nicht gekommen war. Alexander, den wir liebevoll „Wutzi" nannten, gewöhnte sich so daran, sich mit Gebrüll immer dann zu melden, wenn seine Mutter das Zimmer verließ.

Die Miniwohnung wird eng

Als Alexander gerade krabbeln konnte, stellten wir fest, dass Helga wieder schwanger war. Gegen Ende der Schwangerschaft entschlossen wir uns, nach einer Hilfe im Haushalt Umschau zu halten. Bei der damals herrschenden Vollbeschäftigung eine sehr schwierige Sache. Bald hatten wir also zwei Kleinkinder in unserer Miniwohnung. Wir brauchten dringend mehr Platz und auch eine Hilfe für Helga. Das war beides nicht einfach, denn unsere Obermieterin, eine promovierte Studienrätin, wollte weder ein Zimmer abgeben noch sich eine neue Wohnung suchen, was das Beste gewesen wäre. Mit Charme und Überredungskunst gelang es mir schließlich doch, ihr ein Zimmer abzuluchsen. Danach begann ich, eine Haushaltshilfe zu suchen. Wir fanden sie in Ulla Witthaut, der Tochter des Verwalters von Udorf. Sie war eine perfekte Hilfe für Haushalt und Kinder, der man Vertrauen schenken konnte. Das war für Helga ein Segen. Sie erholte sich rasch von der diesmal recht anstrengenden Geburt. Die Wochenenden verbrachten wir sehr oft in Canstein. Wir fuhren dann im Möhnetal bis Brilon und von dort über Rösenbeck und Giershagen nach Hause. Es gab dazumal natürlich noch keine Autobahn von Soest nach Kassel, und auch die Möhnestraße war noch nicht ausgebaut, sondern recht schmal und kurvenreich. Wir brauchten immer anderthalb bis zwei Stunden. Die Kinder quengelten und tobten auf dem Rücksitz. Niemand war damals angeschnallt.

Hin und wieder wurde einem von ihnen durch die Kurvenfahrt schlecht. Der Aufenthalt in Canstein entschädigte dann aber immer für die Strapazen der Fahrt. Die Kinder hatten Auslauf, Helga genoss das Landleben, und ich ging auf die Jagd. Meine Eltern waren vorbildlich in ihrer Zurückhaltung gegenüber vielen Dingen, die sie bei unserer liberalen Lebensart sicher missbilligten. Nie gab es ein Wort der Kritik, immer nur Hilfsangebote. Papi war an den Wochenenden wegen seines Landtagsmandats viel unterwegs. Hin und wieder begleitete ich ihn während der Wahlkämpfe.

Unser VW Käfer wurde uns bei den vielen Fahrten und Transporten zwischen Canstein und Neheim bald zu klein. Wir schafften uns einen Opel Olympia Rekord an. Er bot auf der Rücksitzbank viel Platz für die Kinder und im Kofferraum viel Platz für das immer reichliche Gepäck mit den vielen Windeln. Der Wagen besaß die damals modische Panoramafrontscheibe und hatte vorne eine Sitzbank. Trotz drei Jahren Opel blieb ich ein VW-Anhänger. Als der erste VW 1500 auf den Markt kam, stieg ich wieder um. Der 1500 Variant war viel brauchbarer für eine Familie. Ich habe diesen Autotyp in dankbarer Erinnerung.

1962 entschloss sich mein Vater, für eine weitere Legislaturperiode im Landtag von Nordrhein-Westfalen zu kandidieren. Mit zunehmendem Alter wurde es ihm jedoch schwerer, diese Tätigkeit mit der Funktion als Betriebsleiter des land- und forstwirtschaftlichen Betriebes in Canstein zu verbinden. Er bat mich daher, meine Arbeit in Neheim zu beenden und nach Canstein zu ziehen, um die Betriebsleitung zu übernehmen.

Im Frühjahr 1962 zogen wir mit einem voll beladenen Möbelwagen und einer Lastwagenladung nach Canstein um. Im Anblick dieser Ladungsmengen dachte ich an die zwei Koffer, mit denen ich im Herbst 1956 allein nach Neheim gekommen war. Nun war ich für eine Familie zuständig. Meine Verantwortung war gewachsen.

Ein Gut, vier Betriebe

Die Organisation des Betriebes auf Gut Canstein und die Mitarbeiter kannte ich schon gut. Dennoch griff ich in den ersten Monaten, nachdem ich von meinem Vater die Leitung übernommen hatte, nicht ins Geschehen ein, sondern sah mir erst einmal alles in Ruhe an. Ich traf nur die Entscheidungen, die im laufenden Geschäft notwendig wurden.

Die Verwaltung und Buchhaltung war in vier Betriebe aufgeteilt: Gut Canstein, Gut Udorf, die Forstverwaltung und das Sägewerk im Orpetal. Die Buchhaltung der Betriebe besorgte Herr Molerus, für das Sägewerk war unser pensionierter Förster Grothues zuständig. Wir waren der Buchstelle der Deutschen Landwirtschaftsgesellschaft (DLG) in Frankfurt angeschlossen, der Herr Molerus Geld- und Vorräteberichte zusandte, die dort buchhalterisch zu Jahresabschlüssen unter Berücksichtigung der steuerlichen Aspekte verarbeitet wurden. Das war eine recht umständliche Methode, die es dem Betriebsführer schwierig machte, einen zeitnahen Überblick über den jeweiligen Status zu erhalten. Die Buchstelle arbeitete langsam und musste häufig gemahnt werden.

Das Mühlental mit der Sägemühle: Sie war eine von vier Betriebsstätten des Gutes.

Die beiden Verwalter, Dieter Vogel in Canstein und Willi Küke in Udorf, bewirtschafteten jeder zwischen 150 und 180 Hektar mit jeweils etwa zwölf Mitarbeitern. Der Förster Karl Eickhoff beaufsichtigte auf 600 Hektar drei Waldarbeiterrotten zu je zwei Mann; in der Pflanzzeit kamen zahlreiche Frauen und Nebenerwerbsbauern aus den Dörfern der Umgebung hinzu. Im Sägewerk waren vier Mann tätig.

Herr Molerus war zur Zeit meiner Rückkehr nach Canstein schon Rentner. Mein Vater hatte seine Ablösung durch einen neuen Buchhalter bereits in die Wege geleitet. Ernst Sacher, ein Schneidermeister aus Oberschlesien, der sich in Neudorf im Waldeck'schen niedergelassen hatte, hatte uns Reithosen und Anzüge gefertigt. Weil ihm die Schneiderei nicht mehr genug einbrachte, schulte er als Buchhalter um. Mein Vater traf ihn zufällig auf dem Bahnhof in Marsberg, erfuhr von seinen Plänen und heuerte ihn an. Kurz nach meinem Arbeitsantritt in Canstein beendete er seine Ausbildung und begann, sich bei Herrn Molerus einzuarbeiten. Etwa ein Jahr nach dem Arbeitsbeginn von Herrn Sacher meldete sich das Finanzamt zu einer Steuerprüfung an. Diese verlief in gutem Einvernehmen mit dem Prüfer, den Herr Molerus schon kannte, und wir sahen der Abschlussbesprechung zuversichtlich entgegen. Kurz nach dieser Steuerprüfung starb unser Sachbearbeiter bei der DLG. Das war eine Gelegenheit zur Kündigung des Vertrages, die ich sogleich wahrnahm. Herr Sacher war bereit, die Buchhaltung inklusive der Bilanz selber zu erstellen. Wir erwarben für einen geringen Betrag die Buchungs-Schreibmaschine der Bäuerlichen Genossenschaft in Marsberg und Herr Sacher erarbeitete sich einen Kontenrahmen nach kaufmännischen Gesichtspunkten. Nun hatten wir alle Daten zeitnah im Haus und man konnte viel besser disponieren. Durch Herrn Wilke, den Begründer der Wurstfabrik in Berndorf, an die wir Mastbullen lieferten, lernte ich dessen Steuerberater Herrn Hofmann aus Kassel kennen, der uns in den Folgejahren mit bestem Erfolg beraten hat. Durch meine spätere Mitarbeit im steuerpolitischen

Ausschuss des Deutschen Bauernverbandes wurde ich selber auch sachkundiger. Damit waren wir wohl der erste Gutsbetrieb in Westfalen, der nicht mit einer landwirtschaftlichen Buchstelle arbeitete, was sich als vorteilhaft erwies.

Am Anfang Missernten

Die ersten Jahre meiner Tätigkeit waren von großen Missernten geprägt. Die Sommer verregneten. Das führte zu hohen Ernteverlusten beim Getreide durch Pilzbefall und Auswuchs. Die Schlagkraft der vom Schlepper gezogenen Mähdrescher war miserabel. Diese Situation traf mit dem Aufschwung in der übrigen Wirtschaft zusammen, und die Vollbeschäftigung ließ die Löhne der Landarbeiter ohne jede Rücksicht auf die Ertragslage der Landwirte steigen.

In Anbetracht der schwierigen Situation des Getreidebaus – den Hackfruchtanbau hatte schon mein Vater eingestellt – setzte ich erst einmal auf Grünland und Rindviehhaltung. Neben dem Grünland auf den Hanglagen gab es einige Schläge, die aufgrund ihrer Lage im Waldschatten beim Getreideanbau durch Pilzbefall in nassen Jahren gefährdet waren. Ich beschloss, auch diese Flächen in Grünland umzuwandeln und die Milchviehherde von 60 auf 90 Kühe aufzustocken. Die Investitionen dafür waren erschwinglich. Zwei Fahrsilos und ein Kälberstall mussten dafür gebaut werden.

Das Ende des Milchviehs

Die Arbeit der Familie des Melkermeisters Fritz Augstein wurde durch den Einsatz eines Einachsschleppers erleichtert, der mit einem Mistschieber und Futterwagen ausgestattet wurde und den Stall befahren konnte. Die Lohnsteigerungen jedoch machten die verbesserten Leistungen im Viehstall bald wieder zunichte.

Um die Erträge zu erhöhen, las ich eifrig die Fachliteratur und versuchte die Ergebnisse der Wissenschaft in die Praxis umzusetzen. Bei der Grünlandwirtschaft erinnere ich mich mit Freude an die ausgezeichneten Arbeiten des französischem Professors Voisin zur Umtriebsweide und die dabei erarbeiteten Grundsätze zur Balance zwischen Beweidung, Mahd und Graswuchs.

Zur Bullenmast stieß ich auf die bemerkenswerte Arbeit eines jungen Wissenschaftlers in Kiel, der Hans Jungehülsing hieß. Ich korrespondierte mit ihm, wir trafen uns einmal auf einer DLG-Tagung, und seine nüchterne Art, betriebswirtschaftlich zu denken, beeindruckte mich sehr. Es freute mich dann ungemein, als er als leitender Beamter zur Landwirtschaftskammer in Münster berufen wurde. Er rief dort unter anderem den Arbeitskreis für Betriebswirtschaft ins Leben, der als Beratungsring größerer Betriebe eine segensreiche Tätigkeit auch für unsere Betriebe aufnahm und noch immer existiert.

Im Laufe meiner Tätigkeiten war ich auf den Fachausschuss Landwirtschaft, Garten- und Weinbau aufmerksam geworden. Vorsitzender war Gerhard Hammerschmidt, der Besitzer des Gutes Depenau in Schleswig-Holstein. Ich setzte mich mit ihm in Verbindung und besuchte ihn in Holstein. Hammerschmidt hatte längere Zeit seines Lebens als Landwirt in Südafrika verbracht. Dem Aufwand für die Arbeitserledigung, der dazumal auf allen Betrieben den Ertrag auffraß, galt sein besonderes Interesse. Er hatte ein Arbeitstagebuch entwickelt, dem er die täglichen Arbeitsstunden, aufgeteilt nach Kostenstellen, entnehmen konnte. Kostenstellen waren die Betriebszweige wie Ackerbau, Kuhstall oder Schweinemast. Beim Ackerbau versuchte er auch, den Aufwand für jeden Schlag zu erfassen, wie es die später entwickelten Schlagkarteien tun.

Wieder daheim entwarf ich ein neues Arbeitstagebuch nach seinem Muster und begann mit der Kostenstellenrechnung. Wenn man damals doch schon Computer gehabt hätte … Das Zusammenrechnen der zahlreichen kleinen Arbeitsstundenbeträge machte viel Mühe. Aber es lohnte sich. Ich stellte fest, dass die Futterbergung und -konservierung ebenso wie die Bergung des Strohs, die Pflege des Grünlandes und der Misttransport trotz Gegenrechung seines Düngewertes erhebliche Kosten verursachte. Nach zwei Jahren Kostenstellenrechnung ergab sich, dass die Milchviehhaltung jährlich Verluste von etwa 25 000 DM verursachte. Hinzu kamen die ständig steigenden Kosten für den Melker.

Als 1969 die EG eine Abschlachtprämie für Milchviehherden vergab, beschloss ich, die Kuhherde abzuschaffen und die Milchproduktion aufzugeben. Das fiel mir nicht leicht, denn ich hatte Freude an der Rinderzucht, und die Herde in Canstein war sehr gesund und bodenständig. Seit 1900 waren nur Bullen zugekauft worden. In Udorf hatten wir allerdings durch die Marsberger Kupferhütte vor dem Zweiten Weltkrieg das gesamte Vieh verloren. Die Milchviehherde dort war klein, wurde bald aufgegeben und durch Bullenmast mit Kälberzukauf ersetzt, auf die sich der junge Verwalter, Herr Küke, sehr gut verstand.

Das Ende der Schweinehaltung

Die Schafherden der beiden Betriebe waren schon durch meinen Vater aufgegeben worden. Auf beiden Betrieben wurden allerdings weiterhin Ferkel produziert und Schweine gemästet. Das geschah in einem Umfang, wie es die Stallanlagen, die man zu nutzen trachtete, ermöglichten. In den feuchten Bruchsteingebäuden war natürlich eine gesunde Schweinehaltung nur schwer zu bewerkstelligen. Die modernen Schnellmastschweine würden alle krank werden. Die damaligen waren zwar robuster, aber auch weniger leistungsfähig. Auch bei diesem Wirtschaftszweig erbrachten die Lohnsteigerung und das Abwandern der Mitarbeiter in besser bezahlte Arbeitsplätze schließlich nur Verluste – und so schlossen wir die Schweinehaltung.

Parallel zu den Veränderungen in den Betriebszweigen verlief die Mechanisierungswelle mit unterschiedlicher Geschwindigkeit. Auf jeder der jährlichen DLG-Ausstellungen gab es Neuerungen bei den Landmaschinen. Viele kleine und mittlere Hersteller teilten sich den Markt auf. Die bäuerlichen Betriebe waren erheblich kleiner als heute und die Maschinen wurden für diesen Kundenkreis entwickelt. Dies bedeutete, dass sie für unsere Betriebsgrößen häufig zu geringe Leistung aufwiesen. Neukonstruktionen wurden häufig wenig erprobt auf den Markt gebracht und auf Kosten des Kunden immer wieder verändert.

Meine Kenntnisse aus dem Ingenieurstudium und der Praxis in Maschinenbauunternehmen kamen mir nun oft zugute. Auch stand ich häufig in der Werkstatt auf dem Hof selbst am Schweißgerät oder Schraubstock.

Neben dem Mähdrescher, der die mühselige Handarbeit der Getreideernte erleichterte und beschleunigte, waren der Miststreuer und die Frontladegabel am Schlepper lang ersehnter Ersatz für knochenharte Handarbeit. Kreiselmähwerke ersetzten die störungsanfälligen und pflegebedürftigen Messerbalken. Der Feldhäcksler und die Ballenpresse mit Schleuder verbesserten die Leistung in der Grünfutterernte.

Kräftige Trecker gesucht

Die Steigerung der Schlagkraft bei der Bodenbearbeitung verlief langwierig und mit ärgerlichen Pannen. Beim Pflügen etwa war mit den 40 PS starken Fordson-Schleppern die Flächenleistung so gering, dass bei jedem Wetter, das den Schleppern eben noch Bodenhalt vermittelte, gepflügt werden musste. Mit mahlenden Reifen legten die Maschinen mit ihren Anbaupflügen dabei glänzende und verschmierte Schollen zur Seite. Der Unterboden wurde verdichtet und ohne Frostgare ließen sich die Schollen nicht zerkrümeln. Den weiterentwickelten Schleppern, die dann in die 80-PS-Klasse vorstießen, fehlten anfangs der Allradantrieb und die passende Hydraulik zu den immer schwerer werdenden Anbaudrehpflügen, die wir benötigten, weil Beetpflügen am Hang Erosionen zur Folge hat. Defekte Hydrauliken und gebrochene Pfluganhängungen waren an der Tagesordnung.

Erst der konsequente Großschlepperhersteller Anton Schlüter in Freising stellte uns Gutsbetrieben dann Ende der 1970er-Jahre den passenden Schlepper in den Klassen über 100 PS mit leistungsfähigem Allradantrieb und einer stabilen Hydraulik auf den Hof, der mit den vier- und fünfscharigen Drehpflügen zusammenpasste und Tagesleistungen von über 10 Hektar ermöglichte. Nun konnte die Pflugarbeit bei trockenem Boden erfolgen und dessen Garezustand, der zusätzlich durch das Einarbeiten des gehäckselten Strohs begünstigt wurde,

Der erste Feldhäcksler auf dem Gut, gezogen von einem Schlüter-Traktor.

verbesserte sich erheblich. Die dadurch steigenden Ernteerträge wurden durch neue Sorten und die Bestandesführung mittels gezielter Düngergaben und Maßnahmen des Pflanzenschutzes in der Folge noch erhöht.

Alles mit dem Mähdrescher

Die Getreideernte wurde mehr und mehr allein durch den Mähdrescher erledigt. Dachten manche Fachleute noch zu Anfang der Entwicklung, dass man Hafer und Raps nie mechanisch dreschen könne, weil der Kornausfall zu groß sei, so brachten verbesserte Mähwerke und Dreschorgane bald Abhilfe.

Bei der Rapsernte stritten sich Verfechter der Aufnahme aus dem Schwad lange mit denen, die mit neuen Rapsschneidwerken auch den Raps aus dem Stand ernteten. Die verbesserte Technik obsiegte. Aufgrund des späten Erntetermins in unserer Höhenlage arbeiteten wir preisgünstig nur mit Lohndrusch.

Als ich Anfang der 1960er-Jahre die Leitung der Cansteiner Gutswirtschaft von meinem Vater übernahm, war die Situation der Mitarbeiter von zwei Phasen geprägt. Anfangs gab es noch viele ältere Betriebsangehörige, die ihr gesamtes Erwerbsleben auf den Gütern gearbeitet hatten. Sie machten sich unterschiedlich gut mit den neuen Maschinen vertraut. Zum versierten Schlepperfahrer waren manche meist nicht mehr geeignet.

Aufgrund der starken Lohnsteigerungen, die in keinem Verhältnis zum Betriebsertrag standen, sondern nur der allgemeinen Entwicklung der Löhne der übrigen Branchen folgten, hätte ich eigentlich Entlassungen vornehmen müssen. Die langjährige Betriebszugehörigkeit und das besondere persönliche Vertrauensverhältnis mit ihnen machten mir derartige Entscheidungen jedoch unmöglich. So schieden diese Mitarbeiter meist erst im Rentenalter aus. Die Jüngeren jedoch sahen ihre Chancen in anderen Berufen und folgten dem Sog, den die steigende Vollbeschäftigung in der Industriegesellschaft auf sie ausübte.

Landarbeiter zu sein war gesellschaftlich die unterste Stufe in der Arbeiterhierarchie. Diese Bewegung leitete die zweite Phase der Arbeitskräftesituation auf den Betrieben ein, nämlich den akuten Mangel an Mitarbeitern. Als Bewerber um Arbeitsplätze in der Landwirtschaft meldeten sich meist nur noch die „sozial Fußkranken".

Flucht vor den Gläubigern

Es bewarben sich hin und wieder auch recht anstellige Männer, deren Problem meist ihre Ehefrauen waren, die nicht haushalten konnten. Kaum hatte man sie eingestellt, folgten ihnen nach einigen Wochen oder Monaten ihre Schulden nach. Sie waren auf der Flucht vor ihren Gläubigern.

Vom Arbeitsplatzwechsel in die Landwirtschaft erhofften sie sich billige Miete und Unauffindbarkeit. Das Erstere war bei den vielen Landarbeiterwohnungen bei uns gegeben. Die zweite Hoffnung wurde meist bald zunichtegemacht, wenn wir als Arbeitgeber die erste Lohnpfändung erhielten. Nach einiger Zeit endete dann ihr Arbeitsverhältnis meist wieder mit erneuter Flucht vor den Schulden, insbesondere natürlich gerade dann, wenn harte Arbeit im Sommer bevorstand, wo wir jede Hand nötig brauchten.

Diese ständige Fluktuation machte uns einerseits das Leben schwer. Andererseits wurden wir, die Gutsverwalter und ich, dadurch immer bessere Menschenkenner. Mit den Jahren veränderte sich dieser Mangel, weil wir die Viehhaltung weitgehend einstellten und bei geringerem Arbeitskräftebedarf die besten aus den zahlreichen Neueinstellungen übrig behielten.

„Das Kind nehme ich!"

Vom Schicksal dieser manchmal aus schwierigen sozialen Verhältnissen stammenden Mitarbeiter blieb auch meine eigene Familie nicht unberührt. In Canstein stellte ich eines Tages einen Mann als Schlepperfahrer ein, der seine hochschwangere Frau und drei Kinder mitbrachte. Die Frau machte einen recht sympathischen und gewandten Eindruck und hatte es klug verstanden, mir die Fähigkeiten ihres Mannes besonders glaubwürdig zu schildern. Meine Frau Helga unterhielt sich oft mit ihr und interessierte sich für den Verlauf der Schwangerschaft. Als nun die Geburt näherrückte und Wehen eingesetzt hatten, fuhr sie in das Krankenhaus. Es war an einem Wochenende. Am Montag hatte Helga im Krankenhaus zu tun und traf auf dem Flur unseren Mitarbeiter, der ihr nervlich völlig aufgelöst unter Tränen berichtete, dass seine Frau bei der Geburt verstorben sei. Das Kind sei ein Junge und lebe. Als sie mit ihm zur Pforte ging, hörte sie mit, als man ihm dort mitteilte: „Das Kind können sie eine Woche hier lassen, dann müssen sie es holen oder in ein Säuglingsheim geben." Voller Wut rief Helga daraufhin aus: „Das Kind nehme ich!"

Der Zusammenhalt der Belegschaft auf dem Gut war groß – dieses Foto entstand bei einem feierlichen Treffen in den 19.50er-Jahren.

Helga war aufgrund ihrer eigenen Erfahrungen nach der Geburt von fünf Kindern eine Feindin von Einleitungen oder Verzögerungen von Geburten. Sie war aufgrund der Berichte des Mannes der Meinung, dass man die Geburt künstlich verzögert habe und der Tod der Mutter damit in Verbindung stehen könne. Das ließ sich natürlich nicht nachweisen, aber sie verhielt sich von da an sehr kritisch gegenüber dem Frauenarzt, der für diese Geburt verantwortlich gewesen war.

Auf diese Weise kam Peterchen zu uns ins Haus und wurde von Helga wie ein eigenes Kind versorgt und betreut. Wir hatten recht zuverlässige Hilfen im Haushalt, sodass ihr genügend Zeit für die Säuglingspflege blieb, die sie ja besonders gern verrichtete.

Peter blieb ein Jahr bei uns, bis der Vater wieder heiratete. Helga war froh darüber, dass er uns verließ, bevor er sprechen konnte – „sonst hätte ich ihn nur unter großen Schmerzen wieder hergeben können", meinte sie.

Zusammenarbeit mit Vertrauen

Mit unseren vier Angestellten – Herrn Eickhoff, Herrn Küke, Herrn Sacher und Herrn Vogel – entwickelte sich für mich in wenigen Jahren ein bewährtes Vertrauensverhältnis. Alle waren äußerst tüchtige Männer, die ihre Arbeit liebten. Da ich sie im Urlaub immer selbst vertrat, bemerkte ich bald, welche Arbeiten sie besser beherrschten als ich und vor allem, dass sie zuverlässig und ehrlich waren.

Die Straßen und Wege waren noch nicht für Lkw-Verkehr und schweres Gerät gebaut und wurden erst im Laufe der 60er- und 70er-Jahre befestigt.

Noch immer bin ich meinem Vater dafür dankbar, dass er solch großartige Mitarbeiter eingestellt hatte. Seine Erfahrung mit Menschen im Krieg und mit den Vorgängern unserer Angestellten, die er immer noch nach dem alten Sprachgebrauch „die Beamten" nannte, war natürlich viel größer als die meine. Wenn ich den Übergang der Generationen in diesem Bereich selbst hätte durchführen müssen, wären mir bestimmt schwere Fehler unterlaufen. Meine Erfahrung hätte dafür nicht ausgereicht.

Mein Vater hatte 1927, im Alter von 25 Jahren, direkt nach der Beendigung seiner Ausbildung als Landwirt, von meinem Großvater die Vollmacht zur Führung des Gesamtbetriebes übertragen bekommen. Seinem Vater – meinem Großvater – gaben die Ärzte aufgrund eines Leberleidens nicht mehr viele Jahre zu leben. Ziemlich bald fand mein Vater heraus, dass mein Großvater von einigen der damaligen Verwalter betrogen wurde. Er musste sie entlassen und neue Mitarbeiter einstellen, die er sich im heimischen Raum aussuchte, wo er seine Lehrjahre abgeleistet hatte.

Diese frühe Erfahrung verursachte in ihm ein gewisses Misstrauen gegenüber Mitarbeitern, das ihn trotz seiner großen Menschenfreundlichkeit nie ganz verließ. Sie sorgte aber auch dafür, dass er in seiner Personalpolitik besonderen Wert auf Ehrlichkeit legte. Das kam mir nun zugute. Mein daraus resultierendes Vertrauen zu meinen Angestellten ermöglichte es mir, nur wenig Zeit für Kontrollen aufwenden zu müssen. Gegen Ende der 1960er-Jahre erkannte ich, dass es sinnvoll war, meinen Mitarbeitern weitgehend freie Hand bei den Entscheidungen der täglichen Betriebsführung zu lassen. Ich beschränkte mich auf die finanziellen Belange, die Personalentscheidungen, die Investitionen und die Planung.

Mein Herz schlug für den Wald

Aufgrund meiner besonderen Interessen an der Forstwirtschaft war ich im Wald mehr präsent als mein Vater. Ich praktizierte die Aufgabenteilung zwischen Forstmeister und Revierförster, wie ich sie in meinem forstlichen Praktikum erlernt hatte. Mit Herrn Eickhoff war ich einig, dass eine starre Planung von Einschlag und Kulturen, wie sie im Staatswald üblich war, für uns nicht infrage kam.

Eine Reihe von Prinzipien beim Einschlag und Verkauf des Holzes brauchten wir nicht mehr miteinander zu erörtern, denn ich hätte sie ebenso vorgeschlagen. Es wurde kein Holz gehauen, wenn es dafür nicht einen Käufer gab und bei den dann folgenden Verhandlungen vom Markt her ein annehmbarer Preis erzielt werden konnte. Das war dazumal bei Forstbetrieben die Ausnahme. Fast alle Hauungspläne wurden nach schematisch-waldbaulichen Gesichtspunkten erstellt. Wir erwarteten selbstverständlich, dass sich dafür immer ein Käufer finden würde. Dieses Verhalten hatte sich in der Vergangenheit eingebürgert, weil Holz immer ein knappes Gut gewesen war und meist ohne Schwierigkeiten Abnehmer fand.

Herr Eickhoff legte ebenso wie ich großen Wert auf ein gutes Image beim Kunden und langfristige Geschäftsbeziehungen. Vor der Planung der Hiebsmaßnahmen sprach er stets mit den Kunden den Bedarf ab. Die Preise wurden dann erst bei der Übernahme des Holzes ausgehandelt, es sei denn, man konnte einen Preisrutsch vorhersehen. Wenn ein Kunde unerwarteten Bedarf an bestimmten Sortimenten hatte, beeilten wir uns stets, ihn zu versorgen, auch wenn das Planungen durcheinanderbrachte. Auf diese Weise vermarkteten wir die guten Altholzvorräte optimal und lagen mit unseren Holzpreisen im Betriebsvergleich der Höheren Forstbehörde Münster fast immer an erster Stelle. Höhepunkt des Holzverkaufs war 1978 eine Submission starker Eichen. Durch diese Strategie und laufende Rationalisierung erzielten wir ohne Überhiebe im Forstbetrieb stetig Gewinne.

Anfang der 1970er-Jahre starb unerwartet der noch recht junge Forstwart der von Twickel'schen Forstverwaltung in Westheim. Karl Eickhoff, der aus den Jahresabschlüssen wusste, dass unsere Betriebskosten ständig stiegen, schlug vor, den Twickel'schen Wald mitzubetreuen. Baron Twickel war von der Idee sehr angetan und wir trafen eine mündliche Vereinbarung über die Aufteilung der gesamten Försterkosten auf beide Betriebe.

Auch im Forstbetrieb machten sich die Lohnsteigerungen bemerkbar, die durch den Einsatz der Motorsäge im Griff gehalten werden konnten. Die Mechanisierung der Holzabfuhr führte dazu, dass die Käufer ihr Holz nur noch an mit Lkws befahrbaren Wegen lagernd abnahmen. Das wiederum machte gute Abfuhrwege notwendig.

Modernisierung der Wege

Das Wegenetz unseres Betriebes war klein und in schlechtem Zustand. Die größeren Revierteile wie der Forst, Kittenberg, Kump/Boles und Buchholz hatten nur kurze Zufahrten von der öffentlichen Straße aus. Innerhalb der Bestände gab es ausschließlich Erdwege mit tiefen Geleisen, die bei Nässe unbefahrbar und für Lkws ungeeignet waren.

Wir begannen, mit den Schleppern und Hängern der Gutsbetriebe aus einem Steinbruch im Diemeltal bei Giershagen Schieferabraum auf den Mittelweg im Forst von Hand verteilt aufzubringen. Dieser Abraum ließ sich recht gut anwalzen und ergab eine brauchbare Schüttpacklage. Im Laufe einiger Jahre befestigten wir auf diese Weise zwei Drittel des Mittelwegs im Forst. Der hohe Handarbeitsaufwand und die fehlenden Arbeitskräfte machten diese Methode dann aber bald wieder uninteressant.

Eine Reihe günstiger Entwicklungen erleichterte uns Ende der 1960er-Jahre die Investitionen in den Wegebau. Einerseits bot die Landwirtschaftskammer aus den Fördermitteln des Landes erhebliche Zuschüsse für den Forstwegebau an, andererseits begannen Land und Kommunen, die Landes- und Kreisstraßen neu zu trassieren. Die in unserer Nachbarschaft beheimateten Tiefbaufirmen waren gut beschäftigt und verbreiterten und begradigten die öffentlichen Straßen in unserer Umgebung.

Dabei fielen riesige Mengen Abraum an, die sie irgendwo deponieren mussten. Sie traten mit dem Angebot an uns heran, dieses Material zu minimalen Kosten als Schüttpacklage in unsere Forstwege einzubauen. Die Kosten lagen häufig nicht höher als die Zuschüsse der Kammer, und so bauten wir in diesen Jahren, was immer die Förderungsmittel hergaben.

In den Revierteilen, in denen steiniges Material am Hang anstand, ließen wir mit der Planierraupe lediglich einen Weg in den Hang schieben und das angehäufte Steingeröll zerkleinern und verdichten. Auf diese Weise wurde unser Wegenetz bis 1975 komplett ausgebaut.

In der Zeit, bevor sich die günstigen Förderungsmittel und Straßenbaumaßnahmen anboten, suchte ich nach einfachen und billigen Wegebauverfahren. Im Stadtforstamt Brilon betrieb der hervorragend wirtschaftende Forstmeister Einhoff, den ich als Berater immer sehr geschätzt habe, Wegebau mittels Kalkstabilisierung. Das ist eine uralte Methode der Bodenbefestigung, die schon die Römer gekannt haben. In Lehmboden wird mittels einer Fräse Branntkalk eingemischt und die behandelte Schicht anschließend mit einer Schaffußwalze bei Optimalfeuchte gründlich verdichtet. Einen großen Teil des Rundweges im Buchholz bauten wir auf diese Weise. Nach dem Schieben des Planums mit der Raupe verteilten wir den Kalk mit einem alten Düngerstreuer und frästen ihn mit unserer Ackerfräse ein. Dann walzten wir die Oberfläche mit der aus Brilon entliehenen Schaffußwalze gründlich an. Der Weg ist noch heute fest und bei jedem Wetter befahrbar.

Wegebau mit der Feldspritze

Beim Lesen von Fachzeitschriften stieß ich im Sommer 1968 auf einen Bericht über chemische Bodenstabilisierung. Ich wandte mich an den Autor des Artikels, und er beantwortete meine Anfrage mit der Einladung zu einer Demonstration des Verfahrens in der Nähe von Göttingen. Neugierig fuhr ich hin. Der Boden wurde durch Fräsen aufgelockert und mit einer in Wasser gelösten Chemikalie getränkt.

Eine bereits vor längerer Zeit behandelte und inzwischen abgewalzte Strecke wurde uns vorgeführt. Sie machte einen brauchbaren Eindruck. Ein Herr Apfelstädt aus Iserlohn vertrat dieses Mittel in unserem Raum. Er verkaufte mir einen Kanister des Konzentrats und übergab mir eine Anweisung, wie das Mittel anzuwenden sei.

Den Randweg entlang der Wald-Feldgrenze im Süden des Buchholz, der zur Hälfte auf unserem Eigentum und zur Hälfte in Richtung Massenhausen dieser Gemeinde gehört, hatten wir auf unsere Kosten von der Arolser Straße aus zu zwei Dritteln gehärtet. Er war bis dahin ein Erdweg gewesen, der bei Nässe unbefahrbar war und wegen der tiefen Geleise immer breiter wurde, weil die Massenhäuser Bauern ebenso wie unsere Fahrer immer wieder auf unsere Felder auswichen.

Sowohl für die Bewirtschaftung dieser Ackerschläge wie für die Holzabfuhr aus dem Buchholz war dieser Weg so wichtig, dass wir nicht auf die Beschlüsse des Massenhäuser Gemeinderates warten wollten, der für den „Baronn von Canstein", wie die Leute sagten, diesen Weg sicherlich als Letzten im Plan hatte.

Nun beschlossen wir, das letzte Stück dieses Weges am Waldrand vom ehemaligen Sportplatz bis zum bereits mit Teerdecke versehenen Wirtschaftsweg auf der Fuchswarte versuchsweise mit dem neuen Mittel zu befestigen. Nach der Aberntung des Schlages am Weg frästen wir die Oberfläche des Erdweges 25 Zentimeter tief auf. Dann fuhren wir mit der Feldspritze neben dem Weg auf dem Felde her und schwenkten einen Arm der Spritze über die gefräste Fläche. Auf diese Weise tränkten wir den Boden auf dem Weg satt mit der vorschriftsmäßig angesetzten Lösung. Er trocknete bei gutem Wetter rasch ab. Wir konnten ihn schon acht Tage später mit der Schaffußwalze verfestigen. Diese noch heute bei jedem Wetter tragfähige Wegestrecke wurde in den Folgejahren von Hunderten von Interessenten besucht.

Einige Wochen nach der Fertigstellung des Weges meldete sich Herr Apfelstädt bei mir zu einem Besuch an. Er teilte mir mit, dass ein Vertreter des Herstellers des Mittels aus den USA

Die Chemie brachte sie zusammen – und stimmte: Alexander von Elverfeldt (links) und der „amerikanische Freund" Dick Gearhart. Die Aufnahme entstand 1972.

im Lande sei und die Anwender des Produktes besuchen möchte. An einem sonnigen Septembertag traf ich auf dem Hof in Canstein wie verabredet mit Herrn Apfelstädt und seinem Gast zusammen. Es war ein großer, gut aussehender Mann von etwa 50 Jahren, der mir als „Mr. Gearhart" vorgestellt wurde. Herr Apfelstädt war sehr verblüfft, als ich mich mit Gearhart sogleich in fließendem Englisch zu unterhalten begann. Es stellte sich heraus, dass er aus Portland/Oregon stammte, Forstmann gewesen war und einige meiner Freunde kannte, mit denen ich zwölf Jahre zuvor im Staatsforst von Oregon gearbeitet hatte. Dies führte zu einer längeren Konversation zwischen uns, die nichts mit den Produkten zu tun hatte, über die wir uns eigentlich unterhalten wollten. Die gemeinsame Begeisterung für seine Heimat ließ uns das Tagesgeschäft und den Iserlohner Kaufmann neben uns vergessen.

Beginn einer Freundschaft

Ich lud Gearhart ein, bei uns zu übernachten. Seine Lebensgeschichte war für Europäer ungewöhnlich, für die USA und für seine Generation aber keineswegs. Er war 1916 auf den Philippinen als Sohn eines amerikanischen Lehrers geboren worden. Seine Eltern stammten aus Portland/Oregon. Nach dem Highschool-Abschluss studierte er Forstwirtschaft in Michigan. Zusätzlich machte er seinen Pilotenschein und wurde nach dem Examen im Staatsforst als Flieger beschäftigt. Aufgrund seiner umfangreichen Erfahrung als Buschpilot wurde er im Zweiten Weltkrieg als Fluglehrer eingesetzt. Nach dem Krieg arbeitete er wieder beim US Forest Service. Nach einigen Jahren schied er aus dem Staatsdienst aus und arbeitete als Kaufmann für einen amerikanischen Hersteller von Pharmazeutika.
Aufgrund seiner guten Spanischkenntnisse aus der Zeit auf den Philippinen bereiste er Südamerika und war häufig in Argentinien und Chile. Ein Fliegerkamerad aus dem Krieg heuerte ihn für seine Chemievertriebsfirma an. Sie verkaufte weltweit eine Familie von Chemikali-

en, die ein Mr. Lee Reynolds entwickelt hatte. Das meistverkaufte Produkt hieß „Reynolds Road Packer" (RRP) und wurde zur Stabilisierung tonhaltiger Böden eingesetzt. Er war dabei, den Markt in Europa zu erschließen.

Gearhart und ich verstanden uns auf Anhieb ausgezeichnet. Diese Begegnung wurde der Beginn einer lebenslangen Freundschaft bis zu seinem Tod im Juni 2001. Bis spät in die Nacht tauschten wir Erfahrungen, Erlebnisse und Ansichten aus, entdeckten gemeinsame Bekannte und schwärmten beide von bewundernswerten Naturschönheiten seiner amerikanischen Heimat. Der geschäftliche Teil unseres Zusammentreffens geriet fast völlig in Vergessenheit. Kurz vor seiner Abreise am nächsten Tag informierte er mich noch rasch über die Anwendung seines Produktes.

Der alte Sägewerker staunte

Die Teststrecke hinter dem Buchholz überstand den Winter unter Belastung durch Manöverfahrzeuge recht gut. Wir hatten auch noch zeitig genug eine Verschleißschicht aus Marsberger Hüttenkies aufbringen können. Trotzdem war ich skeptisch, denn diese Strecke war immer ziemlich trocken gewesen, hatte aber trotzdem vor der Behandlung starke Gleisbildung aufgewiesen.

Wir behandelten im Frühjahr weitere Wege. Ein Weg im Forst war besonders schwierig. Als Dick dann im Herbst wieder zu Besuch kam, zeigte ich ihm das Problem. Er meinte, ich solle den Weg im Frühjahr bei möglichst trockenem Wetter noch einmal gründlich mit der Schaffußwalze bearbeiten. Das tat ich dann auch. Der Weg wurde so fest, dass der alte Sägewerker Röleke mich erstaunt fragte, was wir denn mit diesem Weg gemacht hätten, den er sein Leben lang als grundlos kannte.

Bei diesem zweiten Besuch trug mir Dick die Vertretung seines Produktes RRP für Deutschland an. Ich sagte ihm unter der Bedingung zu, dass sich sein Unternehmen bereit erkläre, das Mittel von deutschen Fachleuten auf seine Wirkungsweise hin untersuchen zu lassen. Der Nachweis der elektrolytischen Wirkung im Bodenwasser und der ökologischen Unbedenklichkeit war in den amerikanischen Unterlagen nicht zu finden. Ohne solche Versuchsergebnisse sah ich die Anerkennung als Baustoff bei unseren Behörden für unmöglich an.

Zu dieser Zeit war Ludwig von Köckritz, der Schwager meiner Tante, als Bundeswehr-Oberst pensioniert worden und mit seiner Familie in das Gutshaus in Forst gezogen. Aufgrund seiner Sprachkenntnisse und seiner Weltläufigkeit – er hatte mehrere Jahre in Venezuela bei einer amerikanischen Baufirma gearbeitet – bot er sich an, für mich am Vertrieb von RRP mitzuarbeiten.

Als Erstes die Bauern

Mit Feuereifer und Fleiß ging er an diese neue Aufgabe. Wir begannen mit einer Werbeaktion in landwirtschaftlichen Fachzeitschriften, weil ich mich erst einmal auf den ländlichen Wirtschaftswegebau in privater Initiative beschränken wollte, der mir von meinen Kenntnissen und Erfahrungen her am nächsten lag. Wir verkauften dabei kleinere Mengen zu einem moderaten Preis.

Nach einigen Monaten berichtete mir Ludwig vom Besuch eines Landmaschinenhändlers aus der Nähe von Ludwigshafen. Dieser sei von unserem RRP sehr beeindruckt und habe sich spontan bereit erklärt, die Vertretung für Süddeutschland zu übernehmen und sofort eine größere Menge zu kaufen. Kurz darauf erschien der Händler in Canstein. Er war ein sehr wortgewandter Verkäufertyp. Da er bisher in erster Linie Landmaschinen verkauft hatte, war er es gewohnt, mit „Mondpreisen" zu arbeiten, denn die Bauern wollten immer die Möglichkeit haben, den Preis herunterzuhandeln. Er setzte daher einen exorbitanten Preis fest. Ich warnte ihn vor dieser Art von Preispolitik, aber er bestand darauf. Die relativ große Menge Material, die er sogleich bei uns kaufte, bezahlte er prompt.

Dann begann er mit einem Feuerwerk von Werbung mit Slogans wie „Das Geld liegt auf der Straße". Wieder warnte ich ihn vor dem Wecken übertriebener Erwartungen beim Kunden, aber er wies meine Argumente mit seinen Verkaufserfolgen zurück. Die ersten Fehlschläge mit falsch oder auf ungeeigneten Böden verwendetem Material blieben nicht aus. Nun sollte ich natürlich Rat wissen. Den konnte ich ihm nur in beschränktem Umfang erteilen, weil meine Erfahrungen gering und die Unterlagen der Firma Zel Chemical Company dafür unzureichend waren. Der Ludwigshafener Händler und ich beschlossen, nach Portland zu fliegen, um uns das Herstellerwerk anzuschauen und Mr. Bud Selliken, den Präsidenten der Company und Vorgesetzten von Dick Gearhart, zu den technischen Problemen zu befragen.

Das Ende einer Beziehung

Dick erwartete uns am Flughafen in Portland und quartierte uns in seinem schönen alten Haus in der Stadtmitte ein, das auf einem Hügel lag und einen weiten Blick auf die Stadt erlaubte. Am nächsten Tag besuchten wir Bud Selliken in der kleinen, mit den typischen einstöckigen Holzgebäuden recht unscheinbar wirkenden Fabrik. Als technische Einrichtung besaß sie Lagertanks und Mischvorrichtungen, dazu eine Abfüllvorrichtung und ein Vorratslager von Metallfässern mit Plastikeinlage. Wir kamen bald auf die technischen Probleme zu sprechen. Es zeigte sich, dass Bud Selliken auf alle Fachleute des Erdbaus schlecht zu sprechen war. Es war nämlich nicht gelungen, die Wirkung von RRP im Labortest nachzuweisen. Nur bei Probenahmen an Ort und Stelle auf der behandelten Strecke zeigten sich Verbesserungen beim Tragfähigkeitstest.

Der Ludwigshafener Landmaschinenhändler verkaufte RRP trotz dieser Probleme weiter mit marktschreierischem Werbeaufwand, den er aus seinen hohen Gewinnspannen leicht finanzieren konnte. Das konnte auf die Dauer nicht gut gehen ohne besseres Wissen um die Wirkungsweise und die Anerkennung als Straßenbaustoff. Ich wandte mich an ein renommiertes Erdbaulabor in Essen. Dort war man sehr interessiert und bot mir an, die ersten Versuchsserien kostenlos durchzuführen. Die Fachleute dort suchten nach einem Mittel zur Verbesserung bei Nässe schwieriger Böden, die man ja meist austauschen muss, um die nötige Tragfähigkeit zu erreichen. Nach Probeentnahmen im Forst führte dieses Labor verschiedene Versuche durch, deren Ergebnisse allerdings keine Verbesserungen erbrachten. Dies teilte ich Bud Selliken mit und bat ihn, nach Deutschland zu kommen. Im Essener Labor würde man jede von ihm gewünschte Art der Versuchsanstellung durchführen, um den Nachweis der Einwirkung von RRP zu erbringen. Ich holte ihn am Flughafen Frankfurt ab und fuhr ihn zum Labor nach Essen, wo ich ihn am ersten Tag der Versuche begleitete. Da man dort exzellentes Englisch sprach, konnte ich ihn und seine Frau, die mitgekommen war, für den Rest der Zeit allein lassen. In Essen hinterließ Selliken allerdings einen zwiespältigen Eindruck, während er auf die böswilligen Erdbaufachleute schimpfte. Danach fuhr er zu dem besagten Händler nach Süddeutschland, um sich dessen Lager anzuschauen. Etwa zwei Wochen nach seiner Rückkehr in die USA teilte er mir mit, dass er mir die Vertretung für Deutschland kündigte und diese an den Ludwigshafener Händler übertragen habe.

Das war bedauerlich, aber ich musste ja nicht von dieser Vertretung leben. Der Händler in Ludwigshafen fuhr mit seiner Verkaufsmethode fort. Es dauerte nur etwa zwei bis drei Jahre, bis er die ersten Prozesse gegen geprellte Kunden zu bestehen hatte. Außerdem verboten die Behörden auch bald die Verwendung des Mittels. Er verlegte daraufhin seinen Firmensitz nach Liechtenstein und begann in südeuropäischen Ländern wie Ungarn und Jugoslawien sowie in Israel mit dem Verkauf.

Etwa zwei Jahre nach diesen Ereignissen informierte mich mein Freund Dick Gearhart, dass er aufgrund der unfairen Praktiken des Bud Selliken die Firma Zel Chemical Company verlassen und selbst eine Firma gegründet habe. In ihr werde er aufgrund seiner Kenntnisse des Herstellungsverfahrens ein ebenso wirkungsvolles Produkt herstellen. Ob ich es vertreiben wolle? Ich sagte zu. Es waren inzwischen etliche Gebietsvertreter des „Ludwigshafeners" an mich herangetreten und hatten mir erzählt, auf welch rüde Art und Weise dieser ihre Verträge gekündigt hatte. Sie gründeten eine eigene Firma und vertrieben nun das Produkt von Dick Gearhart namens CBV. Besonders erfolgreich gestaltete sich der Verkauf in Ungarn, nachdem ich einen Besuch bei dem dortigen staatlichen Chemikalieneinkäufer gemacht und ihm die Sachlage erläutert hatte. Nach drei Jahren flüchtete dieser in den Westen. Damit war die Geschäftsbeziehung abgebrochen.

Eine Studienfahrt in die USA

Durch die Besuche bei Dick Gearhart und bei meinen alten Freunden vom Forest Service in Oregon wurde mein Interesse für die Forstwirtschaft in diesem Teil der Erde neu aufgefrischt. Forst-Studienreisen aber waren auf Universitätsprofessoren und Chefs der Forstverwaltungen beschränkt. Es gab keine Angebote von Fachreisen, die für den Privatmann erschwinglich waren. Es musste doch einen Weg geben, meinen Freunden und Fachkollegen die beeindruckenden Naturwälder der Westküste und ihre Bewirtschaftung zu zeigen …

Ich schrieb dem US Forest Service in Washington und Portland/Oregon und bat um Unterstützung für eine solche Reise. Außerdem sprach ich mit Dick darüber, der ja in Portland alle maßgebenden Personen kannte und aus seiner Zeit beim Service noch viele Freunde hatte. Mithilfe einzelner Ranger stellte er für uns eine Besichtigungstour zusammen und besorgte uns günstige Hotelunterkünfte. Durch Zufall ergab sich ein Kontakt zur Dachorganisation der Kanadischen Forstindustrie, dem „Council of Forest Industries of British Columbia" und die Einladung, die Reise in Kanada zu beginnen.

Durch die freundschaftliche Mithilfe in den USA und in Kanada wurde es möglich, eine forstliche Studienreise nach Nordamerika von knapp drei Wochen inklusive Flug für nur 2000 DM anzubieten. Auf die Ausschreibung im Waldbauernmitteilungsblatt hin meldete sich eine ideal gemischte Gruppe von Waldbesitzern und Forstbeamten.

Im Oktober 1972 flogen 18 Personen über Toronto nach Vancouver. Darunter befanden sich – neben meiner Frau und mir – das Ehepaar Gottfried Lüninck, die Junggesellen Michael Fürstenberg, Josef Twickel und Pius Ballestrem aus unserem Bekanntenkreis, ein älterer Waldbauer aus dem Rheinland, der ein Flüchtling aus Schlesien war, der Revierförster Vetter aus Antfeld, die Forstmeister Delius, Dehn und Dr. Weege sowie Herr Pieritz, der zuständige Forstfachmann der Finanzverwaltung.

Mit erheblicher Verzögerung flogen wir aus Frankfurt ab und erreichten Toronto gegen Mitternacht, einige Stunden später dann Vancouver. Gegen Mittag, nachdem wir uns ausgeschlafen und gut gefrühstückt hatten, fuhren wir durch die Stadt Vancouver. Wir durchkreuzten die Innenstadt, um über die Lion's Gate Bridge zur Autobahn nach Norden zu gelangen. In der Horseshoe Bay liegt die Anlegestelle der Fähre nach Vancouver Island.

Das Camp in der Wildnis

Nachdem wir die Stadt verlassen hatten, stiegen rechts von uns dicht mit Nadelwald bewachsene Berge steil an. Links von uns sah man die felsige Küstenlinie, die immer wieder von Inseln und Halbinseln unterbrochen wurde.

Während der zweistündigen Schifffahrt, die wir fast nur an Deck der Fähre verbrachten, klarte das Wetter auf, der Nebelvorhang hob sich und der Horizont wurde erkennbar. Im Osten zeigten die Gipfel des Küstengebirges ihre weiß beschneite Zickzacklinie über den dunklen Nadelwäldern an ihren Abhängen. Durch Lücken zwischen den Inseln vor unserem Bug konnten wir die Silhouette von Vancouver Island in der Ferne erkennen. Zeitweilig zeigten sich Delfine und Wale in munterem Auf und Ab als Begleiter des Schiffes zur Freude aller Mitreisenden.

In einem der Nationalparks der USA: Die deutsche Reisegruppe durchfährt einen Mammutbaum.

Wir landeten, und nach etwa einer Stunde Fahrt auf einem Forstweg in Richtung Westen erreichten wir das Camp der Firma British Columbia Forest Products am Lake Cowichan. Kaum hatten wir den Parkplatz erreicht, ließen wir einmal alles stehen und liegen und eilten ans Ufer. Ein weiter Blick über diesen bezaubernden See inmitten dicht bewaldeter Berge erwartete uns. Weit und breit keine Spur menschlicher Besiedlung. Nur einige am Ufer angeschwemmte Abschnitte von Baumstämmen, die sich wohl von Flößen losgerissen hatten, erinnerten uns an die hier tätigen Menschen.

Rasch bezogen wir die als Waldarbeiterunterkunft hergerichteten Räume des Wohngebäudes. Dann erklang auch schon die Glocke des Kochs. Er war für seine Kunst der Zubereitung von guten Speisen ebenso berühmt wie für seine Wutausbrüche über unpünktliche Gäste. Wir waren pünktlich und er hatte für die Gäste aus Deutschland eine Superauswahl an Spezialitäten des Landes auf seinem Büfett angerichtet.

Nach der Besichtigung des forstlichen Pflanzenanzuchtbetriebes, der dem Camp angeschlossen war, fuhren wir auf der Forststraße weiter in Richtung Westen, um an die Küste der Insel zu gelangen. Auf der schmalen Schotterpiste musste man langsam fahren, denn immer konnte einem einer der riesigen „log trucks", ein Holztransporter also, entgegenkommen. Vor diesen Monstern konnte man nur auf die Bankette ausweichen, auf der man tunlichst anhielt, um nicht abzurutschen.

Nach einigen Stunden Fahrt durch die Täler der Berglandschaft Vancouver Islands, deren majestätische, dicht bewaldete Hänge und Gipfel nur selten von Kahlschlägen und nirgendwo von menschlichen Ansiedlungen gestört werden, gelangten wir bei Long Beach an die Küste. In dieser Gegend liegen die Niederschläge bei über 2000 Millimeter/Jahr. Die Vegetation reagiert darauf mit der Ausbildung eines borealen Regenwaldes.

„Sasquatch" im Hexenwald

Wir parkten etwa einen Kilometer vom Strand entfernt und wanderten auf einem Fußpfad dorthin. Rechts und links des Wanderweges begleitete uns ein tropfnasser dichter Bewuchs von Farnen und Sträuchern am Boden und windzerzausten, dicht an dicht stehenden Koniferen, bei denen die Sitkafichte vorherrschte – ein echter „Hexenwald" mit bizarren Wuchsformen und undurchdringlichem Dickicht. Der „Sasquatch", ein dem sagenhaften Yeti des Himalaya verwandter Affenmensch, an dessen Existenz viele Amerikaner und Kanadier glauben, könnte in diesem Wald sicher unentdeckt hausen. Jedenfalls sieht man ihn hier mit genügend Fantasie hinter jedem Busch hocken.

Ermüdet von den überwältigenden Erlebnissen dieses Tages erreichten wir abends unser Motel am Stadtrand von Victoria. In der Nähe unseres Motels lag einer der Anziehungspunkte für Besucher der Stadt, die „Butchart Gardens". Hier hatte ein Ehepaar dieses Namens in einem aufgelassenen Steinbruch eine große, geschmackvoll gegliederte Gartenanlage gestaltet. Ein japanischer Garten gefiel uns besonders gut. Er strahlte mit weichen Grünfarben von Farnen und Moosen sowie Koniferen und weinrotem Zierahorn rund um einen schmalen Bachlauf mit elegant geschwungener Brücke die Ruhe buddhistischer Meditation aus.

Von Victoria aus gelangten wir – nach Überwindung aller Zoll- und Grenzformalitäten – mit einer Fähre nach Port Angeles. Fast alle Passagiere hatten sich an Deck eingefunden, um das schöne Herbstwetter zu genießen. Kaum hörten unsere Mitreisenden die für sie fremde Sprache, fragten sie uns nach dem Woher und Wohin. Als eine ältere Amerikanerin vernahm, dass wir Deutsche seien, summte sie uns die Melodie von „Muss i denn, muss i denn" vor und bat uns, deutsche Lieder zu singen. Im Nu war Helga unter Deck beim Auto und holte ihre Gitarre herbei. Dann begann unser „gemischter" Chor, unter ihrer Anleitung und Begleitung deutsche Volkslieder zu singen. Sofort waren wir von den Mitreisenden umringt und immer wieder brauste der Beifall auf. Entlang der von den unberührten Nadelwäldern des Olympic Parks gesäumten Uferstraße fuhren wir nach Seattle und von dort über die Autobahn in die Stadt Portland. Oh Wunder, ich fand mich zurecht und lotste uns durch die Innenstadt bis zur steilen Auffahrtstraße zum Haus der Gearharts.

Der Wald im Museum

Bei einer Stadtrundfahrt besichtigten wir das sehenswerte „World Forestry Center", eines der schönsten und informativsten Forstmuseen der Welt. Es ist turmartig angelegt und beherbergt einen künstlichen Baum, in dessen offener Seite man die Säfte steigen sieht. In mehreren Etagen um diesen Baum sind Waldökologie und Holznutzung dargestellt.

Nach der Stadtrundfahrt ging es den Columbia River aufwärts, der sich nördlich von Portland durch eine enge Schlucht zwängt. Rechts und links ragen steile Felswände empor, von denen hin und wieder Wasserfälle ins Tal prasseln. Der größte und spektakulärste ist der Multnomah-Fall. Er ergießt sich in ein Becken am Rande der Autostraße und ist ein Anziehungspunkt für Touristen. Als wir den Wanderweg zum Wasserfall, der längs des Abflussbaches angelegt ist, hinaufgingen, sprang Förster Vetter aus Antfeld plötzlich mit Halbschuhen in das Wasser, bückte sich und hob einen kapitalen Lachs an Land. Die Jagdpassion hatte ihn übermannt. Jetzt sahen auch wir, dass der Bach von laichenden Lachsen wimmelte.

Unsere Exkursionen führten in das Kaskadengebirge zum Mount Hood und natürlich in den dortigen Mount Hood National Forest und nach Estacada, wo wir meine alte Wirkungsstätte von 1956 besuchten. Wir fuhren den Clackamas River aufwärts, und ich erlebte den großen „Fish Creek"-Waldbrand im Geiste neu, als ich ihn meinen Freunden an einem Aussichtspunkt schilderte. Die Wunden des Waldes von damals waren vernarbt und auf den Brandflächen standen gut bestockte 15-jährige Mischkulturen von Douglasie und Tsuga.

Nach Abschluss des Besuchs in Oregon flogen wir noch nach San Francisco und machten von dort aus mit gemieteten Autos einen Abstecher nach Norden durch die Nationalparks mit den Küstenmammutbäumen. Ein Forstmann, der solche Bestände bewirtschaftete und den wir auf der Straße trafen, führte uns durch sein Revier.

„Hotel Canstein"

Als wir mit vielen Eindrücken wieder daheim in Deutschland waren, beschlossen wir, unsere amerikanischen und kanadischen Gastgeber und Tourführer für das Jahr darauf nach Deutschland einzuladen. Wir würden ihnen gemeinsam den Aufenthalt und die Reisekosten in unserer Heimat bezahlen. Sie brauchten nur für den Flug aufzukommen. Der Beschluss wurde bald in die Tat umgesetzt und wir erhielten Zusagen von 14 Ehepaaren. So erwarteten wir 28 Personen.

Gemeinsam mit Herrn Dehn von der Höheren Forstbehörde in Münster und mit der Hilfe von Ludlett von Köckritz, der mich im Büro beim Vertrieb von RRP unterstützte, arbeiteten wir ein vielseitiges Programm aus, das alle nur denkbaren forstlichen Aspekte abdeckte. Der technische Ablauf sollte natürlich möglichst wenig Kosten verursachen. Die Unterbringung wurde bis auf einige Fernziele in Canstein im Schloss vorgesehen. Ich wusste, dass unsere Gäste keine besonderen Ansprüche stellten und selber Hand anzulegen gewohnt waren. Außerdem verstanden sie alle zu improvisieren und sich auf ungewohnte Situationen rasch einzustellen. Ein Handikap waren die wenigen Badezimmer, die sie sich würden teilen müssen. Meine Eltern unterstützten uns nach Kräften und stellten ihre Gastzimmer im alten Schloss mit zur Verfügung.

Mit einer eingehenden Schlossbesichtigung und Waldexkursion in Canstein begann das vollgepackte Reiseprogramm. Fachlich besichtigten wir Forstbetriebe aller Art, Staats- und Kommunalwald, Groß- und Kleinprivatwald, vom Schwarzwald bis in die Lüneburger Heide, wo gerade eine Sturmkatastrophe und ein Großwaldbrand gewütet hatten. Dazu zeigten wir ihnen Aufforstungen im Ruhrgebiet und im Braunkohlentagebau.

Gattersägewerke, Schwachholz-Verarbeiter, Furnierwerke, Möbelfabriken und Fertighaushersteller wurden als Abnehmer des Holzes besucht. Alle auf dem Wege liegenden kulturellen Sehenswürdigkeiten von der Residenz in Würzburg bis zum Schloss in Heidelberg und der Fachwerkstadt Celle waren eingeschlossen. Besonderes Interesse fand ein Besuch an der Zonengrenze bei Eschwege.

Auch die Belustigung kam nicht zu kurz. Das Sängerfest in der Cansteiner Dorfhalle war eine gute Gelegenheit für alle Beteiligten, die Qualität und Quantität des deutschen Bieres auf sich wirken zu lassen. Am letzten Tag, leider bei schlechtem Wetter, erlebten die Forstleute aus Nordamerika als Treiber eine deutsche Hasenjagd mit. Beim Abschied auf dem Flughafen in Frankfurt riefen sie zusammen: „Hopp, hopp!"

Am Ende der gemeinsamen Tage waren wir eine eingeschworene Gemeinschaft, aus der sich viele neue Freundschaften unter den Teilnehmern entwickelten, die teilweise heute noch bestehen. Es gab während der ganzen Zeit keinen Moment, an dem ich mich müde oder ausgelaugt gefühlt hätte. Anderen Menschen Freude zu machen, ist eine unglaublich belebende Tätigkeit, die ein besonderes Hochgefühl vermittelt.

Reise in die Kindheit meiner Frau

Der große Wunsch meiner Frau war es schon immer, ihren Heimatort Bruschewitz in Schlesien wiederzusehen. Eine Reise im Jahr 1973 nach Breslau, an dessen Stadtrand Bruschewitz liegt, brachte die Erfüllung dieses Wunsches und war eines der schönsten gemeinsamen Erlebnisse unserer Ehe.

Auf der „Grünen Woche" hatten wir in Berlin die Werbung eines Busunternehmers entdeckt, der dreitägige Reisen von Berlin nach Breslau anbot. Übernachtet wurde laut Angebot im

Hotel Monopol, das aus der Vorkriegszeit berühmt war. Wir buchten eine solche Reise für den Mai. Nur wenige Schlesier waren bis dahin in ihrer alten Heimat gewesen, denn die polnische Regierung hatte den Tourismus für Deutsche sehr restriktiv gehandhabt. So war Helga die Erste aus ihrer Familie, die Bruschewitz wiedersehen sollte.

Mit großer Spannung bestiegen wir in Berlin den mit etwa 25 Personen besetzten Bus. Bei der Bonner Botschaft Polens hatten wir ein Visum beantragt und genehmigt bekommen. Den gefürchteten Schikanen der DDR-Grenzkontrollen waren wir durch einen Flug nach Berlin entgangen. Die Kontrolle beim Verlassen von Westberlin in Richtung Polen und zurück war zwar auch sehr streng und unfreundlich, aber verlief relativ rasch.

Jeder musste seinen Pass in der Hand halten, das Bild wurde mit dem Gesicht verglichen. Der Boden des Busses wurde mit Spiegeln kontrolliert und der Gepäckraum durchsucht. Während der Fahrt stellten sich die Mitreisenden einander vor. Es waren alles alte Breslauer, wir waren die Jüngsten. Mit einem neben uns sitzenden Ehepaar aus Berlin freundeten wir uns rasch an. An der Grenze stieg unser polnischer Reiseführer zu. Er war ein umfassend gebildeter Mann mittleren Alters, der uns auf humorvolle Art klarmachte, dass er den Kommunismus nicht so sehr wichtig nehme. Er unterhielt uns unaufdringlich, indem er auf interessante Punkte rechts und links der Straße hinwies.

Der Pastor und seine Predigt

Nach dem Einchecken im Hotel Monopol, dessen Einrichtung ganz an den Stil des frühen 20. Jahrhunderts erinnerte, war eine Stadtrundfahrt vorgesehen. Die Marienkirche, das Grabmal des Bischofs Strachwitz im Dom und die barocke Ausstattung der Universität sind mir als Höhepunkte im Gedächtnis geblieben. Unsere Mitreisenden erzählten aus alten Zeiten und wurden an jeder Straßenecke an Erlebnisse erinnert. Für Helga, die ja mit neun Jahren ihre Heimat hatte verlassen müssen, gab es an Breslau kaum Erinnerungen. Sie wollte ja auch nach Bruschewitz!

Gleich nach dem Frühstück hielten wir vor der Tür des Hotels Ausschau nach einem vertrauenswürdig aussehenden Taxi. In einem gut erhaltenen Mercedes aus Nachkriegsfertigung saß ein nett aussehender junger Pole. Als wir uns seinem Fahrzeug näherten, stieg er aus und sprach uns in fließendem Deutsch an. Wir schilderten ihm Helgas Geschichte und unseren Wunsch, nach „Pruszowice" zu fahren. Als wir ihm sagten, dass wir ihn für den ganzen Tag anheuern wollten, war er sehr froh und machte uns einen annehmbaren Preisvorschlag. Voller Spannung fuhren wir nun durch das triste Grau der Häuser und Plattenbauten aus der Stadt hinaus. Als wir uns auf einer Schotterstraße dem Dorfe näherten, begann Helga sich auszukennen. Es war ihr alter Schulweg, den sie täglich zu Fuß ins Nachbardorf zurückgelegt hatte. Als wir dann in das Dorf einbogen, war sie ganz aufgeregt, denn es standen noch alle Häuser, obwohl in miserablem Zustand. Helga nannte mir die Namen derer, die vor 1945 dort gewohnt hatten.

Wir ließen das Taxi halten, stiegen aus und gingen mit gemischten Gefühlen die Dorfstraße entlang. Es waren erst einmal keine Menschen zu sehen. Nach einer Weile entdeckten wir einen älteren Mann, der in seinem Garten arbeitete. Ohne Scheu wandte er sich uns zu und wir wünschten ihm einen guten Tag. Daran erkannte er, dass wir Deutsche waren. Leider konnte er nicht mehr an Deutsch verstehen, aber er begleitete uns zum Taxi und der Fahrer informierte ihn über uns. Der Mann erklärte ihm, dass es im Dorf zwei Personen gäbe, die Deutsch sprächen. Ein Dorfbewohner sei als Kriegsgefangener in Deutschland gewesen und die Frau des Vorarbeiters auf dem Gut sei eine Deutsche. Im Dorf gebe es keine Bewohner aus der Vorkriegszeit mehr. Es seien alles Ostpolen, die von den Russen aus ihrer Heimat vertrieben worden wären.

Er begleitete uns gemeinsam mit dem Taxifahrer zum Haus des ehemaligen Kriegsgefangenen. Dieser war zu Hause und lud uns in gutem Deutsch als seine Gäste ein. Wir kamen rasch ins Gespräch. Er erzählte von seiner Tätigkeit auf einem Bauernhof in Bayern während des Krieges. Dort war er sicher die Stütze des Betriebes gewesen, genau wie seine Landsleute zur selben Zeit bei uns in Canstein.

Es stellte sich heraus, dass Helga die erste ehemalige Bewohnerin von Bruschewitz war, die dem alten Heimatort einen Besuch abstattete. Während wir uns unterhielten, war seine Frau ins Dorf gegangen, um Frau Sudot, die einzige Deutsche im Dorf, herbeizuholen. Sie kam zurück und berichtete uns, dass Frau Sudot noch im Kuhstall des Gutes die Kälber versorgte, aber gegen Mittag zu uns stoßen würde. Danach bereitete sie das Mittagessen vor, zu dem wir eingeladen wurden. Nachdem wir mit Mühe eine Suppe und Berge von Kartoffeln mit Fleischsoße vertilgt hatten und kaum mehr schnaufen konnten, erschien eine freudestrahlende Frau Sudot, entführte uns in ihr Haus und setzte uns erneut vor einen gedeckten Mittagstisch, nachdem sie uns ihrem Mann und ihrer jüngsten Tochter vorgestellt hatte. Es half nichts, wir mussten mit guter Miene erneut zu Mittag essen. Frau Sudot berichtete uns von den Verhältnissen auf dem Gut und den seit dem Kriegsende erfolgten baulichen Veränderungen. Nachdem wir uns nun in sicheren Händen wussten, ließen wir unseren Taxifahrer wieder nach Breslau fahren und bestellten ihn für den Abend zur Rückfahrt.

Tränen vor dem Kinderzimmer

Der folgende Tag war ein Sonntag. Wir fuhren, nachdem wir Frau Sudot in Bruschewitz abgeholt hatten, zur Kirche in den Nachbarort Pawelwitz. Die Messfeier in dem voll besetzten Gotteshaus wurde von einem sehr guten Kirchenchor und Gemeindegesang begleitet. Die Predigt verstanden wir natürlich nicht, aber es war ersichtlich, dass der Geistliche den Tränen nahe war und die Gemeinde sehr gerührt.

Nach der Messe begrüßte uns der Pastor vor der Tür und Frau Sudot machte uns mit zwei Nonnen bekannt, die dem Pastor den Haushalt führten. Wir wurden zu einer Tasse Tee ins Pfarrhaus eingeladen. Die Unterhaltung lief über die Dolmetscherin Frau Sudot einigermaßen flüssig. Auch sprach die eine der beiden Nonnen leidlich Französisch, sodass mein Schulfranzösisch eine zusätzliche Unterhaltung möglich machte. Es stellte sich heraus, dass sowohl der Pastor wie die beiden Nonnen aus Ostpolen stammten. Das war ja auch bei den meisten der neuen Bewohner der umliegenden Dörfer der Fall. Da er von unserer Anwesenheit während der Messe erfahren hatte, war der Pastor in seiner Predigt auf die Vertreibung aus der Heimat zu sprechen gekommen und hatte darauf hingewiesen, dass Helga wohl ähnliche Gefühle bewegten wie sie, die auch vertrieben worden waren. Daher die Rührung während der Predigt …

Als wir diesen Besuch beendet hatten, fuhren wir wieder nach Bruschewitz und besichtigten bei strahlendem Sonnenschein das alte Herrenhaus, welches in sehr schlechtem Zustand war. Frau Sudot hatte für uns beim Gutsverwalter die Erlaubnis eingeholt, es auch von innen besichtigen zu dürfen. Nach dem Betreten stieg Helga sogleich die Treppe hinauf, um zu ihrem Kinderzimmer zu gelangen. Als sie dann vor dessen Tür stand, kamen ihr zum ersten und einzigen Mal auf dieser Reise die Tränen.

Nach einem kurzen Rundgang um den Hof zeigte uns Frau Sudot noch den außerhalb des Hofes erbauten neuen Kuhstall, in dem sie für die Kälberpflege zuständig war. Die Melker trieben gerade mit großem Geschrei und Stockschlägen die Kühe in den Stall. Bei dieser Art des Umgangs konnte die Milchleistung nicht besonders hoch sein. Ich erinnerte mich an meine Zeit auf dem Milchviehbetrieb bei Dominik Stillfried in Virginia und an die Folgen unserer Nervosität, wenn wir unausgeschlafen zum Melken kamen.

Helga trieb es nun hinaus in den Park, an die Teiche und zum Wald. Wir besuchten das Grabmal des Großvaters unter den Bäumen, das von den Polen gut gepflegt worden war. Dann erstieg Helga alle ihre alten Kletterbäume. Auf Bäume zu klettern war noch immer eine ihrer Lieblingsbeschäftigungen. Sie zog ihre Schuhe aus und wir wanderten auf dem warmen Sandboden des Erdweges ein Stück in Richtung Pawelwitz, so wie sie es täglich auf dem Schulweg getan hatte. Sie strahlte mich spitzbübisch an und wir umarmten uns immer wieder. Beim Erwandern der zahlreichen Wege um die vielen Teiche und durch den Wald folgten uns in gebührendem Abstand die Dorfkinder, die uns vorher mit dem Bettelruf „Matschegomma" um Kaugummi gebeten hatten. Wir mussten sie mit Schokolade „trösten", denn Kaugummi hatten wir nicht mit. Unsere Vermutung, dass die Kinder den Auftrag hatten, uns zu folgen, um festzustellen, ob wir nach verborgenen Schätzen graben würden, war wohl berechtigt. Nachdem ich mehrere Foto-Filme belichtet und wir möglichst viele Plätze, an die Helga sich erinnerte, aufgesucht hatten, kehrten wir am Abend müde und glücklich nach Breslau zurück und entlohnten unseren braven Taxifahrer fürstlich.

Das erste Ehrenamt

Die Jahre von 1965 bis 1990 waren so dicht vollgepackt mit Aktivitäten, dass es mir schwerfällt, sie einigermaßen geordnet und übersichtlich darzustellen. Neben den täglichen Problemen im Land- und Forstwirtschaftsbetrieb und dem geschilderten Handel mit Chemikalien zum Wegebau wurde mein Aufgabenkatalog durch zahlreiche Tätigkeiten im Ehrenamt in diesen Jahren ständig erweitert. Im Jahr 1968 sprach mich Herr Kramer, der Geschäftsführer des Westfälisch-Lippischen Landwirtschaftsverbandes der Kreisstelle Brilon, an. Ich kannte ihn recht gut durch meinen Vater, der sich immer bereitwillig für Ehrenämter im Berufsstand zur Verfügung gestellt hatte. Kramer fragte mich, ob ich bereit sei, mich als Delegierter des Landwirtschaftlichen Arbeitgeberverbandes aufstellen zu lassen. Es sei eine Aufgabe, die ich nur einmal im Jahr bei der Delegiertenversammlung wahrnehmen müsse. Nicht ahnend, was dieser Schritt für die Zukunft bedeutete, sagte ich zu.

Der Westfälisch-lippische landwirtschaftliche Arbeitgeberverband (WLAV) war 1968 eine selbstständige Vereinigung mit mehreren Geschäftsstellen und entsprechendem Personal. Er wurde aus dem Etat des Westfälisch-Lippischen Landwirtschaftsverbandes (WLV) weitgehend finanziert, da ja zur Zeit seiner Gründung 1948/49 die meisten Bauern noch Arbeitnehmer beschäftigt hatten. Dieser Zustand änderte sich nun jedoch in den 1960er-Jahren, denn auf den Höfen wurden aufgrund der Mechanisierung immer weniger familienfremde Personen beschäftigt. Der geringer werdenden Nachfrage nach Beratung in Arbeitnehmerfragen hatte sich der Verband in seiner Struktur noch nicht angepasst. Der damalige WLV-Präsident Antonius von Oer hatte mehrfach versucht, den Vorstand des WLAV zu veranlassen, die Organisationsstruktur zu ändern, da ihm mit Recht die Kosten zu hoch erschienen. Doch es war wenig geschehen, man hatte wie gewohnt weitergearbeitet.

In vielen Ämtern unterwegs

Präsident von Oer hatte nun ein Machtwort gesprochen und die Neuwahl des Vorstandes des WLAV verfügt. Eine große Zahl von Delegierten und alle Vorstandsmitglieder schieden aus Altersgründen aus und mussten neu gewählt werden. Man wählte mich auf dem Kreisverbandstag als Delegierten in den WLAV und so erschien ich zum Delegiertentag dieses Verbandes. Als es um die Wahl der neuen Vorstandsmitglieder ging, sah ich mich völlig unvorbereitet mit der Entscheidung konfrontiert, für diesen Vorstand zu kandidieren, denn man schlug mich aus dem Kreis der Delegierten dafür vor. Ich sagte zögernd zu. Zehn Minuten später war ich neues Vorstandsmitglied des WLAV.

Damit waren aber die Ad-hoc-Entscheidungen dieser Tagung noch nicht zu Ende. Die Satzung bestimmte, dass der Vorstand aus seiner Mitte den Vorsitzenden zu wählen habe. Da saßen wir vier Neugewählten nun allein in einem Raum und sollten, ohne uns zu kennen, einen von uns zum Vorsitzenden wählen. Nachdem wir uns miteinander näher bekannt gemacht hatten, sprachen wir über die Probleme des Verhältnisses zwischen dem WLAV und dem WLV. Da es sich unter uns herumgesprochen hatte, dass Herr Schulze-Oenkhaus der Wunschkandidat des Präsidenten von Oer war, wählten wir ihn mit seinem Einverständnis. Bald wurde die Nebenstelle des WLAV aufgelöst, die Hauptgeschäftsstelle nach Münster in das Büro des WLV verlegt und der neue Geschäftsführer, Herr Tappe, als Angestellter des WLV besoldet. Damit waren die Kosten gesenkt. Auch wenn es in der Folge manchmal zu Meinungsverschiedenheiten zwischen den Verbänden kam, so bewahrte sich der WLAV doch immer die Unabhängigkeit auf seinem Fachgebiet.

Mein Vater war im Vorstand der Westfälischen landwirtschaftlichen Berufsgenossenschaft und lange Jahre tätig gewesen. Es war wohl sein guter Ruf in diesem Amte und die Aktivität des WLV-Geschäftsführers Kramer in Brilon, die dazu führten, dass man mich Ende der 1960er-Jahre für den Vorstand dieser Sozialversicherung der westfälischen Bauern vorschlug. Ehe ich mich versah, hatte ich ein Ehrenamt auszuüben, das mich von da an 25 Jahre lang etwa jeden zweiten Monat nach Münster reisen ließ. Der Vorsitzende des Vorstandes, der Landwirt Gustav Lindemann aus Vlotho-Exter, war ein erfahrener Sozialpolitiker, der nicht nur in Westfalen, sondern auch auf der Bundesebene in der landwirtschaftlichen Sozialpo-

litik die Weichen stellte. Er tat dies nicht immer unumstritten. Insbesondere bei der Gesetzgebung zur Gründung einer berufsständischen Pflichtkrankenversicherung bekam er eine
starke Opposition aus Westfalen zu spüren. Viele Landwirte, besonders die in der AOK und
in günstigen Privatkrankenkassen versicherten Bauern, waren gegen die berufsständische
Lösung. Lindemann hingegen argumentierte, die Bauern würden nicht so oft zum Arzt gehen wie die pflichtversicherten Arbeitnehmer und Angestellten und kämen daher mit einer
berufsständischen Kasse mit geringeren Beiträgen aus. Als seine Lösung verwirklicht wurde
und er in den späteren Jahren über die steigenden Kosten stöhnte, habe ich ihn mit Vergnügen an dieses Argument erinnert.

Verse in langen Sitzungen

Die Sitzungen benötigten zur Abwicklung immer einen ganzen Tag, manchmal auch zwei
Tage. Das war anstrengend, und oft fuhr ich todmüde mit Kopfschmerzen am späten Abend
die 175 km zurück nach Canstein. Wenn ein Redner sehr langatmig war, bot dies die Gelegenheit, die Gedanken ein wenig abschweifen zu lassen. Dann nahm ich mir häufig ein
Thema des Tages aufs Korn und machte einen Vers daraus, der dann in das Protokoll aufgenommen wurde. Zum Beispiel amüsierten mich die Abkürzungen, die in der Verwaltung
überall sehr beliebt sind. Unter der Überschrift „Die Sprache der Berufsgenossenschaft"
dichtete ich diese Verse:

> Heut' kommt zu uns der TAB
> aus der LSV von der BG.
> Die Vorschriften der UVV,
> so denkt der Bauer, sind genau!
> Wie schaffen wir die alte Leiter
> vom Kuhstall in die Scheune weiter?
> Drauf spricht der Azubi zum SofA:
> Schick doch den MiFa mit dem Mofa.

Die Abkürzungen bedeuteten:

TAB – Technischer Aufsichtsbeamter	LSV – Landw. Sozialversicherung
BG – Berufsgenossenschaft	UVV – Unfallverhütungsvorschriften
Azubi – Auszubildender	SofA – Selbstständiger ohne fremde Arbeitskräfte
MiFa – Mithelfender Familienangehöriger	Mofa – Motorfahrrad

Es wäre mir ein Leichtes, nun große Teile meiner Erinnerungen mit Berichten über die Arbeit dieses Gremiums zu füllen. Doch darüber können die Historiker in den Sitzungspro-
tokollen lesen. Daher möchte ich mich nur auf einige Konflikte beschränken, die während
dieser Jahre auftraten und deren Lösung unter den gewählten Berufskollegen gemeinsam mit
den Arbeitnehmervertretern in diesen Gremien vorbildlich gelebte Demokratie darstellte.

Als Waldbauernpräsident besuchte Alexander von Elverfeldt (rechts) regelmäßig die „Grüne Woche" – und den ebenso regelmäßigen Empfang des Bundespräsidenten, hier mit Karl Carstens (1974–1979).

In der landwirtschaftlichen Berufsgenossenschaft gibt es drei wahlberechtigte Gruppen, aus denen die Vertreter entsandt werden: die land- und forstwirtschaftlichen Familienbetriebe ohne fremde Arbeitskräfte, die Arbeitgeberbetriebe und die Arbeitnehmer in diesen Betrieben. Konflikte traten hauptsächlich im Bereich der Beitragsgestaltung auf. Durch die im Vergleich zur Industrie einzigartige Steigerung der Arbeitsproduktivität in den landwirtschaftlichen Betrieben der 1950er- und 1960er-Jahre vollzog sich der Wandel in der Arbeitsverfassung hier ungleich schneller als in der übrigen Wirtschaft. Die Zahl der Betriebe, die fremde Arbeitskräfte beschäftigten, sowie der dort tätigen Arbeitnehmer sank zwischen 1950 und 1970 rapide. Damit verminderte sich insbesondere bei den Großbetrieben die Zahl der Unfälle. Andererseits blieben die Ausgaben für Renten aus der Vergangenheit noch lange Zeit sehr hoch. Sie stammten aus einer Zeit, in der die großen Bauern und Gutsbetriebe zahlreiche Arbeitskräfte beschäftigten. Da die Zahl der beschäftigten Arbeitnehmer in der Landwirtschaft wegen der unüberschaubaren Zahl von Aushilfs- und Saisonarbeitskräften als Schlüssel für den Beitrag ungeeignet war, war der Einheits- bzw. Flächenwert des Betriebes als Bemessungsschlüssel gewählt worden.

Die bei Großbetrieben sinkende Unfallgefahr und der mit der Betriebsgröße linear steigende Beitrag führte zu Spannungen, die die Solidarität zwischen Klein- und Großbetrieben belasteten. Sie war im Grundsatz bisher nie in Zweifel gezogen worden, wurde aber jetzt, was das Ausmaß anbetraf, Gegenstand langer Debatten zwischen Vertretern der verschiedenen Betriebsgrößen. Es war bemerkenswert, dass sich die Arbeitnehmervertreter bei diesen Auseinandersetzungen völlig neutral verhielten und keinen Sozialneid aufkommen ließen. Die Festsetzung der Beiträge für die Forstflächen wurde in vielen Berufsgenossenschaften recht willkürlich gehandhabt, vor allem dann, wenn keine Vertreter mit Waldflächen in den Gremien vertreten waren. Das führte in vielen Fällen zu überhöhten Abgaben der Waldbesitzer. In der Westfälischen landwirtschaftlichen Berufsgenossenschaft bestand der Grundsatz, die Forstflächen nach der Belastung mit Forstunfallfolgen zu veranlagen. Aufgrund der miserablen wirtschaftlichen Lage der Forstanteile in den bäuerlichen Betrieben, vor allem des

Münsterlandes, konnte ich die Mitglieder des Vorstandes davon überzeugen, dass ein Solidarausgleich zugunsten der Forstflächen etwa bis 1975 erfolgte und ein Teil der Unfallkosten der Forstwirtschaft aus dem landwirtschaftlichen Beitragsaufkommen bestritten wurde.

Über die Gewerkschafter

In der Berufsgenossenschaft kam ich mit den Mitgliedern und Funktionären der Gewerkschaft Gartenbau, Land- und Forstwirtschaft in Kontakt. Die Gespräche mit ihnen vor, während und nach den Sitzungen machten mich mit ihren Sorgen und Aktivitäten sowie ihrem Verhalten vertraut. Ich habe für diese kleine Gewerkschaft, die seit einigen Jahren in der Gewerkschaft Bau, Steine, Erden aufgegangen ist, immer Bewunderung empfunden. Sie lebte mit ihrer geringen Mitgliederzahl vom Solidaritätsfonds des DGB und war trotzdem aufgrund der Fähigkeiten ihrer leitenden Personen im Vorstand dieser Organisation seinerzeit sehr gut vertreten.

In den Jahren vor meiner Betriebsübernahme in Canstein hatte mein Vater mich hin und wieder zu den Versammlungen des Waldbauernverbandes (WBV) mitgenommen. Diese wurden zu der Zeit noch vom Gründer des Verbandes, Friedrich-Carl Graf von Westphalen, geleitet. Die Tagungen waren in ihrer Thematik von der Bodenreformgesetzgebung überschattet, die damals eine große Rolle spielte. Auch die Gesetzgebung im Forstbereich und die Freigabe der Holzpreise, die dazumal noch gebunden waren, spielten eine Rolle. Die Debatten verliefen sachlich und ließen die große Besorgnis um den Bestand des Eigentums am Grund und Boden erkennen.

Die Bemühungen des Verbandes waren von Erfolg gekrönt, denn das Bodenreformgesetz wurde später aufgehoben, ebenso die Preisbindung. Die wesentlichste Entscheidung jener Jahre jedoch, an der Graf Westphalen großen Anteil hatte, war die Ablehnung der Einbeziehung der Forstwirtschaft in die römischen Verträge und einer europäischen Marktordnung für Holz, wie sie für Agrarprodukte eingeführt wurde.

Von 1952 bis 1964 war mein Vater Abgeordneter im Landtag von Nordrhein-Westfalen. In dieser Zeit entstand die Grundlage des Landesforstgesetzes, an der er als Mitglied des Ernährungsausschusses – so hieß der damals noch! – wesentlichen Anteil hatte. Seine Aussage, dass man „im Lande keine Förster mit weißen Handschuhen gebrauchen könne", erregte großes Aufsehen in der Forstbeamtenschaft.

Der Waldbauernverband ruft

Als 1973 wieder Neuwahlen für den Vorstand anstanden, hatte auch Freiherr von Fürstenberg die Altersgrenze erreicht. Man suchte nach einem neuen Vorsitzenden. Erst Jahre nach meiner dann erfolgenden Aufstellung als Kandidat für dieses Ehrenamt habe ich zum Teil in Erfahrung gebracht, wie es zu dieser kam. Die Landeskulturgesellschaft Sauerland (LKS) als Untergliederung des Westfälisch-Lippischen Landwirtschaftsverbandes (WLV) spielte dabei eine wesentliche Rolle. Fast alle Waldbauern sind ja auch gleichzeitig Landwirte und daher in beiden Verbänden Mitglieder. Karl Kramer, der Geschäftsführer des WLV in der Kreisgruppe Brilon, ein guter Freund meines Vaters, hatte mich ja schon für den Arbeitgeberband entdeckt und schlug mich nun in seiner Eigenschaft als Vorstandsmitglied in der LKS für den Waldbauernverband als neuen Vorsitzenden vor.

Gerüchte über die Nennung meines Namens für einen bedeutenden Posten im Berufsstand waren schon bis zu mir gedrungen, ohne dass ich Ross und Reiter kannte, als Leopold von Fürstenberg meinen Eltern in Canstein einen Besuch machte und mich um eine Unterredung bat. Dieses Gespräch in der Wohnung meiner Eltern fand im sogenannten „Großen Salon" statt, der aber nur ein kleines Zimmer neben dem Esszimmer im alten Schloss ist. Sein schlohweißes Haar, die sonore Stimme und das freundliche Wesen sind mir unvergessen. Auf Umwegen und mit nicht zu leugnender Befangenheit kam er zum Thema. Er schilderte mir die Wichtigkeit und Bedeutung dieses Ehrenamtes für den Berufsstand insbesondere im Zusammenhang mit den politischen Tendenzen im Parlament und in der Regierung des Landes Nordrhein-Westfalen. Meine Argumente, dass mir die Erfahrung dafür völlig fehle und die Zeit ohnehin, konterte er mit den bekannten Überredungsargumenten, dass man dazu nur wenig Zeit brauche – was nicht der Fall ist –, und meine mangelnde Erfahrung würde durch das Wohlwollen der Forstbeamtenschaft des Landes (er war selbst Forstmeister gewesen) bald behoben sein. Ein gewisser Stolz auf das in mich gesetzte Vertrauen war schon mit im Spiel, als ich ihm meine Kandidatur zusagte. Die Wahl erfolgte im Kurhaus von Bad Hamm, in dem damals die Sitzungen des Landesverbandsausschusses des WBV stattfanden.

Antrittsbesuch beim Minister

Die SPD besaß damals im Landtag die absolute Mehrheit. Diese Konstellation blieb während der gesamten Zeit meines Vorsitzes im WBV erhalten. Auf Initiative des sehr fleißigen und ehrgeizigen Ministers für Landwirtschaft und Forsten Dr. Diether Deneke wurden zahlreiche neue Gesetze in den Landtag eingebracht, die einschneidende Veränderungen mit sich brachten und vor der Verabschiedung durch das Parlament dringend der Mitwirkung und Einwirkung seitens der Verbände der Land- und Forstwirtschaft bedurften. Als wichtigste Vorhaben möchte ich das Landschaftsgesetz und die damit verbundene Novellierung des Landesforstgesetzes, das Fischereigesetz und das Gemeinschaftswaldgesetz nennen.

Natürlich galt einer meiner ersten „Antrittsbesuche" dem Minister Deneke. Das Ministerium befand sich in den ehemaligen Reiterkasernen in der Roßstraße, die wohl die Bomben des Krieges ziemlich unbeschädigt überstanden hatten. Beim Betreten des Geländes war ich in Gedanken nicht nur bei der bevorstehenden Begegnung, sondern auch in der Vergangenheit. Hier war mein Großvater mütterlicherseits, Georg Freiherr Ostman von der Leye, Ulanenoffizier gewesen und hatte von dieser Stelle aus nach einer Verwundung in ersten Kriegstagen als Stadtkommandant von Düsseldorf seine Pflicht getan. Ich sah ihn im Geiste auf dem Kasernenhof mit seiner hohen Stimme Kommandos erteilen, die ihm den Spitznamen „das Hähnchen" eingetragen hatte.

Dr. Diether Deneke begrüßte mich freundlich, indem er mir entgegenkam und sich mit mir an einen Besprechungstisch in der Zimmerecke setzte. Nachdem er mich zu meinem neuen Amt beglückwünscht hatte, kam er auf meinen Vater zu sprechen, mit dem er ja mehrere Legislaturperioden gemeinsam im Landtag als Abgeordneter tätig gewesen war. Er sprach von ihm mit großer Hochachtung und sagte, dass er ihn trotz der häufig unterschiedlichen politischen Ansichten als integre Persönlichkeit immer sehr geschätzt habe. Seine menschliche Ausstrahlung und seine Toleranz gegenüber Mitgliedern anderer Parteien habe ihn sehr beeindruckt.

Die Forstwirtschaft bildete dann, wie zu erwarten, einen wesentlichen Teil unseres Gespräches. Als ich ihm meine Bewunderung über die Aufbauleistung der Forstleute seit dem Beginn der Wiederbewaldung unseres Landes im 19. Jahrhundert zum Ausdruck brachte, winkte er verächtlich ab. „Ach, wissen Sie, Herr von Elverfeldt, da hat jeder Forstmeister seinem persönlichen Hobby gefrönt!"

Diese Bemerkung, die mich erst einmal sehr erstaunte, wurde mir später sehr erklärlich. Durch seine Vorbildung im Gartenbau huldigte er dem Ideal der geplanten Landschaft, welche die Ökologie mit der Ästhetik verbinden soll. „Fichten in Reihenkultur stören das Landschaftsbild."

Viele Kämpfe um den Wald

Anfang der 1970er-Jahre stand die Landwirtschaft, was ihre wirtschaftliche Bedeutung betraf, noch etwas besser im Ansehen der Naturschutzpolitiker, weil die Hungerjahre noch nicht so weit in Vergessenheit geraten waren wie heute. Der Name des Ministeriums begann noch mit dem Wort „Ernährung". Zur Forstwirtschaft aber galt in der grünen Bewegung der Slogan: „Holz können wir importieren, die Wohlfahrtswirkungen des Waldes nicht." Wer wie ich in den USA den Raubbau in den Naturwäldern erlebt hatte, konnte voraussagen, dass sich dies bald als falsch erweisen würde. Vorerst aber hatte die Forstwirtschaft jene Bestrebungen abzuwehren, die die ökonomische Bewirtschaftung der Wälder, „Nutzfunktion" benannt, hinter die „Schutz- und Erholungsfunktion" zurücksetzen wollten. Für die privaten Waldbesitzer war dies ein im wahrsten Sinne des Wortes lebenswichtiges Thema.

Die Mehrheit der Forstleute sah mit dem Schwinden der Nutzfunktion zu Recht die Gefahr, dass der Geldmangel oder die Konkurrenz der neuen Berufsgruppe „Landschaftspfleger" über kurz oder lang zum Abschmelzen forstlicher Planstellen führen würde, was ja dann 1999 auch geschah. Die kleinere Gruppe sah das Heil des Forstberufes in den Wohlfahrtswirkungen, welche die öffentliche Hand zu finanzieren schuldig sei.

Diese unterschiedliche Berufsauffassung führte dazu, dass der Widerstand innerhalb der Forstbeamtenschaft nicht mit der nötigen Geschlossenheit erfolgte. Immer wieder wurde ich von einzelnen Forstleuten angesprochen, ich müsse härter gegen die Politikern argumentieren. Von den Beamten und ihren Standesvertretungen selber regte sich aber nur hin und wieder öffentlicher Widerstand – trotz ihrer Unkündbarkeit. Der Ausspruch eines leitenden Beamten im Ministerium klingt mir bis heute im Ohr: „Wir Forstleute können von den Naturschützern ja noch so viel lernen." – Wer hatte denn den Naturschutz im 19. Jahrhundert aus der Taufe gehoben? Die Forstleute …

Da ich nur wenig über Landschaftsplanung wusste, setzte ich mich mit meinem Klassenkameraden Reinhard Grebe in Verbindung, der 1949 mit mir in Arolsen Abitur gemacht hatte. Er leitete in Bayern ein Planungsbüro und hatte schon mehrere Landschaftspläne erstellt.

Außerdem kannte er Minister Deneke vom Studium. Grebe versorgte mich mit Unterlagen und Plänen. Außerdem riet er mir, an einem Symposion zur Landschaftsplanung in Hessen teilzunehmen, das auch Dr. Deneke besuchen würde. Dort lernte ich noch mehr über die Systematik der Landschaftsplanung, aber auch über die damit verbundenen Absichten. Bei den meisten Teilnehmern herrschte eine Grundtendenz, die wenig wirtschafts- und eigentumsfreundlich war. Man war der Ansicht, dass das Gewinnstreben der kapitalistischen Wirtschaft zum Ruin von Natur und Landschaft führe und dass dieser Landschaftszerstörung durch Gesetzesschranken Einhalt geboten werden müsse. Auch die Land- und Forstwirte beuteten Boden und Natur aus und seien in Schranken zu weisen. Eine Sonderbehörde solle zusammen mit einer „Landschaftswacht" die zu erlassenden Vorschriften überwachen.

Landschaft, Plan und Klassenkampf

Bei den jüngeren Teilnehmern herrschte ein ausgeprägtes Klassenkampfdenken. In der Diskussion erklärte eine junge Dame Dr. Deneke, seine Gesetzespläne würden nur wenig ausrichten. Erst wenn der Sozialismus gesiegt habe, werde ein wirklicher Schutz von Natur und Landschaft möglich werden. Einer solchen Parole mochte Deneke als überzeugter Demokrat denn aber doch nicht zustimmen. Er widersprach ihr heftig.

Es gelang der gemeinsamen Anstrengung der Verbände der Land- und Forstwirtschaft, im Verlaufe der Landtagsarbeit an diesem Gesetz Änderungen zu erreichen. Bei der Erstellung des Landschaftsplanes blieben die Forstbehörden für den Wald zuständig. Der Landschaftsbeirat, ein als Beratungsgremium der Behörden vorgesehener Ausschuss, wurde gegen heftigen Widerstand der „Landschaftsschützer" paritätisch auch mit „Landschaftsnützern" besetzt. Auch eine Landschaftswacht wurde nicht obligatorisch, sondern nur dann eingerichtet, wenn es der jeweilige Kreistag für erforderlich hielt.

Mit führenden Vertretern der Naturschutzverbände trafen wir regelmäßig im Ministerium zusammen. Es war schwierig, bei diesen Zusammenkünften etwas zu erreichen.

Man war uns gegenüber zwar höflich, aber wir merkten sofort, dass man lieber ohne die Anwesenheit der „Landschaftsnützer" getagt hätte, weil die Vertreter der Naturschutzverbände gern noch härtere Vorschriften in das Gesetz bringen wollten, als der Entwurf vorsah. Unsere Anwesenheit allein schon machte diese Absicht schwieriger. Das Verhältnis zwischen den Vertretern der Land- und Forstwirtschaft und den Naturschützern war gespannt und von Berührungsängsten gekennzeichnet.

Auf den Gegner zugehen

Anfangs gab es nur wenige Personen, die mich von sich aus ansprachen, nachdem wir uns miteinander bekannt gemacht hatten. Einige warfen einem auch feindselige Blicke zu. In den Debatten meldete ich mich nur zu Wort, wenn unhaltbare und unsachliche Äußerungen zur Forstwirtschaft erfolgten. Dann bemühte ich mich, die meist recht polemischen Redebeiträge ruhig und sachgerecht richtigzustellen.

Als wirkungsvoll erwies es sich, nach der Sitzung auf den Redner zuzugehen und mit ihm noch einmal unter vier Augen den Sachverhalt zu erörtern. Ganz allgemein bewährte es sich, bei den meisten Tagungen und Sitzungen eine halbe Stunde vor Beginn anwesend zu sein und nach dem Ende noch ein wenig am Ort zu bleiben. Auf diese Weise kam ich mit meinen Ansichten und Vorschlägen besser voran als mit den Redebeiträgen während der Sitzung. Auch fand ich so für manche Argumente Bundesgenossen unter denen, die wir als unsere Gegner betrachteten.

Nach der Verabschiedung des Gesetzes fand ich mich dann als Vertreter der „Landschafts-nützer im Wald" mit einer Anzahl der mir schon bekannten „Schützer" in dem vom Mi-nister einberufenen „Landschaftsbeirat bei der Obersten Landschaftsbehörde" wieder. Die Landschaftsbeiräte sollten bei allen landschaftsrelevanten Angelegenheiten angehört werden. Ihre Beschlüsse banden aber weder Exekutive noch Legislative, die sich um die Ratschläge dieses Gremiums im Übrigen auch nur dann kümmerten, wenn es ihnen etwa bei der Pres-searbeit in den Kram passte. Minister Deneke sah ihre Aufgabe mehr darin, den Dialog zwi-schen den Interessengruppen zu ermöglichen und zu fördern. Dies war dann auch der Fall. Die forstfachlichen Kenntnisse der Beiratsmitglieder waren gering. Nur der Vertreter der Schutzgemeinschaft Deutscher Wald und der eine oder andere Landwirt waren sachkundig. Da die Forstbeamten des Ministeriums nur selten an den Sitzungen des Beirats teilnahmen, sah ich mich oft in der Situation, als Vertreter des Privatwaldes auch den Staatswald gegen ungerechtfertigte Angriffe zu verteidigen. Es bestand die Tendenz, die Zuständigkeiten der Forstverwaltung in die neu eingerichteten Landschaftsbehörden zu überführen – oft unver-hüllte Versuche, Planstellen für Beamte in der Landschaftspflege auf Kosten der Forstver-waltung einzurichten. Dem Machtkampf innerhalb der Ministerialbürokratie machte später Minister Matthiesen ein Ende, indem er die Abteilung Forsten und Naturschutz in einem Referat zusammenfasste.

Frühe Warnungen verhallten

Die häufig durch polemische Äußerungen spannungsgeladene Atmosphäre zwischen „Schüt-zern" und „Nützern" im Landschaftsbeirat wurde verbessert, als das „Waldsterben" in den Blick der Öffentlichkeit rückte. Nun gab es ein Schlachtfeld, auf dem wir Bundesgenossen waren. Denn was nützte der strikteste Naturschutz, wenn die Luft mit Schadstoffen beladen ist und die Ökosysteme belastet?

Was der Landschaftsbeirat beim Minister, das war der Forstausschuss bei der Obersten Forst-behörde: ein beratendes Gremium. 1979 stand ein Vortrag von Dr. Knabe auf der Tages-ordnung. Der Forstwissenschaftler hatte im Auftrag der Landesregierung den Einfluss von Luftverunreinigungen auf Waldökosysteme untersucht. Seine Ergebnisse machten deutlich, dass es im ganzen Land kein Gebiet mehr gab, das nicht erhebliche Schäden aufwies. Die Schwefelsäurebelastung durch Kohlekraftwerke und Autoabgase war im ganzen Land zu spüren. Die Mitglieder des Ausschusses waren sehr beeindruckt und forderten Maßnahmen gegen die Luftschadstoffe. Im Auftrag des Ausschusses schrieb ich dem Minister und forderte die Landesregierung auf, sich bei der gerade anstehenden Debatte über eine Änderung des Bundesimmissionschutzgesetzes für verstärkte Abgasvorschriften einzusetzen. Die Antwort lautete, dass man die von Herrn Dr. Knabe erhobenen Daten nicht für ausreichend genug erachte, um auf strengere Abgasregelungen zu drängen. Die typische Reaktion der Regierung eines Kohle- und Stahllandes, in der die Bevölkerung für Umweltbelange noch nicht sensibilisiert war. Drei Jahre später, nach den Warnsignalen der Forstfakultäten, welche die Presse begierig aufnahm, sah die Haltung derselben Verantwortlichen schon ganz anders aus. Politiker und Presse nahmen davon noch wenig Notiz. Erst als zum Beginn der 1980er-Jahre die Forstfakultäten Daten zur Bodenversauerung veröffentlichten und die ersten Waldschadenserhebungen durchgeführt wurden, bekam das Problem öffentliche Bedeutung. Diese damals wie heute gleiche für den Wald bedrohliche Schädigung durch Luftschadstoffe wurde zum wichtigsten Thema der Forstpolitik. Die Gruppen im Deutschen Forstwirtschaftsrat (DFWR) waren sich einig darin, mit aller Macht die Politik zu Maßnahmen zu veranlassen, vor allem zur Schaffung von Grenzwerten durch das Bundesimmissionsgesetz und zur Bestückung der Autos mit Katalysatoren.

Professoren in Canstein

Um als DFWR-Präsident dieser Herausforderung gewachsen zu sein, machte ich mich erst einmal sachkundig. Ich las Fachliteratur und besuchte die zuständigen Forstprofessoren. Dabei stellte ich fest, dass deren Wissen um die Zusammenhänge recht lückenhaft war. Da sie ihre unterschiedlichen Ansichten auch vor den Medien äußerten, beschloss ich, die widerstreitenden Professoren zusammen nach Canstein einzuladen. Sie kamen und erörterten die Fragen miteinander. Da ich nie an einer Universität studiert und bis dahin Hochachtung vor dem Wissen von Professoren gehabt hatte, lernte ich die Grenzen ihrer Fachkompetenz kennen und ging realistischer mit Expertenmeinungen um.

In den folgenden Jahren habe ich unzählige Vorträge zum Thema Waldschäden durch Luftverunreinigungen gehalten. Höhepunkt war eine Anhörung vor dem Innenausschuss des Deutschen Bundestages, wo ich mit einem Fichtenzweig in der Hand den Abgeordneten die Symptome einer geschädigten Fichte erläuterte. Wie immer, wenn ein Thema die Medien auf den Plan ruft, beginnen die Politiker aktiv zu werden. Die Forstwissenschaft, welche bisher wahrlich nicht mit Forschungsmitteln verwöhnt worden war, wurde nun reichlich damit ausgestattet. Aus den zusätzlich finanzierten Forschungsprojekten resultieren wesentliche Erkenntnisse über die Zusammenhänge der Schädigungen des Waldes durch Luftverunreinigungen. Auch das Wissen über Wachstumsfaktoren und Bodenchemie wurde wesentlich erweitert.

Die Waldbauern sahen ein, dass sie alle nur möglichen Anstrengungen unternehmen mussten, um auf ihre Lage aufmerksam zu machen. Ohne eigenes Verschulden war und ist ihre Existenzgrundlage durch die Waldschäden gefährdet. Sie mussten immer wieder fordern, die Schadstoffimmissionen zu senken und einen Ausgleich für die Schäden zu erhalten. Seitens der Industrie, insbesondere des Bergbaus und der Kraftwerke, wurden die Ergebnisse der Waldschadensforschung angezweifelt und heruntergespielt.

Um bei den Entscheidungsträgern der Industrieunternehmen einen Bewusstseinswandel herbeizuführen, begannen wir damit, sie zu Waldbesichtigungen einzuladen. Das Land NRW hatte über seine gesamte Fläche Messstationen für Luftschadstoffe eingerichtet. Eine davon befand sich in Altenbeken. Dort hatte man neben den Messgeräten auch ein Gerüst in einem Fichtenbestand aufgebaut. Man konnte es besteigen und die geschädigten Nadeln in den Baumkronen in Augenschein nehmen. Hierhin führte ich viele Vorstandsmitglieder und Vorsitzende großer Aktiengesellschaften. Diese Demonstration der Schäden vor Ort verfehlte ihre Wirkung nicht. Der Widerstand gegen eine verschärfte Gesetzgebung ließ nach. Die Maßnahmen gegen den Ausstoß von Schwefeldioxid aus den Kraftwerken liefen zügig an. Als Ergebnis unserer Aktionen, die wir gemeinsam mit vielen anderen Gruppen durchgeführt hatten, kann man heute feststellen, dass der Ausstoß an Schwefeldioxid durch den unter hohen Kosten erreichten Einbau von Filteranlagen in den Kraftwerken erheblich reduziert werden konnte. Unter den Politikern, die sich am intensivsten und mit Erfolg für die Luftreinhaltung einsetzten, möchte ich besonders Klaus Matthiesen nennen, den verstorbenen Minister für Umwelt, Raumordnung und Landwirtschaft des Landes NRW. Die ausgezeichnete Zusammenarbeit mit ihm auf allen Gebieten, seine Zuverlässigkeit und sein Verständnis für die Anliegen der Waldbauern bleiben mir unvergessen.

Die Belastung der Wälder durch den Eintrag von Stickstoffverbindungen, Ozon und Spurenschadstoffen besteht jedoch, wie die Messergebnisse zeigen, unvermindert weiter. Die Bodenversauerung schreitet fort. Für die Medien sind die Waldschäden als Thema unter den Kampfhunden, dem Rinderwahn und dem jeweiligen „Schadstoff der Woche" untergegangen. Die Klimaveränderung durch Luftschadstoffe jedoch, von der die Waldschäden ein Symptom sind, schreitet weiter fort und wird Auswirkungen zeigen, welche die Menschheit in nicht allzu ferner Zukunft zum Handeln zwingen werden.

Aus der Cansteiner Chronik

Seit 1972 notierten wir die wichtigsten Ereignisse im Leben unserer Familie auf Gut Canstein. Jährlich um die Jahreswende wurden überdies Rundbriefe an die weitläufige Verwandtschaft geschickt. In den Jahren 1972 bis 1979/80 heißt es darin:

1972

Wir verbrachten mehr als eine Woche auf der Olympiade in München. Das erzählen wir jedem, der es hören will, denn es war ein unvergleichliches Erlebnis. Menschen aus der ganzen Welt in Frieden beieinander, fröhlich und immer zum Gespräch mit dem Unbekannten neben sich bereit, das hatten wir noch nie erlebt. Die Atmosphäre auf der Straße, im Stadion und vor allem im Stadtzentrum rund um den Marienplatz zeigte, was unter Menschen aus aller Welt an Freundlichkeit und Entgegenkommen, Toleranz und Fairness möglich ist. Die Gemeinheit des Überfalls der Terroristen und die Nähe des Todes erlebten wir, als die Schüsse uns in unserem Quartier in Maisach, 1000 Meter vom Flughafen Fürstenfeldbruck, aus den Betten scheuchten. Und das nur einen Tag nach dem für mich unvergesslichen Erlebnis des Sieges im Hochsprung der Damen durch das bezaubernde Schulmädel Ulrike Meyfarth, bei dem die Stimmung im Stadion einfach unbeschreiblich war. Wir sahen alle Reiterkonkurrenzen außer der Dressur. Vor allem der Geländeritt der Military und die Springturniere waren so spannend, dass man nicht spürte, dass ein ganzer Tag damit ausgefüllt war. Helga hat die ganze Reiterei gefilmt, aber auch die großen Wogen der Begeisterung bei der Anfangs- und Schlussfeier, die so beeindruckend waren, dass nur das Anhören der Musik vom Band schon viele Erinnerungen wachruft.

1974

Ein Jahr ohne Krankheit und Tod ist in einer so großen Familie immer genug Anlass zum Dank. Dank an unseren Schöpfer und Dank an die, deren Liebe, Fürsorge und Arbeit dies ermöglicht hat. Vater Hubertus und Mutter Franziska Elverfeldt sind unverändert gesund über dieses „Schlechtwetter-Jahr" gekommen. Die zahlreichen Kinder, Schwiegerkinder und Enkel halten sie auf Trab und machen ihnen Freude, wenn sie zu Besuch kommen. Leider ist „Binga", der Hund von Vater Hubertus, durch einen Jagdunfall ums Leben gekommen, doch soll in Kürze für einen Nachfolger gesorgt werden.

Die Cansteiner Enkel haben wegen des nur bei den Großeltern vorhandenen Fernsehgeräts guten Kontakt zum „anderen Haus", und der erzieherische Wert dieser Besuche zeigt seine Wirkung. Unsere Kinder werden langsam erwachsener. Das zeigt sich an mancherlei im Allgemeinen und Besonderen. Im Allgemeinen daran, dass wir jetzt häufig früher als die Kinder schlafen gehen. Nicht nur, weil ein Fernsehfilm bei den Großeltern lockt und länger dauert, sondern auch, weil ein Schachspiel oder ein Buch sowie das gemeinsame Gestalten eines „Beatkellers" im alten Weingewölbe vor allem während der Ferien bei den Kindern keine Müdigkeit aufkommen lässt. Die Eltern hingegen kennt ihr alle als Personen „early to bed and early to rise" (früh im Bett und früh wieder auf).

„Unsere langhaarige Kinderschar" notierte Alexander von Elverfeldt unter dieser Aufnahme aus dem Jahr 1973, als Schlaghosen, Pullis und wilde Mähnen „in" waren.

Die jungen Herren und auch die junge Dame haben mittlerweile ein Alter erreicht, in dem man bei Diskussionen immer gegenteiliger Meinung sein muss, um das Selbstständigsein und Erwachsenwerden unter Beweis zu stellen. Autoritäten werden jedenfalls ohne Begründung ihrer Forderungen (die auch dann noch häufig bestritten werden) nicht mehr anerkannt.

Ich selbst bin im letzten Jahr sehr viel unterwegs gewesen. 45 000 Kilometer habe ich am Steuer gesessen. Vor allem der Waldbauernverband hat im ersten Jahr viel Arbeit gemacht. Aber auch die Sozialversicherungen, der AOK-Vorstand in Olsberg und die Landwirtschaftliche Sozialversicherung haben Entscheidungen erfordert, die Kopfzerbrechen bereitet haben. Wenn der Betrieb in Canstein und die Firma Zel Chemie nicht am langen Zügel gehen könnten, weil ich so verlässliche Mitarbeiter habe, wäre das Arbeitspensum nicht zu bewältigen gewesen.

Die Freude, für und mit anderen Menschen tätig zu sein, hält mich in Schwung. Höhepunkte der Arbeit waren ein Vortrag über die private Forstwirtschaft in Deutschland vor 30 USA-Forstleuten in der Uni Göttingen und, wie schon öfter, ein Geschäftsbesuch in Ungarn und Jugoslawien.

1975

Das herausragendste Ereignis des viel zu schnell vergangenen Jahres 1975 für unsere Familie ist nun nicht ganz acht Wochen her. Am 8. November ist ein neuer kleiner Mensch zu uns gestoßen – Mathias. Seitdem wir wussten, dass er unter uns war, erneuerte sich der Familiengeist und das Gefühl der Zusammengehörigkeit. Die Freude aller Geschwister war groß und diese Tatsache erleichterte Helga die unerwartete Situation. Alle waren rücksichtsvoller, vor allem zur werdenden Mutter. Das Verhalten änderte sich. Als Geschenk zum ersten Besuch im Krankenhaus ließen unsere langhaarigen Jungmänner sich auf Wunsch der Mutter ihre wallenden Locken abschneiden. Vor allem Georg ist dadurch äußerlich sehr verändert und sieht männlicher aus. Der kleine Mathias war das rücksichtsvollste Baby, das wir bisher hatten.

Ein Ereignis, das viel Zeit erforderte, war die Landtagswahl in Nordrhein-Westfalen, die in einem neu eingeteilten Verwaltungsbezirk gemeinsam mit den Wahlen zur Gemeinde und zum Kreistag durchgeführt wurde. Eine Kette von Versammlungen, Besprechungen, Versprechungen und Beschwörungen endete mit einem Kreistagsmandat für mich. Das bedeutete meinen Einstieg in den Wahlkampf in einem Wahlbezirk aus elf ehemaligen Gemeinden. Ich gewann die Wahl mit 53 Prozent Mehrheit. Der neue Kreistag ist nun die Legislative für ein Gebiet von in der Größe von vier Fünfteln des Saarlandes und kommt sich aufgrund der Arbeit fast wie ein Landtag vor.

Canstein ist jetzt ein Ortsteil der neuen Stadt Marsberg. In diesem Jahr wird der Ort den wesentlichsten Teil seiner noch völlig fehlenden Kanalisation und eine Ortsdurchfahrt mit Bürgersteigen erhalten. Letztere wird sicher nicht schöner werden, weil fast alle alten Bäume gefällt werden müssen, doch ist diese Maßnahme notwendig. Die Finanzierung dieser Arbeiten verdanken wir allerdings nicht der Neugliederung des Landes NRW, sondern dem Konjunkturprogramm der Regierung in Bonn.

Mit Dankbarkeit blicken wir auf ein sonnenreiches Jahr 1976 zurück. Die Menschen waren fröhlicher und wohlgelaunter als in unseren Sauerländer Normaljahren, in denen man immer denkt: „Jetzt fängt der lange Sommer an", und in der Woche darauf regnet es schon wieder ohne Unterlass. Oder man denkt: „Jetzt wird der schöne Schnee ganz lange liegen bleiben" – und dann taut es am nächsten Tag. Nein, diesmal konnte man sicher sein, dass zur Grillparty die Sonne schien und dass man die Badehose immer im Auto haben musste, um die Hitze mit einem Sprung ins Schwimmbad erträglicher zu machen. Zu den besonders Fröhlichen um uns herum gehörten natürlich all unsere Kinder, die gesund und munter sind.

Für den Betrieb war die Trockenheit leider sehr ungünstig. Die Ernte hat enorm unter der Dürre gelitten, nur ein Hagelschlag wirkte ausgleichend, weil er gut versichert war. Im Wald werden sich die Schäden durch die Trockenheit wohl erst später zeigen.

Eine Gruppe von Forstleuten aus aller Welt besuchte Canstein im Sommer. Sie stand unter der Leitung des besonders netten Professors Edwardson von der Forstfakultät der Universität Oxford. Ich lernte viel von diesen Männern, die aus dem ganzen ehemaligen Commonwealth kamen, vor allem über den Umgang mit Menschen und die Motivierung für den Wald. Wir erörterten lange das Problem der Zusammenarbeit in Gemeinschaften, insbesondere von ländlichen Zusammenschlüssen wie Genossenschaften. Ein in solchen Fragen erfahrener Forstmann aus Sri Lanka formulierte vier Forderungen, die für den Erfolg solcher Zusammenarbeit in Gruppen notwendig sind. Ich habe sie später oft zitiert, weil ich seiner Erfahrung nur zustimmen kann:

1. Der Zusammenschluss muss freiwillig erfolgen. Die Zwangskolchose ist keine erfolgreiche Lösung.

2. Jedes Mitglied muss für sich einen materiellen oder ideellen Erfolg erkennen können.

3. Es muss eine oder mehrere Personen geben, die den Motor der Vereinigung bilden und die Dinge vorantreiben. Sie müssen als uneigennützig anerkannt sein.

4. Alle Mitglieder müssen sich persönlich kennen können.

Insbesondere diese letzte Forderung ist bei solchen Zusammenschlüssen häufig nicht gegeben oder auch nicht möglich und führt zu entsprechenden Schwierigkeiten oder zum Scheitern.

Im Frühjahr fand der Waldbauerntag in Dortmund statt, der ja forstpolitisch von großer Brisanz war und noch immer Wellen schlägt. Die Teilnahme an einer öffentlichen Podiumsdiskussion im großen Saal der Westfalenhalle machte mir trotz einigem Lampenfieber großen Spaß. Der Berliner Bundestagsabgeordnete Löffler forderte die Waldbauern als Minderheit in der Gesellschaft auf, wie die Kinder in der Schule in der Öffentlichkeit aufzuzeigen, weil sie sonst nicht zur Kenntnis genommen würden.

Der Cansteiner Gesangverein feierte in diesem Jahr sein 75-jähriges Jubiläum. Ich zeichnete während der ruhigen Stunden in Meran ein Cansteiner Wappenschild mit dem traditionellen Raben und der Beschriftung: „Canstein, Hochsauerlandkreis, Dorf unter dem dicken Stein". Dieses Wappen wurde als Autoaufkleber gedruckt und zusätzlich als Wappenschild für die Dorfgemeinschaftshalle gemalt. Alle Autos in Canstein führen jetzt dieses Wahrzeichen.

Im Sommer 1977 litt mein Vater unter Schwächeanfällen. Nach einer Untersuchung in der Klinik in Kassel stellte sich heraus, dass er Krebs hatte. Gottlob konnten wir ihn daheim behalten. In seinen letzten Tagen pflegte ihn Herr Karl Knoche aus Arolsen, der bei uns auf Gut Forst Landarbeiter gewesen war und als Pfleger umgeschult hatte. Er war wie mein Vater in russischer Kriegsgefangenschaft gewesen, und die beiden verstanden sich sehr gut. Umgeben von fast all seinen Kindern starb mein Vater nach kurzem Krankenlager. Helga war bei seinem Sterben anwesend. Sie weigerte sich, ihn nach dem Verscheiden allein zu lassen. „Er ist noch da", sagte sie uns immer wieder.
Zu seiner Beisetzung kamen mehr als 1000 Menschen. Er war unglaublich beliebt. Meine Mutter beantwortete rund 1500 Kondolenzen.
Ich habe durch den Tod meines Vaters neue Aufgaben übernommen. Er führte für mich zum Verlust einer Instanz, der nicht leicht zu kompensieren ist. Nun muss ich lernen, mich auf das wirklich Wichtige zu beschränken und eine Reihe von Aktivitäten einzustellen. Die Familie, insbesondere die Kinder, und der Betrieb müssen im Vordergrund stehen.

Helga arbeitete mit Schwung und Erfolg an der Firmvorbereitung mehrerer Kinder im Dorf. Die Gruppe entwickelte sich zu einem guten Team, das inzwischen bei Gottesdiensten und kleinen Feiern wie Sankt Martin mit Spielen und Singen das Leben der Gemeinde bereichert. Mehrfache Kontakte wurden im letzten Jahr mit der Stadt Wuppertal-Elberfeld geknüpft. Vor allem mit Frau Marie-Luise Baum, einer über 90-jährigen Historikerin des Bergischen Geschichtsvereins, die schon mit unserem Vater die Verbindungen von Stadt und Familie neu ins Leben rief. Im Jahr 1979 soll die Familie von Elverfeldt beim Stadtjubiläum „im Festzug mitgeführt werden".

Im März feierte ich den 50. Geburtstag. In meiner Einladung schrieb ich diese Verse:

Ein Mensch vollendet fünfzig Jahr,
hält ein, sinnt nach, und ihm wird klar,
dass es nun gilt, sich zu beschränken
auf Wesentliches, nachzudenken,
was denn zu tun bleibt für den Rest
des Lebens, den ER ihm noch lässt.
Plagt ihn vielleicht das Zipperlein?
Braucht er die Kur für sein Gebein?
Nein, keineswegs, der Blutdruck stimmt,
wenn er sich Zeit fürs „Trimm Dich" nimmt
Und ganz nach Wunsch der Krankenkasse
hält er konstant die Körpermasse.

Vielleicht fehlt ihm Verschönerung?
Wirkt er zu alt, scheint er zu jung?
Wie es in diesem Alter Brauch
mit grauen Schläfen, rundem Bauch
und all den Falten im Gesicht
mangelt es ihm an Würde nicht.
Soll er Sozialprestige vermehren?
Die Ämter suchen mit den Ehren?
Da muss er ehrlich eingesteh'n
aus einem Amte wurden zehn.
Wenn er sie ernst nimmt, was er will,
dann sind es jetzt schon viel zu viel.
Wie steht's denn mit der „Midlife Crisis"?
Die hat er hinter sich, er weiß es.
Das es so glatt ging ohne Schau,
verdankt er seiner lieben Frau.
Ihr Charme gepaart mit Lebensart
hat ihn vor Dummheiten bewahrt.
Der Mensch erkennt: Es geht ihm gut.

Das Geburtstagsgedicht endete mit diesen Versen:

Geschenke, Freunde, denk ich eben,
Geschenke müsste ich EUCH geben.
Drum bitt ich – werdet Ihr's versteh'n? –,
von Materiellem abzuseh'n.
Doch wer mich recht erfreuen will,
der gehe in sich, werde still
und denke einmal drüber nach,
ob's Menschen gibt, die er nicht mag.
Gibt's die, so zwing' er mir zuliebe
in Schranken aggressive Triebe
und sei ganz gleich auf welche Art
freundlich, fröhlich oder zart,
als wenn's nie Streit gegeben hätt
zu diesen Menschen einmal nett.
Ich will darüber nicht Bericht,
denn ich erkenn' es am Gesicht,
wenn Ihr, ich freu' mich wenn's passiert,
mir zum Geburtstag gratuliert.

Die Feier mit den Geschwistern und der Empfang, bei dem über 400 Freunde und Mitarbeiter den ganzen Tag mit mir und den Meinen verbrachten, bleibt unvergessen. Solche Bekundungen von Treue und Verstehen helfen mir sehr, den eigenen Platz in der Welt richtig zu erkennen und machen mir Mut, wenn ich mit mir selbst unzufrieden bin.

Unser Familientreffen an Papis Todestag am 18. November verlief so harmonisch und gemütlich wie im vorigen Jahr. Die Einigkeit meiner Geschwister wurde anlässlich einer wichtigen Entscheidung, bei der es auf Gemeinsamkeit ankam, wieder einmal deutlich.

Eine nette Jagd bei Onkel Rolly Rappard in Holland, einem alten Freund unseres Vaters, den wir alle ob seines Humors und seiner Treue sehr lieben, blieb mir wegen der fröhlichen Jagdgäste, des guten Wetters und der flotten Fasanen und Enten in guter Erinnerung.

Schicksalsjahr unserer Familie

Am 3. Mai 1979 wurde Helga in Arolsen an der Gebärmutter operiert. Alles ging gut und die Heilung verlief zufriedenstellend. Angst und Schmerzen waren vergessen. Geblieben ist eine noch größere Verbundenheit zwischen uns und das Wissen um die Gnade der Gemeinsamkeit. Da Helga wusste, dass es sich um eine Operation mit gewissem Risiko handelte, hatte sie sich Gedanken um den Tod gemacht. Sie schrieb dazu in ihr Tagebuch: „Sollte aber mein Leben bald zu Ende sein, bin ich zufrieden, dass es bis jetzt so schön gewesen ist." Ob sie es geahnt hat?

Nie werde ich den Moment vergessen, als sie im März 1984 von einer Fahrt zu Dr. Burkhard in Marsberg zurückkam und auf dem Hof zum Tanken neben mir anhielt. Sie hatte aufgrund von unklaren Magenbeschwerden Dr. Burkhard gebeten, sie mit seinem neuen Ultraschallgerät zu untersuchen. Ich fragte sie nach dem Ergebnis. In aller Ruhe antwortete sie mir: „Nach der Untersuchung hat er mich mit seiner Frau zusammen ins Nebenzimmer gebeten und mir erklärt, dass die Oberfläche meiner Leber wie eine Mondlandschaft aussieht. Er hat mich angeschaut, als ob ich schon tot wäre." Am nächsten Tag fuhren wir nach Herne zu unserem Freund Professor Theo Senge, um in der Klinik eine genauere Diagnose zu erhalten. Wir blieben dort insgesamt

Die Familie
im Herbst 1979

drei Tage, aber am ersten Tag stand schon fest, dass es Krebs war. Wir schliefen nebeneinander im Krankenzimmer, hielten uns die Hand und weinten miteinander. Die Diagnose war denkbar schlecht. Helga sah blendend aus, man sah ihr nichts von Krankheit an und sie war unglaublich gelassen. „Ich glaube, ich habe Standesgnade", schrieb sie in ihr Tagebuch. „Ich bleibe ganz ruhig trotz der ständigen Äußerungen der Ärzte ‚sehr ernst, sehr ernst'." Eine Gewebeuntersuchung hatte ergeben, dass es sich um eine Metastase von besonders bösartigem Krebs handelte. Wir verließen uns auf den Rat von unserem Freund Professor Senge. „Fahrt heim, tut alles, um die Gesundheit zu erhalten und die Lebensqualität nicht zu beeinträchtigen. Wie lange es dauern wird, kann man nicht vorhersagen."

Wir saßen vor der Heimfahrt im Auto vor der Klinik und unser erster Gedanke waren die Kinder. Was wird aus unserem Mathias, der noch so wenig selbstständig war? Da musste jetzt sofort etwas geschehen. Wir schickten ihn zu Ostern zu Tante Wiez, und er kam ein wenig unabhängiger wieder. Wen sollten wir als Hilfe ins Haus holen? Wie immer in Krisen wurde Helga sofort aktiv und sprach mit ihrer alten Freundin Gisela Bongart-Kerssenbrock, die ja als Witwe mit vier Kindern vielleicht eine solche Aufgabe übernehmen würde. Als sich das zerschlug, dachten wir als weitere Möglichkeit an Helgas Nichte Juliane von Strachwitz, genannt Jane. Sie kam sofort aus München zu einem Besuch herbei und sagte zu, ab Juli zu helfen und nach Canstein zu ziehen.

Die Schmerzen nehmen zu

Wir beschlossen, möglichst wenig über das Problem zu sprechen. Helga meinte sehr richtig, dass man eigentlich immer im Angesicht des Todes lebt und die Tatsache, zu wissen, dass es nun nicht mehr lange dauern wird, daher keine Rolle spielt. Wir wurden jedoch immer wieder an die Krankheit und die schreckliche Diagnose erinnert, wenn Freunde und Verwandte anriefen und helfen wollten. Und das waren bei der Beliebtheit von Helga sehr viele. Eine enorme psychische Belastung, die sie unglaublich tapfer ertrug und mir damit die ständige Trauer von der Seele nahm.

Bis Mai hatte sie nur wenig Beschwerden. Dann gingen die Schmerzen los. Die Leber wurde steinhart und wuchs und wuchs. Nachts konnte sie nur auf einer Seite schlafen. Ich machte ihr vor dem Schlafengehen Umschläge mit Schwedenkräutern, welche die Druckbeschwerden ein wenig linderten. Alle zwei Stunden wurde sie wach, ich massierte sie und wir redeten miteinander. Dann legte sie sich wieder auf die linke Seite und wir schliefen wieder zwei Stunden. Tagsüber war sie immer auf und kümmerte sich hauptsächlich um Mathias. Der Sommer war schön und sie konnte viel draußen liegen. Viele, viele Freunde und Verwandte kamen, um sie zu besuchen. Mit ihnen sprach sie nie über sich und ihre Beschwerden, sondern sie verstand es immer, sich nach den Angelegenheiten, Freuden und Sorgen des Besuchers zu erkundigen und Anteil zu nehmen. Sie war blass und mager geworden, aber sie strahlte wie in gesunden Zeiten. Ihre Haare, die sie immer geärgert hatten, waren – aus welchen Gründen auch immer – plötzlich wunderschön und leicht zu pflegen.

Als dann im Juli Jane zu uns kam, begann sie mit ihrer Hilfe ein Behandlungsprogramm zur Erhaltung der Abwehrkräfte. Sie aß nur noch Naturkost und unterzog sich einer Entschla-

Alexander und Helga von Elverfeldt, ein Foto aus dem Jahr 1981

ckungskur. Sie vertrug nur sehr kleine Mengen Nahrung, weil die Geschwulst auf Magen und Darm drückte.

Mehrmals fuhren wir für eine Woche zu Behandlungen mit Überwärme und Strahlen in die Klinik von Dr. Scheef in Bonn. Sie ertrug diese großen Strapazen ohne jede Klage. Jane und ich denken immer noch mit Bewunderung ihrer Tapferkeit an diese Fahrten zurück. Schließlich kam dann noch Wassersucht im Bauch dazu, weil die Leber zu versagen begann. Es war eine schreckliche Qual für sie. Nachts musste sie ständig zur Toilette und wollte auf keinen Fall, dass ich ihr dabei half. Sie riss sich eisern zusammen und wankte noch am Tage vor ihrem Tode vor mir her ins Bad und zurück. „Ich will allein aufs Klo gehen", sagte sie mit zusammengebissenen Zähnen. Jane gab ihr mit Tränen in den Augen Schmerzspritzen. Mithilfe von Professor Zierdens Rat am Telefon und der vorbildlichen Unterstützung von unserem Hausarzt Thomas in Canstein bekamen wir die richtigen Medikamente und schafften es, sie in den Tagen vor dem Ende schmerzfrei zu halten, was sie sich immer gewünscht hatte.

Abschied im Herbst

Sie war in den Jahren vor ihrem Tod im Oktober immer zu den Ferien in Dankern gewesen. Nun wollte sie unbedingt, dass Mathias auch in jenem Jahr daran teilnehmen könnte. Meine Cousine erfüllte ihr gern den Wunsch und nahm ihn mit. Es war ein Wochenende

Anfang Oktober. Alle unsere übrigen Kinder kamen nach Hause. Am Samstag besuchten uns mein Bruder und seine Frau mit ihrer drei Wochen alten Tochter Leonie, um sie der Kranken zu zeigen. Helga konnte nicht mehr sprechen, weil sie zu schwach war und einen stark entzündeten Rachen hatte. Aber ihr Lächeln, als wir ihr das Baby in den Arm legten, hat sich mir tief eingeprägt.

In der Nacht zum Sonntag lösten sich die Geschwister bei der Nachtwache ab und halfen ihr sich umzudrehen. Der Sonntagmorgen war der erste Sonnentag nach drei nebelgrauen Wochen. Jane hatte sie frisch gebettet und sie lag wach im Sonnenschein in den Kissen. Alle saßen an ihrem Bett. Da läuteten die Kirchenglocken und ich erinnerte mich daran, dass der neue Pastor Scholz die Messe auf 9 Uhr vorverlegt hatte. Nachdem sie sonntags nicht mehr zur Kirche gehen konnte – eine Zeit lang war sie immer noch zum Kommunionempfang mit dem Auto gekommen –, brachte ich ihr seit einigen Wochen die Kommunion mit herauf, weil Pastor Becker schon sehr krank war und keine Krankenkommunion mehr durchführen konnte. Ich sagte ihr, dass ich zur Messe gehen und ihr die Kommunion holen würde. Sie nickte zufrieden. Gegen Ende der Messe kam Alexander mich aus der Kirche holen, weil sie nach mir verlangte. Der Pastor gab mir rasch die Kommunion mit und ich eilte nach oben. Sie lächelte mir zu, als ich die Hostie zerteilte und erst ihr und dann allen rundum je den Leib des Herrn reichte. Als wir danach auf ihr in der Sonne liegendes Gesicht blickten, atmete sie nicht mehr.

Wir haben sie unter der Anteilnahme von über 900 Menschen auf dem Familienfriedhof beigesetzt. Aber sie lebt weiter, „auf der anderen Seite", die mir meine Mutter, kurz aus dem Koma erwacht, bei ihrem Tode beschrieb. Sie wusste um und glaubte an das Weiterleben der Seele in der jenseitigen Welt. Auch ich bin sicher, dass ich sie dort wiedersehen werde, weil sie mir so oft ganz nahe ist. In ihrem Notizbuch stand auf der letzten Seite: „Segnen ist: Die Strahlen der Güte Gottes im eigenen Herzen bündeln und konzentriert an andere Menschen weitergeben." Sie war für die Güte Gottes immer dankbar und hat sie wahrlich mit all ihren Kräften konzentriert weitergegeben.

Die Jahre nach Helgas Tod

Dominik fasste unser aller tiefe Trauer treffend zusammen: „Nun ist der Charme von Canstein dahin." Ja, ihre Persönlichkeit war der Charme von Canstein gewesen, der uns beflügelt hatte und dessen Fehlen wir schmerzlich bemerkten. Für Helgas Nichte Jane, die sie gepflegt hatte und nun tapfer unseren Haushalt führte, begann eine harte Zeit. Meine Kinder, die meisten von ihnen noch wenig nachdenkliche Jugendliche, nahmen keine Rücksicht auf sie und waren ihr eine schwere Belastung, da sie ja lange allein gelebt hatte. Helga war für sie immer eine zweite Mutter gewesen und so trauerte sie mit mir. Jane hatte als Kind und Jugendliche viel Zeit bei uns in der Familie verbracht. Durch die gemeinsame Pflege von Helga hatten wir ein gutes und vertrauensvolles Verhältnis zueinander entwickelt. Auch unsrer beider Sorge um den erst neunjährigen Mathias, den Helga uns ans Herz gelegt hatte, verband uns.

Unterwegs in Kanada
im Frühjahr 1985

Im Januar 1985, ein Vierteljahr nach Helgas Beisetzung, flog ich zu meinen Freunden in Kanada und den USA, um für einige Zeit Abstand von der neuen Situation zu gewinnen und zu mir selbst zu finden. Die herzliche Aufnahme und die verständnisvollen Ratschläge der Freunde halfen mir sehr.

Drei Monate später reisten wir dann alle zusammen an die Westküste Nordamerikas und fuhren mit einem Campmobil sowie mit Pkw und Zelt von Vancouver bis Portland/Oregon und zurück. Die bei dem engen Zusammenleben notwendige Rücksichtnahme aufeinander wirkte sehr erzieherisch und förderte die Gemeinsamkeit. Jane wurde auf diese Weise voll in die Familie integriert.

Wir heirateten nach reiflicher Überlegung und auf Anraten aller guten Freunde im Oktober 1985. Jane wünschte sich Kinder, und ich freute mich darauf. Unser Wunsch ging rascher in Erfüllung, als wir gedacht hatten, denn nach Friederikes Geburt im Mai 1986 war bald Tatjana unterwegs und wurde im Januar 1987 als Sechs-Monats-Kind geboren. Die ersten Wochen ihres Lebens waren eine sorgenvolle Zeit, in denen wir täglich Janes Milch nach Kassel bringen mussten.

Aufgrund der hohen Heizkosten beschlossen wir, aus dem neuen Schloss in das Gutshaus auf dem Hof in Canstein umzuziehen. Das geschah 1989. Im Jahr darauf übertrug ich den Familienbesitz unter den Bedingungen des Höferechts auf meinen Sohn Alexander, der den Betrieb seitdem erfolgreich bewirtschaftet.

Nach dem Verkauf der Firma Metallwerke Neheim Goeke & Co., der auf einstimmigen Beschluss der Anteilseigner 1993 erfolgt war, ermöglichte uns der auf mich entfallende Erlös 1997 den Bau eines Hauses im Dorf Canstein am Weg nach Heddinghausen. Dort wohnen wir nun sehr bequem und mit mehr Licht in der Wohnung als früher im Schloss und im Gutshaus.